뇌의 미래

BEYOND BOUNDARIES
by Miguel Nicolelis

Copyright © 2011 by Miguel Nicolelis
All rights reserved.

Korean Language Translation copyright © 2012 by Gimm-Young Publishers, Inc.
This Korean edition was published by arrangement with Levine Greenberg
Literary Agency, Inc. through KCC(Korea Copyright Center Inc.), Seoul.

뇌의 미래

미겔 니코렐리스 | 김성훈 옮김

뇌의 미래

지은이_ 미겔 니코렐리스
옮긴이_ 김성훈

1판 1쇄 발행_ 2012. 10. 12.
1판 7쇄 발행_ 2022. 2. 10.

발행처_ 김영사
발행인_ 고세규

등록번호 _ 제406-2003-036호
등록일자 _ 1979. 5. 17.

경기도 파주시 문발로 197(문발동) 우편번호 10881
마케팅부 031)955-3100, 편집부 031)955-3200, 팩스 031)955-3111

저작권자 ⓒ 미겔 니코렐리스, 2012
이 책의 한국어판 저작권은 KCC를 통해 저작권자와 독점 계약한 김영사에 있습니다.
저작권법에 의해 한국 내에서 보호를 받는 저작물이므로 무단전재와 무단복제를 금합니다.

값은 뒤표지에 있습니다.
ISBN 978-89-349-5963-2 03500

홈페이지_ www.gimmyoung.com   블로그_ blog.naver.com/gybook
인스타그램_ instagram.com/gimmyoung   이메일_ bestbook@gimmyoung.com

좋은 독자가 좋은 책을 만듭니다.
김영사는 독자 여러분의 의견에 항상 귀 기울이고 있습니다.

이 책은 해동과학문화재단의 지원을 받아
NAEK 한국공학한림원과 김영사가 발간합니다.

과거의 노예가 되지 말라. 숭고한 바다로 돌진해 들어가, 물속 깊이 잠수하고, 머나먼 곳까지 헤엄쳐 나아가라. 그리하여 결국 자긍심과 새로운 힘, 그리고 과거를 설명하고 용서할 수 있게 해줄 앞선 경험을 얻고 돌아오게 될지니.

랠프 왈도 에머슨

차례

들어가는 글 | 그냥 음악만 따라오게 • 8

1 생각이란 무엇인가? 21
2 뇌 속 전기폭풍을 찾아서 51
3 가상의 신체 79
4 대뇌의 심포니에 귀를 기울이다 117
5 쥐가 고양이에게서 도망치는 법 149
6 오로라의 뇌를 해방시켜라 195
7 자기조절 241
8 마음의 진짜 세상 둘러보기 273
9 비행기가 된 사나이 299

Contents

10 마음의 형성과 공유 ········· 341
11 뇌 속에 숨어 있는 괴물 ········· 381
12 상대론적 뇌로 계산하기 ········· 413
13 다시 별로 돌아가다 ········· 447

감사의 글 • 484
참고문헌 • 489
찾아보기 • 506

들어가는 글

그냥 음악만 따라오게

　사람도 없는 텅 빈 의대건물에서 제1바이올린 아르페지오가 넓은 홀의 대리석 벽을 뚫고나와 계단을 타고 이 층에서 정문 쪽으로 불규칙하게 흘러내려오는 것을 듣고 있자니, 나는 이 무슨 어이없는 상황인가 싶어 황당했다. 이 한밤중에, 그것도 세계에서 제일 바쁜 병원 응급실에서 잠시 짬을 내 쉬러 나온 의대생이 이런 음악 연주를 감상하게 되리라고 생각이나 했겠는가. 하지만 어리둥절했던 마음은 이내 사라지고 곧 음악이 그 자리를 대신했다. 음악은 눅눅한 열대의 여름밤에 희망과 모험으로 가득 찬 새로운 활력을 불어넣었다. 그 아르페지오가 내 뇌를 유혹한 지도 어느덧 사반세기나 흘렀건만, 아직도 그 멜로디의 기막힌 아름다움을 생생하게 기억하고 있는 것은 그때문일 것이다. 따로 떨어져서는 무의미했을 개개의 음표들이 한데 어울리며 빚어낸 그 아름다운 멜로디가 그리스 신화에 나오는 바다의 요정 사이렌의 노랫소리처럼 유혹하듯 내게 손짓했다. 나는 재빨리 계단을 올라가서 조용히 좁은 복도를 지나, 어느새 강당 입구에 섰다. 강당 안쪽에서 어느 오케스트라인지 바그너 오페라의 '파르치팔' 서곡을 거침없이 연주하고 있었다. 도저히 참을 수가 없어서 나는 음악을 따라 강당으로 들어갔다.

아, 어찌나 실망이 컸던지…… 샹들리에가 모두 환하게 불을 밝히고 있는 강당에는 잘 차려입은 한 노인 외에는 아무도 없었다. 노인은 고장난 낡은 슬라이드 프로젝터를 고치고 있었다. 오랫동안 슬라이드를 어지간히 씹어 망가뜨렸을 법한 프로젝터였다. 상파울루 대학 의대의 교실 강당은 1920년대 후반에 지어진 구식 강당들밖에 없었다. 앞쪽으로는 상자처럼 생긴 말끔한 강단이 있어서 교수의 공간을 경계 지어주고 있었다. 여기에 무거운 나무 책상, 튼튼한 의자, 구석구석 닳은 기다란 미닫이 칠판이 더해지면 교수의 소박한 공간이 완성된다. 학생들 의자는 가파르게 직선으로 차곡차곡 줄지어 놓여 있었다. 그 덕에 맨 뒷자리에 앉은 학생들은 끝나지 않을 듯 지루한 강의 시간 동안 교수의 권위적인 시선을 피해 딴짓을 할 수 있었다. 물론 나도 그런 학생 중 하나였다.

이 노인은—그러고보니 짧게 깎은 백발머리가 새하얀 연구실 가운과 잘 어울렸다—내가 문을 열고 들어서는 소리에 잠깐 놀란 것 같았지만, 그는 곧 나를 뒤돌아보며 편한 미소를 지어 보였다. 그는 프로젝터를 계속 붙들고 씨름하면서, 마치 오랫동안 알고 지낸 사람이라도 되는 것처럼 내게 왼손을 흔들었다. 강의용 책상으로 눈길을 옮기자 나는 실망하지 않을 수 없었다. 그 위에는 이 한밤의 음악 연주회가 이 순진해 보이는 신사가 저지른 범죄라는 증거들이 놓여 있었다. 턴테이블과 비싸 보이는 스피커, 그리고 베를린필하모니 음반 커버 몇 장.

"어서 오게, 잘 왔어. 같이 놀자고, 오늘밤에는 이 프로젝터가 좀 말썽이네만. 금방 시작할 수 있을 거야. 그건 그렇고, 난 세자르 티모 이아리아Cesar Timo-Iaria 교수라고 하네. 이 강의 담당 교수야."

그가 말을 미처 마치기도 전에 슬라이드 프로젝터에서 핑 하고 금속이 튀는 소리가 나더니 강의실 스크린으로 빛이 쏟아지기 시작했다. 내 대답을 기다리지도 않고 그는 프로젝터 뒤로 자리를 옮겼다. 전투에 닳고 닳은 제독이 배 함교에 나와 서 있는 모습 같았다. 그는 샹들리에 조명을 낮추고, 음반 두 번째 곡이 흘러나오기를 기다리면서 즐겁게 슬라이드를 넘겼다. 나는 동네 좁은 골목길에서 축구를 하던 어린 시절 이후로 저렇게 즐거워해본 적이 없었던 것 같다. 어두운 강의실에 혼자 앉아 강당 전체에 울려 퍼지는 탄호이저의 부드러운 노랫소리에 귀를 기울이며, 일반적인 의대 학사과정과는 완전히 딴판인 영상들이 스크린을 스쳐지나가는 것을 보고 있자니 살짝 짜증도 났지만, 내가 출석했던 다른 강의에서는 느껴 보지 못했던 묘한 매력도 동시에 느꼈다.

"그런데, 무슨 과목 가르치시는데요?"

"생리학입문이야." 티모 이아리아 교수는 나를 쳐다보지도 않고 대답했다.

설마 하며 나는 다시 스크린을 바라보았다. 다른 의대생들과 마찬가지로 나 역시 몇 년 전에 전공필수 과목으로 생리학입문 강의를 수강했었다. 그리고 장담하건대, 지금 내 눈앞을 지나는 영상들 중 그때 배웠던 내용과 눈곱만큼이라도 연관이 있는 영상은 단 한 장도 없었다.

"무슨 말씀이세요?"

"무슨 말씀이냐니, 그게 무슨 말인가, 학생?" 여전히 나를 바라보지 않으면서 그가 되물었다.

"이게 어째서 생리학입문 강의란 말씀이시죠? 교수님 슬라이드를 보니까 전부…… 그러니까 제 말은……"

"어떤데?" 그는 내가 불편한 기색을 보이는 것이 오히려 즐겁다는 표정이었다. 마치 전에도 많이 겪어본 일이라는 듯. "말해보게. 뭣 때문에 그렇게 놀라는가?"

음악, 영상 그리고 한밤중에 텅 빈 커다란 강당에서 홀로 강의를 하고 있는 노교수. 이 모든 것이 말이 안 됐다. 한편으로는 어리둥절하고 또 한편으로는 불편한 마음에, 나는 결국 한소리 해야겠다 싶었다.

"보여주시는 슬라이드가 온통 별이니, 은하계니, 이런 것밖에 없지 않습니까? 보세요. 지금 나오는 영상만 봐도 전파망원경 사진 아닙니까? 이게 대체 생리학입문과 무슨 상관인데요?"

"이것이 시작이었으니까. 모든 것은 거기서 시작했어. 빅뱅에서 시작해 뇌가 탄생하기까지 대략 150억 년의 시간이 걸렸네. 굉장한 여정이지 않나? 한번 들어보게."

무심히 빛을 내고 있는 나선형 은하, 머리를 내밀기 시작한 성단, 활기찬 성운, 폭발하는 초신성 등의 영상이 마치 우주의 신이 작곡한 듯한 음악 속에서 끝없이 펼쳐지고 있는 가운데, 나는 한 장 한 장 넘어가는 교수의 슬라이드를 통해 인간 이성의 등장에 이르는 기나긴 대서사시를 지켜보았다. 행성이 만들어졌다. 행성 대부분은 생명이 없는 황량한 땅덩어리에 불과했다. 하지만 몇 십억 년 전, 그중 어느 한 곳에서는 자연의 흥미로운 실험이 진행되면서 생명을 유지하고 복제할 수 있는 생화학적, 유전적 기제가 출현했다. 그리고 드디어 생명이 꽃을 피웠다. 그들은 살아남기 위해 싸웠고, 언제나 희망과 야심으로 가득 차 있던 생명은 전혀 예측이 불가능한 수많은 좁은 길을 따라 진화의 길을 걷기 시작했다.

이어서 현재의 아프리카 에티오피아 아파르 사막 지역에 해당하는 곳에서 수백만 년 전 한밤중에 최초의 인류 한 쌍이 나란히 걷는 영상이 나왔다. 다음 순간, 바그너의 탄호이저가 인간 경험의 대가로 불멸의 삶을 포기함으로써 베누스로부터 자유로워지는 노래가 흘러나오는 바로 그 순간에, 나는 그 최초의 선조가 그들 머리 위로 무한히 펼쳐져 밝게 빛나는 하늘을 처음으로 바라보며 경외와 두려움에 떠는 순간의 감동을 함께했다. 그들의 머릿속에서는 여전히 우리를 괴롭히는 질문들에 대한 답을 찾기 위해 번개구름이 맹렬하게 번쩍거리고 있었다. 그 최초의 남성과 여성이 두려움 속에서도 호기심에 가득 찬 시선으로 하늘을 올려다보던 그 순간, 우리의 존재와 의식 그리고 우리를 둘러싼 모든 것의 의미에 대한 근본적인 설명을 찾아내려는 길고도 고귀한 이어달리기가 시작된 것이다. 과학의 탄생을 이보다 더 상징적으로 나타낼 수 있을까 싶었다. 분명 함교에 올라선 이 경험 많은 제독은 자기 배를 어떻게 몰아야 할지 잘 알고 있었다.

탄호이저의 '순례자의 합창'이 마지막 슬라이드를 알렸고, 그 슬라이드가 계속해서 스크린을 비추는 가운데 우리 두 사람은 장엄한 침묵 속에 그대로 있었다. 그 슬라이드에는 인간의 뇌를 측면에서 바라본 모습이 나와 있었다. 2분 정도 지났을까, 교수는 강당의 불을 켜고서 프로젝터가 설치된 강단에서 내려와 조용히 강당 문으로 걸어갔다. 강당을 떠나기 전에 그가 돌아서길래 인사를 하려는 줄 알았다. 하지만 그는 이렇게 말했다. "지금 본 것이 인체생리학입문 첫 강의 내용이네. 내가 깜빡하고 말하지 않은 것이 있는데, 신경생리학 심화 강의도 맡고 있어. 첫 강의는 내일 밤에 하니까, 자네도 그 강의를 꼭 들었으면 좋겠군."

방금 전의 경험으로 충격을 받은 난 한 가지 질문밖에 떠오르지 않았다. "수강신청은 어떻게 해야 되죠?"

웃는 얼굴로 강당을 나가면서 교수는 방금 전 힘 하나 들이지 않고 모집한 평생 학생 앞에 첫 번째 조언을 건넸다.

"그냥 음악만 따라오게."

지난 25년 동안 나는 음악과 과학적 방법론이야말로 인간 이성의 끝없는 고통과 노고를 통해 등장한 가장 놀라운 두 가지 부산물이라 여기던 티모 이아리라 교수의 확고한 신념을 자주 떠올렸다. 내가 그와는 다른 종류의 음악, 즉 뇌 세포들의 거대한 앙상블이 빚어내는 웅장한 심포니에 귀를 기울이는 일에 내 평생을 바쳐야겠다고 결심하게 된 이유이기도 하다.

전문용어로 말하자면 나는 시스템신경생리학자System neurophysiologist다. 신경과학에 종사하는 동료들은 내가 학생들과 함께 이곳 노스캐롤라이나 주 더럼의 듀크 대학교 신경공학센터 연구실에서 하는 일을 그렇게 정의한다. 일반적으로 정의를 내리자면 시스템신경생리학자들은 우리 뇌에 살고 있는 수천억 개의 세포에서 뻗어나온 신경섬유가 만들어내는 다양하고 거대한 신경회로가 어떻게 작동하는지, 그 생리학적 원리를 조사하며 평생을 사는 사람들이다. 뇌의 네트워크란 것이 어찌나 복잡한지, 인간이 제조한 제아무리 복잡한 컴퓨터 회로기판이라 하더라도 거기에 대면 초라하기 그지없다. 뉴런이라고 부르는 뇌의 개별 세포 하나하나가 수백, 심지어는 수천 개의 다른 뉴런들과 직접 접촉하며 소통하기 때문에 뇌의 복잡도는 컴퓨터 기판에 비해 지수함수적으로 커지기 마련이다. 뉴런은 그 특이한 형태 덕분에 미세한 전기화학신호를 시냅스라는 세포간 접촉을 통해 보내고 받아들이는 데 대단히 특화되어 있다. 이 시냅스가 뉴런과 뉴런 사이의 소통 통로다. 신경회로라는 다소 삭막한 이름으로 알려진, 거대하게 연결된 역동적인 세포 네트워크 덕분에 뇌가 자신의 주요 업무를 실행할 수 있는 것이다. 뇌의 주요 업무, 즉 우리가 자랑스럽게 '인간의 본성'이라고 뭉뚱그려 말하는, 전문화된 다양한 행동들을 빚어내는 업무 말이다.

대규모로 발생하는 밀리볼트 단위의 전기적 파동을 이용함으로써 이들 미세 신경회로는 생각, 창조, 파괴, 발견, 은폐, 소통, 정복, 유혹, 항복, 사랑, 미움, 행복, 슬픔, 고독, 이기심, 자기성찰, 흥분 등…… 인류가 탄생한 이후 선조들로부터 지금에 이르기까지 우리의 모든 행동을 가능케 했다. 지금까지 우리는 '기적'이라는 말을 지나치게 남용했던 것이 아닌가 싶다. 내 생각에는 뇌회로가 일상적으로 빚어내는 경이로운 현상을 보고하는 신경과학자들이야말로 그 단어를 독점적으로 사용할 수 있는 권리를 누릴 마땅한 존재다.

나를 비롯한 대부분의 시스템신경생리학자들이 궁극적으로 추구하는 것은 이런 폭발적인 신경생물학적 전기활동이 어떻게 엄청나게 다양한 인간의 활동을 낳게 되는지, 그 생리학적 기제를 밝히는 것이다. 하지만 그 성배를 찾아나서는 과정에서 지난 200년간 상당수의 신경과학자들은 인간의 특정 기능이나 행동을 담당하는 뇌 부위가 어디인가라는 뜨거운 논쟁을 해결하는 일에 휘말렸다. 한 극단에는 급진적인 '국소주의자localizationist'들이 있었다. 대놓고 주장하는 경우는 별로 없지만, 이들은 골상학의 아버지인 프란츠 갈Franz Gall의 후계자들로, 여전히 각각의 뇌 기능은 고도로 전문화되고 공간적으로 분리된 신경체계에 의해 생성된다고 굳게 믿고 있다. 그리고 이들의 반대편에 아직 규모는 작지만 빠른 속도로 성장하고 있는 집단이 있다. 나는 이들을 '분산주의자distributionist'들이라고 부른다. 이들은 인간의 뇌 세포가 독자적인 전문화에만 전적으로 의지하기보다는, 일을 할 때마다 여러 영역에 분산되어 있는 수많은 다중작업 뉴런 집단을 동원해 일을 처리한다고 한다. 이런 입장을 옹호하기 위해 분산주의자들은 뇌가 선거와 비슷한 생리학적 기제를 작동시킨다는 주장을 내놓았다. 다른 영역들에 위치한 엄청나게 많은 세포 집단들이 뉴런 투표에 참여하는데, 각각의 집단이 기여하는 양은 얼마 되지 않고 그 양도 서로 다르지만, 그것들이 모여 결국에는 우리 몸에 최종적인 행동을 이끌어낸다는 것이다.

지난 두 세기 동안 국소주의자나 분산주의자 진영 모두 대뇌피질을 전쟁터로 삼아 끝 모를 논쟁을 벌였다. 대뇌피질은 뇌의 가장 바깥층으로, 머리뼈 바로 아래에 있다. 이 전쟁의 기원을 거슬러 되짚어보면 골상학자들로부터 시작되었음을 알 수 있다. 골상학자들은 머리뼈를 만져보기만 해도 그 사람의 개인적 특성을 알아낼 수 있다고 주장했다. 머리뼈에는 혹처럼 튀어나온 부분이 있는데, 그렇다면 그 아래의 대뇌피질영역도 뼈의 형태와 마찬가지로 유달리 커져있을 것이라 생각했다. 이런 영역들이 애정, 자존심, 오만함, 허영, 야망 등의 심리적 특성을 만들어낸다고 믿은 것이다. 이 학설에 따르면 인간의 감정과 행동은 특정 대뇌피질영역에서 생겨난다.

프란츠 갈의 사이비 과학은 시간이 지나면서 결국 폐기되었지만, 그 전반적인 뼈대는 그대로 살아남아 20세기 신경과학의 핵심 학설 중 하나로 변신하는 데 성공했다. 약 100년 전에 산티아고 라몬 이 카할Santiago Ramón y Cajal이 이끄는 1세대 뇌 전문 연구자들에 의해 일련의 실험이 진행되어 눈부신 성공을 거두었는데, 그 실험을 통해 다른 장기들과 마찬가지로 뇌도 뉴런이라는 개개의 세포가 그 기본적인 '해부학적' 단위를 이룬다는 사실이 밝혀졌다. 그러자 자동적으로 뉴런을 뇌 중추신경계의 기본적인 '기능적' 단위로 여기게 되었다. 단일뉴런독트린single neuron doctrine이 부상하던 상황에서 1861년에는 왼쪽 전두엽에 국소적으로 손상을 입은 환자가 언어능력을 상실하고 몸 오른쪽 절반에 마비가 왔다는 피에르 폴 브로카Pierre Paul Broca의 놀라운 보고까지 올라오자, 분산주의자 진영은 혼란에 빠져들고 말았다. 하지만 분산주의자들이 막 고립되려는 차에, 찰스 셰링턴 Charles Sherrington이 이들을 위해 구원 등판한다. 셰링턴은 중추신경계의 가장 단순한 기능 중 하나인 척수의 반사작용조차 제대로 작동하려면 많은 뉴런의 협력과 신경회로가 필요하다고 주장했다.

아직 결정적인 증거를 제시하지는 못했지만, 지난 십 년 동안 분산주의자들은 뇌의 본질을 두고 벌인 논쟁에서 승기를 잡았다. 전 세계 신경과학 실험실에서 쏟아지는 발견들이 국소주의자들의 모델을 폐기시키고 있는 것이다. 특히 지난 20년 간 내가 속한 듀크 대학교의 연구실에서 시행한 연구는 단일뉴런을 더 이상 뇌의 최소 기능적 단위로 볼 수 없음을 분명하게 보여주는 데 큰 역할을 했다. 단일

뉴런이 아니라 서로 연결된 뉴런 집단이야말로 뇌가 빚어내는 생각의 심포니를 만들어내는 주체다. 최근에는 이런 신경의 앙상블이 만들어내는 음악을 기록하는 것이 가능할 뿐 아니라, 심지어는 그 중 작은 일부를 수의운동의 형태로 다시 실제 재현해서 연주하는 것도 가능하다. 뇌의 수십 억 뉴런에 비하면 정말 눈곱만한 집단이라 할 수 있는 겨우 몇 백 개의 뉴런에 귀를 기울이는 것만으로도 우리는 이미 복잡한 생각이 순간적인 몸의 행동으로 변환되는 과정을 복제하기 시작한 것이다.

 이런 신경 심포니의 작곡과 지휘를 이끄는 원리는 대체 무엇일까? 신경회로의 작동에 관해 20년 넘게 파고든 끝에, 나는 그런 원리를 중추신경계 깊숙한 안쪽에서만 찾지 않고, 별 볼 일 없는 우주먼지로부터 시작된 우리의 생물학적 진화를 지금까지는 제한되었던 경계를 뛰어넘어 뇌 바깥에서도 찾을 수 있게 되었다. 그리하여 '뇌 자체의 관점brain's own point of view'을 밝혀내서 표현하려고 노력하게 되었다. 여기서 나는 상대성이론으로 우리를 매혹하는 우주와 마찬가지로 인간의 뇌 역시 '상대론적 조각가relativistic sculptor'라는 주장을 내놓으려고 한다. 즉 우리 뇌는 뉴런의 공간과 시간을 유기적인 연속체로 융합해 '존재감sense of being'을 포함한, 우리가 실제라고 보고 느끼는 모든 것을 창조해내는 솜씨 좋은 모델제작자modeler라는 것이다. 뇌는 이 연속체를 통해 세상에 대한 모델을 구성하고 인식한다. 이어지는 장에서 나는 앞으로 다가올 수십 년 동안 신경과학이 이런 뇌의 상대론적 관점을 받아들이고, 그와 더불어 기술의 발전으로 점점 더 크고 복잡한 신경 심포니를 듣고 해독할 수 있게 됨에 따라, 신경과학을 통해 인간은 결국 연약한 영장류의 몸뚱이와 자아감sense of self 안에 갇혀 있던 한계를 깨고 벗어날 수 있을 것이라고 주장한다.

이런 세상을 상상할 수 있는 이유는 연구실에서 수행한 연구 덕분이다. 우리는 원숭이에게 뇌-기계 인터페이스(BMI, brain-machine interface)라고 이름붙인 혁명적인 신경생리학 패러다임을 적용했다. BMI를 이용해서 우리는 원숭이에게 로봇 팔, 로봇 다리 같은 외부 인공장비의 움직임을 수의적으로 조종하는 법을 가르쳤다. 이런 인공장비들은 아주 가까이 또는 아주 멀리 떨어져 있었지만, 모두 가공하지 않은 뇌의 순수한 전기활동을 통해 조정할 수 있었다. 이것은 뇌와 몸의 엄청난 가능성을 보여주었고, 언젠가 이것이 우리 삶의 방식에 근본적인 변화를 이끌 것으로 믿는다.

다양한 BMI를 실험해 보기 위해, 우리는 한 신경회로에 속한 수백 개의 뉴런이 만드는 전기적 신호를 동시에 읽어내는 새로운 실험을 수행했다. 처음에는 분산주의자들의 관점을 실험해볼 요량이었다. 즉 뇌가 어떤 기능을 수행하려고 하면, 서로 다른 뇌 영역을 가로지르며 서로 소통하는 뉴런 집단이 필요하다는 관점을 실험하려는 것이었다. 하지만 뇌가 연주하는 운동의 신경 심포니를 듣는 법을 발견하고 나자, 한 발 더 나아가기로 했다. 영장류 대뇌피질의 운동관련 사고motor thought를 기록하고, 해독해서 반대편 세상으로 전송해보기로 한 것이다. 우리는 이 운동관련 사고를 해석해서 디지털 명령으로 변환한 다음 기계로 전송해 사람과 비슷한 동작을 하게 만들었다. 이 기계는 원래 인간적인 특성을 보이도록 설계된 기계가 아니었다. BMI를 이용해 뇌를 신체의 한계에서 해방시키고, 가상의 전기적·기계적 도구를 이용해서 오로지 생각만으로 물리 세계를 조정하는 방법을 발견한 순간이었다. 이 책은 그 실험들과 그것을 통해 뇌의 기능을 어떻게 다르게 이해하게 되었는지에 대한 이야기들이 실려 있다.

현재 사람들은 BMI 연구가 미칠 영향을 주로 의료분야에 국한해서 생각할 것 같다. 좀 더 발전된 BMI를 구축해서 뇌의 복잡한 작동 방식을 이해하게 되면 파괴적인 신경질환으로 괴로워하는 사람들을 위해 놀랍고 획기적인 치료방법을 개발하는 것도 가능해진다. 불구의 몸인 환자들도 다양한 신경보철물을 통해 운동기능이나 감각을 회복할 수 있을 것이다. 이런 모습도 상상해볼 수 있다. 우선, 현재 사용하고 있는 심박동기 정도 크기의 장비를 머리에 달아 뇌의 건강한 전기활동을 포착한다. 그리고 그 정보를 가지고 비단처럼 얇은, 의류 로봇을 조화롭게 수축해서 운동을 가능하게 하는 것이다. 이 의류 로봇은 제2의 피부라고 할 만큼 얇지만, 딱정벌레의 단단한 껍질처럼 보호 기능이 뛰어나고, 마비환자의 체중을 견딜 수 있을 만큼 튼튼하며, 운동이 불가능했던 몸을 걷고 뛰게 해, 세상을 다시 한 번 자유롭게 탐험하는 환희를 안겨줄 것이다.

하지만 BMI는 의료 분야라는 경계를 뛰어넘어 뻗어나갈 것이 분명하다. 미래 세대는 지금 우리가 말로 표현하지 못하고, 상상조차 할 수 없는 행동과 경험을 하게 될 것이라 믿어 의심치 않는다. BMI는 우리가 도구와 상호작용하는 방식에도 변화를 가져올 것이고, 먼 곳에 떨어져 있는 사람과 소통하는 방식도 바꾸어놓을 것이다. 미래 세계가 어떤 모습일지 이해하기 위해서는, 뇌의 전기활동이 우리 주위를 떠도는 전파처럼 세상을 자유롭게 움직이는 법을 터득했을 때 우리의 일상이 얼마나 근본적인 변화를 겪게 될지를 그려보아야 한다. 컴퓨터 조작, 자동차 운전 그리고 사람들 사이의 소통이 생각만으로 이루어지는 세상에 살고 있다고 상상해보자. 성가신 키보드나 유압식 운전대 따위는 필요 없다. 내 생각을 세상에 알리기 위해 제스처를 하거나 입을 열어 말을 할 필요조차 없어진다.

뇌가 중심이 되는 새로운 세상이 오면, 새로 얻은 신경생리학적 능력을 통해 우리의 운동능력, 인식능력, 인지능력을 더 광범위하게 확장할 수 있을 것이고, 인간의 생각을 완벽하게 번역해서 나노장치의 섬세한 조작이나 정밀한 산업로봇의 복잡한 조작에 필요한 운동명령으로 옮기는 것도 가능해지리라. 그런 미래가 오면, 집에서 바다를 바라보며 편안한 의자에 앉아, 키보드를 치거나 입 한번 벙긋하지 않고 인터넷을 통해 전 세계 그 누구와도 자유로이 대화를 나눌 수 있게 될지도 모른다. 근육을 사용할 필요가 전혀 없다. 모든 것이 생각만으로 이루어지는 것이다.

아직도 BMI의 매력을 잘 모르겠다면 수천만 킬로미터 떨어져 있는 행성 표면의 느낌을 고스란히 자기 집 안방에서 느낄 수 있다면 어떨까? 아니면 더 나아가서, 당신이 인간들이 앞서 축적한 기억 저장소에 접근해서, 물리적으로는 만남 자체가 불가능했던 어느 과거 인간의 생각을 그 자리에서 바로 다운로드 받고, 그 사람이 직접 느꼈던 인상과 생생한 기억을 통해 그와 조우할 수 있다면? 이런 것들은 뇌를 가두는 신체의 한계를 벗어던진 세상에서 살아가게 될 인류의 모습을 얼핏 바라본 한 단면에 불과하다.

이런 놀라운 일들은 더 이상 한낱 공상과학소설의 주제가 아니다. 이런 세상이 바로 여기, 바로 지금 우리 눈앞에서 실현이 이루어지기 시작했다. 그 속에 흠뻑 빠져보고 싶다면, 어려울 것 없다. 티모 이아리아 교수의 말처럼, 여러분은 그저 다음 페이지에서 시작될 음악 연주를 따라 나서면 된다.

What Is Thinking?
생각이란 무엇인가

BEYOND BOUNDARIES

1
생각이란 무엇인가?

열대우기가 시작된 1984년 가을, 브라질 사람들은 이미 참을 만큼 참은 상태였다. 군사 쿠데타를 통해 권력을 장악한 악독한 독재정권의 통치 아래 사랑하는 조국이 20년 동안 시름해왔기 때문이다. 1964년 4월 1일, 만우절에 쿠데타가 성공했다는 것도 참으로 묘한 상징이다. 정권장악 후 20년 동안 군부는 만연한 부정부패와 무능 그리고 정치적 탄압으로 점철된 불명예스러운 유산만을 남겼다.

1979년, 독재정권에 대한 대중적 저항이 커짐에 따라 해외로 추방당했던 정치지도자, 과학자, 지식인들이 사면되었다. 통제하에 점진적으로 민간정부로 이행하기 위한 실천 방안들이 군부 장성들에 의해 제안되었고, 1982년 가을에 시행된 주지사 국민투표가 바로 첫 실천이었다.

그 해 11월, 야당은 압승을 거두었다. 하지만 그 다음 해가 되니,

민주주의의 그 작은 상징마저도 거의 잊히다시피 했다. 브라질 사람들은 독재자가 빵부스러기 흘리듯 내던져주는 정치적 제스처를 넘어 그 이상을 요구할 권리가 있음을, 그것을 이끌어낼 힘이 있음을 자각하기 시작했다. 국민들은 군부의 축출을 원했지만, 또 다른 쿠데타를 통해 축출하고 싶지는 않았다. 대신 대통령직선제 선거를 통한 군부의 퇴진을 기대했다. 그리하여 대통령직선제 선거를 요구하는 범국민적인 운동이 브라질 전국을 뒤덮었다. 첫 번째 시위는 1983년 3월 31일 아브레우 에 리마라고 하는 북동쪽의 작은 도시에서 일어났다. 11월경에는 브라질에서 가장 부유하고 인구가 많은 상파울루에서 1만 명에 가까운 군중이 군부에 항의하기 위해 집결했다. 그것이 도화선이 되어 시위 규모는 기하급수적으로 증가했다. 두 달 후인 1984년 1월 25일, 상파울루 430주년 기념일에는 20만 명이 넘는 인파가 모여 한목소리로 대통령직선제 시행을 요구하는 시위를 벌였다. 이어 며칠 만에 거대한 군중의 물결이 리우데자네이루와 주요 도시의 광장으로 몰려들기 시작했다.

1984년 4월 16일 저녁, 무려 100만이 넘는 인파가 상파울루 시내 중심부에 모여 브라질 역사상 최대 규모의 정치 시위를 벌였다. 브라질의 국기색인 초록과 노란색 옷으로 차려 입은 인파가 불과 몇 시간 만에 도시가 처음 기반을 잡았던 계곡에 결집했다. 새로 합류한 인파들은 기존의 인파가 이미 외치던 두 단어의 구호를 함께 외쳤다. 군중 속에서 누군가가 힘차게 외치면, 사람들 입에서 입으로 구호는 천둥소리처럼 퍼져 나갔다. "당장 선거를! 당장 선거를!" 100만의 사람이 모여 부르는 합창에 참여해본 적이 없다면, 언젠가 꼭 한번 경험해보기 바란다. 가슴 깊숙이 울려 퍼지는 그 소리에 감동하지 않을 사람은 없다. 그 소리는 당신의 기억에 이 세상 그 무엇으로도 지울 수 없는 소리로 새겨질 것이다.

끊임없이 몰려드는 인파에 떠밀려, 나는 신문 가판대 지붕 위로 기어올랐다. 그리고 상파울로의 아낭가바우 계곡을 두 단어의 외침으로 정복해버린 시민들의 모습을 한눈에 바라보았다. 16세기에 포르투갈 사람들이 도착하기 전까지 이 땅에 살았었던, 지금은 사라져버린 토착 인디언 부족인 투피과라니 족은 이 계곡의 물줄기를 '악령들의 강'이라고 불렀었다. 이제는 아니다. 그날 밤 눈에 보이는 강은 거대한 인파로 이루어진 아마존 강밖에 없었다. 그렇게 단호하게 마음을 먹고 모여든 인간의 바다에 감히 얼굴을 내밀 악령은 세상 어디에도 없으리라.

"우리가 원하는 것은?" 시키는 사람도 없는데 누군가 묻는다.

"선거!" 나머지 사람들이 대답한다.

"언제?" 또 다른 누군가가 소리친다.

"지금, 지금, 지금!" 모든 사람들이 하나가 되어 외쳐댄다.

100만의 인파가 함께 브라질 국가를 부르자, 비가 내리기 시작했다. 전형적인 상파울루의 이슬비가 내리는 가운데, 나는 개개의 사람들이 공동의 목적을 위해 협력하면 어떤 일이 가능한지를 보여주는 이 생생한 사례를 마음속 깊이 새겼다. 군중 속으로 퍼져나가는 메시지는 똑같았지만, 매 순간 새로운 목소리들이 더해졌기 때문에 군중의 함성 소리는 잦아들지 않았다. 어떤 사람은 옆 사람과 이야기하고 있고, 어떤 사람은 잠시 목이 잠기기도 하고, 어떤 사람은 깃발을 흔드느라 여념이 없고, 또 어떤 사람은 벅차오르는 감정을 주체하지 못해 합창에서 빠지기도 했다. 더구나 나중에는 시위대를 빠져나가는 사람들도 나타나기 시작했다. 하지만 군중의 천둥 같은 함성 소리는 전혀 잦아들지 않았다. 시위대에서 몇 명이 빠져나간다고 그 차이를 알아챌 사람은 없었다. 뒤를 받치는 인파가 워낙에 거대했기 때문에 일부 사람들의 이탈에도 변화가 없었다.

결국 브라질 국민의 소리는 승리를 거두었다. 며칠 후 나는 스승인 티모 이아리아 교수를 만나 데이비드 허블David Hubel과 토르스튼 위즐Torsten Wiesel의 논문에 대해 얘기했다. 그들은 1981년에 대뇌 시각피질에 대한 혁신적인 연구를 인정받아 노벨 생리의학상을 공동수상했다. 이들은 전통적인 환원주의적 접근법을 이용해 시각피질에 있는 뉴런 한 개의 전기활동을 기록했다. 당시만 해도 전 세계 실험실에서는 이런 환원주의적 접근법이 표준으로 자리 잡고 있었다. 순진하게도 나는 교수에게 왜 우리는 그런 것을 하지 않는지 물었다. 그의 대답은 내가 상파울루에서 겪었던 군중의 함성소리만큼이나 강하게 뇌리에 남았다. "아이고, 이 친구야. 우리는 뉴런 하나를 기록하는 일 따위는 하지 않아. 자네가 며칠 전 참가했던 시위가 100만 명이 아니라 혼자 하는 시위였다고 생각해보게. 그 사람이 무사했을 것 같아? 그것과 마찬가지 이유지. 정치 시위에 혼자 달랑 나와서 아무리 떠든들, 누구 하나 관심 가질 것 같은가? 뇌도 마찬가지야. 뉴런 하나가 전기적으로 시끄럽게 떠들어댄다고 해도 뇌는 눈 하나 깜짝하지 않아. 뇌가 다음에 뭘 할지 결정하려면 엄청나게 많은 뉴런들이 한데 모여서 노래를 불러야 해."

❋

1984년의 그 역사적인 밤을 좀 더 주의 깊게 보았더라면, 내가 그 후로 사반세기 동안 강박적으로 찾았던 신경생리학의 원리 대부분을 당시 군중들의 역동적이고 사회적인 행동 속에서 깨달았을지도 모른다. 나는 시위자들의 외침 대신 귀에는 들리지 않는 거대한 뉴런 집단의 전기적 심포니에 귀를 기울였다.

신경의 앙상블은 영장류의 뇌를 그 생물학적 육신으로부터 해방시키는 도구가 될 것이다. 하지만 1980년대 중반에는 신경과학자들 중 단일뉴런에 초점을 맞추는 환원주의적 패러다임을 포기해야 한다고 생각하는 사람은 없었다. 그럴 수밖에 없었던 이유는 아마도 소립자물리학이나 분자생물학 같은 다른 과학 분야에서 환원주의를 통해 막대한 성공을 거두고 있었기 때문일 것이다. 일례로 소립자물리학에서는 쿼크처럼 점점 더 작은 소립자에 대한 이론이 등장하고, 또 소립자를 실제로 발견했다. 그리하여 이 이론은 표준모델을 정의하는 데 있어서 핵심적인 요소가 되었고, 이 표준모델은 지금까지도 물리적 우주를 이해하는 밑바탕이 되고 있다.

대략적으로 말하자면, 20세기 주류 신경과학에서 환원주의적 접근이란 뇌를 고밀도의 뉴런 집단을 포함하고 있는 개별 영역, 즉 신경핵nuclei으로 나누어, 개별 뉴런과 그 뉴런들이 신경핵 내부나 또 다른 신경핵 사이에서 어떻게 연결되어 있는지를 연구하는 것이었다. 일단 뉴런과의 연결 관계를 분석하고 나면, 이렇게 축적된 정보를 통해 중추신경계가 어떻게 전체로 작동하는지를 설명할 수 있으리라 기대한 것이다. 환원주의에 대한 충성심이 각별했던 신경과학자들은 개별 뉴런의 해부학적, 생리학적, 생화학적, 약리학적, 분자적 조직구성과 그 구성요소를 묘사하는 데 평생을 바쳤다. 노고를 아끼지 않고 연구에 매진한 덕에 엄청나게 풍부한 자료가 축적되었고, 거기서 많은 놀라운 발견이 이루어져, 돌파구가 마련되었다. 이제 다 지난 일이어서 할 수 있는 말이기는 하지만, 그동안 신경과학자들이 뇌 작동방식의 비밀을 풀어보겠다고 노력한 것은, 마치 생태학자가 열대우림의 생태계를 이해한답시고 나무를 하나씩 붙잡고 그 생리학만 들입다 연구한 것과 마찬가지였다. 아니면 경제학자가 주식시장을 예측하겠다고 한 종목의 주가 변화만 붙잡고 늘어지거나, 1984년에 '지금 선거를!'이라고 외치는 브라질 국민들의 입을 틀어막아보겠다고 군부독재자가 참가자들을 한 사람, 한 사람 체포하는 것과 마찬가지다.

한 세기 동안 이루어진 실로 막대한 뇌 연구의 결과를 살펴볼 수 있는 현재 우리의 입장에서 보자면, 지금의 신경과학에는 복잡한 뇌 회로를 제대로 다룰 수 있는 실험 패러다임이 여전히 부족한 상태다. 요즘에는 정치, 글로벌 금융, 인터넷, 면역계, 기후, 개미 집단 등 상호작용하는 수많은 요소들로 구성된 계를 '복잡계 complex system'라고 부른다. 복잡계의 근본적인 특성은 수많은 요소들 간의 총체적 상호작용을 통해 나타난다. 복잡계는 환원주의적으로 접근해서는 그 집합적인 비밀을 밝혀내는 것이 불가능하다. 상호 연결된 수십억 개의 뉴런으로 구성되어, 수백만 분의 일 초 단위로 상호작용이 오고가는 인간의 뇌야말로 전형적인 복잡계라 할 수 있다.

뇌의 복잡성에 대한 연구를 등한시했던 것은 사실 이해할 만하다. 살아 움직이는 동물의 여러 뇌 영역에 분산되어 있는 수많은 개별 뉴런들이 만들어내는 전기적 신호를 동시에 들으려면, 그것은 실험적으로 엄청난 도전 과제일 수밖에 없기 때문이다. 예를 들어, 브라질 국민들이 대통령직선제를 외치던 때는 동물의 뇌에 어떤 감지 장치를 이식해야 실험대상이 다양한 행동 과제를 수행하고 있는 동안 계속해서 신경의 미세한 전기 신호를 동시다발적으로 기록할 수 있는지 확실하게 아는 사람은 신경과학계에 아무도 없었다. 더욱이 당시에는 신경생리학자가 수십 개의 뉴런이 동시에 만들어내는 전기 활동을 걸러서 증폭하고, 화면에 표시하고, 저장하고 싶어도, 그런 용도로 쉽게 사용할 수 있는 전자장치나 강력한 컴퓨터가 없었다. 그리고 각각의 뇌 구조에서 어떤 뉴런을 골라서 측정을 해야 하는지 막막하기는 마찬가지였다. 설사 이런 기술적인 문제들을 해결한다고 해도, 그 과정에서 산더미처럼 쌓일 막대한 정보들을 어떻게 분석해야 할지 아는 사람이 없다는 점은 최악이었다.

역설적으로 인공적인 도구의 개발에서부터 자아의 인식과 의식의 탄생에 이르기까지, 인간의 이성이 성취한 놀라운 업적들이 셀 수 없이 많은 뉴런과 그들의 복잡한 대규모 병렬연결 패턴에서 생겨난다는 것을 의심하는 신경과학자는 없었다. 그럼에도 불구하고 수십 년 동안, 뇌의 심포니에 귀 기울이는 것을 방해하는 장애물을 뛰어넘으려는 시도는 모두 근거 없는 망상 취급을 받아야 했다. 핵폭탄을 만들어냈던 맨해튼프로젝트 규모의 막대한 노력이 집중되어야만 실현될 수 있을까 말까한 유토피아적인 망상에 불과한 것이라 여겨졌던 것이다.

사실상 혈거인의 동굴벽화에서 모차르트의 심포니 그리고 아인슈타인의 우주관에 이르기까지, 지금까지 표현되었던 인간의 본성이라는 것은 모두가 결국 한 가지 근원에서 나온 것이다. 엄청나게 많은 뉴런이 서로 연결되어 역동적으로 치열하게 수고한 덕분이었던 것이다. 인간은 말할 것도 없고 가까운 친척인 영장류나 먼 친척뻘인 포유류만 해도, 그들의 생존과 번영에 없어서는 안 될 복잡하고 다양한 행동 중에 뉴런 하나의 활동으로 이루어질 수 있는 것은 없다. 그 뉴런이 아무리 특별한 뉴런이라고 해도 말이다. 따라서 단일뉴런의 형태와 기능에 대해 우리가 아무리 많은 것을 알게 되었다 한들, 그리고 지난 한 세기 동안 뇌 연구를 통해 얼마나 많은 과학적 성취를 이루었든 간에, 뇌 연구에 환원주의를 직접 적용하는 것은 신경과학 분야의 가장 궁극적 목표인, 생각에 대한 포괄적인 이론을 이끌어낼 전략으로 사용하기에는 부족하고 또 부적절함이 드러났다.

결국 현재 대부분의 신경과학 교과서에서 교묘한 문장과 현란한 그림으로 칭송하고 있는, 뇌에 대한 전통적인 견해는 더 이상 유지되기 힘들다. 아인슈타인의 상대성이론이 우주에 대한 전통적인 견해에 혁명을 일으켰듯이, 단일뉴런을 기반으로 뇌 기능을 바라본 전통적인 이론도 마음에 대한 상대론적 관점으로 대체할 필요가 있다.

새로운 과학 이론을 내놓을 때 가장 먼저 해야 할 일은, 현상을 조사하고 그에 대한 가설을 실험하는 데 필요한 분석의 수준을 어느 정도로 할지 결정하는 것이다. 이렇게 해야 제안된 이론을 입증하거나 반증할 수 있다. 이렇게 입증이나 반증이 가능하다는 것이야말로 과학적 방법론의 핵심이기 때문이다. 나는 생각을 이해하는 데 가장 적절한 접근 방법은 여기저기 흩어져 뇌회로를 구성하고 있는 수많은 뉴런 집단들 안에서 일어나는 역동적 상호작용의 밑바탕을 이루는 생리학적 원리를 조사하는 것이라고 강력하게 주장한다 그림 1.1. 뉴런은 '축삭돌기' 혹은 '축삭'이라는 길게 뻗어 나온 구조물을 이용해 다른 뉴런에게 정보를 보낸다. 이 축삭이 다른 뉴런의 신경세포체나, 세포체에서 원형질이 나뭇가지처럼 뻗어나온 구조인 '수상돌기'에서 만나서 뉴런 사이의 불연속적인 접촉인 '시냅스'를 이룬다. 내 관점에서 보면, 단일뉴런이 뇌에서 기본적인 해부학적 단위이자, 정보 처리와 정보 전송의 단위인 것은 사실이지만, 뉴런 하나가 행동을 유발하거나, 궁극적으로 생각을 만들어낼 수는 없다. 대신 중추신경계에서 진정한 기능적 단위는 뉴런 집단, 혹은 '신경 앙상블neural ensemble' '세포 집합체cell assembly'다. 이런 기능적 배열을 보통 '뉴런의 분산부호화distributed neuronal coding'라고 부른다. 여기서는 행동을 발생시키는 데 필요한 정보를 단일뉴런이 아닌 뉴런 집단이 처리한다.

뉴런 집단으로 생각을 한다니! 인간이 혼자만 접근할 수 있는 지극히 개인적인 체험 두 가지는 자아감sense of self과 신체상body image(자기 신체에 대해 가지는 이미지-옮긴이)이다. 이 두 가지 느낌은 뇌가 전기와 화합물질로 만들어낸 유동적이고, 변하기 쉬운 창조물이다. 양쪽 모두 전혀 주의를 기울이지 않아도 바꾸거나 바뀌는 것이 가능하고, 실제로도 그렇게 바뀌고 있다.

20세기 전반에 소위 단일뉴런 신경생리학자들은 명백한 증거가 나왔다며 이렇게 주장했다. 피부, 망막, 귀, 코, 혀 같은 특화된 감각수용기receptor를 통해 외부세계로부터 감각정보를 취합하고 나면, 그 정보는 특정 감각신경경로를 따라 올라가 특정 대뇌피질영역에 닿는다. 이 영역이 대뇌피질에서 감각 정보를 일차적으로 처리하는 장

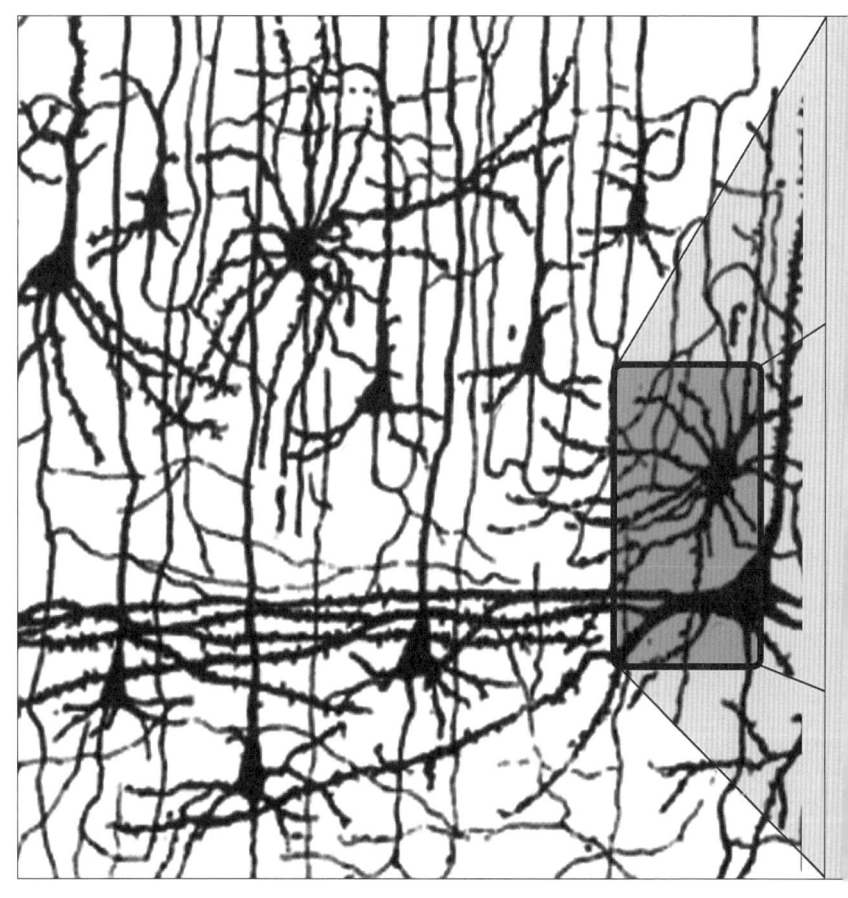

소로 확인되었다. 그 중에서도 촉각을 담당하는 몸감각영역somatosensory area과 시각, 청각 영역이 두드러진다. 이상이 단일뉴런 신경생리학자들의 주장이었다. 하지만 같은 기간 미국의 심리학자 칼 래슐리 Karl Lashley가 반대파인 분산주의자 진영을 옹호하며 나섰다. 래슐리는 뇌에서 기억이 저장되는 장소를 찾기 위해 애를 썼었다. 그는 그 장소를 '기억 흔적engram'이라 불렀다. 그는 쥐, 원숭이, 유인원 등의

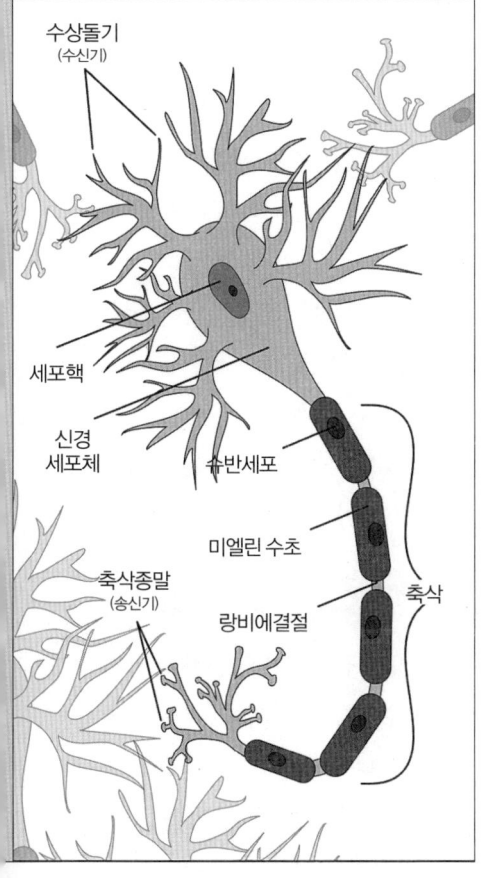

그림 1.1 신경회로의 구조. 왼쪽 그림은 많은 뉴런으로 구성된 신경회로를 보여주는 라몬 이 카할의 원본 그림이다. 오른쪽 그림은 단일뉴런과 뉴런 내부의 특화된 구조들을 확대해서 그린 것이다. 일반적으로 수상돌기는 다른 뉴런으로부터 시냅스를 받는 역할을 주로 한다. 반대로 축삭종말은 다른 뇌세포로 가서 시냅스를 형성하는 역할을 한다.

대뇌피질에서 다양한 부분을 외과적으로 잘라내는 실험을 하면서, 수술 전후로 동물들에게 특정 과제를 수행하도록 가르쳤다. 과제는 물체를 눈으로 보고 구별하는 단순한 과제에서 복잡한 미로를 빠져나오는 복잡한 과제까지 다양했다. 래슐리는 동물을 훈련시킨 다음 대뇌피질에 수술로 손상을 가한 다음, 그것이 습관이나 과제 해결 능력을 새로 얻거나 유지하는 동물의 능력에 얼마나 영향을 미치는지 측정했다. 래슐리는 이 실험을 통해서 감각 정보와 운동 행동 간에 어떻게 연합association(대뇌피질 중 감각기로부터 전달된 정보를 받아들이는 영역을 감각령, 운동명령을 내보내는 영역을 운동령이라 하고, 그 중간에서 정보를 처리해 통합하는 영역을 연합령이라고 한다-옮긴이)이 구축되는지 이해하고 싶었다.

래슐리에 따르면, 동물에게 간단한 과제를 훈련시키고 난 다음 남아 있는 대뇌피질의 상당 부분을 제거해도, 그 과제와 관련된 일차감각피질primary sensory cortex만 어느 정도 손상 없이 남아있으면, 동물의 수행능력에는 별다른 영향이 없었다. 사실, 일차시각피질primary visual cortex의 60분의 1만 남겨 놓아도, 실험동물은 앞서 배웠던 시각-운동 습관visual-motor habit을 그대로 유지할 수 있었다. 뇌는 단순한 과제와 마주했을 때는 감각 정보를 다루는 데 있어서 놀라운 회복력을 보여주었다. 그의 고전적인 논문〈기억 흔적을 찾아서In Search of the Engram〉에서 래슐리는 자신의 실험 결과를 '동등 잠재력의 원리principle of equipotentiality'로 요약했다. 즉 기억의 흔적은 특정한 하나의 뉴런이나 작은 뉴런 집단에 저장되는 것이 아니라 감각영역 전체에 골고루 저장된다는 것이다.

하지만 래슐리는 더 복잡한 행동 과제와 만났을 때는 뇌의 손상 회복 능력이 떨어지는 것을 발견했다. 실험동물에 작은 손상을 가하자, 과제 수행에서 실수를 하기 시작했다. 그리고 실수의 정도는 외과적으로 제거한 대뇌피질의 양과 비례했다. 그러다가 일단 신피질 제거량이 50퍼센트를 넘어서자 실험동물은 학습했던 습관을 모두 잃기 시작했고, 다시 학습하는 데는 광범위한 재훈련이 필요했다. 이런 발견을 바탕으로 래슐리는 기억에 대한 두 번째 원리인 '양작용 효과mass action effect'를 주장했다(양작용설이라고도 한다. 학습이나 지능 같은 복잡한 기능에는 광범위한 대뇌피질 조직이 관여한다는 학설로, 뇌의 어느 부위가 파괴되었는가보다는 얼마나 많은 부위가 파괴되었는가가 장애의 정도를 결정한다는 것이다-옮긴이). 이 주장에 따르면 손상의 영향을 받는 것은 일부 생리학적 조직화 양상이나 통합 활동이지,

특정한 연합 결합associative bond이 영향을 받는 것이 아니라고 한다. 대뇌피질 중 일부가 임무에서 하차하자 복잡한 문제해결 과정이 혼란에 빠지고 만 것이다.

많은 신경과학자들은 래슐리의 결론을 비판했다. 심지어 오늘날까지도, 그의 이름만 언급해도 어김없이 조롱하는 비웃음이 터져나온다. 과학계 내부에서도 역풍이 불어 그의 실험 방법에 대해 비난을 퍼부었고, 특히 뇌에 손상을 입히고 그것을 너무 간단하거나 복잡한 과제와 연관시키려 했던 부분에 대해 비난을 쏟아부었다. 그럼에도 불구하고 래슐리는 대부분의 신경과학자들이 인정하는 것보다 더 많은 일들이 일차감각피질에서 일어난다는 것을 보여주었다.

보통 학문적인 논쟁이 날카로와지고 치열해지는 것은 자신에게 돌아올 위험성이 현저히 낮기 때문이다. 하지만 이 경우에는 달랐다. 뇌의 기능적 단위를 정의하는 것은 신성한 문제였다. 연구의 최종 목적은 이 유기물질의 정확히 어느 부분이 우리를 대표해서 결정을 내리는지 밝히는 것이었기 때문이다. 어디가 내 몸의 시작이고, 끝인지, 인간이라는 것은 어떤 느낌인지, 내 안의 더 깊은 믿음은 무엇인지, 내 아이와 손자들이 먼 훗날 나를 어떻게 기억할 것인지, 내가 인간으로서 남기게 될 유산은 무엇일지 등 이 모든 것을 그 기능적 단위가 결정하기 때문이다. 우리 각자가 서로 다르고 독특하면서도, 또 그만큼 서로 닮아 있다고 느끼게 되는 이유를 밝히는 것 만큼 중요하고 극적인 문제가 또 있을까.

나는 여기서 뇌의 기능을 바라보는 두 가지 서로 다른 관점을 소개하고 있는데, 이 두 관점의 차이를 간단한 비유를 통해 명확하게 이해할 수 있다. 심포니 오케스트라 연주자의 역할을 생각해보자.

콘서트 표를 구해서 기껏 연주회장에 갔더니 바순 연주자 딱 한 사람만 무대에 올라왔다면 실망하지 않을 수 없다. 그 바순 연주자가 아무리 연주 기량이 탁월하고, 얼마나 열심히 공연에 임했든지 간에, 그것만 들어서는 심포니 전체의 음악을 상상하기 힘들 것이다. 무대에 홀로 등장한 사람이 바순 연주자가 아니라 안네 소피 무터 같은 뛰어난 바이올리니스트나 마리아 조앙 피레스 같은 둘도 없는 피아니스트였다 해도 마찬가지다. 꽤 숫자가 되는 연주자들이 함께 나와서 동시에 연주해야 전체적인 심포니 연주가 어떻겠구나 하는 감을 겨우 잡을 수 있을 것이다. 분산주의자의 입장에서 보면, 뇌가 엄청나게 많은 뉴런을 이용해서 복잡한 메시지를 만들어내고 작업을 처리한다는 것은 일종의 심포니를 작곡하고 있는 것이나 마찬가지다.

뉴런이 연주하는 콘서트인 셈이다.

복잡한 뉴런의 메시지나 작업을 수많은 작은 개별적인 조각이나 행동으로 부호화 coding 하는 것은 오케스트라가 하는 일과 비슷하다. 각각의 조각은 의미 있는 전체를 만들어내는 것을 돕는다. '지금 선거를!'이라고 외치며 그 거대한 힘으로 독재자를 자리에서 끌어내린 목소리처럼 말이다. 이런 종류의 메시지 분산 전략 distributed strategy 은 자연에서 자주 발견된다.

분산 전략은 우리 일상의 여러 측면에서 나타난다. 표현형이 복합 형질로 나타나는 경우를 그 예로 들 수 있다. 복합 형질이란 유전적 특성이 겉으로 표현되어 나오는 방식 중 하나를 말하는 것으로, 복합 형질이 등장하려면 염색체 여기저기에 분산된 많은 유전자들이 동시에 함께 표현되어야 한다. 자연에서 보이는 분산 전략의 또 다른 예는 다중단백질 복합체multiprotein complex다. 이 복합체는 개개의 세포 안에서 DNA의 번역과 수리는 물론 시냅스에서의 신경전달물질 분비에 이르기까지 다양한 기능을 수행한다. 각각의 단백질은 특정한 하부 작업만을 담당하지만, 여러 단백질이 하나로 통합되면서 더욱 복잡한 작업을 수행해내는 것이다. 예를 들면 뉴런의 세포막에서는 서로 다른 단백질 복합체들이 세포막에 박혀 다양한 이온 통로를 형성하고 있다. 각각의 이온 통로는 세포막을 가로질러 안과 밖을 연결하는 터널 역할을 한다. 이 터널이 열리면, 특정 이온(나트륨, 칼륨, 염소, 칼슘)이 세포 안으로 들어가거나, 빠져나온다. 다양한 이온 통로가 협력해 뉴런의 막전위를 유지하거나 변경하는 것이다. 뉴런 하나만으로는 의미 있는 행동을 만들어내지 못하듯, 이온 통로 하나로는 이런 과정을 조절할 수 없다. 뉴런의 세포막이 제대로 작동하려면, 이온 통로들이 종류도 다양하고, 양적으로도 대단히 많아야 한다.

　분산 전략은 그보다 높은 수준에서도 마찬가지로 작동하고 있다. 예를 들어 아프리카 사자들은 보통 무리를 지어 사냥한다. 특히 혼자 물웅덩이로 와 물을 마시고 있는 코끼리 같이 큰 먹이를 노릴 때는 더욱 그렇다. 무리로 공격하면 사자 한 마리가 코끼리에게 죽는 일이 생기더라도, 나머지 무리가 계속 공격을 포기하지 않으면 결국 밤이 다 지날 무렵에는 푸짐한 코끼리 고기를 맛 볼 가능성이 높아지게 된다. 그와는 반대로 포식자들의 밥상에 제일 자주 오르는 종도 먹이를 찾아 이동할 때는 큰 무리를 이루어서 포식자로부터 자신을 방어한다. 히말라야의 산소 희박한 공기를 가로질러 나는 철새 무리나, 카리브해의 얕고 잔잔한 푸른 바다를 움직이는 물고기 무리나, 체중이 50kg에 육박하고, 위협적인 앞니 말고는 자기를 방어할 변변한 무기도 없는 남미의 설치류 카피바라 무리는 모두 포식자로부터 자신을 지키기 위해 분산 전략을 이용하고 있는 것이다. 함께 이동하는 개체 무리의 밀도를 증가시키면 천적의 주의를 분산시킬 수 있기 때문에, 개체 한 마리 한 마리가 잡아먹힐 확률이 크게 줄어들고, 무리 전체의 생존 가능성은 그만큼 커진다. 위험관리의 분산 전략이라 할 수 있다.

이런 위험관리 전략은 어디서 많이 들어본 것 같지 않은가? 재무 관리사는 우리에게 포트폴리오를 다양한 경제 부문을 대표하는 여러 회사로 분산 투자하라고 조언한다. 카피바라의 무시무시한 앞니가 없을 뿐, 이것도 똑같은 분산 전략이다. 심지어는 우리 시대에 영향력이 가장 큰 기술인 인터넷조차도 분산형 컴퓨터 그리드를 이용해 정보에 대한 우리의 끝없는 갈망을 충족시켜주고 있다. 전체 시스템의 정보 흐름을 제어하는 컴퓨터는 없다. 구글에서 웹페이지 검색을 위해 특정 주제를 입력했을 때, 당신의 컴퓨터가 구글 본사 컴퓨디에 케이블 하나로 직접 연결되어 있는 것도 아니다. 다만 서로 연결된 수없이 많은 컴퓨터들이 당신의 구글 검색을 캘리포니아 마운틴뷰에 있는 구글 서버 여러 대 중 하나로 신속하게 연결해 줄 뿐이다. 그 컴퓨터 중 하나가 완전히 맛이 가버렸다고 해도 전혀 문제될 것이 없다. 나머지 컴퓨터 네트워크가 당신의 검색 요청 내용을 안전하게 지켜줄 테니까.

하지만 분산 전략은 도대체 왜 그렇게 잘 작동하는 것일까? 단백질 복합체에서 카피바라 무리에 이르기까지, 도대체 왜 분산되어 있는 수많은 개별 요소의 집단에 의지하는 것이 그런 특별한 이점을 가져오는 것일까? 이 근본적인 물음에 대답하기 위해, 다시 뇌로 돌아가서 생각의 집단부호화 전략population-coding scheme이 갖고 있는 이점을 살펴보자.

생각을 거대한 뉴런 집단에 분산시킴으로써 진화는 뇌를 위한 보험을 설계했다. 대부분의 경우 뉴런 하나가 죽었다거나, 국소적인 외상이나 소규모 뇌출혈로 뇌 조직이 조금 파괴되었다고 해서 중요한 뇌기능을 상실할 가능성은 없다. 사실, 분산부호화 덕분에 뇌가 어지간히 크게 손상을 입지 않고서는 환자가 신경학적 기능 이상의 증상을 보이는 일은 드물다. 반대로 한번 생각해보자. 만약 전체 뇌 중에서 우리 삶에서 핵심적인 정보를 뉴런 딱 하나가 담당해서 저장하고 있다면, 어떤 위험이 있을까? 이를테면 정말 좋아하는 가수 이름 같은 것 말이다. 그 뉴런 하나만 잃어버려도 중요한 정보는 영영 사라지고 말 것이다. 사실 성인의 머릿속에서는 개별 뉴런들이 계속해서 죽어가고 있지만, 그렇다고 큰 부작용이 일어나는 일은 없다. 매일매일 뉴런들에게 작은 비극이 계속해서 일어나고 있는데도 우리의 기능이나 행동이 영향을 받지 않는다는 사실 자체가 뇌의 분산부호화 개념을 지지해주는 부분이다. 뉴런 집단은 대단히 적응력이 뛰어나다. '가소성'이 있다고도 표현한다. 만약 어떤 뉴런들이 손상을 입거나 죽어버렸는데, 작업이나 환경에 반복적으로 노출이 되면 남은 뉴런들은 결손이 생긴 뉴런 부위를 우회할 필요가 생긴다. 이 경우 뉴런은 자기를 재조직해서 생리학적, 형태적으로 변화를 일으켜 결국 주변 뉴런들과의 연결 관계도 변화시킨다. 쥐리히 대학교의 로드니 더글러스Rodney Douglas는 뇌는 진짜 오케스트라처럼 작동한다고 했다. 하지만 아주 독특한 오케스트라다. 이 오케스트라는 즉각적으로 연주자나 악기 구성을 바꿀 수 있고, 그 과정에서 완전히 새로운 멜로디를 스스로 작곡해서 연주하기도 한다.

진화가 분산 집단부호화를 선호하게 된 또 하나의 이유는 복잡한 메시지를 전달하는 데 있어서 그것이 단일뉴런 부호화보다 훨씬 효율적이기 때문이다. 간단한 예를 하나 들어보자. 뉴런 하나가 전기적 흥분의 빈도수를 아주 빠른 빈도와 아주 느린 빈도 사이로 왔다 갔다 할 수 있으니, 두 가지 구분 가능한 메시지를 전달, 혹은 신경과학의 전문용어를 빌려, 표상represent할 수 있다고 해보자. 동물의 시야에서 영상을 감지하는 데 만약 하나의 뉴런만이 일을 한다면, 동물의 뇌가 반응할 수 있는 영상은 두 가지밖에 나오지 않는다. 하나는 아주 빠른 흥분빈도에, 나머지는 아주 느린 흥분빈도에 대응하기 때문이다. 단일뉴런으로는 이 두 영상을 제외한 나머지 영상은 구분이 불가능하다. 그럼 이제 같은 일을 하는데 100개의 서로 다른 뉴런이 투입되었다고 가정해보자. 각각의 뉴런이 구분할 수 있는 상태는 마찬가지로 두 가지 밖에 없지만, 100개의 뉴런을 합치면 구분 가능한 영상의 숫자는 2^{100}으로 껑충 뛴다.

뇌를 분산부호화하면 이렇게 극적으로 증가한 연산 능력과 기억 능력을 이용할 수 있을 뿐 아니라, 정보를 대규모로 병렬처리parallel processing 할 수도 있다. 뉴런 하나에서 나온 축삭돌기는 여러 번 가지를 쳐서 다른 많은 뉴런에 동시에 접촉할 수 있기 때문에 믿기 어려울 만큼 많은 연결을 만들어낼 수 있다. 이렇게 복잡하게 얽힌 뉴런 연결은 놀라운 일을 해낼 수 있다. 예를 들어보자. 박사 논문의 일부로 나는 간단한 컴퓨터 프로그램을 작성했었다. 그 프로그램은 정사각행렬 형태의 저장 공간에 심혈관 기능 조절 담당 회로를 형성하고 있는 뇌구조들 사이에서 쌍으로 서로를 직접 잇는 연결이 있는지의 여부를 저장할 수 있었다. 그 다음으로는 이 회로를 구성하는 가장 중요한 40개의 뇌구조를 골라서, 그 40개의 관련 뇌구조 중에서 어떤 것이 단일시냅스 경로monosynaptic pathway로 직접 연결되어 있는지 확인했다(단일시냅스 경로는 두 뇌구조를 하나의 시냅스만을 거쳐 직접 연결하는 경로를 말한다. 내 프로그램이 사용하는 40×40 행렬에서 행은 다른 뉴런으로 단일시냅스 경로를 뻗는 뇌구조를 지칭하고, 열은 그런 경로를 받아들이는 뇌구조를 지칭한다. 만약 4번 뇌구조가 축삭을 뻗어 38번 뇌구조와 직접 연결된다면, 거기에 해당하는 행렬 요소에 '1'을 적는다(4번 행, 38번 열이 만나는 요소). 만약 38번 뇌구조에 들어 있는 뉴런도 역으로 4번 뇌구조로 축삭을 뻗어 연결이 이루어지면, 이번에는 38번 행, 4번 열에 해당하는 요소에 마찬가지로 '1'을 적는다. 만약 주어진 쌍 사이에 직접적인 연결이 이루어지지 않으면(예를 들어 5번 뇌구조와 24번 뇌구조), 해당 행렬 요소에는 '0'을 적는다(이런 관계를 4×4로 축소한 그림 1.2의 예를 참고). 이렇게 일일이 고생하며 행렬을 완성한 다음, 나는 아주 간단한 질문을 프로그램에 던져보았다. 회로를 구성하는 뇌구조들 사이의 경로를 모두 알려준 상태에서, 직접적인 단일시냅스 경로가 존재하지 않는 뇌구조 쌍을 간접적으로 연결하는 신경경로는 몇 개나 존재하는가? 다른 말로, 이 회로 안에서 서로 직접 연결되지 않은 뇌구조 사이에도 정보가 흘러들어갈 방법이 있겠는가? 이 질문을 염두에 두고 답을 얻기 바라면서, 나는 IBM XT 컴퓨터들로 프로그램을 돌려보았다. 각각의 컴퓨터에게는 직접적인 단일시냅스 경로가 존재하지 않는 20개의 뇌구조 쌍 중 한 쌍을 지정해서, 그 쌍을 다중 시냅스 경로로 간접적으로 이어주는 잠

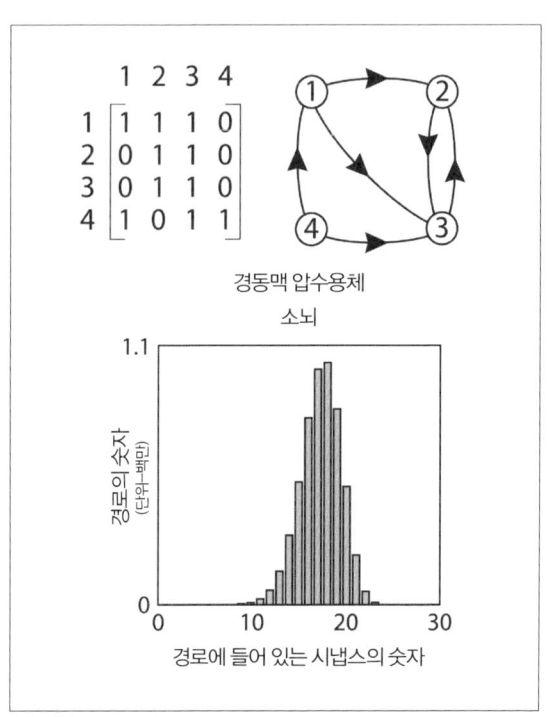

그림 1.2 뉴런 쌍들을 잇는 경로의 분포를 연구하기 위해 그래프 이론을 이용했다. 맨 위는 정사각행렬을 이용해 작은 뇌회로의 직접 단일시냅스 연결 상태를 나타낸다(가로로 쓰인 번호는 연결을 받는 뇌구조, 세로로 쓰인 번호는 연결을 보내는 뇌구조를 의미한다-옮긴이). 이 행렬에서 1은 두 개의 뇌구조 쌍 사이에 직접적인 연결이 존재함을, 0은 존재하지 않음을 의미한다. 행렬 오른쪽에는 그래프를 이용한 회로다. 원 안에 적힌 숫자는 각각의 뇌구조를 나타내고, 방향 화살표는 정사각행렬에 나타난 직접적인 연결 여부를 표시한 것이다. 아래의 히스토그램은 직접적인 단일시냅스로 연결되지 않은 두 구조(경동맥 압수용체와 소뇌)를 간접적으로 연결하는 경로의 총 숫자를 나타낸 것이다. X축은 그 경로가 거쳐가는 시냅스의 숫자를, Y축은 발견된 경로의 숫자를 나타낸다. 이 특정 사례에서 발견된 경로의 숫자만 해도 수백만 개에 이른다는 사실을 주목하기 바란다.

재적 경로를 찾아내는 임무를 주었다. 그리고 이런 탐색이 끝나고 나면 각각의 컴퓨터는 프린터를 이용해 그 잠재적 경로의 목록과 요약 그래프를 뽑아내도록 했다. 그러고서 나는 5일 동안 휴가를 떠났다. 가장 신성한 브라질 축제인 카니발을 놓칠 수는 없는 노릇이었으니까!

5일 후 연구실로 돌아와서 내가 얼마나 충격을 받았을지 상상해보시기 바란다. 컴퓨터 20대 중 10대가 뽑아낸 프린터 종이가 산더미 위의 산더미처럼 쌓여 있었다. 컴퓨터에 프로그램을 돌려서, 직접 연결되지 않은 뇌구조 쌍 사이를 간접적으로 연결해주는 다중 시냅스 경로를 찾아내라고 했더니 컴퓨터 10대에서 찾아낸 것만 수천 개가 넘었다 그림1.2. 나머지 컴퓨터 10대는 더욱 놀라웠다. 10대 중 일부는 아직도 그 경로들을 인쇄하고 있었고, 그 나머지 컴퓨터는 인쇄 용지가 부족해 인쇄가 멈춰 있었다. 직접적으로 연결된 뇌구조 쌍 몇 개만 가지고도 단일시냅스로 직접 연결되지 않은 뇌구조 쌍 사이에 정보를 교환할 수 있는 잠재적 경로를 수십 만, 심지어는 수백 만 가지나 만들어낼 수 있었던 것이다.

서로 연결된 엄청난 수의 뉴런과 대규모 병렬처리를 이용한 정보 부호화 덕분에 인간의 것처럼 진보한 뇌는 역동적인 시스템으로 발전할 수 있었고, 그 안에서 전체는 개별 부분들의 총합보다 더욱 커질 수 있었다. 이런 일이 생기는 이유는 네트워크 전반의 역동적 상호작용이 복잡하고 광범위한 활동 패턴complex global patterns of activity을 만들어내기 때문이다. 이것을 '창발적 속성emergent property'이라고 한다. 이 창발적 속성은 개별 요소들의 개별적 특성들을 선형적으로 더하기만 해서는 애초에 예측이 불가능하다. 이런 극단적인 비선형적 행동 덕분에 뇌의 신경 네트워크에서 나타나는 생리학적 효과와 행동 효과가 극적으로 강화된다. 수백만, 심지어 수십억에 이르는 뉴런으로 형성된 분산 네트워크는 일부 수면 상태나 간질 발작 등 다양한 정상적, 병리적 기능의 밑바탕이 되는 뇌 진동brain oscillation이나 복잡한 주기적 흥분 패턴 같은 창발적 속성을 만들어낸다. 뇌의 창발적 속성은 인지, 운동조절, 꿈, 자아감 등 대단히 정교하고 복잡한 뇌 기능 또한 만들어낸다. 우리가 알고 있는 가장 경이로운 능력인 우리의 의식 그 자체도 인간 뇌에 무수하게 많은 신경 회로가 역동적으로 상호작용하면서 등장한 창발적 속성에서 생겨나는 것일 가능성이 높다.

하지만 내가 제안하는 새로운 관점은 단순히 단일뉴런에서 서로 연결된 뇌세포 집단으로 주안점을 옮겨가는 것에서 그치는 것이 아니다. 대단히 정교하게 발달한 뇌는 그저 버티고 앉아서 무슨 일이 생길지 수동적으로 기다리지 않는다. 하지만 지금까지 대부분의 신경생리학 이론은 이런 사실을 시종일관 무시해왔다. 하지만 실상, 뇌들은 주도적으로 나서서 자신이 몸담고 있는 신체와 주변 세상의 정보를 수집한다. 그리고 그 정보들을 옷감 삼아 지치지 않고 쉼 없이 바느질해서 실재, 견해, 사랑 그리고 유감스럽지만 선입견이라는 옷끼지도 만들어낸다. 우리는 삶의 매순간 선입견이라는 옷을 입고 다니면서도 그 사실조차 모르고 다니는 경우가 많고, 다행스럽게도 그 모든 것이 어디서 오는지 모르고 산다. 이런 능동적인 정보 추구가 '뇌 자체의 관점brain's own point of view'을 유지시킨다. 뇌 자체의 관점이란 다음 세 가지의 조합을 말한다. 첫째는 뇌가 축적해온 진화적·개인적 삶의 역사, 둘째는 주어진 어느 한 순간에서 뇌의 전체적인 동역학적 상태global dynamic state, 그리고 셋째는 몸과 외부 세상에 대한 내부적 표상이다. 우리의 지극히 개인적인 정신적 실체intimate mental existence를 구성하는 이 모든 요소들이 하나로 합쳐져서 정교하고 세밀한 실재를 포괄적으로 구성하는 것이다.

'뇌 자체의 관점'은 우리가 주변의 복잡한 세상을 인지하는 방식뿐만이 아니라, 신체상body image과 존재감sense of being을 느끼는 방식에도 결정적인 영향을 미친다. 뇌가 외부세계로부터 들어오는 신호를 어떤 선입견도 없이 수동적으로 해석, 또는 해독한다고 주장한 데카르트의 가정은 이제 실험적 증거들 앞에 무너질 수밖에 없다. 인간 뇌의 작동을 지배하고 있는 복잡하고 미묘한 생리학적 원리를 파헤치는 일에서 시작해서, 신경학적 장애로 삶이 파괴되어 버린 환자들을 재활시킬 뇌-기계 인터페이스를 개발하고, 인간의 활동 범위를 극적으로 넓히는 일에 이르기까지, 이 관점이 품고 있는 엄청난 과학적 잠재력을 실현하려면, 주류 신경과학은 낡은 20세기의 도그마를 벗어버리고 이 새로운 관점을 전폭적으로 받아들여야 한다.

캐나다의 심리학자 도널드 헵Donald O. Hebb은 1949년에 나온 자신의 명저 《행동의 조직화Organization of Behavior》라는 책에서 세포 집합체야말로 신경계의 진정한 기능적 단위라는 개념을 제기했다. 래슐리의 제자이기도 했던 헵은 "습관이나 인지를 위해 필수적으로 있어야 하는 단 하나의 신경세포나 신경경로 같은 것은 존재하지 않는다"라고 가정했다. 그는 또 다음과 같이 지적했다. "중추신경계의 전기생리학에 따르면 …… 뇌는 모든 부분이 끊임없이 활발하게 활동하고 있다. 몸의 말초로부터 유입되어 들어오는 구심성 흥분은 이미 뇌 안에 존재하고 있는 흥분과 반드시 중첩된다. 따라서 감각 사건 이후의 결과들은 이미 존재하고 있던 뇌의 활동에 영향을 받지 않을 수 없다."

나는 수십억에 이르는 뉴런에 의해 뉴런의 시간과 공간이 빈틈없이 매끈하게 하나로 결합되는 연속체가 창조되며, 뇌의 활동은 이런 개별 뉴런들의 역동적인 상호작용의 결과로 생기는 것이라고 제안한다. 헵이 제안했던 대로 감각 자극이 정상적으로 활동 중인 동물 안으로 유입되면, 그것은 반드시 뇌의 내면적 성향이나 기대치와 먼저 비교된 후 처리된다. 이런 내면적 성향과 기대치는 이전에 마주쳤던 유사한 자극이나, 심지어는 유사하지 않은 자극에 대한 기억의 꾸러미를 통해 구축해놓은 것들이다. 깨어 있는 피험자에게 새로운 메시지가 말초로부터 유입되면, 피험자의 뇌에 광범위하게 발생하는 전기적 반응은 바로 그 순간의 뇌 내부 상태에 크게 좌우되는 것으로 보인다. 따라서 광속의 불변성 때문에 우주에 놓인 두 관찰자의 운동 상태에 따라 시간과 공간을 상대적으로 다루어야 하는 것처럼, 진화적, 개인적 역사, 뇌가 소비할 수 있는 일정한 최대에너지총량fixed maximum amount of energy과 뉴런의 최대흥분빈도maximum rate of neuronal firing 때문에 우리 머릿속에서도 시간과 공간을 물리학의 상대성이론과 비슷하게 상대적으로 다루어야 하는 제약이 생긴다.

세상과 몸에 대한 대부분의 정보는 뇌 자신이 주도하는 탐사 활동의 결과로 뇌에 들어온다. 지각perception은 어쩌다 바깥세상과 접하게 된 우리 몸의 말초에서 시작되는 것이 아니라, 우리 머리에서 시작되는 '능동적인' 과정이다. 다양한 탐사 활동을 통해 뇌는 끊임없이 자신의 관점을 자신이 접하는 새로운 정보와 비교한다. 우리는 일상적으로 손가락 끝으로 무언가를 만지면서 질감, 모양, 온도 같은 '느낌'을 경험하지만, 사실 이런 감각들은 뇌가 조작한 교묘한 환상에 불과하다. 물체에 닿은 손가락이 그 감각 정보를 수집해서 다시 신경을 통해 뇌로 보내는 찰나의 순간 느끼는 환상인 것이다. 만약 그 느낌이 뇌가 기대했던 것과 차이가 나면, 뇌는 이 불일치를 해소하기 위해 순간적으로 놀라거나 불편한 감정을 만들어낸다. 식빵을 꺼내려고 무심코 봉지로 손을 뻗었는데, 건조하고 바삭거리는 식빵이 아니라 물에 젖어서 물컹거리는 식빵에 놀라 떨어뜨릴 때의 감정이 이런 것이다. 시각, 청각, 후각, 미각을 동시에 동원해서 정교하게 세상을 '경험'할 때도 이와 같은 과정이 진행된다. 이 인간적 특성들 모두가 뇌에서 일어나는 거대한 전기폭풍을 통해 세상에 태어난다. 그리고 보통 우리는 이 전기폭풍을 쉬운 말로 '생각'이라고 부른다.

하지만 생각의 정의를 더 확장할 수는 없을까? 뇌는 사실상 우주에서 진화되어 나올 수 있는 가장 경이로운 시뮬레이터라고 나는 생각한다. 충실하고 인내심 있게 실재의 모델을 구축하는 모델제작자처럼, 뇌의 주요 임무도 우리가 인간으로서 존재하는 데 필수적인 행동들을 만들어내는 것이다. 한마디로 뇌의 생리학적 목적은 다음과 같이 요약할 수 있다.

(a) 항상성homeostasis이라는 포괄적인 생리학적 과정을 통해 우리 몸을 작동 가능한 상태로 유지하는 것.
(b) 외부세계와 우리의 삶 그리고 이 양자간의 끊임없는 조우에 대해 자세한 모델을 구축하고 저장하는 것.
(c) 이런 내적 모델을 시험하고 갱신하는 데 사용할 새로운 정보를 찾아 능동적이고 지속적으로 주변 환경을 탐사하는 것. 여기에는 경험을 통한 학습도 들어가고, 미래의 사건을 예측하고 그 사건에 따르는 결과, 비용, 혜택을 잠재적으로 예상함으로써 그에 따르는 이득을 예상하는 행위도 들어간다.

이 짧은 목록으로 중추신경계의 기본 기능을 대부분 아우를 수 있다.

정의에 따르면 좋은 시뮬레이션, 혹은 좋은 모델이란 그 사용자로 하여금 온갖 종류의 사건들을 지속적으로 분석하고 감시해서 미래의 결과를 예측할 수 있게 해주는 것이다. 신경생리학자들은 막대한 시간을 들여 뇌가 인체의 항상성을 어떻게 유지하는지 조사했다. 그리고 최근 10~20년 동안 뇌가 감각, 운동, 인식 정보를 어떻게 부호화하는지에 대한 연구가 폭발적으로 늘어났다. 하지만 이런 현상들을 실험적으로 연구하는 것은 너무 힘들기 때문에 대부분의 신경생리학자들은 세상에 대한 모델을 구축하는 일과 관련된 복잡 행동complex behavior에 대해서는 눈을 감고 말았다. 모델을 구축하고 가꾸는 일은 우주가 어떻게 창조되었고, 수많은 태양계 중에서도 왜 하필 특별할 것 없는 이 태양계가 생명이라는 축복을 받게 되었으며, 또 어떻게 인류가 등장하게 되었는지 등, 아무리 불가사의하고 추상적인 의문이라 해도 자세하게 설명하고 싶어 하는 인류 전반의 원초적인 동경이 표현된 것이다. 보통 이런 동경은 종교의 영역으로 떠넘기는 일이 많다. 하지만 강렬한 호기심을 인간에게 부여해준 것이 바로 이런 복잡 행동이다. 이 호기심이야 말로 인간을 인간답게 만드는 핵심적 특성이 아닌가. 결국 호기심 때문에 예술과 과학적 사고까지 등장하게 된 것이니 말이다. 복잡 행동에는 사람들이 미래 세대에 유전자를 전달하려는 진화적 목적을 위한 사고 전략과 구애 전략도 포함된다. 그리고 우리가 자신의 생각, 꿈, 믿음, 두려움, 열정을 사랑하는 사람과 친구 그리고 기타 인류의 기억 속에 각인하려고 끊임없이 노력하는 것도 여기에 해당된다.

지금쯤이면 여러분도 내가 제안하고 있는 이론적 전환이 별 것 아니라는 것을 깨달았을 듯하다. 하지만 이 주제는 뇌의 본질을 두고 지난 200년 동안 벌어진 지적 전투에서 신경과학계를 끊임없이 휩쓸고 지나갔던 이론적 난투극을 유발한 장본인이었다. 공교롭게도 뇌가 모델제작자라는 개념은 신경과학계 외부에서 지지를 받게 되었다. 영국의 진화생물학자 리처드 도킨스Richard Dawkins는 자신의 고전 《이기적 유전자》에서 뇌, 특히 인간의 뇌는 실재를 아주 정교하게 시뮬레이션 할 수 있는 대단히 유리한 능력을 진화시켰다는 관점을 옹호했다. 물리학자 데이비드 도이치David Deustch는 여기서 더 나아갔다. 그는 《실재의 구조The Fabric of Reality》라는 책에서 이렇게 주장했다. "우리가 직접 경험하는 모든 것은 사실 가상의 실재가 펼쳐지고 있는 것이다. 이 가상의 실재는 우리의 편의를 위해 무의식이 감각 정보와 그것을 해석하는 데 필요한 선천적, 후천적 이론(즉 프로그램)을 이용해 만들어낸 것이다.

칼 세이건Carl Sagan은 자신의 명저 《코스모스Cosmos》 첫 번째 단락에서 이렇게 썼다. "우주는 현재 존재하거나, 과거에 존재했거나, 미래에 존재하게 될 모든 것이다. 이 우주는 생각하는 것만으로도 우리를 감동시킨다. 마치 높은 곳에서 떨어지던 아득한 기억이라도 떠오르는 듯 등줄기가 따끔거리고, 목이 메고, 현기증마저 인다. 우리는 우리가 가장 위대한 미스터리에 가까이 다가섰음을 알고 있다."

이 경이로운 우주가 낳은 자손들 중에서 저 머나먼 우주에서 죽어간, 우리의 진정한 조상인 초신성이(결국 인간의 몸은 그 옛날에 폭발해 사라진 초신성의 잔해 물질로 구성된 것이다-옮긴이) 결코 누려보지 못했던 호사스러운 감각을 맛보며 우주의 장엄한 언어를 해석해낼 수 있는 존재는 딱 하나밖에 없다. 우리 선조인 초신성들은 자신이 남긴 우주먼지가 먼 훗날 머나먼 은하계 한쪽 귀퉁이에 있는 태양이라는 평범한 별 주위를 도는 한 작고 파란 행성에 생명의 숨결을 불어넣게 되리라는 사실을 미처 알지 못한 채 불타 사라지고 말았지만, 우리는 뇌 덕분에 조용히 마음속에 평생의 많은 비밀스런 이야기들을 새기면서, 우리의 의식적 존재를 마지막 한 조각까지 원기왕성하게 모두 사용할 수 있게 되었다.

따라서 몸 바쳐 만약 싸울 만한 가치가 있는 과학의 전투가 있다면, 바로 신경과학자들이 지난 2세기 동안 휘말려들었던 바로 그런 전투일 것이다. 만약 여러분이 나에게 어느 한쪽 편을 선택하라고 한다면, 나는 망설이지 않고 대답할 수 있다. 25년 전 브라질 국민들이 거대한 군중의 함성 소리로 증명해보였듯이, 서로 연결된 수십억 개의 뉴런으로 형성된 함성 소리의 편에 서는 자가 이 전투의 끝에서 결국 승리하게 될 것이라고 말이다.

2

Brainstorm Chasers

뇌 속 전기폭풍을 찾아서

**BEYOND
BOUNDARIES**

2
뇌 속 전기폭풍을 찾아서

　에드거 에이드리언Edgar Douglas Adrian은 신경과학의 창시자들을 괴롭히는 논쟁거리가 무엇인지 분명하게 알고 있었다. 캠브리지 대학 출신으로, 1946년에 옥스퍼드 대학교 성 마리아 막달레나 칼리지의 강의를 맡게 된 그는 뇌를 이해하는 데 있어서 첫 번째로 이룬 중요한 성과가 무엇인가에 대한 자기 나름의 의견을 기술하는 일에 착수했다. 그것은 바로 '지능intelligence'이 머무는 자리가 어디인가 하는 논쟁이었다. 그는 이렇게 말했다. "뇌는 신경세포와 신경섬유로 이루어진 특별한 구조물로, 어떤 동물에는 있지만 그렇다고 모든 동물에 있는 것은 아니다. 그리고 엄밀하게 해부학적으로 보면 뇌를 가지고 있지 않음에도 불구하고 복잡한 행동 양식을 보이고, 환경에 잘 적응하는 동물도 있다. 이것은 당연히 지능이라 부를 수 있는 행동이다. 그리고 우리 몸속에는 피 속을 자유롭게 헤엄치며, 자기에게 나쁜 것은 피하고 좋은 것을 선택하며 독립적인 생명체처럼 활동하는 세포들이 많이 존재한다. 그들도 이성을 가지고 있다고 할 수 있을까?" 그러고나서 에이드리언은 200여 년 전 17세기 말 캠브리지 대학교와 옥스퍼드 대학교의 철학자들이 지능이 몸의 일부인 뇌에 자리 잡고 있는지, 아니면 몸 전체에 퍼져 있는지를 두고 설전을 벌였음을 언급했다. 캠브리지 교수들은 지능이 한 장소에 자리 잡고 있다는 입장을 취했고, 옥스퍼드 교수들은 그보다 훨씬 더 넓게 자리하고 있다는 입장을 취했다.

자신의 주장을 펴기 위해 에이드리언은 장난스럽게도, 그보다 앞서 자신의 모교인 캠브리지 대학에서 의학 강의를 맡기도 했던 매튜 프라이어Matthew Prior가 1718년에 발표한 〈영혼, 또는 이성의 진보Alma: or The Progress of the Mind〉라는 시의 첫 절을 인용했다. 이성이 햄릿의 유령처럼 온몸을 여기저기 뛰어다닌다는, 고대 아리스토텔레스 철학에서 비롯된 수박 겉핥기식의 사고방식을 비웃은 다음에 프라이어는 뇌 쪽을 지지하는 주장을 펼쳤다.

아시다시피 기지가 넘치는 캠브리지의 사람들은
독단적인 주장을 따르기를 거부하지.
그들은 말하기를(사실 그들은 그 늙은 그리스인을 별로 존경하지 않아)
그의 연구를 모두 종합해보면
그것은 파란 주머니 속 파란 콩 세 개에 불과하다고 하지.
그들은 강력하게 이렇게 주장하지.
영혼은 자신의 왕좌인 뇌 위에 걸터앉아

그 생각의 자리로부터 감각에게
최고 통치자로서의 기쁨을 나누어준다고 말이야.

에이드리언은 영국적인 재치가 현란하게 드러난 이 글을 통해 옥스퍼드의 경쟁자들을 놀리는 동시에 자신의 캠브리지 선배들에게 경의를 표했다. 그 캠브리지 선배들은 뇌야말로 밤낮없이 뒤바뀌는 인간의 마음을 빚어내는 단독 범인임을 깨달았다. 그 후로 60년이 넘는 세월이 지난 지금, 나는 프라이어의 시를 사람들 앞에서 낭송하면서 웃음을 참느라 얼굴을 실룩대며 떨고 있을 이 위인의 표정이 머릿속으로 상상이 간다.

에이드리언에게는 이렇게 학문적으로 신랄한 잽 펀치를 날릴 수 있는 자격이 있었다. 무엇보다 그는 말초신경이 주변 세상과 몸에 대한 감각정보를 어떻게 뇌의 언어인 전기적 신호로 암호화하는지를 최초로 정확하게 밝혀낸 신경과학자였기 때문이다. 이 연구로 그는 1932년에 노벨상을 공동수상했다. 그보다 앞서 연구했던 과학자 키스 루카스 Keith Lucas는 나중에 활동전위 action potential라고 이름 붙은 이 전기 스파크가 본질적으로 실무율 all-or-none을 따른다고 제안했다. 에이드리언은 이 개념을 더 깊숙이 파고들어가 자극의 강도는 촉각, 후각, 미각, 시각 등의 감각 종류에 상관없이 모두 말초신경을 통해 전달되는 활동전위의 빈도와 관련되어 있음을 밝혀냈다.

그렇다면 그가 성 마리아 막달레나 칼리지의 한 강의에서 두 이탈리아 과학자, 루이지 갈바니 Luigi Galvani와 알레산드로 볼타 Alessandro Volta 사이에 있었던 위대한 논쟁에 대해 환기시키며, 어떻게 해서 전기생리학이 우연한 사고에서 탄생해 곧바로 과학 탐구의 한 중요한 분야로 자리 잡게 되었는지를 다시 논의한 것도 상당히 적절했다고 할 수 있다. 1783년경에 갈바니는 죽은 개구리의 다리 근육에 서로 다른 유형의 금속을 접촉시키면 근육을 수축시킬 수 있음을 알게 되었다. 그는 이것이 죽은 근육섬유 속에 전기가 저장되어 있다는 증거라고 해석했고, 생명을 움직이는 비밀의 원동력을 찾아냈다고 믿었다. 볼타는 순진하기 짝이 없는 이 성급한 결론에 충격을 받고, 전기는 한 근육과 또 다른 근육에 접촉한 서로 다른 유형의 금속에 의해 만들어졌을 가능성이 높다고 강력하게, 하지만 정중하게 지적했다. 볼타에게는 자신의 관점을 증명해줄 증거가 필요했다. 볼타에 따르면 개구리의 다리 근육은 사실 두 가지 다른 금속으로 만들어진 갈바니의 탐침에 의해 생성된 전류를 흐르게 하는 전도체이자, 그 전기를 감지하는 생물학적 탐지기로 동시에 작용하고 있었던 것이다. 이런 해석에 확신을 갖게 된 볼타는 아연과 은으로 만든 두 금속판 사이의 공간을 채워줄 전도 물질로 개구리의 근육 대신 소금물에 적신 종이를 사용해서, 볼타 전지라고 알려진 최초의 전기 배터리를 설계하는 일에 착수한다.

에이드리언이 언급했듯이 전기와 관련된 이 소동에서 볼타는 깔끔한 승리를 거두었고, 가엾게도 갈바니는 자신의 실험 결과도 제대로 해석하지 못하는 몰상식한 실험가로 영원히 낙인찍힐 처지가 되고 말았다. 실제로 오늘날 갈바니를 근육 속 신경을 인공적으로 자극할 수 있는 최초의 원시적인 신경보철장비를 설계한 사람으로 인정하는 사람은 거의 없다. 갈바니 입장에서는 다행스럽게도 머지않아 다른 과학자들이 살아 있는 근육 조직과 신경 조직에서 전류를 만들어낸다는 결정적인 증거를 찾아낸다. 하지만 동물 전기의 발견은 사실 볼타의 주장만큼 대단한 충격은 아니었다. 사실 이 전류의 크기는 대단히 미미했다. 그렇게 오랜 세월 동안 이 전류를 정확하게 측정하지 못한 이유는 바로 이것이다.

자연이 자신의 수수께끼를 달랑 음표 몇 개만 가지고 작곡하는 일은 없는 것 같다. 대개는 다양한 뉘앙스의 음색과 리듬을 가진 심포니를 작곡해내기 때문에 우리의 다소 편협한 인식능력으로 듣기에는 그 음악이 늘 이상하고 새롭게 들릴 수밖에 없다. 새로운 증거나 2차적인 현상을 접했을 때도 자기가 각별히 아끼는 이론을 수정하지 않고 버티면, 과학자들은 보통 결국에는 자료에 섞여 있는 잡음이 아무리 직관에 어긋나는 것이라 해도 무언가 본질적인 것을 얘기해주고 있다는 것을 발견하게 된다.

정말 놀랍게도 뇌의 연구와 관련된 근본적인 논란은 빛을 파동으로 볼 것이냐, 입자로 볼 것이냐를 두고 물리학자들 사이에서 오간 격렬한 논쟁과 닮았지만, 역사적으로도 서로 밀접하게 뒤얽혀 있다. 빛을 입자로 보는 이론은 아이작 뉴턴 경과 중력에 관한 한 그의 천적이었던 알베르트 아인슈타인이 선호하는 이론이었다. 캠브리지 대학의 탁월한 영국인 물리학자였고 또한 이집트학자이자, 언어학자, 의사, 생리학자 겸 신경과학자였던 토마스 영Thomas Young은 이 양쪽 과학계의 논쟁 모두에서 핵심적인 역할을 했다.

토마스 영의 전례 없는 과학 경력을 보면 경외감에 입이 딱 벌어질 수밖에 없다. 앤드류 로빈슨Andrew Robinson이 그에 대해서 쓴 전기가 있는데 그 제목은 이러했다.《모든 것을 알고 있던 마지막 인물: 토마스 영, 다른 천재적 업적들 중에서도 특히 뉴턴이 틀렸음을 입증한 익명의 박식가이자, 우리의 시각을 설명하고, 병자를 고쳤으며, 로제타석을 해독한 사나이》. 그 천재적 업적 중 한 가지는 이제는 고전이 된 기발한 실험인 이중슬릿 실험이 있다. 지금은 간단하게 '영의 실험'이라고도 알려져 있다. 영은 짧은 거리를 두고 떨어진 평행한 두 개의 수직 슬릿을 만들어 놓은 얇은 판에 빛을 비추면 슬릿 뒤 쪽에 놓아둔 스크린 위로 밝고 어두운 띠무늬 패턴이 나타나는 것을 관찰했다. 이 패턴은 연못에 돌멩이 두 개가 동시에 떨어지면서 생긴 두 물결파가 서로 충돌하면서 생기는 '간섭 패턴'과 닮았기 때문에, 영은 빛이 파동이라고 주장했다. 천재 물리학자 리처드 파인만을 비롯한 수많은 물리학자들이 영의 이중슬릿 실험을 두고 양자역학의 초석을 마련한 사건이었다고 인정했다.

믿기 어려운 얘기지만, 이 혁명적인 실험 후 1년 만에 영은 자신의 '분산신경부호화distributed neural coding' 이론이 될 내용을 공식화하는 작업을 시작한다. 이 이론을 '색채시각의 삼원색설trichromatic theory of color vision'이라고 부른다. 서머셋 밀버튼에 둥지를 튼 한 퀘이커교 가문의 열 명의 자녀 중 장남으로서 그리 초라하지 않은 업적이다.

내가 처음에 영의 연구에 대해 알게 된 것은 내가 듀크 대학교에 온 지 얼마 지나지 않아서 만난 로버트 에릭슨Robert Erickson과의 우정 덕분이었다. 당시 그는 듀크 대학교 심리학과 고참 교수로 있었다. 잘 알려진 미각 생리학자였던 에릭슨은 뇌가 정보를 부호화할 때 신경세포집단에 의지한다는 분산주의의 개념을 열렬히 지지하는 옹호자였다. 그는 또한 신경과학에서 국소주의자들과 분산주의자들 사이에 일어났던 논쟁의 기원을 찾아 토마스 영과 골상학자인 프란츠 갈 사이의 논쟁까지 거슬러 추적해간, 살아있는 몇 안 되는 인물 중 한 사람이었다.

사람들의 이야기를 종합해보면, 갈 자신은 기량이 뛰어난 해부학자였다. 영이 〈언론왕립사회회보 Philosophical Transactions of the Royal Society〉에 자신의 삼원색설을 발표하기 바로 2년 전, 갈은 사람의 두개골을 세심하게 분석하면 그 사람의 기본적인 성격과 지적 능력을 확인할 수 있는 임상적인 방법이 있다고 주장하고 그것을 두상학craioscopy이라 부르며 대중적으로 보급하기 시작했다. 갈은 특정한 예술적 능력이나 지적 능력 혹은 일탈행위를 보이는 사람은 거기에 해당하는 특정 대뇌피질 부위가 불균형하게 더 자라 있을 것이라고 주장했다. 갈에 따르면 대뇌피질이 국소적으로 이렇게 성장량이 달라지면 두개골의 실제 형태도 그에 따른 영향을 받았을 것이고, 따라서 자신처럼 기량이 뛰어난 검사자가 사람의 머리를 만져서 검사해보면 뇌의 독특한 소질이나 결함을 밝힐 수 있을 것이고, 심지어는 그런 특성이 그 사람을 뛰어난 작가로 만들지 아니면 냉혹한 살인자로 만들지도 알아낼 수 있다고 주장했다. 갈은 뇌를 27개의 '기관(organ, 이 기관은 두개골 위의 혹으로 드러난다)'으로 나누고, 그 중 19개는 인간에 이르기까지 모든 동물이 공통으로 가지고 있다고 했다. 번식의 욕구, 자식에 대한 사랑, 자부심, 오만함, 허영, 야망 등의 기본적인 정서에 사용되는 기관에 덧붙여, 그 사람의 종교, 시적인 재주, 확고한 목적의식 및 인내력 등에 영향을 주도록 지정된 기관들이 있었다. 갈의 이론에 따르면 기억력이 남다른 사람들은 안구가 튀어나와 있다고 한다.

갈의 살아생전 의학계와 과학계 사람들 대부분은 그가 내린 해괴한 결론을 강하게 부정했다. 하지만 그렇다고 갈과 그의 제자들이 강의를 통해 유럽 전역에 아이디어를 퍼뜨리는 것을 막을 수는 없었고, 특히 정신적 기능이 대뇌피질의 특수화된 단위 안에 공간적으로 국소화되어 있다는 개념은 널리 퍼져나갔다. 하지만 로버트 에릭슨이 자기 논문에서 언급했듯이 역사적 사실에서 벗어날 수는 없다. 분산주의 신경과학이 토마스 영의 유산이듯, 국소주의 신경과학은 프란츠 갈의 유산이다.

비록 함께 듀크 대학교에 함께 머무는 동안에 그가 나에게 직접 언급한 적은 없었지만, 나중에 나는 에릭슨이 또 다른 과학계의 왕조가 남긴 유산을 계승하고 있음을 발견하게 되었다. 에릭슨은 칼 파프만 Carl Pfaffmann 밑에서 공부했다. 파프만은 고양이의 미각 신경에 대한 획기적인 연구를 통해 정보는 말초신경 수준에서조차도 수많은 '광범위 동조 신경섬유들 broadly tuned nervous fiber'이 동시다발적으로 활성화되어야만 부호화될 수 있음을 밝혀냈다. 나중에 에릭슨이 자신의 종설논문 review article에서 이야기했듯이, 파프만은 다음과 같이 단언했다. "이런 미각 시스템에서 감각의 질은 단순히 일부 특정 신경섬유 집단의 '실무율 법칙'에 따른 활성화에 의해서만 결정되는 것이 아니라, 활성화된 다른 신경섬유들의 패턴에 의해서도 결정된다."

파프만의 연구실은 캠브리지 대학교 생리학과에 있었다. 에릭슨은 자신의 종설논문에 조그맣게 넣은 각주를 통해 자신의 스승이 어떻게 해서 미각 연구를 시작하게 되었는지 재미있는 이야기를 사람들에게 들려주었다. 캠브리지 대학교에서 파프만은 로드 에이드리언 Lord Adrian과 함께 공동으로 연구를 진행하고 있었다. 당시 에이드리언은 거의 모든 말초감각신경을 조사했고, 그 말초신경이 중추로 어떻게 투사되고 있는지도 거의 조사가 끝났다고 주장하고 있는 상태였다. 그가 학문적으로 넓힌 영역은 시각, 청각, 후각, 몸감각(촉각)까지 뻗어나가 있었다. 에이드리언이 직접 조사하지 못한 분야가 바로 미각이었다. 에릭슨의 말에 따르면 에이드리언이 이 부분을 파프만에게 배정했다고 한다. 에릭슨은 분명 자신이 이렇게 뛰어난 과학계 계보에 속해 있다는 사실에 만족하고 있었다. 그가 원문에 나타난 영의 삼원색설 개념을 인용하기에 앞서 "색의 부호화에 대한 이 가설은 분명 신경과학 역사상 가장 강력한 두 문장에 간결하게 표현되어 있다"라고 먼저 언급하고 지나간 것을 보면 그가 얼마나 자부심을 느끼는지가 분명하게 드러난다.

토마스 영의 탁월한 논리 말고는 본질적으로 근거가 될 만한 다른 정보가 아무것도 없었던 색채시각의 삼원색설은 인간의 눈에 색채시각을 담당하는 서로 다른 세 가지 유형의 감각수용기가 존재할 것이라 예측했다. 여기 에릭슨이 찬사를 보낸 두 문장 중 첫 번째 문장이 있다. 영이 1802년에 삼원색론을 정의한 글이다. 괄호 속 전문용어는 에릭슨이 해설로 달아놓은 것이다.

이제 망막의 예민한 지점이 무한히 많은 입자(receptor, 감각수용기)를 가지고 있고, 또한 그 모든 입자들이 모든 가능한 진동(wavelength, 파장)에 대해 완벽한 조화 속에 진동(responding, 반응)할 수 있다고 생각하는 것은 불가능해졌다. 따라서 반응할 수 있는 가짓수가 제한되어 있다고 생각할 필요가 생겼다. 예를 들면 삼원색인 빨강, 노랑, 파랑 세 가지로 제한되어 있다고 할 수 있을 것이다. 이 색의 진동의 크기 비율은 각각 8, 7, 6이라는 숫자 사이의 비율과 비슷하다. 그리고 각각의 입자(감각수용기)는 자신과 완벽한 조화에 가까운 진동을 만날수록 더 잘 움직일 수 있다. 예를 들어 비율이 $6\frac{1}{2}$에 가까운 녹색빛의 진동이 들어오면 노랑과 파랑에 반응하는 입자(감각수용기)에 동일한 영향을 미칠 것이다. 따라서 노랑과 파랑 두 가지 종류의 빛으로 구성된 빛과 같은 효과를 나타낼 것이다. 그리고 각각의 신경섬유는 세 부분으로 구성되어 있고, 이 세 부분이 삼원색을 각각 하나씩 담당할지도 모른다.

5년 후에 영은 여기서 더 나아가 이렇게 주장한다. "이 감각들이 결합되는 비율의 차이에 따라 다양한 색조들을 나타낼 수 있다." 하지만 실험가들이 영이 말한 망막의 색 감각수용기, 즉 세 가지 유형의 망막원추세포retinal cone가 존재한다는 것을 최종적으로 밝혀내는 데는 시간이 꽤 걸렸고, 결국 20세기 후반이나 되어서야 입증되었다.

역사학자이자 신경과학자인 스탠리 핑거Stanley Finger는 놀라울 정도로 풍요로운 자신의 책 《신경과학의 기원Origins of Neuroscience》에서 익명으로 묻힐 뻔했던 영의 삼원색론이 어떻게 해서 의사이자 물리학자였던 헤르만 폰 헬름홀츠Hermann von Helmholtz의 구원을 받게 되었는지를 상세하게 적고 있다. 헬름홀츠는 영의 이론을 완전히 정당화해줄 수 있는 자료를 제공하고 수학적 기반도 다져주었다. 핑거는 영의 이론이 요하네스 뮐러Johannes Müller에게 영감을 불어넣어 '특수신경에너지 이론specific nerve energies theory'를 개발하도록 자극했다고도 주장했다. 이 이론에서는 우리가 서로 다른 감각을 인지하는 것은 특정 감각수용기와 신경을 자극해서 생기는 직접적인 결과라고 가정

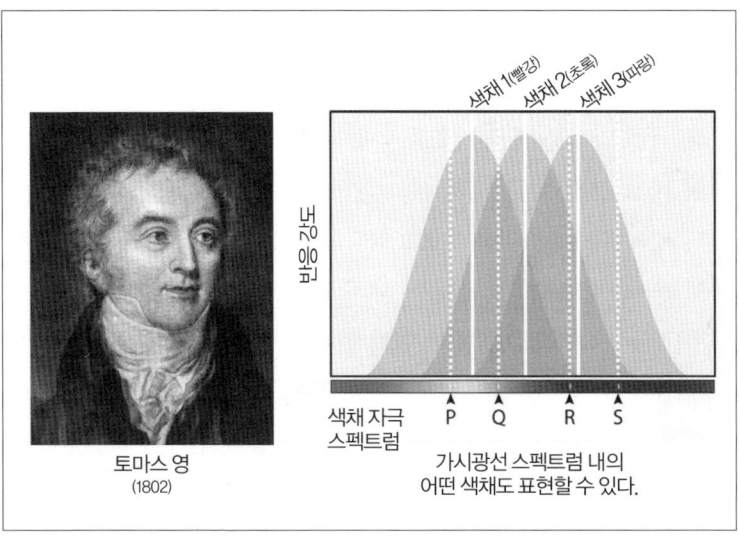

그림 2.1   토마스 영의 색채시각의 삼원색설. 왼쪽은 토마스 영의 초상화이고, 오른쪽은 그의 이론을 그래프로 나타낸 것이다. 각각 빨강, 초록, 파랑에 최대로 반응하지만, 다른 색채에도 최대치 이하의 반응을 보일 수 있는 세 가지 서로 다른 '색채 감각수용기'만 있으면, 그 수용기들의 단계적 반응을 통해 어떤 색채 자극이라도 나타낼 수 있음에 주목하라.

한다. 내가 핑거의 책을 무척 재미있게 본 것은 사실이지만, 이 마지막 평가에 대해서는 동의할 수 없다. 오히려 영의 이론은 정반대되는 내용을 제시하고 있다. 말하자면 특정 감각, 이 경우 색채감각은 개별 신경의 자극에 의해서 일어나는 것이 아니라, 서로 다른 수많은 신경섬유들 전체에 걸쳐 나타나는 활성화 패턴에 의해 일어난다는 것이다.

이런 개념은 망막에서 일어나는 색 부호화color coding에 대한 영의 모델을 그래프로 보면 더 쉽게 이해할 수 있다그림 2.1. 이 그래프는 영이 상정한 세 가지 망막 감각수용기가 나타내는 종 모양의 반응곡선을 나타낸다. 각각의 감각수용기는 빛의 삼원색(파랑, 초록, 빨강) 세 가지 중 자기가 담당하는 한 가지와 만났을 때 최대로 반응하지만, 다른 색을 만났을 때도 강도는 약하지만 반응을 나타낼 수 있다. 이것이 바로 광범위 동조broadly tuned 감각수용기, 혹은 광범위 동조 뉴런의 정의다. '광범위하게 동조한다는 것'은 빛, 압력, 소리, 화학적 농도 등 주어진 물리적 실체에 대해 폭넓은 범위의 값에 대해 최대치 이하로 반응하는 반면, 이 범위 안에 있는 특정 값에 대해서는 최대로 반응하는 생물학적 '탐지기'의 역할을 한다는 것이다.

여기서 명심해야 할 것은 세 가지 망막수용기의 반응 특성을 구별해주는 종 모양 곡선이 파장(색)의 차원에서 상당 부분 겹친다는 점이다. 이것이 의미하는 것은 한 가지 색채 자극이 주어졌을 때, 그것이 세 가지 감각수용기 모두로부터 반응을 촉발할 가능성이 높다는 것이다. 비록 그 반응은 각기 다른 것이겠지만 말이다. 이 그래프는 또한 영의 세 가지 망막수용기가 어떻게 서로 협동해서 서로 다른 광범위한 색의 집합을 표현할 수 있는지도 말해준다. 망막에 전해지는 각각의 색채 자극에 대해서, 세 가지 망막수용기 각각에서 생성되는 서로 다른 전기적 발화의 합에 의해 만들어지는 '특정 집단 분포 패턴particular distributed population pattern'이 있을 것이다. 예를 들어 'P'라는 색은 1번 감각수용기로부터는 최대치에 가까운 신호를 얻고, 2번 감각수용기로부터는 20% 강도의 반응을 얻지만, 그리고 3번 감각수용기로부터는 아무런 반응도 얻지 못하는 것으로 그 색에 대한 고유의 망막 반응 패턴이 정의된다. 반대로 색채 'Q'는 1, 2번 감각수용기로부터는 최대치에 가까운 반응을 이끌어내고, 3번 감각수용기로부터는 20% 강도의 반응을 이끌어낸다. '광범위 동조' 감각수용기 단지 세 개만을 이용하는데도, 망막은 상상할 수 없을 정도로 거대한 색채의 집합을 나타낼 수 있는 능력을 얻게 된다. 1장에서 살펴보았듯이, 이것은 분산 신경부호화의 가장 놀라운 장점 중 하나다. 뉴런 집단을 구성하는 요소의 숫자보다 기하급수적으로 더 많은 종류의 메시지를 나타낼 수 있는 놀라운 능력을 갖게 되는 것이다. 토마스 영은 오늘날의 최첨단 장비의 힘을 빌리지 않고도 이것을 상상해낼 수 있었다. 오직 생각만으로 말이다!

지금은 영의 광범위 동조 뉴런이 영장류의 뇌 전체에 걸쳐 존재한다는 것을 알고 있다. 하지만 19세기에는 알려지지 않은 내용이라 뇌의 '기능적 영혼functional soul'을 두고 격렬한 싸움이 계속 이어졌다. 하지만 1861년에 프랑스의 의사 폴 브로카Paul Broca가 발표한 임상연구 덕분에 국소주의자들은 대박을 터뜨렸다. 그는 유창하게 말하는 언어 능력을 심각하게 상실한 환자의 사례를 보고했다. 환자는 무슨 말을 하려고 하든지 간에 '탄'이라는 의미 없는 소리만 입에서 나왔다. 그리고 오른쪽 몸에 심각한 마비도 있었다. 이 사나이는 브로카에게 검사를 받은 후 오래지 않아 사망했고, 브로카는 그 환자의 뇌를 해부해볼 수 있었다. 그리고 놀랍게도 뇌의 왼쪽 전두엽 중앙 볼록한 부분에서 광범위한 병소를 찾아냈다. 정신 기능이 뇌 각각의 영역에 개별적으로 국소화되어 있다는 명백한 증거가 발견된 것이다. 브로카는 자신이 발견한 내용과 골상학 사이에는 관련이 없음을 짚고 넘어가려 했다. 이 '언어' 중추가 갈과 그의 자손들이 수십 년 전에 언어를 담당하는 두개골 혹이라고 가정했던 부위와는 다르다고 언급한 것이다. 하지만 펑거가 지적했듯이, 양쪽 다 언어 중추는 전두엽에 존재한다고 했으니 그것으로 충분했다. 쏟아질 듯 튀어나온 눈으로 노려보는 갈 유령의 눈길을 피해갈 수는 없었던 것이다.

브로카의 발견으로 의학계는 한바탕 난리가 났고, 많은 신경학자들이 뇌가 특화된 기능 영역으로 구성되어 있다는 이데올로기로 전향했다. 9년 후 독일의 과학자 에두아르트 히트지히Eduard Hitzig와 구스타브 프리치Gustav Fritsch가 최후의 일격을 가했다. 개의 전두엽 피질의 서로 다른 영역들을 약한 전류로 차례차례 자극했더니 각기 다른 개의 신체 부위에서 명확한 근육 수축을 일으킬 수 있었던 것이다. 이들은 또한 한쪽 대뇌 반구 피질의 특정 영역을 외과적으로 제거했더니, 반대쪽 앞발의 운동 강도와 기동성이 완전하지는 않지만 눈에 띌 정도로 약해지는 것을 밝혔다. 히트지히와 프리치는 이 자료를 이용해서 경계가 명확한 한 전두엽 부위 안에 개 신체의 완전한 운동 영역 지도를 그렸다. 이 전두엽 부위가 '운동피질motor cortex'이다. 이렇게 동물의 신체를 뇌에 지형도처럼 나타낸 것topographic representation을 '신체운동영역지도somatotopic map'라고 한다. 한 세기가 지난 지금, 우리는 뇌에 이런 지도가 몇 가지 들어 있으며, 전두엽만이 아니라, 두정엽외 몇몇 영역과 피질 하부의 다양한 구조에도 존재한다는 사실을 알고 있다.

이런 발견들이 대단히 극적인 것은 분명했지만, 화학반응으로 염색한 뇌 조직과 현미경으로 무장한 새로운 유형의 전문가들의 영향력이 점차 커지면서 곧 빛을 잃고 말았다. 이 조직학자들은 19세기 분산주의자 진영에 마지막 남은 자들과의 최후의 결전을 준비하고 있었다. 그리고 그 결전을 치르던 중, 1906년에 노벨생리의학상을 수상했다.

❈

　매년 그렇듯 1906년 한 해도 열두 달을 보내며 어느 해 못지않은 비극과 승리 그리고 기억에 남을 인간의 업적들을 목격했다. 4월에는 샌프란시스코를 뒤흔든 참혹한 지진으로 3,000명이 넘는 거주민이 사망했다. 8월에는 또 다른 지진이 칠레의 해안가 휴양지인 발파라이소를 덮쳐 도시를 폐허로 만들었고, 역시 3,000명이 사망했다. 이탈리아에서는 베수비오산이 폭발했다. 용암과 시뻘건 돌덩이와 화산재가 폼페이와 나폴리를 덮쳐 수백 명이 사망하고, 수천 명의 이재민을 만들어냈다.

　샌프란시스코의 지진이 일어나기 전날 밤, 이탈리아의 테너 가수 엔리코 카루소Enrico Caruso는 티볼리 오페라하우스에서 오페라 '카르멘'의 호세 역을 맡아 공연을 했다. 지진의 충격에 놀라 잠을 깬 카루소는 팰리스 호텔 계단을 뛰어내려와 길거리로 도피했다. 전하는 이야기에 따르면 신분을 확인할 수 있는 것이라고는 루스벨트 대통령의 사인이 있는 사진 한 장밖에 없었던 카루소는 뉴욕으로 향하는 배에 어찌어찌 올라타서 불타는 도시를 가까스로 빠져나왔다고 한다. 11월에 카루소는 뉴욕 센트럴파크 동물원의 원숭이 우리 근처에서 성추행을 했다는 혐의를 받고 법정에 서게 됐다. 한나 그레이엄 부인은 카루소가 주제넘고 무례하게도 자기 엉덩이를 꼬집었노라고 주장했다. 카루소는 메트로폴리탄 오페라 극장에서 있을 '라 보엠' 공연을 위해 목소리가 상하지 않도록 조심하며 변호하기를, 그레이엄 부인을 꼬집은 것은 분명 원숭이였을 것이라고 주장했다. 판사는 카루소의 이야기를 믿지 않았고, 결국 카루소는 벌금 10달러를 물고서 풀려났다.

카루소의 친구였던 시어도어 루스벨트Theodore Roosevelt 대통령도 바쁜 한 해를 보냈다. 미합중국 대통령으로서는 처음으로 '디치(도랑)'라는 별명으로 불렸던 파나마 운하를 방문한 후, 12월에 러일전쟁의 휴전 협정을 중재한 것으로 노벨평화상을 수상했다. 그는 모든 면에서 뇌 연구의 미래를 바꾸어 놓게 될 행사에 공식적으로 초청받게 되었다.

스웨덴의 전형적인 날씨답게 추웠지만, 과학계는 후끈 달아올랐던 1906년 12월 10일, 스웨덴 왕실과 국회의원, 걸출한 과학자 그리고 그날 밤 노벨상 수상자들 중 한 사람이 회고록에도 적었듯이 '수많은 고상한 숙녀들'이 스톡홀름의 스웨덴 왕립음악아카데미 대강당을 채우고 있었다. 고 알프레드 노벨의 가족들과 함께 그들은 스웨덴 왕이 공식적으로 그 해의 노벨상을 수여하기를 기다렸다. 아마도 거기 모였던 사람들 중에 노벨의학상을 공동수상할 두 사람 사이에 흐르는 긴장감을 눈치채지 못한 사람은 없었으리라. 노벨상위원회에서 상을 공동으로 수여하기로 결정한 것은 이때가 처음이었다.

노벨상 수상자를 선정하는 임무를 맡았던 카롤린스카 연구소 총장 카를 악셀 뫼르너Karl Axel Mörner 백작이 수상자를 발표했다. "올해의 노벨생리의학상은 해부학 분야의 연구에 돌아가게 되었습니다. 신경계의 해부학 연구에 대한 공로를 인정해 파비아의 카밀로 골지Camillo Golgi 교수와 마드리드의 산티아고 라몬 이 카할 교수에게 노벨생리의학상을 수여합니다." 백작은 우아하게 써내려간 발표문을 낭독하면서 수상자를 포함한 청중들에게 뇌의 활동 중 얼마나 많은 부분이 아직 수수께끼로 남아있는지를 상기시켰다. 그는 신경계의 복잡한 해부학에 대해 잠시 언급한 다음 다시 수상자들에게로 주의를 돌려 그들이 완전히 새로운 의학 분야를 탄생시켰노라고 말했다.

드디어 골지와 라몬 이 카할을 스톡홀름으로 불러들이게 된 구체적인 연구 내용을 언급해야 할 시간이 되자, 약삭빠른 국제적 외교 수완이 발휘되었다. 뫼르너 백작은 이탈리아어로 골지를 부르며 말했다. "골지 교수님, 카롤린스카 연구소 교수단은 교수님을 신경계 최신 연구의 선구자로 여깁니다. 그에 따라서 노벨의학상을 수여함으로써 선생님의 뛰어난 능력에 경의를 표하고, 뛰어난 발견을 통해 해부학의 역사에 새겨진 선생님의 이름을 길이 남기는 데 일조하려 합니다." 이어서 뫼르너는 카할 쪽을 돌아보며 스페인어로 말을 바꾸었다. "산티아고 라몬 이 카할 교수님, 선생님의 수많은 발견과 조예 깊은 탐구 덕분에 신경계에 대한 연구가 오늘날의 모양새를 갖추게 되었습니다. 그리고 선생님의 연구가 신경해부학 학문 분야에 기여한 풍부한 자료 덕분에 이 과학 분야가 더욱 발전할 수 있는 확고한 토대가 마련되었습니다. 카롤린스카 연구소 교수단은 선생님께 올해의 노벨상을 수여함으로써 이런 훌륭한 연구의 명예를 드높이게 된 것을 무척 기쁘게 생각합니다." 이 역사적인 문장을 통해 신경과학은 세례를 받았다.

페티야 데 아라곤에서 태어난 산티아고 라몬 이 카할은 강박적이고 난폭하고 완고한 천재였다. 다른 기관들과 마찬가지로 뇌도 개별 세포의 집합으로 이루어졌음을 반박의 여지없이 증명함으로써 혼자만의 힘으로 현대적인 뇌 연구의 시대를 열었다. 현미경을 광적으로 사용했던 그는 정교한 전문 기술에다가 그림 그리는 재주와 창조적 통찰력을 함께 겸비하고 있었다.

잘 믿기지 않겠지만, 그날 밤 오스카 2세가 직접 손으로 건넨 노벨상을 받은 이 사나이가 중추신경계에 대한 첫 논문을 발표한 때는 그로부터 18년 전 그가 발렌시아 대학교의 이름 없는 교수였던 시절이었다. 경력을 쌓은 지 얼마 안 된 초기시절에 카할은 그 당시 선도적인 해부학자들이 주로 사용하던 언어인 독일어로 글을 쓸 수 없었다. 그래서 그는 과학학술지 〈계간 정상 및 병리 조직학Revista Trimestral de Histologia Normal y patologica〉을 창간해서 자신의 발견을 스페인어로 발표했다. 이 학술지는 편집자 리뷰를 아주 솔직하게 실었기 때문에 그가 이 학술지에 출자하고 편집을 맡은 것은 그에게 큰 도움이 됐다. 1896년에 그는 이런 실험을 다시 해보기로 결심하고 뇌 연구에 대한 최초의 대표적 과학학술지인 〈계간 현미경학Revista Trimestral Micrografica〉을 창간했다. 창간호에는 카할 자신이 저술한 여섯 편의 논문이 실렸다. 몇 년 후 독일 해부학자들은 카할의 논문을 원문 그대로 읽고 싶다는 이유만으로 스페인어를 배우기로 맘먹기도 했다.

오늘날까지도 카할은 신경과학계에서 제일 자주 인용되는 저자 중 한 사람이다. 실험가로서의 그의 독창성과 활력은 그가 뇌 조직의 구성에 대한 자신의 혁명적인 연구를 위해 '검정반응la reazione nera'이라는 염색 방법을 변형해서 사용했을 때 처음 드러났다. 카할은 쉬지 않고 검정반응을 조금씩 달리 적용하면서, 중크롬산 칼륨 결정이나 중크롬산 암모니아 결정으로 뇌조직 블록을 경화시킨 다음 조직을 다시 질산은 용액으로 옮겼다. 질산은 용액에 들어간 조직의 구조는 투명하고 노란 단단한 조직 블록을 배경으로 차츰 검게 물들었다. 그런 후 카할은 블록을 얇은 절편으로 잘라 현미경에 넣고 관찰하며, 조직 내에 흩어져 있는 뇌세포의 세포체, 수상돌기, 축삭돌기를 확인했다. 카할은 이 기법을 성인 표본뿐만 아니라 태아나 갓난아이의 뇌조직에도 적용해보려고 했다. 용액, 절편의 두께, 뇌조직의 적절한 조합을 찾아내기까지는 몇 년이 걸렸다. 그가 얻은 가장 뛰어난 결과는 새, 파충류, 작은 포유류의 뇌에서 나왔다. 이 동물들은 대부분 그가 직접 잡아서 준비한 것들이었다. 아마 카할의 집 뒤뜰에는 먹이를 쪼아 먹는 닭이 거의 보이지 않았을 것이다.

검정반응 기법을 완성한 다음에 그는 새로운 도해 기법을 개발한다. 그는 조직 절편을 차이스 현미경에 올려놓은 후 초점면을 이동하면서 눈에 보이는 각각의 모든 세포들을 한 장의 종이 위에 옮겨 그렸다그림 2.2. 뇌조직의 현미경 이미지를 이렇게 포괄적으로 그리는 것은 전례가 없는 작업이었다. 그가 내놓은 정확하고 선구적인 뇌회로 이미지 덕분에 신경과학자들은 머지않아 오랫동안 숨겨져 있던, 인간의 마음에 대한 심오한 비밀과 이야기들을 밝혀낼 수 있을 거라는 느낌을 받았다.

한 해, 한 해가 지날 때마다 카할은 뇌세포의 형태에 대해 독특한 일련의 발견을 해냈고, 그 각각의 발견 내용을 창조적인 도해와 해석으로 기록했다. 이 모든 것들은 그의 유명한 '역동적 극성화의 법칙Law of dynamic polarization'으로 압축된다. 이 법칙은 신경세포가 기능적으로 극성화되어 있음을 밝히고 있다. 즉 신경세포는 신호를 받아들이는 영역(수상돌기가 대표적)과 신호를 내보내는 요소(축삭돌기)로 이루어져 있다는 것이다. 이 개념을 이용해서 카할은 전기신호가 신경세포 수상돌기에서 받아들여진 다음에 세포체를 통과한 후 축삭돌기를 통해 다른 세포로 전달될 것이라고 예측했다. 전위가 축삭돌기를 타고 이동하거나, 전위가 수상돌기나 세포체에서 발화되는 생

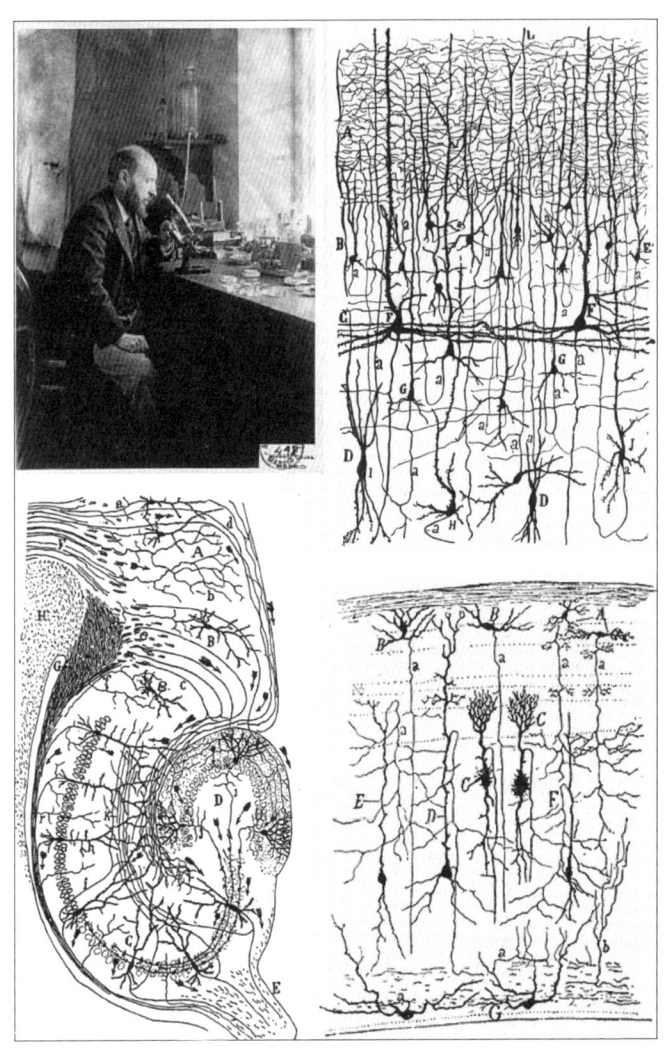

그림 2.2 뉴런의 지배를 그림에 담다. 현미경 앞에 앉아 있는 산티아고 라몬 이 카할. 그리고 그가 중추신경계의 서로 다른 부분을 그린 그림.

리학적 기록을 본 적이 있다는 증거가 없음에도 불구하고, 30년 후에 전기생리학적인 기록을 통해 그가 옳았음이 증명된다. 카할이 머물며 연구했던 마드리드에서 떠돌았던 얘기를 적어보면, 신은 뇌를 창조하기로 마음먹은 날 무척 들떠서 카할 교수에게 전화를 걸어 뇌를 어떻게 작동시킬 것인지에 대한 자신의 생각을 설명했다고 한다. 신의 계획을 경청하고 난 다음에 카할은 간단히 이렇게 말했다고 한다. "나쁘지 않네요. 그런데 보여드릴 슬라이드가 몇 장 있는데 시간을 내서 마드리드로 좀 내려오시면 어떨까요? 그걸 보시면 창조하려고 하는 뇌가 실제로 어떻게 작동할지 알 수 있을 겁니다."

카할이 학자로서 경력을 쌓으며 피워낸 가장 화려한 꽃은 뉴런독트린neuron doctrine로 알려지게 될 내용을 정의하는 일련의 법칙들을 명확하게 밝힌 것이었다. 그의 이론은 뇌가 불연속적인 접촉을 통해 서로 소통하는 대량의 개별 세포들이 모여 형성되어 있다고 주장했다. 그런데 카할의 입장에서는 분하기 짝이 없는 일이지만, 정작 카할 자신은 신경계 해부학의 이 핵심적인 단위에 '뉴런'이라는 이름을 붙일 생각을 하지 못했다. 그 이름이 등장한 것은 1891년에 독일의 해부학자 빌헬름 폰 발다이어-하르츠Wilhelm von Waldeyer-Hartz가 발표한 종설논문이었다. 이 논문은 크게 주목받아, 뉴런이라는 용어가 채택되기에 이르렀고, 카할은 분한 마음을 삼켜야 했다.

카할이 이룬 엄청난 업적을 놓고 보면, 도대체 왜 노벨상위원회에서 상을 골지에게도 공동 수여하는 것으로 결정했는지 궁금해질 법도 하다. 카할의 결론을 정면으로 반대한 골지는, 독일의 해부학자 요제프 폰 게를라흐Joseph von Gerlach가 처음 제안했고 카할의 이론과 경쟁 관계에 있던 뇌이론인 신경그물설reticular theory을 열렬히 지지했다. 신경그물설은 뇌가 개별 세포들로 구성된 것이 아니라 거대한 그물처럼 연속적으로 이어진 뇌 조직으로 이루어져 있다고 가정했다. 게를라흐는 융합된 수상돌기가 이 신경그물의 가장 중요한 성분이라는 개념을 선호한 반면, 골지는 융합된 축삭돌기, 즉 광범위하게 퍼진 신경망nerve net이 뇌 조직을 조직화하는 기능을 주로 담당한다고 믿었다. 이런 점으로 보아 골지는 정신 기능이 대뇌피질의 개별 영역에 국소화되어 있다는 개념을 혐오한 몇 안 되는 당대 신경과학자 중 한 사람이었다. 그는 당시 과학의 시대적 조류와는 어긋나 있었다. 하지만 앞서 1873년에 '검정반응'을 발명한 사람이 바로 골지였다. 노벨상위원회는 그를 무시할 수 없었다. 토마스 영의 마지막 후예인 것으로 보이는 이탈리아 과학자 골지가 갈바니의 전통을 따르기라도 하듯, 새로운 기법을 발견해놓고도 정작 자신의 실험 자료를 잘못 이해한 것은 참으로 역설적인 운명이었다. 사실 카할과 골지 두 사람이 노벨상을 공동으로 수상하기는 했지만, '검정반응'을 이용했다는 점, 부엌을 실험실로 사용하기를 좋아했다는 점, 그리고 차이스 망원경을 좋아했다는 점 말고는 이 두 사람을 서로 이어줄 부분이 없었다.

　노벨상을 수여하는 12월 10일 즈음에는 이미 카할과 뉴런독트린이 신경과학이라는 신생 분야에서 오랫동안 군림해온 상태였다. 실험적 증거들은 스페인 과학자 카할에게 압도적으로 유리했다. 하지만 골지는 고집을 굽히지 않았다. 사실 12월 11일에 그는 '뉴런독트린-이론과 사실The Neuron Doctrine-Theory and Facts'이라는 제목으로 반항적인 노벨상 강연을 했다. 이 강연에서 그는 뉴런독트린이 곧 사양길로 접어들게 될 것이라고 주장했다. 그리고 이론을 하나씩 하나씩 분석, 비판하면서 이따금씩 그 대안으로 자신의 생각을 펼치기도 했다. 그는 뉴런독트린을 당연한 것으로 받아들이는 사람들을 공개적으로 조롱하기도 했다. "그래서 저는 이렇게만 얘기할까 합니다. 저 또한 뉴런독트린의 탁월함을 존경해 마지않습니다. 저명하신 스페인 동료의 고명한 지적 능력이 돋보이는 값진 소산물임에 틀림없지요. 하지만 해부학적 본질에 대해서는 몇 가지 동의할 수 없는 부분이 있습니다. 그것은 뉴런독트린에서 결정적으로 중요한 부분이기도 하지요."

다음 날 머리끝까지 화가 치밀어오른 카할은 분리된 개별 뉴런과 섬세하게 뻗어 나온 그 돌기들을 그려놓은 그림으로 무장하고 강당 앞에 나와 자리를 잡았다. 그는 먼저 노벨상 강연은 전통적으로 과학자가 자신의 결과를 가지고 나와 발표하는 자리임을 환기시키는 것으로 시작했다. 하지만 카할은 상대방에게 상처를 주는 일을 부끄러워 할 사람이 아니었다. "아주 충만한 삶을 살아왔건만, 말년이 되어 부당하게도 젊은 실험가 집단으로부터 자신의 가장 독창적인 발견들을 오류로 취급당하는 고통을 받아야 했던 이 가엾은 과학자를 애도하는 바입니다." 그는 끝말을 이렇게 맺었다.

대부분 사람들의 눈에 그날의 승자는 카할이었다. 20세기를 지나는 동안 국소주의자들은 대뇌피질을 시각중추, 청각중추, 촉각중추, 운동중추, 후각중추, 미각중추 등으로 나누는 작업을 진행했다. 그리고 이 영역들을 다시 색, 운동감지, 안면인식과 기타 복잡한 기능 등의 특화된 영역으로 다시 세분했다. 그리고 머지않아 개별 뉴런들도 시각뉴런visual neuron, 거울뉴런mirror neuron, 얼굴뉴런face neuron, 촉감뉴런touch neuron, 심지어는 할머니뉴런grandmother neuron 등으로 이름이 붙여졌다.

뇌에서 미답의 영역은 남아 있지 않았다. 하지만 뇌가 전체로서 어떻게 작용하는지는 심오하고 난해한 수수께끼로 남아 있었다. 미세한 최소 단위에 이를 때까지 뇌를 나누고 또 다시 잘게 나누기를 거듭해왔건만, 신경과학자들은 여전히 이런 단위들이 어떻게 함께 작동해서 인간의 삶을 정의하는 빈틈없이 매끄러운 인지 경험을 만들어내는지 설명할 길을 아직 찾지 못했다. 역설적이게도 지금 와서 보면, 같은 동포인 갈바니처럼 골지도 사실은 보다 큰 그림을 보았던 것이 아닌가 싶다. 비록 자신의 검정반응 슬라이드에서는 구체적인 부분까지 확인할 수 없었지만 말이다. 더군다나 최근 수십 년 동안 과학자들은 뇌의 일부 영역(운동조절에 관여하는 아래 올리브infeiror olive 등의 구조물)과 일부 부류의 뉴런(대뇌피질의 억제성사이뉴런과 후각신경구의 승모세포 등)이 연속적인 망을 형성하고 있음을 발견하기도 했다. 이런 망은 간극연결gap junction이라는 세포질연결cytoplasmic bridge로 이어져 있다. 이것은 골지의 신경그물설과 비슷하다. 하지만 골지는 전혀 예상치 못했던 방식으로 복수를 한다. 비록 아무도 모르게 조용히 이루어지기는 했지만 말이다. 그는 '신경회로망nerve network'이라는 용어의 명명을 도왔고, 뇌는 광범위하게 분산된 신경회로의 집단적인 작용을 통해 생각한다는 일반석인 개념이 딘생하도록 도왔다. 1906년에는 엄청난 조롱의 대상이었던 '골지 신경회로망'은 결국 여러 세대에 걸쳐 래슐리, 파프만, 헵, 에릭슨 등의 분산주의자들에게 영감을 불어넣어 그들로 해금 국소주의에 저항하고 견디게 만들었다.

갈바니와 골지의 이야기를 들으면 나는 유명한 브라질 축구 코치가 했던 이야기가 생각난다. "이 이탈리아인들은 아주 놀라운 방식으로 싸움에서 이길 줄 아는 사람들입니다." 이탈리아의 스트라이커 파올로 로시가 내리 세 골을 득점하면서 브라질 축구대표팀을 1982년 월드컵 무대에서 쫓아내는 모습을 절망 속에 지켜보아야 했던 수백만 브라질 축구 팬들에게 물어보기 바란다. 혹시 아직도 그 경기 때문에 악몽 속에 헤매지나 않는지 말이다.

나는 분명 그렇다.

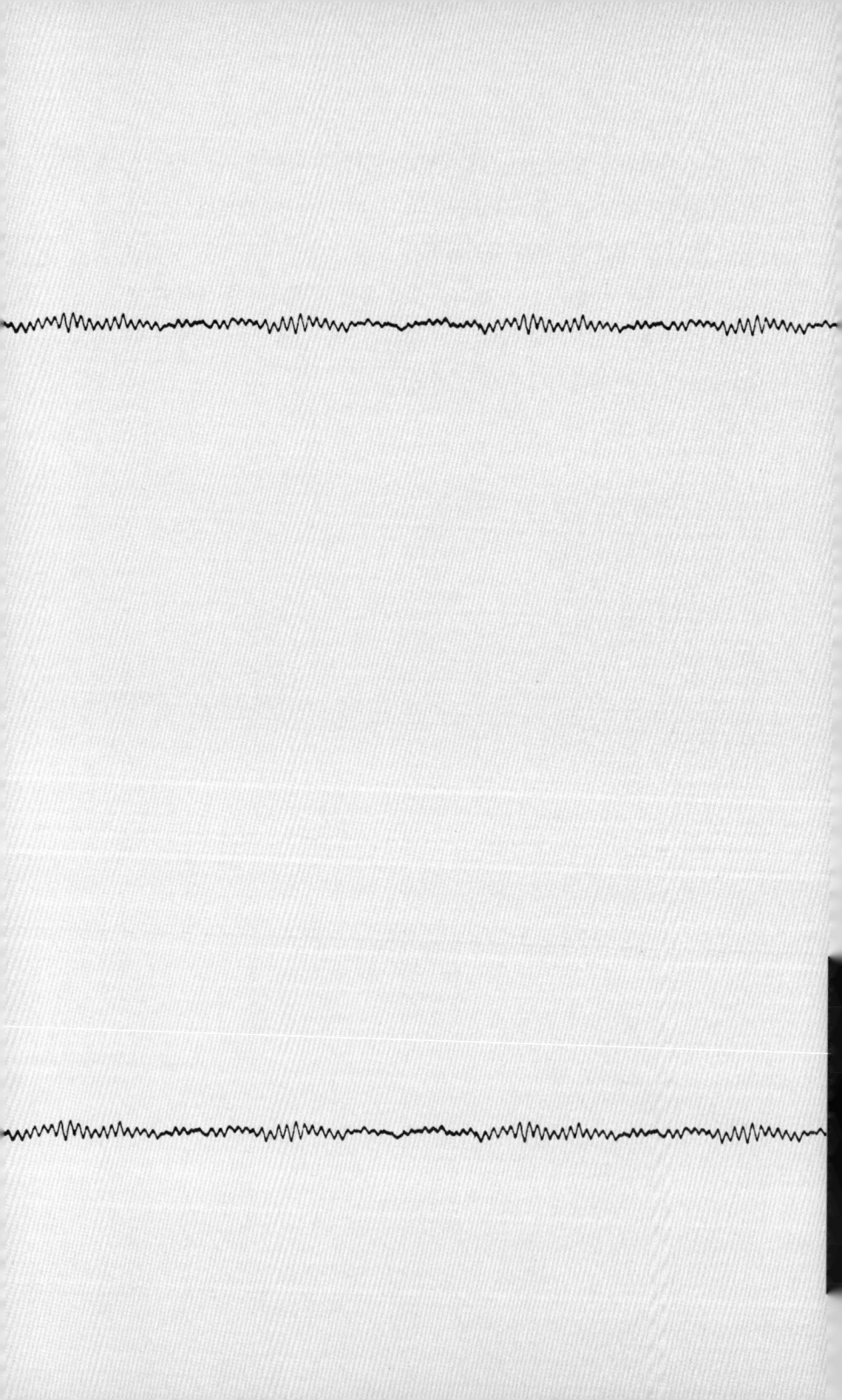

3

The Simulated Body
가상의 신체

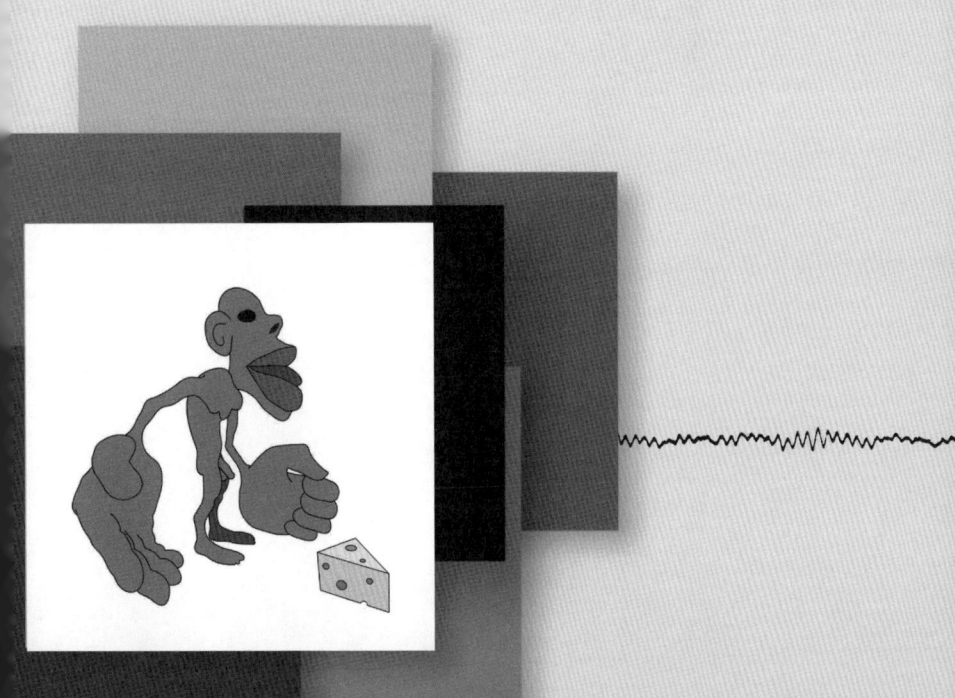

**BEYOND
BOUNDARIES**

3

가상의 신체

뉴런독트린이 1906년 노벨상 수상으로 최고의 승리를 이룬 이후로 신경과학계는 뇌 기능의 국소주의적 관점이 더 이상 필적할 상대 없이 거침없이 부상하는 것을 지켜보았다. 대단히 복잡하게 주름이 잡혀 있는 대뇌반구의 바깥 조직인 대뇌피질이 어떻게 조직되어 있는지 그 신비를 밝혀내는 데 힘을 모으고 있던 사람들 사이에서는 이런 추진력이 강하게 발휘되었다. 20세기가 열리면서 세포구축학cytoarchitectonics이라는 분야가 부상했다. 세포구축학은 세포소기관에서 발견되는, 음전하를 띤 RNA를 염색하는 니슬 염색법Nissl method 같은 다양한 염색 기법을 이용해 뉴런의 분포와 군집을 연구하는 학문이다.

러시아의 조직학자 블라디미르 베츠Vladimir Betz가 1874년에 히트지히와 프리치가 신체 운동의 근원이라고 꼬리표를 달아놓은 대뇌피

가상의 신체 **81**

질영역인 운동피질motor cortex에 피라미드 모양의 커다란 뉴런이 빽빽하게 들어차 있는 독특한 수평층이 존재한다는 사실을 발견함으로써, 세포구축학은 아주 적절한 시기에 시작되었다. 이후로 베츠세포 Betz cell로 알려지게 된 이 피라미드뉴런들pyramidal neuron, 추체세포이 내미는 아주 긴 축삭돌기들은 함께 다발을 이루어 척수까지 내려가 피질척수로corticospinal tract를 형성한다. 이것은 가장 크고, 가장 중요한 신경로 중 하나다. 피질척수로는 운동피질에서 발생된 수의적 운동 신호voluntary motor signal를 뇌줄기brain stem와 척수에 위치하는 하위 운동뉴런들이나 사이뉴런interneuron 군집으로 실어 나른다. 사이뉴런은 축삭돌기를 내 국소적으로 다른 뉴런들과 연결되는 세포다. 뇌줄기의 하위 운동뉴런에서 뻗어 나오는 축삭돌기는 우리 안면근육에 분포하는 반면, 척수에서 뻗어 나오는 축삭돌기들은 몸의 나머지 부분에 있는 근육들로 투사된다. 하위 운동뉴런이 전기 신호를 발화하면 우리 몸의 근육들은 기꺼이 이 신호에 복종해 수축한다. 이 하위 운동뉴런에 자세한 운동 명령을 전송함으로써 피질척수로는 구체적으로 어떤 운동을 발생시킬 것인지에 대한 집행 통제권을 행사한다.

19세기 말에 이루어진 세포구축학 연구에 의해 대뇌피질을 수직으로 차례차례 포개진 여섯 개의 뉴런 층판으로 나눌 수 있음이 밝혀졌다. 이 피질층판은 바깥쪽에서 안쪽 순서로 로마 숫자를 이용해 I부터 VI까지 번호가 매겼다. 대뇌피질영역별로 피질의 두께와 층판의 개수, 이들 층판 전체에 걸쳐 분포하는 서로 다른 피질세포들의 유형과 밀도 그리고 다른 규정 요인들을 측정해서, 20세기 초반에 몇몇 조직학자들은 대뇌피질을 별개의 영역으로 나누는 체계를 제안했다. 이런 선구자들 중 한 사람인 독일의 신경학자 브로드만

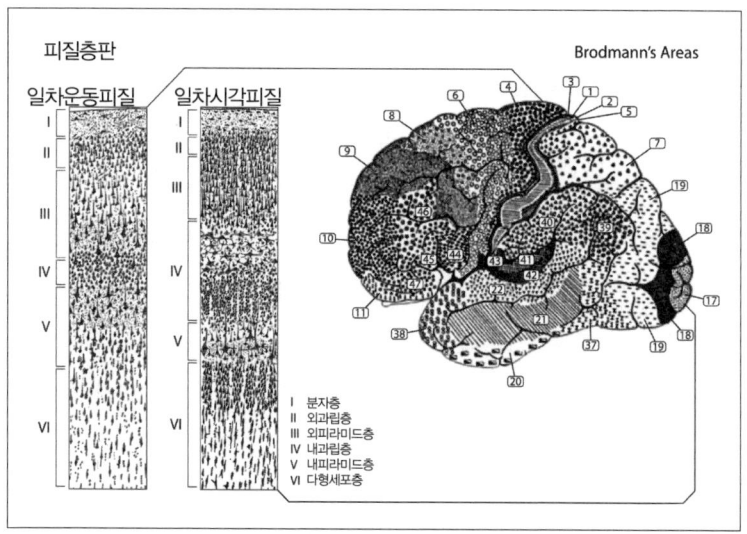

그림 3.1 　브로드만의 피질 세포구축학 지도와 대뇌피질의 여섯 층. 오른쪽 그림은 사람의 뇌를 측면에서 바라본 모습으로, 브로드만이 처음에 매겨놓았던 피질영역의 번호가 나와 있다. 왼쪽 그림은 일차운동피질과 일차시각피질을 단면으로 잘라 여섯 층을 비교해놓은 그림이다. 세포구축학적으로 말하면, M1은 V층에 커다란 피라미드 모양의 뉴런이 있는 것이 특징인 반면, V1은 IV층의 아랫부분과 VI층 윗부분에 뉴런이 아주 빽빽하게 밀집해 있는 것이 특징이다.

Korbinian Brodmann은 1903년에서 1914년 사이에 발표한 일련의 논문을 통해 포괄적인 세포구축학적 분류법을 도입했다. 이 분류는 니슬 염색법에 바탕을 둔 것으로, 포유류의 대뇌피질이 52개의 피질영역으로 구성되어 있다고 제안했다그림 3.1. 초기의 연구 중 하나에서 브로드만은 여우원숭이 한 마리에서 나온 연구 자료를 발표했지만, 이제는 고전이 된 1909년 논문에서 그는 여러 동물 종에서 얻은 자료를 그림과 함께 기록했다. 이런 발견 내용을 근거로 그는 인간의 뇌에서는 49가지 서로 다른 피질영역을 확인했다.

브로드만의 분류 체계에서는 각각의 피질영역에 숫자를 매겨놓았다. 경우에 따라서는 주어진 피질층판 안에서의 뉴런의 특정 분포가 그 영역의 숫자와 기능을 배정하는 데 필요한 중요한 특성을 제공해주었다. 예를 들어 그는 V층에서 베츠세포가 두드러지게 나타나는 곳을 찾아냈는데, 이곳은 브로드만의 4번 영역이 위치한 곳이었다. 그의 관점에서 보면 4번 영역에는 일차운동피질이 들어 있었다. 이와 유사하게, IV층은 말초에서 대뇌피질로 정보를 나르는 주요 감각로(촉각, 시각, 청각)의 주요 종착지인 피질뉴런들이 빽빽하게 밀집되어 있는 것으로 보였다. 브로드만은 서로 다른 피질영역에 이렇게 밀집된 IV층이 존재하는지 여부를 이용해서 일차몸감각피질(영역 3, 1, 2), 일차시각피질(영역 17), 일차청각피질(영역 41, 42)을 확인했다. 브로드만이 확인한 해부생리학적 상관관계는 세월의 시험을 견뎌냈다. 하지만 세포구축학은 대뇌피질을 점점 더 복잡하게 세분화해서 들어가려는 강박관념 때문에 고통을 받아야 했다. 사실, 브로드만이 자신의 연구를 발표하던 것과 때를 같이 해서 그의 스승이던 세실 보크트Cécile Vogt와 오스카 보크트Oskar Vogt 부부는 피질을 200개가 넘는 영역으로 나누는 다른 분류 체계를 제안했다. 세포구축학은 다른 특성이나 기법으로 눈을 돌려보기도 했지만(예를 들면 미엘린 섬유를 염색하는 등), 행동하는 동물의 뇌가 어떻게 작동하는지에 대해서는 확정적이고 일관성 있는 실용적 지침을 제공하지 못했다.

찰스 세링턴 경은 많은 사람들로부터 현대 시스템신경과학의 아버지로 인정받고 있다. 20세기가 시작되고 20년에 걸쳐 그와 옥스퍼드 대학의 그의 학생 및 동료들은 생리학적인 접근방법을 이용해서 대뇌피질을 연구했다. 그 당시에는 생리학적인 접근이라고 하면 대뇌피질영역을 전기적으로 자극해서 동물의 행동을 관찰하는 것을 의미했다. 이 방법을 이용해서 셰링턴과 동료들은 영장류 전두엽의 대뇌피질에 신체의 완전한 '운동지도motor map'가 들어있음을 밝혀냈다. 1917년 〈계간 실험생리학Quarterly Journal of Experimental Physiology〉에 발표된 87쪽짜리 논문에 요약되어 있는 이 연구에는 침팬지 22마리, 고릴라 3마리, 오랑우탄 3마리의 실험결과가 수록되어 있다. 셰링턴은 유인원의 일차운동피질을 중심앞이랑precentral gyrus에서 발견했다. 중심앞이랑은 전두엽과 두정엽을 나누는 중심고랑central sulcus 앞에 위치한 피질영역이다.

처음에 사람들은 이 연구가 얼마나 충격적인 것인지 잘 느끼지 못했다. 하지만 셰링턴의 학생이었던 미국의 신경외과의사 와일더 펜필드Wilder Penfield가 간질 발작 환자에게 신경외과 수술을 하던 중 겪은 특이한 관찰내용을 사람들에게 알리고 난 후에야 사람들은 이 연구의 진정한 영향력을 깨닫기 시작했다. 이후 펜필드는 예일 대학교에서 전설적인 미국의 신경외과의사 하비 쿠싱Harvey Cushing 밑에서 인턴을 했다. 그는 이곳 수술실에서 기술을 연마했다. 맥길 대학교에서 일하기 위해 몬트리올로 옮긴 다음, '몬트리올 신경과학연구소Montreal Neurological Institute'를 창립하고 지휘한다. 펜필드는 19년간 400건이 넘는 개두술craniotomy에서 자료를 수집했다. 개두술은 국소마취를 한 상태에서 환자의 두개골 일부를 떼어낸 다음 대뇌피질을 노출시키는 수술이다. 대뇌피질은 손으로 만지거나 전기적으로 자극을 주어도 통증이 없기 때문에 펜필드의 환자들은 수술하는 동안에도 깨어 있었고, 펜필드가 간질 발작의 원발점을 찾기 위해 대뇌피질의 서로 다른 지점을 자극했을 때 어떤 느낌이 드는시 보고힐 수 있었다. 이 수술을 진행하는 동안 펜필드와 캐나다의 심리학자 도널드 헵 등의 공동 연구자들은 중심고랑 앞precentral, 중심앞과 뒤post-central, 중심뒤에 위치한 피질영역에 전기 자극을 주었을 때 유발되는 촉감의 유형을 지도로 작성할 수 있었다. 펜필드는 촉감을 유발하는 지점 중 75%가 중심뒤 대뇌피질에 자리 잡고 있다는 사실을 발견했다. 브로드만에 따르면 이곳은 일차몸감각피질primary somatosensory cortex이 위치한 영역이었다. 그런데 놀랍게도 나머지 25%는 중심뒤이랑에 자리 잡고 있었다. 이곳은 일차운동피질이 있는 곳이다. 더욱 놀라운 점은 발작을 누그러뜨리기 위해 외과의사가 중심뒤이랑을 제거해야 했던 몇 안 되는 임상사례에서조차 중심앞 대뇌피질을 자극했을 때 유발되는 감각이 그대로 살아 있었다는 것이다. 그는 또한 중심앞이랑을 제거한 상태라도 중심뒤이랑을 자극하면 운동이 일어났다고 보고했다. 펜필드는 이것이 환자가 운동피질을 자극 받았을 때 보고하는 감각이 전기가 흘러들어가거나 일차몸감각피질에서 뻗어 나온 신경섬유 때문에 생기는 것이 아님을 증명한다고 믿었다. 일차운동피질과 일차몸감각피질은 서로의 기능을 공유하는 깃치럼 보였다. 각각의 영역은 분명하게 기능적으로 편향되어 있는 것이 사실이지만, 중심고랑 양쪽의 대뇌피질은 비슷한 감각운동sensorimotor 행동에 기여하고 있었다.

대뇌피질이 이렇게 배열되어 있다는 것은 피질영역들의 기능적 특화가 상당한 수준으로 진행되어 있는 한편(이 경우 운동피질에서는 운동 반응이, 몸감각피질에서는 촉각이 더 많이 유발된다), 동시에 다른 뇌 기능이나 행동에도 역시 기여하고 있음을 의미한다. 이런 맥락에서 보면 일차운동피질 같은 대뇌피질 부위는 이차적인 방식으로 촉감의 생성에도 기여하고 있지만, 정상적으로는 운동 발생을 집행하는 데 참여할 가능성이 높다. 역으로 일차몸감각영역은 정상적인 조건 아래서는 운동 반응보다는 촉각 생성에 관여하고 있을 가능성이 훨씬 더 높다. 하지만 대뇌피질이 기능적으로 엄격하게 분리되어 있다는 지배적인 도그마와는 달리 일차운동피질이나 일차몸감각피질에 들어 있는 뉴런들이 다른 업무에도 참가할 가능성을 완전히 배제할 수는 없게 된 것이다.

펜필드는 간질 환자를 통해 알게 된 내용들을 계속해서 시험했다. 그는 중앙고랑 바로 뒤에 있는 중심뒤 대뇌피질을 근심medial 측에서 원심lateral 측으로 천천히 이동하면서 전기로 자극하고, 거기서 보고되는 몸의 감각 배열 순서를 재구성했다. 그는 자극 지점을 이동하면 감각을 느끼는 위치는 그와 함께 점진적으로 이동하는 것을 발견했다. 처음에는 발가락에서 시작해서 그 다음은 다리, 엉덩이, 몸통, 목, 머리, 어깨, 팔, 팔꿈치, 팔뚝, 손목, 손, 각각의 손가락, 얼굴, 입술, 구강, 그리고 마지막으로 인후부와 복강 순서였다. 이 순서를 대뇌피질 단면을 따라 표시하면, 인체를 나타내는 지형도가 나온다. 이것은 감각의 '뇌 난쟁이'homunculus'로 알려진다. 이 연구를 글로 옮긴 것은 펜필드였지만, 뇌 난쟁이 그림은 캔틀리H. P. Cantlie 부인이 그린 것이다. 이 신경외과의사를 만족시키기 위해 캔틀리 부인은 그림을 두 번이나 다시 그려야 했다. 하지만 결국 캔틀리 부인의 그림은 의학 문헌 연보에 제일 많이 등장하는 그림 중 하나가 된다그림 3.2 왼쪽.

펜필드가 가장 마음에 들었던 뇌 난쟁이 그림은 우리가 길거리를 걸을 때나, 저녁 식사 자리에 앉아 있을 때 보는 사람들 중 그 누구와도 닮지 않았다. 캔틀리 부인의 뇌 난쟁이는 심각할 정도로 괴상하게 왜곡된 형태로 보인다. 이런 왜곡은 피질배율cortical magnification이라는 발달과정의 결과로 생긴다. 피질배율이라는 것은 기계적 감각수용기mechanoreceptor의 밀도가 높은 신체 영역이 과장되어 크게 나타나는 것을 의미한다. 기계적 감각수용기는 촉각 자극을 뇌의 언어인 전기신호로 해석하는 역할을 담당하는 고도로 적응된 일련의 말초신경말단이다. 그래서 뇌 난쟁이는 손가락, 손, 얼굴이 불거져 나와 있고, 특히 입과 혀 주변에서 가장 두드러진다. 가슴과 몸통 등의 다른 신체 부위는 피부 면적으로 보면 인체에서 큰 비중을 차지하고 있지만, 뇌 난쟁이에서는 마치 감각신경을 다이어트라도 한 듯이 위축되어 보인다. 물체를 등 피부에 문질러도 그것이 무엇인지 알아맞히기 어려운 이유는 바로 이것이다. 손가락, 손, 얼굴은 대단히 많은 기계적 감각수용기 덕분에 가장 세밀한 촉각 기관이 되었다. 우리는 보통 이것을 이용해 주변 세상에 대한 촉각 이미지tactile image를 만들어낸다.

피질배율 현상은 인간에게만 고유한 현상이 아니다. 지난 70년 동안 검사가 이루어진 모든 포유류에서도 같은 현상이 광범위하게 보고되었다. 쥐의 뇌 난쟁이rattunculus를 보면 얼굴 수염의 배열이 크게 나타나 있고, 뒷발보다는 앞발이 훨씬 크다그림 3.2 오른쪽. 물 근처에 살고, 알을 낳는 포유류인 호주의 오리너구리의 경우는 몸감각피질 지도에서 과장되게 확대되어 있는 부위는 바로 부리다.

신체운동영역이 대뇌피질에만 한정되어 나타나는 것도 아니다.

그림 3.2 인간 뇌 난쟁이가 쥐 뇌 난쟁이를 만나다. 이 그림은 실제로는 만남이 불가능한, 재구성된 인간 뇌 난쟁이와 쥐 뇌 난쟁이의 만남을 나타내고 있다. 인간 뇌 난쟁이는 와일더 펜필드의 연구를 바탕으로 일차몸감각피질에 왜곡되어 표현된 인체를 나타낸 것이고, 쥐 뇌 난쟁이는 그와 마찬가지로 설치류 일차몸감각피질에 왜곡되어 표현된 쥐의 신체를 나타낸 것이다. 인간 뇌 난쟁이의 입술과 손, 그리고 쥐 뇌 난쟁이의 얼굴 수염, 주둥이, 앞발이 과장되게 나타난 점에 주목하기 바란다. 가운데 있는 것은 스위스 치즈다.

몸감각신경경로somatosensory nerve pathway는 대뇌피질 아래쪽에서 말초의 촉각 정보나, 근육이나 건에서 오는 고유수용성감각 피드백을 중추신경계로 중계하며 실어 나르는데, 신경경로를 구성하는 축삭돌기 다발에도 이런 지도가 담겨 있다. 때문에 이 지형도는 뇌가 자신이 인지한 촉각에 형태를 부여하기 위해 도입한 핵심적인 생리학적 도구로 보였다. 하지만 여기에 한 가지 모순이 존재한다. 분명 우리가 겪는 가장 놀라운 촉각 경험은 내가 내 몸이라고 인식하는 신체 안에 들어가 살고 있다는 느낌이다. 태어나 몇 달이 지나면 인간은 자신의 몸을 다른 물체나 다른 사람과 구분할 수 있는 능력을 갖춘다. 그리고 평생 나의 몸을 1인칭 관점에 둔 채로 세상을 경험하고, 또 상호작용한다. 하지만 우리가 일상적으로 겪는 촉각 경험이나, 심지어 가장 개인적이고 의미 깊은 경험에서조차 캔들리 부인의 뇌 난쟁이를 닮은 경험은 전혀 존재하지 않는다. 그 그림이 괴상하게 느껴지는 것은 우리가 생각하는 자신의 모습, 즉 자아감sense of self과 일치하지 않기 때문이다.

그럼 우리가 실제로 경험하는 신체상body image이 뇌에 각인된 뇌 난쟁이를 통해 정의되는 것이 아니라면 대체 어떻게 정의할 수 있단 말인가? 이 질문에 대답하려면 우리는 임사체험near-death encounter이나 환상지phantom limb 같은 경험 현상의 마음속 풍경으로 발을 들여놓아야 한다. 이것은 정통의 국소주의적 신경과학으로는 설명할 수 없는 부분이다.

내가 상파울루 의과대학에 있던 마지막 해 연말의 어느 아침, 상파울루 의대 부속병원에서 일하는 젊은 혈관외과의사인 친구가 정형외과 병동으로 나를 불렀다. 이것은 그렇게 흔한 일은 아니었다.

그가 근엄한 목소리로 얘기했다. "오늘 유령에게 말을 걸 거야. 겁먹을 필요 없으니까 침착하게 있어. 환자는 벌어진 일을 아직 받아들이지 않고 있어. 상당히 충격을 받은 상태고."

물론 나는 평생 유령을 만나본 적이 없다. 내가 어렸을 때 이탈리아인이셨던 증조모는 우리 주변에 보이지 않게 유령들이 떠다니고 있고, 유령들은 수요일 밤 축구 방송을 끝까지 보고 자겠다고 고집을 부리는 아이들을 특히나 좋아하지 않는다고 여러 차례 얘기했지만 말이다. 그래서 나는 증조모의 말을 확인해보기로 결심했다.

전쟁통 같이 정신없는 응급실 호출은 수도 없이 받아보았지만, 분위기가 무겁게 가라앉은 정형외과 병동을 방문하게 될 줄은 몰랐다. 뚝 떨어져 있는 작은 병실로 들어서니, 다부진 중년 여성의 피곤한 눈길이 우리를 맞았다. 그 여성은 막 의자에서 일어나 흐느끼고 있던 참이었다. 그 여성의 둥글고 불그스름한 얼굴에는 깊은 주름이 가득했다. 얼굴과 거친 손에서 그녀의 삶에 드리웠을 슬픔과 고생이 고스란히 드러났다. 옆에는 등받이를 비스듬하게 세워 놓은 침대 위에 12세 정도 되어 보이는 사내아이가 앉아 있었다. 땀으로 흠뻑 젖은 소년의 얼굴은 공포로 일그러져 있었다. 아이의 몸을 살펴보는데, 아이가 극심한 고통으로 온몸을 뒤틀었다.

"너무 아파요, 선생님. 한 번도 안 멈추고 계속 화끈거려요. 마치 누군가 다리를 으깨는 거 같아요." 그 소년이 말했다. 나는 덩어리 하나가 내 목을 턱 막고 천천히 숨을 죄여 오는 것 같은 기분을 느꼈다.

"어디가 아프지?" 조심스럽게 물어보았다.

아이는 망설임 없이 얘기를 꺼냈다. "왼쪽 발하고 종아리, 다리 전체가 다 아파요. 무릎 아래로는 다 아파요!"

아이가 고통에 괴로워하며 한낮에 병원 침상에 누워 있었다는 생각에 소름이 끼쳐서 땀에 젖은 아이의 몸뚱이를 덮고 있던 이불을 걷어올렸다. 하지만 아이의 왼쪽 다리 절반이 없는 것을 보고 나는 바로 혼란에 빠지고 말았다. 나중에 친구에게 얘기를 들어보니 소년은 교통사고로 차에 왼쪽 다리가 깔려서 무릎 아래로 절단했다고 했다.

병동에서 나온 후 외과의사인 친구가 나를 진정시키려고 했다. "말을 한 것은 그 아이가 아니라, 그 아이의 유령 다리phantom limb였어."

당시 나는 전 세계적으로 수백만에 이르는 사지절단술 시행 환자 중 90%가 환상지phamtom limb 감각을 경험한다는 사실을 모르고 있었다. 환상지 감각이란 잃어버린 몸의 일부가 아직도 몸에 붙어 있다고 느끼는 불가사의한 느낌을 말한다. 어떤 사람은 그 부분이 움직인다고 하고, 어떤 사람은 고정된 채로 붙어 있다고 한다. 보통 이 유령 사지는 경계가 불분명한 따끔거리는 느낌이 절단된 팔다리가 있던 자리를 구석구석 채우며 뻗어 나와 원래의 형태를 재현하고 있는 것처럼 느껴진다. 이 환상지 감각은 아주 고통스러울 때가 많고, 소름끼칠 정도로 생생하다. 경우에 따라서는 몇 년 동안 지속되기도 한다.

환상지 현상은 수 세기에 걸쳐 보고되었다. 중세시대 유럽의 민속에서는 군인이 절단된 팔다리의 감각을 회복하는 것을 찬양했다. 로마의 영토였던 시리아의 에게해 항구에서 4세기에 있었던 신비로운 치료 이야기를 보면, 훗날 가톨릭교회가 성인으로 추앙한 쌍둥이 형제가 행한 기적적인 행위로 말미암아 팔과 다리를 잃어버린 환자들이 팔과 다리가 다시 생겨난 듯 느껴졌다고 한다. 교회에서 문서로 남긴 내용에 따르면 성 코스마스와 다미안은 다리가 잘려나간 부위에 죽은 자의 다리를 이식해서 잃어버린 다리의 감각을 '회복'했다고 한다. 전설에 따르면 팔다리를 잃은 사람은 누구든 그 형제의 이름을 떠올리면 다시 팔다리를 느낄 수 있을 것이라 한다.

16세기에 들어서는 환상지가 종교의 영역에서 의학의 영역으로 옮겨 온다. 수술 기법을 향상시켜 사지절단 환자의 생존율을 끌어올린 프랑스 외과군의관 앙브루아즈 파레Ambroise Paré는 유럽 전장에서 돌아온 군인들 중에 환상지의 임상사례가 많다는 사실에 주목했다. 파레는 환자들의 말을 믿었지만, 이런 얘기를 잘못 꺼냈다가는 사람들에게 환자를 보다가 미쳤다는 소리를 들을까 두려웠다. 그가 자기가 발견한 내용을 당시의 과학용 언어였던 라틴어가 아닌 프랑스어로 발표한 이유, 그리고 관찰 내용들이 3세기가 넘게 망각되었던 이유는 이것으로 설명할 수 있을 것이다.

그렇게 망각되었던 덕분에 영국의 제독 호레이쇼 넬슨Horatio Nelson의 영웅적 행동이 더욱 특별하게 느껴졌었는지도 모른다. 그가 남긴 유산 중에는 자신의 환상지를 직접 묘사한 놀라운 기록이 있다. 1797년 산타크루스 데 테네리페에서의 전투 도중, 넬슨 제독은 작은 배에서 내려 뭍에 오르자마자 스페인군이 쏜 머스킷 총탄을 오른팔에 맞는다. 상처가 심각했기 때문에 그는 오른팔 대부분을 절단해야 했다.

8년 후 트라팔가 해전 전날 밤, 넬슨 제독은 영국 함대가 프랑스와 스페인 연합함대에게 승리를 거둘 것을 예견한다. 여왕에게 편지를 보내려고 쓴 초고에서 그는 성스러운 예감을 받았노라고 했다. 테네리페에서 잃어버린 그 팔이 영국의 왕위를 지킬 것을 맹세하며 치켜들었던 칼을 아직 드높이 치켜들고 있는 듯한 생생한 느낌이 돌아온 것이다. 다음날 아침, 자신의 유령 칼로 무장한(덧붙이자면 물론 여기에 2,000 구의 대포도 함께 했겠지만) 넬슨 제독은 나폴레옹의 군대를 무찌른다. 그날 늦게 그는 다시 총탄을 맞고 사망한다. 총상은 치명적이었다.

하지만 환상지에 대한 현대적인 임상 조사가 이루어지려면 더욱 피비린내 나는 전투가 일어날 때까지 기다려야 했다. 게티즈버그 전투가 있고 며칠 후에 미국의 신경학자 사일러스 미첼Silas Weir Mitchell은 수없이 많은 환상지 임상사례를 기록으로 남겼다. 특히 오르막 경사 위에 자리 잡은 북군을 향해 돌격해 목숨을 걸고 백병전을 벌여야 했던 피켓 장군의 작전에 다시 투입된다는 압박감에 시달리던 남군의 사지절단 환자 중에서 이런 증상이 많았다. 희망도 없이 의무 막사 침상에 누워 있던 사지절단 병사들은 끊임없이 욱신거리는 통증을 경험했고, 마치 이 통증은 되돌아 올 수 없는 다리를 건너 내달리는 것처럼 느껴졌다. '환상지phantom limb'라는 용어를 처음 사용한 사람이 바로 미첼이었다.

남북전쟁 이후로 수천 명의 사지절단 환자들을 면접한 내용들이 기록으로 작성되었다. 이 임상사례들을 보면 사지절단술을 하기 전에 골절, 깊은 궤양, 화상, 괴저 등으로 심한 사지 통증을 경험했던 경우는 그것이 나중에 '환상통phantom pain'을 발생시키는 주요 위험인자로 작용한다는 것을 알 수 있었다. 환자 중 70% 이상이 수술 직후에 환상지가 아프다고 호소했고, 욱신거리는 통증이 수년간 지속되었다는 사람도 60% 정도까지 나왔다. 환상지는 때때로 환상운동phantom movement을 일으킨다. 다리를 절단한 지 얼마 안 된 환자들 중에서는 자다 말고 깨어나서, 존재하지도 않은 다리가 혼자 침대 밖으로 나와 달아나려고 한다며 비명을 지르기도 한다. 환상지로 고통받는 사람들 중 3분의 1은 있지도 않은 사지가 완전히 마비된 것처럼 느끼고, 때로는 아주 괴로운 상태로 마비가 된 것처럼 느낄 때가 있다. 예를 들면 어떤 사람은 팔다리가 얼음 속에 묻혀 있다고 하고, 팔이 완전히 나선형으로 꼬여 있거나, 등 뒤로 꺾여 있다며 괴로워하는 사람도 있다.

이제 연구자들은 환상감각phantom sensation이 팔과 다리뿐만이 아니라, 잘려나간 신체 부위 어디서든 나타날 수 있다는 것을 알게 되었다. 유방을 잘라낸 사람이나, 치아, 성기, 심지어는 내부 장기를 잃어버린 사람들도 환상감각을 경험할 수 있다. 자궁절제술을 받은 여성들이 가공의 생리통을 느끼고, 분만할 때 느꼈던 것과 비슷한 자궁 수축을 느끼는 경우가 보고되기도 한다. 신기하게도 남성이었다가 성전환 수술을 받고 여성이 된 트랜스젠더의 경우 환상음경phantom penis을 경험하지 않는다. 어쩌면 이것은 이들의 뇌가 이미 여성의 몸 안에서 살고 있었음을 의미하는 것인지도 모른다.

지난 세기 동안 치열한 연구가 있었음에도 신경과학자들은 환상지가 생기는 이유를 정확히 밝히지 못했다. 매사추세츠 공과대학교 MIT의 교수였던 영국의 신경과학자 패트릭 월Patrick Wall이 제안했던 초기 가설에서는 환상지 현상이 생기는 이유가 절단 부위 흉터에 남은 손상된 신경섬유가 거짓 활성을 일으키기 때문이라고 추측했다. 손상을 받은 신경섬유는 결절, 즉 신경종neuroma을 형성하는데, 이것이 척수를 통해 뇌로 잘못된 신호를 보내는 것으로 생각한 것이다. 월의 가설을 기반으로 해서 신경외과의들은 잘못 해석되는 신호가 기원하는 이 말초의 원천 자체를 제거하려는 목적으로 치료를 설계하기 시작했다. 하지만 그들이 척수로 이어지는 감각신경을 절단하고, 척수 자체에 들어 있는 신경도 절단해보고, 심지어는 감각신경로의 입력을 받아들이는 뇌의 일부분까지 제거해보았지만, 환상지의 유령은 사라지지 않았다. 일시적으로는 통증이 사라지기도 했지만, 통증은 어김없이 더 큰 고통으로 되돌아왔다. 이런 임상 관찰 내용이 축적되자, 신경과학자들 다수가 신경종이나 말초 수준에서 생기는 다른 이상으로 환상지 증후군에서 나타나는 다양한 증상들을 설명할 수 있다는 개념을 부정하기에 이르렀다.

이런 개념에 반대하는 가장 큰 목소리는 도널드 헵 밑에서 공부한 캐나다의 위대한 심리학자 로널드 멜자크Ronald Melzack로부터 나왔다. 1965년에 멜자크와 패트릭 월은 MIT에서 함께 연구하던 중 한 가지 대담한 이론을 제안했다. 나중에 통증의 관문조절이론gate control theory으로 알려진 이론이다. 이 이론에 따르면 말초의 유해 자극, 즉 어떤 신체 손상을 발생시키는 자극과 관련된 통각은 척수 수준에서 조절 혹은 차단gated out될 수 있다고 한다. 통각이 아닌 가벼운 촉각 정보 등을 나르는 말초 신경섬유가 동시에 활성화되거나, 아니면 대뇌피질이나 다른 고위 중추에서 척수로 내려오기는 하지만, 그 자체로는 통증 신호 전달과 관련이 없는 신경이 동시에 활성화되었을 때 이런 현상이 나타난다. 멜자크는 중추 뇌구조가 통각의 조절에서 핵심적인 역할을 한다고 가정했다. 몇 년 후 그의 직관은 극적으로 증명되게 된다. 수도관주위회백질periaqueductal gray matter은 뇌 깊숙한 곳에 자리 잡고 있는 작은 영역이다. 이곳의 뉴런들은 말초의 통각 신경섬유가 집중적으로 모이는 척수 영역으로 축삭을 뻗는다. 그런데 이 수도관주위회백질 영역을 전기적으로 자극하자, 상당한 수준의 마취가 이루어진 것이다. 그 다음으로 연구자들은 이 마취 효과가 뇌세포에서 만들어지는 체내아편성물질endogenous opiate, 즉 엔돌핀을 통해 중재된 것임을 밝혀냈다.

통증의 관문조절이론으로 시작해서 꼬리에 꼬리를 물고 이어진 발견들을 통해 통증이라는 감각은 뇌가 내부적으로 구성한 산물이라는 사실이 명백하게 증명됨으로써 통증 연구에 일대 혁명이 일어났다. 궁극적인 실재의 모델제작자 modeler of reality로서 뇌는 자신의 의지에 따라, 또한 자신의 슬픔에 따라 말초에서 오는 유해자극을 조절할 수 있는 능력이 있다. 이런 점은 통증 이해의 기준점을 말초의 통각수용기와 통각신경에서 뇌 자체의 관점brain's own point of view으로 옮겨가게 만들었다. 신경생물학자들은 이제 설명하기 시작했다. 왜 참되고 정당한 도덕적 명분(예를 들면 이 세상에서 나치주의자를 몰아내겠다는 명분)에 대한 신념으로 가득 찬 병사들은 처참하고 고통스러운 부상을 입은 후에도 조국을 위해 싸우기를 멈추지 않는지, 왜 마라톤 선수가 고통스럽게 욱신거리는 발 부상을 입고도 달리기를 멈추지 않는지, 그리고 멜자크가 실험적으로도 증명했듯이, 왜 이탈리아 산모들은 정상 분만을 할 때 아일랜드 산모들보다 더 크게 비명을 지르는지 말이다.

관문조절이론에 대한 연구에 뒤이어 1980년대에 멜자크와 그의 동료들은 환상지 현상에 대한 새로운 설명을 개발했다. 사지절단 환자들이 경험하는 정교한 환상은 말초의 신경종에서 생기는 것이 아니라, 환자의 뇌에 폭넓게 퍼져 있는 뉴런의 활동에서 생긴다는 것이다. 국소주의자들이 말하는, 오직 통증에만 관여하는 '통증 섬유' '통증 경로' 따위는 존재하지 않는다. 그 대신 통증, 그리고 통증과 관련된 감각과 정서의 모든 영역은 우리 뇌의 복잡한 뉴런 회로가 만들어내는 소산물이 어떻게 우리 의식에 인식되고, 서로 연결되고, 정보를 주고, 전달되는지, 그 방식을 보여주는 전형적인 예다. 몇 분

전에 칼에 베고도 아픈 것을 모르고 있다가, 흐르는 피를 보는 순간 갑작스럽게 통증이 밀려오는 경우도 있다. 이 통증은 심각한 정신적 고통으로 커지기도 하고, 시간이 흘러 가물거리는 기억 속에서는 걷잡을 수 없는 통증으로 기억되기도 한다.

환상지에 대한 멜자크의 설명은 인지에 대한 고전적인 도그마에 의문을 제기했다. 그는 뇌가 우리 몸에서 오는 감각 신호를 감지할 뿐만 아니라, 우리 삶의 어느 주어진 한 순간에서 몸의 이미지나 윤곽을 정의하는 '신경식별특징neural signature'이라는 활성 패턴 또한 생성해낸다고 제안했다. 그는 뇌의 이 내부적 표상이 펜필드가 운동피질과 몸감각피질에서 찾아낸 뇌 난쟁이가 설명하는 범위를 훨씬 뛰어넘어, 우리 각자에게 우리 몸이 형태적으로 어떻게 구성되어 있고, 몸의 경계가 어디까지인지에 대한 감각을 부여해준다. 또 우리의 자아감sense of self의 명확성을 확립해준다고 주장했다. 멜자크에 따르면 뇌가 인식하는 몸의 이미지와 경계는 몸의 일부가 제거된 후에도 계속 남아 있고, 결국 비정상적이지만 너무도 생생한 환상지 감각을 만들어낸다.

그의 새로운 이론에 따르면 '신경식별특징'의 역동적인 신체 조형 활동은 멜자크가 '신경그물망neuromatrix'이라고 이름 붙인 거대한 뉴런 네트워크가 담당한다. 신경그물망에는 머리 꼭대기 뇌 표면에 자리 잡은 몸감각피질과 그와 관련된 두정엽 영역들이 포함된다. 거기에 덧붙여 신경그물망은 말초로부터 시상thalamus으로 촉각 정보를 전달하는 신경로와 뇌의 변연계limbic system를 가로지르는 신경로 등 다중의 신경로를 아우르고 있다(시상은 뇌 깊숙이 자리 잡은 감각 중계소sensory relay station로, 이곳의 뉴런들은 몸감각피질로 정보를 보낸다. 변연계는 뇌 속에 묻혀 있는 일군의 구조물로 환상지와 관련되어 나타나는 감정 등, 정서적인 부분을 관장하는 구조물이다).

신경그물망의 일부가 손상되면 자기 몸의 일부나 전체에 대한 신체소유감body ownership을 상실하는 결과를 낳는다. 예를 들어 뇌의 외상이나 종양, 혹은 뇌졸중 등으로 오른쪽 두정엽에 광범위한 손상을 입으면, '왼쪽 반신 무시증후군left hemibody neglect syndrome'이라는 복잡한 신경학적 상태가 나타날 수 있다. 이 경우 환자는 자기 몸의 왼쪽 절반에 대해서, 그 왼쪽 절반을 둘러싸는 환경에 대해서 무관심해진다. 이런 상태의 환자는 셔츠를 입을 때 왼쪽 팔에는 옷을 입지 않고, 왼쪽 신발도 신지 않는다. 왜 그런 행동을 하느냐고 물어보면, 그들은 자기에게 왼쪽 팔과 왼쪽 다리가 있다는 사실을 부정한다. 그 팔다리는 자기 몸뚱이가 아니라 다른 사람의 몸뚱이라고 주장하는 것이다.

이 증후군의 임상적 증상들은 보통 일시적이기는 하지만, 이로 인해 소동이 야기될 수도 있다. 몇 년 전 듀크 대학교의 내 연구실을 방문했던 한 NASA 우주인이 내게 들려준 이야기를 예로 들어보자. 그가 말하기를 우주 공간에서 첫 번째 임무를 하며 궤도를 돌고 있는데 우주선 조종사가 동료들에게 짜증을 내기 시작했다고 한다. "손가락으로 내 왼쪽 제어판 좀 그만 찔러!" 그 조종사에게 누구도 손가락으로 조종사의 제어판을 찌르고 있지 않으며, 문제의 그 손은 바로 조종사 자신의 왼손이라고 말해주자, 그 조종사는 어깨를 으쓱하더니 이렇게 대답했다. "왼쪽 제어판에 있는 손은 내 손이 아니야." 몇 시간 후에야 나머지 선원들은(그리고 휴스턴에 있는 우주 비행 관제 센터도) 안도의 한숨을 내쉴 수 있었다. 그 조종사가 갑자기 이렇게 보고했기 때문이다. "긴장들 풀라고, 친구들. 잃어버렸던 내 왼손을 제어판에서 찾았어!"

멜자크는 신경그물망은 이미 태어날 때부터 기본적인 구조가 갖추어져 있고, 그 청사진은 유전자의 지시에 의해 정의되는 것인지도 모른다고 주장했다. 그가 1997년에 보고한 바에 따르면 팔과 다리가 없이 태어난 아이들 중 최소한 5분의 1 정도의 아이들에게서 환상지 현상이 나타나고, 아주 어린 나이에 사지절단술을 받은 아이들 중에서도 절반 정도가 환상지를 경험한다고 했는데, 신경그물망이 선천적인 것이라고 가정하면 이를 설명할 수 있다. 이 놀라운 발견은 물리적 신체에서 파생된 신체 감각 신호가 없는 상태라 하더라도, 인간의 뇌는 자기의 몸에 대해 경계가 명확한well-defined 모델을 만들어 내는 능력이 있음을 의미한다.

펜필드가 신경외과적 관찰을 내놓은 이후로 반세기가 넘도록 신체 표면의 뇌 난쟁이 지도는 그 존재를 인정받았다. 일반적으로 신경과학자들은 일차시각피질이나 일차청각피질에서 발견된 다른 지형학적topographic 표상처럼 이 신체운동영역지도도 결정적 시기critical period로 알려진, 출생 후 초기의 짧은 발육 기간 동안에만 변할 수 있다고 믿었다. 결과적으로 뇌의 지형학적 지도는 고정화되어 나머지 일생 동안 변하지 않고 안정된 상태로 남는다는 데 의견이 모아졌다. 이런 개념은 노벨상 수상자인 데이비드 허블과 토르스튼 위즐이 왼쪽이나 오른쪽 눈으로부터 신호를 실어 나르는 일차시각피질뉴런 군집인 안우성기둥ocular dominance column의 분리에 관해 제시한 증거에 바탕을 둔 것이었다. 이 연구를 바탕으로 사람들은 성인의 대뇌피질 지도에는 기능적으로 재조직할 수 있는 '가소성plasticity'이 없다고 믿었다.

하지만 이런 그림도 점차 수정되었다. 1983년에 미국의 두 신경과학자, 밴더빌트 대학교의 존 카스Jon Kaas, 그림 3.3 오른쪽와 캘리포니아 대학교 샌프란시스코 캠퍼스의 마이클 머제니치Michael Merzenich가 외상으로 가운뎃손가락을 잃은 어른 원숭이에게서 일차몸감각피질의 신체운동영역지도에 주목할 만한 기능적 재조직화functional reorganization가 일어났다고 발표한 것이다. 중지를 잃고 몇 주 혹은 몇 달이 지나자, 그 손가락을 표상했던 피질뉴런들이 그저 조용히 침묵하고 있는 것이 아니라, 검지나 약지 근처 손 부위에 촉각 자극을 줄 때마다 반응하기 시작했다그림 3.3 왼쪽. 늙은 개에게 새로운 재주를 가르칠 수 없다는 옛말도 있건만, 갑자기 늙은 원숭이 뉴런이 새로운 재주를 배울 수 있게 된 것이다. 하지만 통증의 관문조절 이론을 처음 주창했던 패트릭 월과 그의 학생들이 그보다 10여 년 앞서 〈네이처〉에 어른 쥐에서 피부에서 대뇌피질로 촉각 정보를 실어 나르는 신경로를 중계하는 피질하부의 중계소인 몸감각 시상에서 가소성을 유도해냈다고 주장하는 연구 논문을 발표했었다는 사실을 아는 사람은 거의 없었다.

카스와 머제니치의 발견으로 이 분야에서는 진정한 혁명이 방아쇠를 당겼다. 분명 포유류의 뇌는 가소성을 띠도록 진화해왔다. 하지만 뒤늦게 대뇌피질의 가소성을 지지하고 나선 사람들 중 일부는 피질 하부의 구조들도 마찬가지로 기능적 재조직화가 가능하다는 개념에는 반대했다. 그런 상황에서 내 박사후 연구과정 지도교수였고 지금은 브루클린의 뉴욕 주립대학교에 있는 존 채핀John Chapin과 내가 1993년에 적은 양의 국소마취제를 피하에 주사해서 좁은 영역

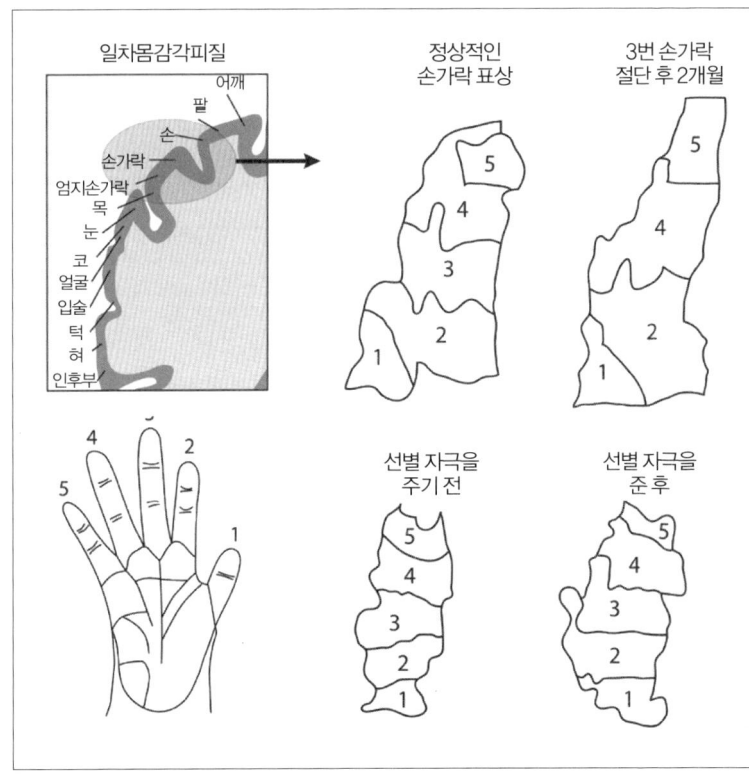

의 피부에서 올라오는 신경 활성을 차단하자(이렇게 함으로써 외상을 가할 필요 없이 좀 더 편리하게 손가락 절단에서 오는 효과를 흉내낼 수 있었다) 가소성 재조직화 과정이 '즉각적으로' 시작되었다는 연구 결과를 발표하자 큰 파장이 일었다. 우리 연구는 재조직화 과정이 피질 하부 영역인 시상 같은 구조물에서 일어난다는 것을 보여주었다. 그리고 곧바로 그 당시 미국국립보건원NIH에 있던 신경과학자 팀 폰스Tim Pons는 몇 년 전부터 손가락 하나가 아니라 팔 전체의 구심로가 차단되어 있던deafferentation 원숭이를 가지고 연구를 진행했다. 구심

그림 3.3 존 카스와 마이클 머제니치가 올빼미원숭이를 이용해 수행한 혁명적인 신경가소성 실험. 오른쪽 사진은 아주 친한 공동연구자와 함께 있는 존 카스의 모습이다. 왼쪽 위 그림은 3번 손가락이 외상으로 절단된 후에도 올빼미원숭이의 일차몸감각피질에서 이 절단된 손가락을 표상하던 영역이 침묵하지 않고 있음을 보여준다. 그 대신 3번 손가락에 의해 점유되었던 영역이 지금은 2번 손가락과 4번 손가락 표상 부위의 확장에 의해 침범 당했음을 알 수 있다. 왼쪽 아래 그림은 1~4번 손가락에만 선별적으로 반복해서 자극을 가했을 때, 5번 손가락 담당영역은 손실이 일어나고, 1~4번 손가락을 표상하는 대뇌피질영역은 반대로 확장되었음을 보여주고 있다. 왼쪽 아래 가운데 대뇌피질 지도(선별적 자극을 주기 전)와 그 오른쪽 대뇌피질 지도(선별 자극을 준 후)를 비교해보면 그 영향을 알 수 있다.

로차단이란 모든 구심성 감각신경과 척수 사이의 연결을 차단하는 것을 말한다. 폰스는 장기간의 구심로차단으로 광범위한 재조직화가 촉발되었다고 보고했다. 그리하여 예전에는 손에 할당되어 있는 뉴런들이 얼굴에서 오는 신호에 반응하도록 변경된 것이다. 뇌 지도를 보면 얼굴 영역은 팔 영역 바로 옆에 위치하고 있다. 폰스와 동료들은 재조직화 과정이 시상과 몸감각계의 뇌줄기 중계 영역에서도 일어났다고 보고했다.

❊

원숭이에서 관찰한 이 모든 내용들이 사지절단 환자에서 나타나는 환상지 현상을 설명하는 것과 도대체 무슨 관련이 있다는 얘기인가? 이 둘 간의 상관관계가 선명하게 드러난 것은 캘리포니아 대학교 샌디에이고캠퍼스에 있는 의사 겸 신경과학자인 라마찬드란V. S. Ramachandran이 팔이 절단된 환자의 몸감각피질에 존재하는 지형학적 인체지도에서 가소성 재조직화가 일어났음을 보고했을 때였다. 1990년대 초에 라마찬드란과 그 동료들은 뇌의 전기적 활동에서 생기는 자기장을 측정하는 기법인 자기뇌파검사magnetoencephalography, MEG라는 영상 기술을 이용해 이 환자들의 얼굴 영역에 촉각 자극을 가했을 때 대뇌피질의 인체 지도에서 손에 해당하는 부위로 추정되는 영역이 활성화된다는 것을 보여주었다. 라마찬드란이 자신의 책 《라마찬드란 박사의 뇌실험실Phantoms in the Brain》에서 설명했듯이, 그가 팔 절단 환자의 얼굴에서 특정 지점을 건들자, 환자는 즉각적으로 자신의 환상손phantom hand에서 감각이 느껴진다고 주장했다. 더 나아가 라마찬드란의 연구팀은 얼굴에서 특정 지점에 촉각 자극을 주면 환상손에서도 특정 지점에서 감각을 느낀다는 것을 발견했다. 뜨겁게 하고, 차갑게 하고, 문지르고, 주무르는 등 어떤 종류의 자극을 가해도 양쪽 부위에서는 똑같은 유형의 감각을 느꼈다. 이 환자들의 뇌는 현재 존재하고 있는 얼굴과 자신의 환상손을 서로 연결하고 있었다. 성인 뇌의 신경가소성과 환상지 사이의 상관관계는 1995년에 가서 입증되었다. 독일 하이델베르크 대학교의 신경과학자 헤르타 플로어Herta Flor와 그녀의 동료들은 자기뇌파검사를 이용해 사지절단 환자 13명의 대뇌피질 재조직화 정도를 추적했다. 그랬더니 대뇌피질의 기능적 재구성 정도와 환상통의 크기 사이에서 강한 상관관계가 존재한다는 것이 밝혀졌다.

이런 증거에 자극을 받은 라마찬드란과 연구 동료들은 두 가지 주요 이론을 기반으로 아주 간단하지만 기발한 환상지 증후군 치료법을 개발하기에 이른다. 그 두 가지 이론은 첫째 성인 뇌의 인체지도도 변화가 가능하다는 것이고, 둘째 몸의 정체성identity과 고유성uniqueness에 대한 인식을 조각하고 유지하도록 지시를 내리는 것은 말초신경계에서 올라오는 촉각 신호의 피드포워드 흐름이 아니라 뇌 내부의 작동이라는 것이다. 그들이 고안한 치료방법은 '거울상자'를 만들어서 환자가 그것을 이용해 환상팔을 달래는 법을 연습하게 하는 것이었다. 골판지 상자의 윗면을 제거하고 거기에 수직으로 거울을 끼워 넣는다. 그리고 팔 절단 환자에게 온전한 팔을 상자 앞쪽에 집어넣어, 거울에 비친 팔이 환자가 인지하는 환상팔의 위치와 겹치도록 조정하게 한다. 이렇게 하면 마치 성 코스마스와 다미안이 행했다는 기적처럼, 환상팔이 다시 부활한 듯한 시각적 착각을 일으킨다. 하지만 이 경우는 그 기적과는 달리 그 효과가 실험을 통해 기록되었고, 그 효과도 오래 지속되었다. 환자가 실제로 존재하는 자신의 팔을 움직이면 마치 환상팔도 똑같은 운동 명령을 따르는 것처럼 느껴졌다. 거울상자를 이용한 환자들 중 여섯 사람이 자신의 환상팔이 움직이는 것을 눈으로 보았을 뿐 아니라 몸으로 느낄 수도 있었고, 이제 양쪽 팔 모두를 움직일 수 있을 것 같다는 인상을 받았다고 말했다. 환자 네 명은 새로 발견한 이 능력을 이용해서 꽉 움켜쥐고 있던 환상손에서 힘을 풀어 손을 펼 수 있었고, 결국 고통스러운 근경련 증상에서 해방될 수 있었다. 한 환자는 하루에 10분씩 매일 거울을 가지고 연습하자, 3주 만에 환상팔과 환상팔꿈치가 완전하게 사라졌다. 그리고 환상팔이 사라지자 환상통도 그와 함께 사라졌다. 시각적으로 유발한 착각이 촉각에서 찾아온 착각을 고친 것으로 보였다. 이는 중추 시각 회로의 활동이 멜자크의 신경그물망의 활동을 변화시킬 수 있음을 의미하는 것이었다.

10년 후, 글래스고 칼레도니언 대학교의 심리학자 에릭 브로디 Erick Brodie와 그의 동료들은 환상다리에 맞춰 변형시킨 거울상자 실험에서 성공의 기미를 발견했다고 보고했다. 다리를 절단한 41명의 환자에게 환상다리를 움직이려고 노력하면서 거울에 비친 멀쩡한 다리의 움직임을 바라보게 했다. 다른 39명의 다리 절단 환자에게는 거울 없이 환상다리와 실제 다리를 움직이도록 노력하게 했다. 열 가지 다른 운동을 10회씩 반복하게 했는데, 그 결과 양쪽 모두에서 환상지 감각과 환상통이 감소했다. 거울이 이런 효과를 강화시켜주지는 못했지만, 거울이 없을 때보다 있을 때 환상지의 운동이 더 강화되었고 환상다리를 더 생생하게 느낄 수 있었다. 브로디는 거울 치료가 환상통과 싸우는 데 효과적인 이유는 뇌의 가소성 재조직화를 역전시키기 때문일지도 모른다고 제안했다.

연구자들은 이제 실감 나는 3차원 컴퓨터 시뮬레이션, 즉 가상현실을 이용해서 거울로 만드는 것과 비슷한 환상을 만들어 환상지 통증을 개선하려고 노력하는 중이다. 이 기술을 이용하면 환상지를 비롯한 환자의 전신을 나타낼 수 있고, 환자가 손가락, 발가락, 손, 발, 팔, 다리 운동 등 거울 치료만으로는 실행이 불가능한 복잡한 움직임까지도 수행할 수 있게 해준다. 2007년에 시행된 예비 연구에서

맨체스터 대학교의 심리학자 크레이그 머레이Craig Murray와 그의 동료들은 팔 절단 환자 두 사람과 다리 절단 환자 한 사람을 시뮬레이션에 참가시켰다. 그 시뮬레이션은 환자에게 남아 있는 실제 팔과 다리의 움직임을 가상의 팔다리로 그대로 옮겨주는 역할을 했고, 이 가상의 팔다리가 가상 환경 속에서 환상지 위로 겹치게 만들었다. 가상현실 치료에 각각 2~5회 가량 참가한 세 명의 사지절단 환자 모두는 환상지에서 감각을 느꼈다고 보고했다. 그리고 각각의 사례에서 환상통이 적어도 한 번의 치료 시기 동안에는 감소한 것으로 나타났다. 이는 가상현실 치료가 통증을 완화시켜줄 가능성이 있음을 의미한다.

이들 환자들로부터 얻은 임상적 증거가 강조하는 내용은 다음과 같다. 우리가 공들여 다듬어놓은 개성과 정신적 고유함이 깃들어 있는 난공불락의 도피처인 우리의 신체상body image은 피부라는 신체적 경계 안팎에서 일어나는 여러 사건에 대해 즉각적이고 유연하게 반응하기 위해 뇌회로의 집단적인 전기 활성이 만들어낸 역동적인 부산물인 것이다. 실재를 합리적으로 구성하는 뛰어난 모델제작자라면 누구나 그렇듯이, 뇌는 자아가 진짜 실체가 있는 신체로 예시화instantiation된 것처럼 느껴지는 가상의 신체simulated body를 우리에게 제공해 준 것이다.

하지만 우리의 신체상이 단지 가상의 시뮬레이션에 불과하다면 어떻게 뇌는 평생에 걸쳐 그렇게 설득력 있는 환상을 창조하고 유지할 수 있는 것일까? 우리 내부의 신경 모델은 얼마나 쉽게 바뀔 수 있고, 또 우리 자아의 경계는 얼마나 멀리 뻗어나갈 수 있을까? 최근의 실험들은 이런 핵심 질문을 다루기 시작했는데, 아주 충격적인 대답이 등장해 신경과학계의 많은 사람들을 놀라게 했다. 20년 이상 이루어진 실험을 종합해서 얻은 결론을 보면, 뇌는 대단히 적응력이 뛰어난 다중양식(multimodal, 여기서 양식이라 함은 촉각, 시각, 청각 등 질이 다른 감각의 양식을 말하는 것이고, 따라서 다중양식이라는 것은 종류가 다른 여러 가지 감각 양식이 동시에 작용한다는 뜻이다-옮긴이) 과정을 통해 신체소유감body ownership을 창조해내는데, 이 다중양식 과정은 시각, 촉각, 자세감각(고용수용성감각이라고도 한다) 피드백을 직접 조작해서 몇 초 만에 완전히 새로운 또 다른 몸을 우리의 의식적 존재가 편히 머무는 자신의 신체로 받아들이게 유도할 수 있다.

일례로 지금은 프린스턴 대학교에 있는 인지신경과학자 조너선 코헨Jonathan Cohen이 처음 보여준 고무손 환상을 예로 들어보자그림 3.4. 피험자를 의자에 앉게 하고 왼팔을 앞에 놓인 작은 책상 왼쪽 가장 자리에 올려놓게 한다. 그리고 피험자 앞에 불투명한 칸막이를 막아서 탁자에 올려놓은 왼팔이 시야에서 가려지게 한다. 그러고나서 실제와 똑같은 크기의 모조 고무팔을 같은 탁자 위에 올려놓는데, 실제 팔보다 약간 피험자 쪽에 가깝게 놓는다. 고무팔의 위치를 세심하게 조정해서 피험자가 그 모조팔이 칸막이로 가려서 보이지 않는 자신의 실제 팔이라고 상상할 수 있도록 그럴싸한 위치에 놓는다. 그 다음에 피험자로 하여금 시선을 고무팔에 달린 가짜 손에 고정하도록 하고, 실험자는 붓 두 개를 이용해 진짜 손과 고무손의 동일 부위를 동시에 똑같은 방식으로 건드린다. 몇 분 후에는 실험에 참가한 피험자들 거의 모두가 촉각 자극을 받은 왼손에서 붓의 감각을 느꼈을 뿐만 아니라, 자신이 시선을 고정하고 있던 모조 고무손의 위치에서도 느꼈다. 사실 자극을 줄 때 이런 식으로 느꼈던 실험참가자들 대다수

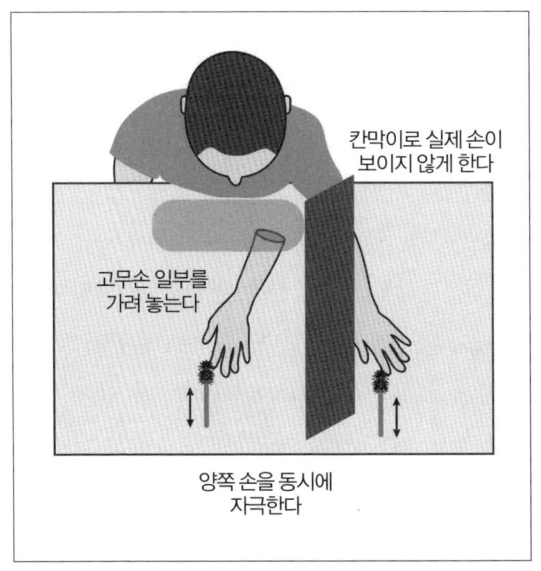

그림 3.4 뇌는 고무손을 자신의 몸으로 받아들인다. '고무손 환상'을 유도하는 데 사용된 실험 장치의 원리를 설명하는 그림.

가 그 고무손이 자신의 실제 손인 것처럼 느꼈다고 했다.

그 이후의 실험에서는 같은 그룹의 피험자들에게 붓 자극을 오랫동안 주었다. 그 후에는 눈을 감게 하고 오른쪽 집게손가락으로 탁자 표면 위를 가로질러 왼손 집게손가락까지 움직이게 했다. 그 결과 고무손의 환상이 머릿속에 남아 있는 동안에는 오른쪽 집게손가락은 자신의 생물학적 손의 집게손가락이 아니라 고무손의 집게손가락을 향해 움직였다.

마지막에 보여준 고무손 환상 효과만으로는 우리 신체상이 본질적으로 역동적이라는 사실에 확신이 서지 않는다면, 아마 유체이탈 경험out-of-body experience이라는 것을 통해 확신을 갖게 되지 않을까 싶다. 자신의 몸을 빠져나가거나, 심지어는 외부의 관점에서 자신의 신체를 경험하는 것 같은 생생한 인식인 유체이탈 현상에 대한 보고는 환상지 현상과 마찬가지로 역사에서 여기서기 많이 등장한다. 유체이탈 체험은 여러 가지 사건에서 비롯될 수 있다. 간단히 몇 가지를 들자면 뇌의 외상, 임사체험, 자동차 충돌 사고, 대수술, 케타민을 이용한 마취, 환각제 복용, 깊은 명상, 수면박탈이나 감각차단, 감각과부하sensory overload 등이 있다. 스위스 로잔에 있는 국립 로잔 공과대학 뇌와정신 연구소Brain and Mind Institute에 있는 올라프 블랑크Olaf Blanke와 그 동료들은 우측 측두엽과 두정엽의 경계 부위를 경두개자기자극transcranial magnetic stimulation, TMS이라는 기술을 이용해 비외과적으로 자극하면 건강한 피험자들에서 유체이탈 경험의 다양한 양상을 재현할 수 있음을 발견했다.

이런 발견을 바탕으로 스웨덴 스톡홀름의 카롤린스카 연구소에 있는 헨리크 에르손Henrik Ehrsson은 가상현실 장치를 이용해서 건강한 피험자의 시각 신호와 촉각 신호를 조작해보았다. 이 실험에서 피험자들은 자기 몸을 벗어나 완전히 새로운 몸을 소유하기도 하고, 다른 누군가와 몸을 바꿔치기도 하는 등의 이상한 느낌을 경험했다. 이런 결과를 얻기 위해 에르손은 우선 피험자의 1인칭 관점을 조작했다. 즉 피험자 앞에 마네킹을 두고 마네킹 머리에 두 대의 카메라를 설치해서 입체 영상을 만들었다. 그리고 피험자에게는 머리에 쓰는 디스플레이 장치head mounted display를 쓰게 하고 마네킹이 촬영한 입체영상을 그 디스플레이에 투사함으로써 마네킹 눈에 보이는 영상이 피험자의 눈에 보이게 한 것이다. 마네킹 머리에 달린 카메라의 위치를 잘 조절해서 인간 피험자가 디스플레이를 통해 마네킹이 '1인칭 관점'으로 바라본 마네킹의 가슴과 복부를 볼 수 있게 했다. 그러고 나서 고무손 환상 실험과 비슷한 방법으로 실험자가 피험자와 마네킹 사이에 들어선다. 이때 실험자는 카메라의 시야에서 벗어남으로써 피험자의 시야에서도 벗어난 상태를 유지하도록 했다. 막대 두 개를 이용해서 실험자는 피험자의 복부와 마네킹의 복부에 몇 분 동안 동시에 똑같은 방식의 자극을 준다. 이런 자극을 가하는 동안 피험자는 막대가 마네킹의 복부를 자극하는 것을 볼 수 있었다. 이 실험을 진행하는 동안 어떤 느낌을 받았느냐는 질문에 놀랍게도 대부분의 피험자는 자신이 아니라 마네킹의 복부를 건드리는 느낌을 받았다고 보고했다. 사실 피험자들은 대부분 마네킹의 몸이 자기 몸이 된 것 같은 느낌을 받았다고 했다. 마네킹의 몸에 동화된 느낌이 너무도 생생한 나머지, 마네킹의 복부에 칼을 갖다 대며 '위협'하자, 머리에 쓰는 디스플레이로 그 광경을 바라보던 인간 피험자는 유발피부전도 반응evoked skin conductance response이 상당히 증가했다. 이는 마네킹의 몸에 가한 위협이 피험자에게 상당한 불안을 야기했다는 뜻이다. 마네킹의 다른 신체 부위를 자극했을 때도 유사한 반응이 유발되었다. 하지만 인간의 몸과 닮지 않은 대상 물체를 사용했을 때는 유체이탈 경험이 일어나지 않았다.

똑같은 장치를 이용해서 에르손과 그의 연구팀은 한 발 더 나아간 실험을 했다. 시각 정보와 촉각 정보를 다른 방식으로 조작해서 유체이탈 경험을 만들어내면 다른 사람의 몸과 자신의 몸을 바꿔치기 할 수 있음을 보인 것이다. 이번 실험에서도 피험자는 똑같이 머리에 쓰는 디스플레이를 썼다. 하지만 이번에 피험자의 눈에 보이는 영상은 실험자의 머리에 위치한 카메라가 만들어낸 영상이었다. 실험자는 피험자 바로 앞에 마주 앉아 피험자를 똑바로 쳐다보고 있었다. 이렇게 교묘하게 배열한 덕분에 피험자는 자기 자신의 손을 실험자의 1인칭 관점에서 바라볼 수 있었다. 그러고나서 피험자에게 오른팔을 뻗어서 자기 앞에 보이는 오른손과 악수를 하라고 지시했다. 이때 피험자는 자기의 오른팔이 실험자의 오른손을 향해 움직이는 것을 보고 인식할 수 있었다. 피험자는 머리에 쓰는 디스플레이 장치를 통해 실험자의 관점에서 바라보고 있었기 때문에 실험자가 오른손을 움직이면 피험자에게도 이 움직임이 자기 오른쪽에서 나가는 것으로 보였다. 그리고 피험자에게는 2분 동안 실험자와 똑같은 힘으로 손을 잡고 있으라고 지시했다. 이 2분 동안 어떤 느낌을 받았는지 물어보자, 피험자들은 대부분 자신의 팔이 아니라 실험자의 팔이 자기 몸의 일부인 것처럼 느껴졌다고 했다. 그들은 또한 자신의 몸이 실험자의 앞에 있는 것이 아니라 실험자의 팔 왼쪽 뒤에 있다고 말했다. 자신의 진짜 몸은 잊어버리고 있었던 것이다.

 좀 더 설득력 있는 결과를 얻기 위해 실험을 반복하면서 실험자와 피험자가 악수를 하는 동안 다른 실험자가 나서서 칼로 실험자의 팔이나 피험자의 팔에 위협을 가했다. 놀랍게도 피험자는 자신의 실제 팔이 아니라 실험자의 오른팔을 위협했을 때 훨씬 더 높은 유발 피부 전도 반응을 나타냈다. 흥미롭게도 신체소유감의 전이나 다른 사람과의 몸 바꿔치기는 성별에 영향을 받지 않았다. 남자도 여자와 몸을 바꿔치기 할 수 있었고, 여자도 남자와 몸을 바꿔치기 할 수 있었다. 이것은 신경생물학의 일부 도그마를 일거에 무너뜨리는 발견이다. 몸에 대한 집착이란 얼마나 부질없는 것인지!

 고무손 환상 실험과 실험실에서 유도한 유체이탈 경험을 보면, 우리가 감각적으로 느끼는 자기 신체의 물리적 경계와 자아감은 뇌가 능동적으로 빚어낸 것임을 알 수 있다. 신체상에 대한 이 새로운 관점의 핵심에는 우리가 평생에 걸쳐 일상적으로 경험하고 인지하는 몸의 형태가 펜필드의 신경외과 기록을 따라 그려진 왜곡된 신체운동영역지도의 형태와 전혀 닮지 않다는 사실이 자리 잡고 있다. 오히려 실생활에서는 그런 지도가 책에서 보는 것과 마찬가지로 이상하게 느껴진다. 사실 행동하는 동물을 생리학적으로 기록해서 얻은 감각적 신체의 지도를 보면 인간의 뇌 난쟁이보다 훨씬 역동적이다. 심지어는 말초의 지극히 정확한 부위에 한정해서 자극을 가해도 뉴런 활성이 시공간상의 파동을 이루며 나타나 S1으로 불리는 일차신체 감각영역과 다른 대뇌피질영역을 가로지르며 신속하고 광범위하게 퍼져나간다. 전 세계적으로 많은 실험실에서 거듭 반복 확인되고 있는 이런 실험적 증거들은 브로드만의 세포구축학에 의해 세워진 뇌의 모자이크 관점mosaic view of the brain을 정면으로 반박하고 있다. 내부적인 신체상을 정의하는 데 필요한 다중양식의 통합을 이루려면 뇌는 피질하영역은 물론이고(피질하 영역이 일관된 신체소유감을 형성하는 데 어떻게 기여하고 있는지는 대부분 연구된 바가 없다), 신피질 대부분에 광범위하게 흩어져 있는 신경회로망을 끌어들여야 한다.

  9장에서 보겠지만, 우리가 정의하는 신체상의 경계는 영장류의 몸뚱이를 덮고 있는 최외각 상피세포에서 끝나는 것 같지 않다. 그 대신, 원숭이나 인간이 인공적인 도구를 능숙하게 사용하는 기술을 익히는 과정을 조사한 일련의 연구를 보면, 뇌가 이런 도구를 몸의 일부로 받아들여, 자신의 생물학적 신체가 이음매 없이 연장되어 있는 것으로 동화하고 있음을 알 수 있다. 이것이 의미하는 바는 뛰어난 바이올린 연주자, 피아노 연주자, 축구 선수가 되는 과정에는 바이올린, 피아노, 축구공 등 그 종목에 해당하는 특별한 도구를 차츰 우리 몸에 합병incorporate해서 뇌에 존재하는 손가락, 손, 발, 팔의 신경적 표상에 추가적으로 짜 넣는 과정이 들어 있다는 것이다.

하지만 이런 매혹적인 재주가 음악계의 거장이나 세계적 수준의 운동선수의 뇌에만 있는 것은 아니다. 우리들 각자의 머릿속에서는 뇌가 끊임없이 작동해서, 우리 근처로 오는 모든 사물을 미친 듯이 동화시키고 쉼 없는 정보의 흐름을 바탕으로 우리의 신체상을 계속해서 변형하고 있다. 영장류의 뇌는 자연선택이 키워낸 몇 안 되는 도구제작자tool maker 중 하나고, 또 분명 가장 세련된 도구제작자임에 틀림없지만, 거기서 그치지 않고 마찬가지로 그만큼이나 열정적인 도구합병자tool incorporator이기도 하다. 우리 뇌는 우리의 옷과 시계, 신발, 자동차, 컴퓨터 마우스, 포크, 그리고 우리가 사용하는 모든 도구들을 역동적인 팽창과 수축을 반복하고 있는 신체 표상body representation 속에 추가하느라 늘 바쁘다.

이 아이디어를 극한으로 가져가면, 이런 발견과 이론들은 다음과 같은 주장을 지지한다고 볼 수 있다. 즉 우리 뇌는 생물학적 신체 옆에 있거나 혹은 멀리 떨어져 있는 인공도구와 직접 상호작용하는 뇌-기계 인터페이스의 이용법을 배우는 과정에서 이런 장치들을 우리의 일부로 합병한다는 것이다. 일부 사람들은 장래에 뇌와 기계 사이에 융합이 일어난다면 그것은 무시무시한 일이고 심지어는 우리가 알고 있는 인간성의 종말을 의미하는 것이라 생각할지도 모르겠다. 하지만 나는 그런 생각에 조금도 동의할 수 없다. 사실 나는 뇌에서 보이는 이런 도구합병에 대한 갈망이 진화의 새로운 장을 펼쳐 보일 것이라 믿는다. 그리하여 우리의 육신을 확장할 수 있는 길을 열어주고, 어쩌면 후대를 위해 우리의 생각을 보존해 둠으로써, 아주 특별한 형태의 영생에 이르게 될지도 모른다.

이런 동화assimilation의 신경생물학적 원리는 우리 삶 속에 더 깊이 닿아있을지도 모른다. 증거에 의하면 우리가 사랑에 빠질 때 냄새, 촉감, 소리, 맛을 매끈하게 하나로 융합해서 사랑하는 사람의 신체를 열정적이고 생생한 나 자신의 연장으로 뒤바꿔 놓는 것은 심장이 아니라 뇌라고 한다. 이것이 내가 콜 포터Cole Porter가 쓴 'I've Got You Under My Skin(난 당신을 내 피부 아래 두었어요)'이라는 노래를 들으며 그가 큰 그림을 제대로 짚었다고 생각하는 이유다.

그저 텅 빈 공간에 불과할 뻔했던 주차장에서 사랑하는 여인과 춤을 추며 보내는 순결한 한여름 밤에 '쇼 비즈니스계의 회장'이라는 애칭으로 불리기도 했던 프랭크 시나트라가 뱉어내는 포터의 가사를 듣고 있노라면 진정 사랑하는 연인의 손길을 더 이상 느낄 수 없음이 얼마나 고통스러운 일인지 이해할 수 있을 것이다. 지금까지 마음에 조금이라도 의심이 남아 있었다면 이제는 확신해도 좋다. 사랑의 고통은 진짜 고통이다. 우리 뇌에게 있어서 사랑의 대상을 잃는다는 것은 외로운 자아의 일부를 실제로 잘라내는 것과 같기 때문이다.

그렇다면 수백만의 세상 사람들이 자신이 사랑하는 스마트폰과 단 1분도 떨어져 있기 싫어하는 것도 이상한 일이 아니다. 가상의 신체가 불러일으킨 원초적 감정이 일단 풀려나오면, 뇌는 경계 없이 그들을 끌어안는다.

4

Listening to the Cerebral Symphony

대뇌의 심포니에 귀를 기울이다

**BEYOND
BOUNDARIES**

4
대뇌의 심포니에 귀를 기울이다

 상당수 신경과학자들을 비롯한 대다수의 사람들이 중추신경계는 일종의 위계구조나 명령체계적인 구조를 따라 조직화되어야 한다는 개념을 아무런 의심 없이 받아들이는 것을 보면 놀랍기 그지없다. 하지만 웬일인지 사람들 눈에는 이렇게 군대처럼 경직된 구조가 '마땅히 그래야 할' 자연스러운 모습으로 생각되나보다. 하지만 내 생각에는 뇌가 위계구조를 따라 작동한다는 전제는 뇌의 실제 작동방식을 나타낸다기보다는 그저 이데올로기에 불과한 것 같다. 과학 역사가 필립 폴리Philip Pauly가 자신의 논문 '뇌의 정치적 구조-비스마르크 독일에서의 대뇌 국소화The Political Structure of the Brain: Cerebral Localization in Bismarckian Germany'에서 국소주의 도그마의 기원을 추적해보니, 대단히 명령체계적인 기원과 마주쳤다는 사실도 그리 놀라울 일은 아니다. 폴리는 운동피질의 발견자인 에두아르트 히트지히와 구스타브 프리치가 중추신경계의 작동 방식을 밝히려 노력하는 과정에서 자신의 사랑하는 조국 프로이센의 관료체계로부터 얼마나 열심히 비유를 끌어들였는지 지적했다.

19세기 후반과 20세기 초에 신경과학이라는 분야를 수립한 대부분의 신경과학자들에게는 뉴런 하나에서 시작해 브로드만의 52개 피질영역으로 올라갈수록 점점 목소리가 커지는 위계구조적인 뇌가 더 마음에 들었을 것임은 의심의 여지가 없다. 이데올로기와는 별도로, 인간에게 생각이 생겨나는 방식을 분류해서 나누고 체계화하려는 경향이 생긴 것은 언어를 사용해야 한다는 한계 때문이기도 하다. 뇌에서 찾아낸 무언가에 이름을 붙이는 것이야말로 19세기 신경해부학자들에게는 자신의 이름을 역사에 남기는 가장 빠른 지름길이었음이 틀림없을 것이다. 듀크 대학교의 로버트 에릭슨은 이렇게 주장한다. 우리는 뇌가 수행하는 행동과 기능 유형 등의 자연현상과 마주치면 언제나 그것을 정의할 단어를 찾으려 하기 때문에, 무의식적으로 거기에 해당하는 개별적인 '단어-기능' 분류(에릭슨은 이렇게 부른다) 각각이 특정 뇌 영역에 표상되어 있어야 한다는 논리적 비약을 하고 만다는 것이다. 하지만 내가 지난 20년간 진행한 연구가 보여주듯이 뇌 활성은 서로 겹치면서도 광범위하게 분산된 신경회로가 시간을 가로질러 서로 상호작용하면서 이루어진다. 단어 그 자체만으로는 뇌의 작용을 제대로 설명해낼 수 없다. 뇌의 작용은 우리가 생각을 표현할 때 사용하는 이 세상 그 어떤 언어보다도 확률론적$_{probabilistic}$이기 때문이다.

❋

생각이 분산된 신경회로에서 나온다는 특성을 처음으로 깨달은 과학자 중 한 사람은 찰스 셰링턴이었다. 그는 척수반사와 같은 가장 기본적인 신경 기능조차도 신경계 말초와 중추의 다양한 구조들 간의 협동이 필요하다는 것을 증명했다. 이 발견으로 그는 1932년 노벨생리의학상을 공동수상했다. 셰링턴은 신경의 이런 협동을 통합된 시스템의 작용이라고 정의함으로써 이제는 시스템 신경과학으로 불리는 뇌 연구 분야의 문을 열어젖히는데 일조했다. 셰링턴은 온전히 연구실에만 매달려 있는 사람이 아니었다. 그는 자신의 책《인간 본성의 성찰Man on His Nature》에 대단히 시적이고 감명 깊은 글을 남겼다. "뇌가 잠에서 깨면, 그와 함께 정신도 돌아온다. 이것은 마치 은하수가 어떤 우주의 춤을 시작하는 것과 같다. 이 머릿속 덩어리는 재빨리 마법의 베틀이 되고, 번쩍이며 베틀 속을 오가는 수백만 개의 북(실꾸리를 넣는 기구로 날실의 틈을 오가며 씨실을 풀어 주는 역할을 하는 베틀의 부속품-옮긴이)이 흩어져 사라져 갈 패턴을 엮어낸다. 이 패턴은 결코 한 형태로 머무는 법이 없지만, 언제나 의미 있는 패턴이다. 하부의 패턴들이 엮어내는 변화 속의 조화인 것이다."

셰링턴의 통합적intergrative 신경과학은 생각의 생리학을 기술하는 데 다시 분산주의 전략을 사용하도록 불을 붙인다. 하지만 과학계에서 자주 겪는 것처럼, 셰링턴의 연구가 명성을 떨치던 20세기 초반에는 뇌의 포괄적인 기능을 연구하는 데 필요한 수준을 쫓아가기에는 기술력이 턱없이 빈약했다.

이런 상황은 1924년에 독일의 의사 겸 예나 대학교 교수였던 한스

베르거Hans Berger가 놀라운 발견을 하면서 변하기 시작한다. 베르거는 한때 세포구축학의 거장인 오스카 보크트와 브로드만과 공동으로 연구하기도 했다. 제1차 세계대전에서 돌아온 베르거는 뇌의 혈류순환량을 측정해 신경활성과 심리적 행동 사이의 연관관계를 밝혀내려 했지만 실패해서 낙담하고 있었다. 그래서 그는 방향을 틀기로 마음먹는다. 뇌의 전기적 신호를 측정하기로 한 것이다. 그보다 앞서서 1875년에는 영국의 과학자 리처드 카튼Richard Caton이 실험용 동물의 노출된 대뇌피질에서 뇌가 만들어낸 전기 활성을 측정해 기록한 바가 있었고, 러시아 생리학자 프라우디츠 네민스키W. Prawdicz-Neminski는 제1차 세계대전 바로 전에 손상을 가하지 않은 개의 두개골에서 그와 비슷한 활성을 기록하는 데 성공하기도 했다. 베르거는 같은 기법을 인간에게도 적용해보기로 결심한다. 처음 시도에서는 사람의 두피에 은으로 만든 전극을 삽입해서 기록하려 했는데, 베르거는 간단하게 두피에 은박 전극을 붙여서 그것을 검류계와 연결하기만 해도 인간의 뇌에 의해 발생되는 작은 전위를 읽을 수 있다는 사실을 깨달았다(실험에 참가한 사람들에게는 참으로 다행스러운 일이었다. 그 실험대상 중에는 베르거의 아들도 있었다). 베르거는 다양한 조건 아래서 뇌 활성을 계속 기록했다. 그중에서는 간질로 고통받는 환자들에 대한 기록도 있었다. 그리고 뇌 전체에 걸쳐 발생하는 일련의 리듬이 일상적인 행동과 결부되어 있음을 알아냈다. 그가 처음으로 발견한 것 중 하나는 알파리듬alpha rhythm이었다. 알파리듬은 환자가 눈을 감은 상태로 꼼짝도 하지 않고 조용히 앉아 있을 때 후두골occipital bone에서 측정한 초당 10번 주기(10헤르츠)의 뇌 전위 진동이다. 베르거는 자신이 개발한 방법을 뇌파검사electroencephalogram, EEG라

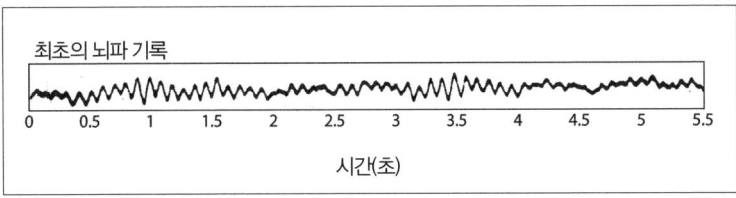

그림 4.1 한스 베르거가 기록한 최초의 뇌파도 표본. 이 뇌파도는 베르거가 두피 센서를 이용해 자기 아들로부터 기록한 몇 초 동안의 전기 활성을 나타내고 있다.

고 이름 붙였다그림 4.1.

오늘날에는 뇌파검사가 필수적인 진단 장비이자 연구 장비로 일상적으로 이용되고 있다. 더 나아가 뇌파의 발견으로 신경생리학자들은 대뇌피질이 피질 전체에 걸쳐 전기 활성 패턴을 만들어낼 수 있음을 깨닫기 시작했다. 이런 전기 활성에는 주의집중attentiveness, 이완된 각성relaxed wakefullness 등, 뇌 내부의 정상적이고 다양한 동역학적 상태와 행동에 관련된 다양한 리듬도 포함된다. 서로 다른 유형의 간질 발작과 같은 병리적인 대뇌피질 질환도 뇌파검사로 알아낼 수 있다. 뇌파검사 덕분에 신경생리학자들은 각성상태의 뇌에서 나타나는 통합적인 활동을 기록할 수 있게 되었다.

뇌파검사나, 감각 자극에 의해 촉발되는 대뇌피질의 전기 활성을 측정하는 감각유발전위sensory evoked potential검사와 같은 다른 방법들이 개발되었음에도 불구하고, 그와 시기를 같이 해서 로드 에이드리언과 그의 캠브리지 대학교 동료들이 이끄는 신경과학자 집단이 개별 뉴런이 만들어내는 전기적 신호, 즉 활동전위action potential를 기록하는 기술에 통달함에 따라 뇌 기능을 국소적인 부위에서만 찾아내려는 관습은 고집스럽게 계속되었다. 그들이 선택한 도구는 미소전

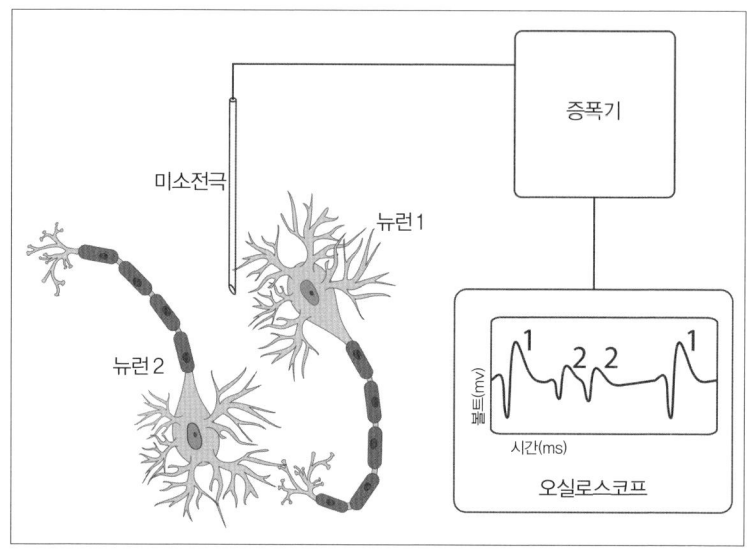

<u>그림 4.2</u> 미소전극을 이용한 기록 방법. 두 뉴런 사이의 세포외공간에 위치한 금속전극은 세포외공간에서 두 뉴런의 활동전위를 기록할 수 있다. 오실로스코프의 기록된 내용은 두 뉴런의 활동전위가 서로 다름을 나타낸다.

극이었다_{그림 4.2}. 미소전극의 가장 전통적인 형태는 끝이 아주 날카로운, 길고, 가늘고, 뻣뻣한 금속 막대기였다. 이 금속 막대기는 그 끝부분을 제외하고는 자루 전체가 레진, 유리, 플라스틱 등의 절연물질로 덮여 있었다. 일단 뇌 표면을 노출시키고 나면, 미소전극 하나를 뇌 조직으로 내려보내서 미소전극 끝이 놓여 있는 세포외공간에서 단일뉴런의 전기 활성을 기록할 수 있는 관통 경로를 확보할 수 있다. 일반적으로 경막dura(뇌와 척수를 둘러싸는 3겹의 뇌막 중 가장 바깥쪽 막-옮긴이)에는 접지선을 연결해서 포착되는 전기 신호 측정을 위한 기준점으로 사용한다. 뉴런의 활동전위에 의해 세포외공간에서 발생되는 전기는 아주 작아서 몇 밀리볼트 정도밖에 나오지

않기 때문에 걸러내어 증폭해야만 주어진 한 뉴런의 활성을 기록할 수 있다.

미소전극을 이용하면 신경생리학자들은 몇 분에서 최고 2시간 정도 한 뉴런의 활성을 관찰할 수 있다. 일단 한 뉴런의 활동전위를 따로 분리해서 기록하고 나면 미소전극을 몇 마이크로미터 정도 뇌 안으로 더 깊이 찔러 넣어 다른 뉴런의 활성을 기록할 수 있다. 한 자리에서 미소전극을 더 깊이 찔러 들어가거나 아니면 뒤로 조금씩 빼서 나오면서 기록하거나, 아니면 다른 부위의 조직을 새로 관통해서 검사 과정을 다시 개시하시는 방법을 이용하면 이런 순차적 표본검사serial sampling 과정을 한 기록 세션 중에도 여러 번 반복할 수 있는데, 이렇게 해서 신경과학자들은 뉴런 집단의 특성들을 순차적으로 잡아낼 수 있다.

1940년대 말에는 이 방법을 변형시킨 방법 덕분에 신경생리학자들은 최초로 뉴런의 세포내공간에서 전기 활성을 기록할 수 있었다. 이 기법에는 새로운 종류의 미소전극이 필요했다. 끝이 아주 날카로운 가는 유리 피펫으로 만들어지고, 전도성 있는 전해질 용액(염화칼륨 등)으로 채워져 있는 이 미소전극은 큰 손상을 주지 않으면서 개별 뉴런의 세포막과 세포질을 관통할 수 있었다. 덕분에 신경과학자들은 뉴런의 안정막전위resting membrane potential를 정확하게 측정할 수 있었다. 안정막전위란 뉴런의 세포외환경과 세포내공간 사이에 존재하는 양이온과 음이온의 농도 차이로 인해 유지되는 작은 전기적 분극 상태를 말한다.

10년이 지나지 않아 세포내 기록 방법은 지속적으로 뉴런의 세포막에 퍼붓듯 쏟아져 활동전위를 이끌어내는 무수한 시냅스전류synaptic current를 설명하는 데 사용되었다. 일단 개시되고 나면 활동전위는 뉴런의 축삭돌기와 그 가지를 타고 급속하게 퍼져나간다. 축삭돌기의 가지는 뇌회로 안의 다른 뉴런들과 시냅스로 접촉하고 있다. 하나의 뉴런이 흥분했을 때 이것이 그와 연결된 다른 모든 뉴런의 생리에 영향을 미칠 수 있는 것은 바로 이런 이유 때문이다.

시냅스전위synaptic potential와 그것이 활동전위 발생에서 맡는 역할에 대한 선구적인 실험 연구 중 상당수는 셰링턴의 학생 중 한 사람이었던 호주의 신경생리학자 겸 노벨상 수상자 존 에클스John Eccles가 한 것이다. 새로운 생체내 세포 기록 방법을 최대한 잘 활용한 에클스는 척수 뉴런으로 투사되는 개별 말초신경섬유를 자극할 때 발생되는 시냅스전위가 그 해당 척수 뉴런의 막전위에 흥분성excitatory, 혹은 억제성inhibitory 영향을 미칠 수 있음을 발견했다. 그는 또한 이런 시냅스 영향을 모두 합한 것이 특정 전압 역치를 넘어서면 척수 뉴런이 활동전위를 발생함으로써 반응한다는 사실도 관찰했다.

사랑해 마지않는 미소전극으로 무장한 신경과학자들은 20년 동안 에이드리언의 실험적 접근 방법을 채용해 다양한 뇌의 구조를 정복했고, 특히 브로드만의 세포구축학이 정당함을 입증하는 데 있어서 중요한 부분이었던 일차감각영역에 노력을 집중했다. 이런 시대의 도래를 열렬히 환영했던 주요 인물 중 한 사람이었던, 미국의 전설적인 신경과학자 버넌 마운트캐슬Vernon Mountcastle은 마취된 고양이와 원숭이의 일차몸감각피질 S1 여기저기에 미소전극을 휘둘러 유명해졌다. 그는 대단히 공을 들여 진행한 일련의 연구 내용을 1957년에 〈신경생리학 저널Journal of Neurophysiology〉에 발표했는데, 그 실험에서 마운트캐슬과 존스홉킨스 대학교에 있던 그의 학생들은 미소전극으로 S1 피질의 표면을 관통한 후, 그것을 뇌 조직에 차츰 더 깊이 찔러 넣으면서, 그 과정에서 만나는 개별 뉴런들의 촉각 반응을 순차적으로 기록했다. 그리고 이렇게 매번 피질을 관통할 때마다 만나는 대다수의 뉴런들이 비슷한 생리학적 특성을 공유한다는 것을 밝혀냄으로써(예를 들면 뉴런들이 모두 똑같은 피부 영역을 기계적으로 작용할 때 흥분한다는 등), 마운트캐슬은 S1이 일련의 기능적 기둥functional column으로 형성되었다는 가설에 대한 생리학적 증거를 제공한다. 기능적 기둥이란 '수직적으로 연결된 세포 집단'으로서, 그는 이것이 '대뇌피질 기능의 기본 단위'를 구성한다고 제안했다.

고전이 된 그의 논문에서 마운트캐슬은 대뇌피질의 이런 수직 모듈식 조직vertical cortical modular organization은 스페인의 놀라운 신경해부학자 라파엘 로렌테 데 노Rafael Lorente de No가 이미 앞서서 제안한 바 있다고 적절하게 밝혔다. 데 노는 20세의 나이에 다른 사람도 아닌 바로 산티아고 라몬 이 카할과 과학적 논쟁을 벌임으로써 학자로서의 경력을 시작했다. 이때 그는 카할이 발행하는 학술지에 논문을 제출했는데, 카할의 의견과 달리 쥐 대뇌피질의 조직은 사실상 인간의 대뇌피질과 동일하고, 또 그만큼 풍부하다는 주장을 강력하게 내세우는 것이었다. 이 일로 두 사람 사이가 껄끄러워지기는 했지만, 카할은 망설임 없이 그의 논문을 실어주었다. 마운트캐슬이 꼼꼼하게 각주를 남겨놓았건만, 불행하게도 포유류 대뇌피질의 신비를 풀려고 노력하던 과학자들 상당수는 이 각주를 보지 못하고 지나가버렸다.

이런 생리학적 사명에 뛰어든 사람이 마운트캐슬 혼자인 것은 결코 아니었다. 캐나다인 데이비드 허블과 스웨덴 사람 토르스튼 위즐도 서로 협력해서 마취된 고양이에서 개별 뉴런들을 부지런히 기록하느라 바빴다. 하지만 그들은 S1이 아니라 일차시각피질(V1)에 있는 뉴런을 연구했다. 똑같은 순차적 표본검사 기법을 이용해서 허블과 위즐은 그들의 스승이었던 미국의 신경과학자 스테판 쿠플러Stephen Kuffler의 연구를 놀라울 정도로 확장시켜 놓았다. 쿠플러는 눈의 망막 표면 근처에 자리 잡고 있는 망막신경절retinal ganglion 뉴런의 수용야receptive fields, RFs를 지도로 작성하고, 수용야가 거의 원형이라는 것도 발견했다.

하지만 허블과 위즐이 개별 V1 뉴런들을 표본으로 조사해보니, 그들이 각각 특정 각도나 방향으로 비춰진 줄무늬에만 주로 반응한다는 사실을 발견했다. 그리고 어떤 V1 뉴런은 줄무늬가 특정 방향으로 움직일 때 더 강하게 반응했다. 허블과 위즐은 고양이의 V1 영역을 관통하면서 만나는 일련의 뉴런들이 선호하는 방향을 확인하는 작업을 계속해서 진행했고, 그리하여 이런 선호도 지도preference map가 완성되었다. 그 지도 속에서 두 사람은 많은 수의 피질 기둥cortical column을 찾아냈고, 그 각각의 기둥 속에 깊이를 달리 하며 펴져 있는 뉴런들은 모두 비슷하게 특정 방향의 줄무늬가 눈에 들어왔을 때만 특별히 최대의 흥분 반응을 나타냈다. 허블과 위즐의 V1 지도는 캠브리지 트리니티대학 신경과학자 호레이스 발로우Horace Barlow가 옹호한 이론적 틀의 안정을 다지는 밑바탕이 되었다. 찰스 다윈Charles Darwin의 증손자였던 발로우는 단일뉴런은 복잡한 자극 속에 들어 있는 특정 성분에 반응하는 '세부특징감지기feature detector'로 작동한다는 개념을 내세웠다.

1920년대에 로드 에이드리언이 단일뉴런에 대한 기록을 최초로 남긴 이후로 허블과 위즐이 수행한 혁신적인 실험을 거쳐, 1980년대에 기술적인 전성기를 맞이할 때까지, 뇌가 어떻게 지각 경험perceptual experience을 만들어내는지 조사하는 데 사용하는 기본적인 실험적 접근방식은 별로 진화하지 않았다. 우선 지각perception을 조사할 때 보면, 실험대상 동물의 특정 말초 수용기(피부, 망막, 속귀, 혀 등)만을 대상으로 잘 통제된 한 가지 양식modality의 자극만 가하는 외부 관찰자의 관점에서만 조사가 이루어졌다. 실험자는 또한 동물의 뇌에서 생성되는 유발반응을 측정하고, 또 뇌의 내부를 통제하는 일까지도 같이 맡아서 해야 했다. 이것이 대부분의 실험에서 동물을 심도 깊은 마취 상태로 유지한 이유다. 이런 식으로 하면 실험 조건을 통제하기가 쉬웠기 때문이다.

이런 실험 접근 방식 때문에 신경과학자들은 뇌가 아무런 과거의 기억도 없이 그저 정지 상태로 머물면서 외부의 물리적 자극에 내재된 정보를 받아, 그 메시지를 각각의 성분 특징으로 쪼개서 해독할 때가 오기만을 한없이 기다리고 있다는 편견을 갖게 되었다. 예를 들어 시각의 경우에 신경과학자들은 자극을 방향, 색, 운동 등의 구분되는 특징으로 세분했다. 이런 환원주의적 패러다임은 뇌의 내부적 관점brain's internal point of view이 끼어들어갈 여지를 모두 제거해버렸다. 하지만 뇌의 내부적 관점은 심지어 제일 간단한 단일 자극 실험에조차 다음의 것들을 수반하며 끼어든다.

- 자극과 만나는 순간의 뇌 내부의 동역학적 상태 및 자극과 만나기 바로 전에 뇌에 의해서 형성된 내부적 기대internal expectation.
- 실험대상에 축적된 진화의 역사와 개인적인 지각의 역사. 이 역

사는 뇌가 그전에 다양하게 경험했던 유사한 자극과 그렇지 않은 자극들을 요약해놓은 것이다.
- 뇌의 적응력. 적응력 덕분에 뇌는 새로 마주친 지각 경험에 반응해서 변화할 수 있다.
- 그 자극과 관련되어 있는 정서적 가치emotional value.
- 자극을 받으면 그것을 향해 눈이나 손, 머리가 움직이는 것처럼, 능동적으로 자극을 수집하기 위해 뇌가 만들어내는 일련의 운동 행동motor behaviour.

하지만 실험가들은 이런 것을 무시하고 원초적 자극에 반응해 최고의 흥분을 나타내게 유도할 수 있는 뉴런을 확인하는 일에만 몰두했다. 그리고 자극 속에 든 개별 특징들은 별개의 피질영역에 위치한 특화된 특정 피질뉴런 집단만을 흥분시킨다는 개념이 신경과학계를 장악했다. 갈은 분명 이 차세대 국소주의자들을 보며 자랑스러워했을 것이다. 곧 이어 피질뉴런들은 이론적인 '특징 추출 능력feature-extracting capability'에 따라 분류되기 시작했다. 그리고 여기에는 당연히 방향을 띤 줄무늬를 감지하는, 허블과 위즐의 특화된 V1 뉴런들도 포함되었다. 그리고 연쇄 효과로 다른 수많은 뉴런들도 이런 식으로 분류되기 시작했다.

색과 운동을 감지하는 세포들이 V1이 아닌 다른 대뇌피질 시각 영역에서도 발견되면서, 시각정보 처리 과정이 V1에서 시작해서 다른 부위로 이어지는 흐름을 만들어낸다는 엄격한 시각의 피질 위계구조visual cortical hierarchy가 확립되기에 이른다. 이것은 후두엽, 두정엽, 측두엽을 지나는 등쪽 시각경로dorsal pathway와 배쪽 시각경로ventral pathway로 알려져 있다. 이 두 흐름 속에 들어있는 뉴런들은 그 위치에 따라서 시각정보 처리에서 맡는 역할이 결정된다고 가정했었기 때문에, 이 두 시스템은 처음에는 '어디서/어떻게(사물의 위치와 어떻게 행동을 할지-옮긴이)' 시각경로(등쪽), '무엇을(사물이 무엇인지 파악함-옮긴이)' 시각경로(배쪽)라고 이름 붙였었다. 하지만 나중에 더 조사를 해보니 이 두 흐름 사이에서 상당한 혼선crosstalk이 일어나고 있음이 증명되었다. 오늘날에는 이렇게 나누는 것이 유용한가를 두고 의문을 제기하는 사람이 많다.

청각계와 그보다 덜 강조되기는 했지만, 몸감각계, 운동계에 대해서도 그와 유사하게 분리된 기능적 경로가 존재한다는 제안이 나왔지만, 그중 시각피질이 자리 잡고 있다는 두정엽, 측두엽, 후두엽을 탐색하는 생리학자들이 쌓아올린 거창한 이론적 윤곽에 견줄 만한 것은 없었다.

1980년대에서 90년대 초반에 이르는 동안에는 감히 갈의 후계자들에게 대적하고 나설 용기 있는 사람이 없었다. 시스템신경생리학자들은 거의 무의식적으로 분류의 덫에 빠져, 사람의 혼을 빼놓는 뉴런들을 일일이 다 분류하고, 속담 문구나 때로는 의인화된 이름에서 뉴런의 이름을 따오는 일에 붙잡혀 있었다. 예를 들면 익숙한 얼굴, 이를 테면 자기 할머니의 사진 등을 순간적으로 보여줄 때 격렬한 반응을 나타내는 뉴런이 있었는데, 1969년에 이 뉴런은 '할머니뉴런grandmother neuron'이라는 세례명을 받았다. 이 대단히 가정적인 할머니뉴런과 더불어 2005년에는 뉴런의 세계에 유명인사가 합류했다. 할리 베리라는 아주 추상적인 개념에 반응해서 전기를 발생하는 할리 베리뉴런Halle Berry neuron이 남성 환자의 하측두피질infratemporal cortex에서 발견되고 기록된 것이다. 이 발견은 캘리포니아 대학교 로스 앤젤레스 캠퍼스에서 화려하게 이루어졌다. 하기야 유명인사 뉴런이 처음 얼굴을 드러낼 장소로 여기보다 좋은 곳이 어디 있겠는가?

언뜻 보면 사랑하는 할머니나 아카데미상을 받은 존경스러운 여성인 할리 베리의 사진이 시야에 들어왔을 때는 그런 특징에 반응하도록 정밀하게 조율된 이 개개 뉴런의 활성이 주연을 맡는 것이 당연해 보일지도 모른다. 하지만 사실, 이런 이름들은 실험가가 한 단일뉴런을 최대로 흥분하게 만드는 데 사용할 수 있었던 최적의 시각 자극을 나타내는 것에 불과하고, 그때 기록했던 뉴런들 중 일부는 강도만 낮았을 뿐, 다른 시각 자극에도 반응을 나타냈다. 하지만 눈에 확 띠는 자극에만 집중함으로써 신경생리학자들은 미소전극 측정의 목표 대상, 즉 단일뉴런에만 점점 더 집착하게 되었다. 대단히 세련된 미국의 신경생리학자 겸 역사학자인 브라운 대학교의 제임스 매킬웨인James T. McIlwain은 이렇게 얘기했다. "미소전극이 널리 사용되면서, 단일뉴런의 행동을 연구해서 그들의 개별 특징을 이용해서 뇌의 작용을 상당 부분 설명할 수 있으리라는 데 실험 연구의 초점이 모아졌습니다. …… 이런 관점이 얼마나 유혹적인지는 제가 개인적으로 증언할 수 있습니다. 컴컴한 연구실 방안에 앉아 음향 모니터에만 온통 정신을 집중한 상태에서 작은 시각 자극을 주며 뉴런의 수용야를 조사하다보면, 자기가 지금 조사하고 있는 세포가 그 자극에 반응하는 수많은 세포들 중 하나에 불과하다는 사실을 잊어버리기 쉽죠."

단일뉴런의 생리학적 특성에 이름을 붙이는 것은 무척이나 단순하면서도 우아하고, 또 외견상으로는 실험적인 성공을 거둔 듯이 보이지만, 1980년대에 독일의 컴퓨터 과학자 크리스토프 폰 데어 말스부르크Christoph von der Malsburg는 특징 추출 모델feature-extraction model의 근본적인 한계를 드러내 보였다. '결합 문제binding problem(독립적으로 처리된 여러 정보들이 어떻게 단일한 대상으로 통합되어 지각되는가의 문제-옮긴이)'라고 널리 알려지게 된 말스부르크가 제기한 의문은 이렇다. 만약 실제로 뇌가 새로운 감각 자극을 받아들인 후 제일 먼저 하는 일이 복잡한 전체 구조를 일련의 개별적이고 원초적인 특징들로 해체해서 처리하는 것이라면(이 각각의 특징들은 주어진 피질영역에 위치한 특화된 단일뉴런 집단에 의해 표상된다), 특징에 따라 해체되어 피질 공간의 여기저기에 흩어져버린 모든 정보들을 뇌가 나중에 어떻게 다시 모아서 원래의 자극으로 재구성해 우리가 일상에서 경험하는 복잡한 지각 경험을 온전히 생성할 있다는 말인가?

이것 참 좋은 질문이다!

단일뉴런의 특징감지기 이론을 옹호하는 사람들은 말스부르크의 질문에 즉각적인 대답을 내놓지 못했다. 마치 그가 이 분야를 깊숙이 파고들어 있던 균열을 찾아낸 것 같았다. 물리학에서 일반상대성 이론과 양자역학 사이를 갈라놓고 있던 균열처럼 말이다. 하지만 말스부르크의 불편하지만 날카로운 문제제기로 처음에는 분위기가 잠시 격앙되었지만, 이후로 대다수의 신경과학자들은 다시 예전과 똑같은 낡은 기법, 똑같은 낡은 용어, 똑같은 낡은 사고방식으로 다시 돌아오고 말았다.

※

1950년대 초반 이후로 미소전극 하나로 터벅터벅 걷듯이 뇌를 찔러댈 것이 아니라 뉴런 집단의 활성을 한꺼번에 표본으로 잡아서 기록해 보려는 용감한 시도를 한 이단아들이 있었다. 그리고 이들 이단아들 중 미국의 신경과학자이자 철학자 겸 작가였던 존 커닝햄 릴리John Cunningham Lilly보다 과감한 사람은 없었다.

1938년에 캘리포니아 공과대학교를 장학생으로 졸업한 다음에 릴리는 펜실베니아 대학교에서 의학 학위를 따고 거기서 정신분석을 수련 받았다. 제2차 세계대전 이후에 그는 메릴랜드 베데스다에 있는 미국국립보건원에 '코르티칼 인티그레이션Cortical Integration(대뇌피질 통합)'이라는 대단히 관료주의적인 분과에서 수석 과학자로 자리를 잡았다. 릴리가 미국국립보건원에 머물던 기간을 살펴보면 그가 비상식적인 아이디어를 탐험하는 일에 평생을 바치게 되리라는 조짐이 이미 그때부터 싹트고 있었다. 이후 50년 동안 그는 대단한 논란을 불러일으키는 특이한 연구와 여러 번 관련을 맺게 된다. 그중에는 정말 눈이 휘둥그레지는 것도 있다.

릴리는 인간의 의식에 대해서 오래도록 관심을 가지고 있었다. 1954년에 그는 만약 감각 자극을 모두 차단한 상태에서 인간의 뇌가 어떻게 반응할지 조사하는 일에 덜컥 뛰어든다. 그리고 그 과정에서 감각 격리 탱크sensory isolation tank라고 이름 붙인 장치를 설계해서 광범위하게 사용한다. 릴리와 그의 친구 중 한 사람인 에드워드 에바츠Edward Evarts 두 사람 모두는 첫 번째 피험자이자 책임연구자 역할을 한다. 나중에 윌리엄 허트William Hurt가 주연한 헐리우드 영화〈상태 개조altered states)에 영감을 불어넣기도 한 이 독창적인 연구에서 릴리와 에바츠는 차례로 탱크 안에 눕는다. 이 탱크는 방음 처리가 되어 있고, 천천히 흐르는 따뜻한 소금물이 들어 있다. 몸은 머리 끝 부분만 물위로 나오도록 물에 띄웠다. 그리고 감각 자극을 조금이라도 더 차단하기 위해 머리에 마스크를 씌웠다. 물속에 들어 있는 동안에는 정상적인 호흡이 가능하도록 마스크에 튜브를 연결했다. 이런 환경에 익숙해지도록 몇 번 연습을 한 다음에 릴리와 에바츠는 탱크를 가지고 실험을 했다. 두 사람은 두 시간 동안 탱크 안에 격리되어 있는 실험을 했고, 그 안에 들어가 있는 동안에는 몸의 긴장을 풀고, 몸의 움직임을 제한하도록 했다. 실험이 끝나면 그 경험에서 어떤 인상을 받았는지를 보고서로 작성했다. 격리 탱크로 10년에 걸쳐 자기실험을 한 후에 릴리는 영화 〈데어데블〉 같은 이 연구를 확장한다. 환각제인 LSD를 복용한 후에 혼자서, 혹은 그가 아주 좋아하는 동물인 살아 있는 돌고래와 함께 탱크 속으로 들어간 것이다.

릴리는 LSD나 다른 약물을 가지고 실험하기도 하고, 인간과 돌고래가 직접 소통할 수 있는 방법이 있음을 보여주려고(이것은 그의 가장 특이한 아이디어들 중 하나였다) 시도하기도 했는데, 이런 부분 때문에 정통 과학자들과의 관계가 껄끄러워지고 말았다. 그 결과 혁명적이기는 하지만 재미가 덜한 그의 신경생리학 연구들은 신경과학 문헌에서 거의 사라지고 말았다.

1949년부터 릴리와 그의 몇몇 협력자들은 뇌의 전기적 활동을 대규모로 기록하고, 또 조직에 손상을 가하지 않으면서 뇌 부위에 오랫동안 전기 충격으로 자극을 가할 수 있는 새로운 방법을 찾아 나섰다. 릴리의 목표는 서로 적대시하며 으르렁거리던 신경생리학과 실험심리학을 하나로 통합하는 것이었다. 그의 관점에서는 이 두 분야가 하나로 합쳐지지 않는 한, 중추신경계의 전기적 활성과 행동을 아주 짧은 간격으로 정확하게 시공간 상에서 기술하는 것은 불가능해 보였다. 그리고 이 목표를 향한 첫 째 단계는 마취하지 않은 동물의 뇌를 철저하게 탐사하는 것이었다.

항상 개척자의 길을 걸어왔던 릴리는 이번에는 마취하지 않은 동물에 전극을 심을 수 있는 실험 환경을 만들어냄으로써 뇌의 전기적 활성 기록 역량에 새로운 패러다임을 보탰다. 그리고 원하는 뇌구조 안에 넣은 후에 시간을 두고 뉴런들의 전기 신호를 하나씩 차례로 측정해야 했던 단일전극의 한계에 얽매이는 대신, 20개가 넘는 대뇌 피질 지점에서 동시에 전위를 측정할 수 있는 다전극배열multi-electrode array을 개발했다(이번 실험에서는 자기 자신이 아니라 고양이와 원숭이를 실험대상으로 사용했다). 그는 자신의 실험 장치를 '25채널 바바트론twenty-five-channel bavatron'이라고 불렀고, 그것으로 얻은 뇌의 전기 도표를 '일렉트로 아이코노그램electro-iconogram'이라고 불렀다.

컴퓨터도 거의 없던 시절에 살아 있는 동물로부터 얻은 자료를 처리하려니 릴리는 엄청난 기술적 장벽을 극복해야만 했다. 바바트론 초기 모델은 유리관 25개 속에 꿰어 넣은 금속와이어 전극 25개를 서로 2mm 씩 간격을 두고 5×5로 배열해 만들었다. 각각의 유리관은 루사이트(투명한 합성수지의 일종-옮긴이) 실린더에 매몰시켜 놓았고, 그 실린더는 스테인리스강으로 만든 통에 장착했다. 그리고 그 통을 동물의 두개골에 뚫어놓은 3/4인치(19mm 정도) 구멍에 나사로 고정시켰다. 실험을 하는 동안에는 실험동물을 방음이 된 상자 안에 두었고, 그 상자 자체도 금속으로 차폐된 방 안에 두어, 동물을 혼란하게 할 외부의 자극을 줄이고, 또 워싱턴에서 오는 라디오 방송파 등, 외부에서 유입되는 전자기 '잡음'도 줄이려 했다. 그리고 잡음을 거기서 더 줄이기 위해 유리관에는 소금물을 채워 대뇌피질 표면에 부드럽게 얹히게 만들었다. 통과 전극을 제자리에 위치시킨 후에는 각각의 와이어를 동물 옆에 있는 25채널의 프리앰프preamplifier에 연결시켰다. 이 프리앰프에서 얻은 출력 정보는 긴 전선 케이블을 통해 차폐된 방 바깥에 위치한 25개의 앰프로 입력되었다. 오랫동안 미국국립보건원에서 일했던 과학자에게서 얘기를 들은 적이 있는데, 이런 실험 장비 구성은 그 당시 미국국립보건원 직원들이 사용할 수 있는 모든 앰프 비축량을 다 쏟아부은 것이라고 한다.

릴리는 분명 무언가 큰일을 저지를 셈이었다.

릴리는 다전극배열에 의해 증폭되고 걸러진 25개 채널 각각에서 해당 전극에서 얻은 전위와 배열 전체에서 얻은 평균 전위 사이의 차이값을 구해 기록했다. 이렇게 함으로써 각각의 전극 기록으로부터 배열 속 모든 전극에 공통되는 신호를 지워낼 수 있었고, 결국 각각의 센서로부터 관련이 있는 국소적인 뇌의 전기활성만 따로 분리해낼 수 있었다. '차이 기록법differential recording'이라고 불리는 이 혁신적인 기법은 오늘날에도 행동하는 동물에서 신경생리학적으로 무언가를 기록을 할 때 움직임에 의해 인위적으로 발생한 영향이나 다른 강력한 생물학적 신호를 배재하려 할 때 여전히 사용되고 있다.

릴리의 통찰력과 창조성은 25채널 바바트론으로 뇌 활동의 시공간적 파동을 포착해서 기록하는 시스템을 개발했을 때 정점에 이르렀다. 컴퓨터나 다른 대용량 자료 저장 장치의 도움을 얻을 수 없는 상태에서 릴리는 25개 앰프에서 나오는 각각의 출력을 피질 표면에 놓인 25개 전극과 같은 순서의 5×5 정사각형으로 배치한 25개의 글로우관glow tube에 연결했다. 이 놀라운 장치에서 각각의 글로우관이 방출하는 빛의 강도는 기록값이 평균값 이상이거나 이하일 때는 거기에 맞춰 조절이 가능했다. 즉 해당 전극에 의해 생성된 전기적 신호가 평균과 얼마나 차이가 나느냐에 따라 해당 전구의 밝기가 달라진 것이다. 따라서 주어진 전극에서 오는 전기적 신호가 음의 값이면(전체 배열의 평균 전위보다 낮을 때), 글로우관이 밝아졌다. 반대로 만약 전극에서 오는 신호가 양의 값이면, 해당 글로우관이 방출하는 빛은 어두워졌다. 이런 전략을 사용해서 릴리는 실험동물이 특정 형태의 운동을 수행하거나, 청각 자극을 듣거나, 그냥 잠이 들었다 다시 깨는 동안 대뇌피질 표면 위의 특정 지점에서 기록된 뇌 전기적 활동의 시공간 패턴에 해당하는 빛의 시공간적 파동을 관찰하기 시작했다. 메릴랜드의 한 연구실에 은둔하고 있던 릴리는 오직 과학이나 예술처럼 시간과 공간을 뛰어넘는 인간의 의도적인 노력으로만 성립이 가능한 연결을 통해, 50년 전 위대한 찰스 셰링턴 경이 마음속에 그렸던 것처럼, 정신을 엮어내는 마법의 베틀이 조심스럽게 짜낸 변화무쌍한 신경 패턴들이 역동적으로 피어나고, 퍼져나가, 결국 사라지는 모습을 얼핏이나마 관찰한 최초의 신경생리학자가 되었다.

마치 이 정도의 묘기로는 성에 차지 않는다는 듯, 대뇌피질 활성의 이 복잡한 시공간 패턴을 영구적인 기록으로 남기기 위해 릴리는 전기로 구동되는 16mm 벨 앤드 하웰 70G 초고속 영화카메라를 이용해서 이 글로우관 배열이 만들어내는 빛의 패턴을 동영상에 담는다. 이 방법을 기술해 놓은 그의 논문을 보면 이 카메라가 소음이 하도 심해서, '뇌 동영상brain film'을 촬영하는 동안 실험동물이 이 소음 때문에 방해받지 않도록 최대한 차폐 방에서 멀리 떨어진 장소를 찾아야 했다는 내용이 암시되어 있다(나중에 릴리는 이 뇌 동영상에서 얻은 각각의 영상 프레임 속 정보를 목재조각상의 형태로 변환해서 옮기는 방법을 고안한다. 유동적인 뇌의 역학적 흐름을 고정된 상태로 변환하는 방법을 찾아낸 것이다).

처음에는 릴리도 마취된 고양이를 대상으로 실험했다. 이렇게 해서 다전극배열과 기록용 장치 전체를 시험해볼 수 있었다. 그는 이렇게 발견한 내용들을 선구적인 신경생리학 학술지에 발표한 일련의 논문을 통해 공유했다. 이 기간 동안 릴리는 뇌를 장기간에 걸쳐 자극할 수 있는 새로운 방법을 소개하기도 했다. 이것은 조직에 손상을 가하지 않는 이상성biphasic, 전하 균형charge balanced 전기 자극을 이용하는 방법으로, 아직도 가끔 '릴리 파동Lilly wave'이라는 이름으로 불린다. 그리고 드디어 릴리는 깨어 움직이는 원숭이를 대상으로 실험을 진행한다. 원숭이는 기록 장치에 고정된 머리는 움직일 수 없었지만, 팔다리는 자유로이 움직일 수 있었고, 똑딱거리는 소리 같은 청각 자극에도 주의를 기울일 수 있었다. 아쉽게도, 이 연구에서 그가 어떤 결과를 얻었는지에 대해서는 별로 알려진 것이 없다. 책의 한 장에서 릴리는 자신이 가장 공을 들인 실험 중 하나를 간략하게 기술했다. 610개라는 믿기 어려울 정도로 많은 피질 전극을 이용해 어른 붉은털원숭이의 대뇌피질 거의 전체를 뒤덮어 놓은 것이다. 자신의 실험장비로는 겨우 25개 전극밖에 기록할 수 없었기 때문에 릴리는 결코 610개의 센서로부터 동시에 뇌 활성 기록을 수집할 수는 없었다.

인생 말년에 릴리는 자신이 탄생을 도운 이 분야에서 일어난 혁명에 대해서 알지도 못하고, 신경도 쓰지 않았을지 모르지만, 릴리의 신경생리학 실험들이 그의 인생에 깊은 흔적을 남겼다는 것만큼은 분명하다. 실제로 격리 탱크에 들어갔던 경험에 대해 쓰면서 릴리는 처음 LSD를 복용하고 들어갔을 때는 자기 자신의 뇌를 직접 탐험하면서 자기 뉴런이 흥분하는 것을 직접 보고 있는 듯한 느낌을 받았다고 했다. 그리고 미국국립보건원에서 뇌 동영상을 촬영하며 지새운 기나긴 밤들은 릴리의 뇌에 잊지 못할 기억들을 남겼다.

릴리와 함께 격리 탱크 연구를 했던 에드워드 에바츠는 1960년대에 의식 상태에서 행동하는 영장류의 뇌 활동을 기록할 수 있는 독자적인 방법을 소개했다. 영장류 신경생리학의 표준으로 자리 잡은 그의 연구 방법은 원숭이가 특정 행동 작업을 수행하는 동안 단일뉴런에 초점을 맞추어 활동을 기록한다. 지금까지 영장류의 개별 피질 뉴런이나 개별 피질하부 뉴런의 생리적 특성에 대해 알려진 것들 대부분은 이 방법이나, 이것을 변형시킨 방법을 이용해서 알아낸 것이다. 이 방법이 성공적이었음을 두말할 나위가 없다. 하지만 다전극 배열이 없이는 신경생리학자들도 뇌회로에 들어 있는 뉴런 집단이 실제 생명체 안에서 어떻게 작동하는지 이해할 길이 없었고, 이것은 몇 가지 심각한 한계를 제기했다.

우선 앞에서도 살펴보았듯이, 아주 최근까지도 단일뉴런에 대한 기록은 단일전극을 이용해 얻었다. 단일전극을 사용할 때는 특정 피질구조나 피질하부구조 안에서 깊이를 달리하며 전극을 움직여서 개별 뉴런의 전기적 활성을 한 번에 하나씩 차례로 기록했다. 둘째로 전통적인 실험 환경에서는 이런 단일전극을 이용해 기록을 하려면 동물에게 행동 훈련을 마무리하고 난 다음에야 기록이 가능했다.

본격적으로 뉴런의 활성을 기록하려 할 때쯤이면, 동물은 이미 실험자가 관심을 두고 있는 작업에 과도하게 훈련이 된 상태가 되고 말았다. 이것은 더 복잡한 문제로 이어졌다. 동물의 행동 훈련에 의해 생긴 특정 작업 상황과 관련해서 흥분하는 특성을 나타내는 단일뉴런을 만났을 때, 실험자는 이것이 이 뉴런들에 부여된 고유의 생리적 특성을 반영하고 있는 것인지, 아니면 고도의 적응력을 보이는 이 뉴런들이 작업의 현저한 특성에 따라 흥분하도록 조건화된 것인지 해석할 수가 없기 때문이다. 일부 연구에서는 신경생리학 실험이 마치 동어반복 훈련으로 변질되어 버린 것처럼 보이기도 했다. 이런 연구 발표 내용을 보면 저자는 보통 들떠서 이렇게 보고한다. 여러 달에 걸쳐 집중적으로 행동 훈련을 하고 뉴런의 흥분 패턴을 고생고생 해가며 분석한 끝에 작업의 일부 주요 특성과 관련해서 활성을 나타내는 뉴런들을 몇 개 찾아냈다는 것이다. 그 행동 작업이 보통 실험동물이 하루도 빠짐없이 가장 밀접하게 수행한 활동임을 놓고 보면, 이것은 놀라울 것이 없는 당연한 결과다. 더 대답하기 난처한 질문은 따로 있다. 과연 이런 뉴런의 흥분이 작업의 수행과 '인과적'으로 연결이 되어 있느냐 하는 것이다. 에바츠의 패러다임은 하나의 뇌구조 안에 들어 있는 뉴런의 활성을 측정하는 데 초점이 맞추어져 있다. 실험 연구에 따르는 기술적인 제약 때문에 셰링턴의 통합적인 뇌는 하나의 전체적이고 복잡한 신경 회로로서 존재할 때 비로소 드러나는 그 풍요로움을 표현하지 못하고 다시 한 번 수많은 미세한 부분으로 잘게 쪼개지고 말았다.

하지만, 이 전통적인 뇌 조사 방법을 깨뜨릴 방법이 있다고 믿는 사람은 거의 없었다.

❋

1987년경의 어느 날 오후, 실험을 진행하다가 잘 풀리지 않아서 나는 잠시 쉬는 동안 상파울루의 단골 서점에서 얼마 전에 구입한 책을 뒤적이고 있었다. 옥스퍼드 대학교 천문학과 새빌리언 교수 Savilian Chair of Astronomy인 조지프 실크Joseph Silk가 쓴 《빅뱅-우주의 탄생과 진화The Big Bang: The Creation and Evolution of the Universe》라는 책이었다. 그냥 무심히 페이지를 넘기는데, 그림 하나가 내 눈에 확 들어왔다. 영국의 한 장소에 위상을 동조시킨 작은 전파망원경들을 배치해서 만든 1.6km 길이의 전파망원경으로 얻은 전파원radio wave source을 3차원 도표로 나타낸 그림이었다.그림 4.3. 전파원의 강도를 X-Y 2차원 평면 위에 퍼져 있는 Z축 방향의 뾰족 봉우리 형태로 나타냄으로써 우주의 어느 한 구역 내에 존재하는 은하와 퀘이사의 위치를 나타내는 지도가 나온 것이다. 이 도표를 꼼꼼히 살펴보다 보니, 이 방법을 뇌 활성 연구에도 적용할 수 있겠다는 생각이 차츰 고개를 들었다.

실크의 책에서 자극을 받은 나는 주어진 뇌회로 여러 곳에 센서를 심어서 거기서 측정한 값으로 3D 신경생리학 지도를 만들 생각을 했다. 거기서 더 나아가 시간을 나타내는 4번째 차원까지 추가한다면, 그것은 행동하는 동물의 뇌회로 전체의 전기적 활성을 측정해서 시각화하고 감시할 수 있는 완전히 새로운 방법이 될 것이다.

몇 주 후에 나는 용기를 내어 내 스승인 세자르 티모 이아리아 교수에게 내 신경생리학 도표 작성 작업 아이디어에 대해 얘기를 꺼냈다. 그가 내 초라한 스케치를 살펴보고 종이 두 장에 소심하고 순진하게 적어 내려간 시스템신경생리학의 새로운 실험적 접근 방법의

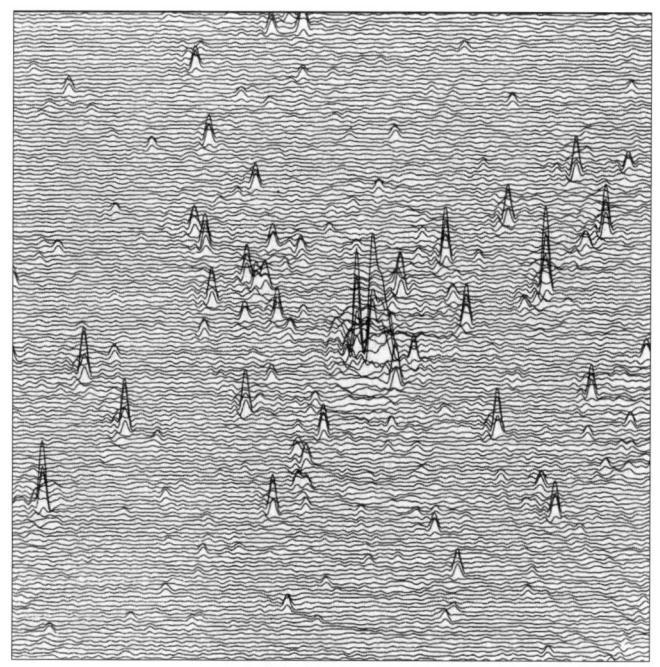

그림 4.3   영국 캠브리지의 전파망원경 배열을 이용해 만든 우주 구역의 3D 이미지. 뾰족한 봉우리들은 전파 신호를 방출하는 은하를, 봉우리의 높이는 각 은하에서 만들어내는 전파 신호의 강도를 나타낸다.

개요를 읽는 데는 시간이 그리 오래 걸리지 않았다. 내가 제안한 실험적 접근 방법은 뇌의 작용을 뇌 자체의 관점에서 바라보려는 것이었다.

"자네가 학위 논문을 마무리할 때가 된 것 같군. 우리 연구실을 떠나게. 그리고 외국으로 나가." 퉁명스러운 대답이 바로 튀어나왔다.

"제가 뭐 잘못했나요?" 나는 그의 반응이 믿기지 않았다.

"천만에. 내 말은 그저 이제 자네가 떠날 때가 되었다는 뜻이네."

자네가 하고 싶어 하는 이 일은 말이야, 나는 물론이고 브라질에 있는 그 누구도 도와줄 수 없는 일이야."

여기저기 쉰 통 가까운 지원서를 보냈고, 그로부터 열 달 후의 어느 오후, 나는 필라델피아 하네만 대학교의 젊은 부교수 존 채핀John Chapin이 보낸 커다란 환영의 편지봉투를 물끄러미 바라보고 있었다. 편지 속에는 몇 가지 기분 좋은 내용이 기다리고 있었다. 첫 번째는 미국국립보건원으로부터 연구 자금을 지원받는 구체적인 연구 계획이었다. 이 연구의 목표는 내가 염두에 두고 있던 뇌의 시공간적 지도를 만들어낼 새로운 신경생리학적 방법을 개발하는 것이었다. 독창적이면서도 과감한 이 연구 계획은 내가 대학원에서 읽었던 수십 편의 과학논문 중 그 어디서도 접해보지 못한 높은 수준의 기술적 혁신을 필요로 했다. 채핀 교수의 목표는 단일뉴런을 기록하던 수준에 머물고 있던 신경과학을 새로운 기술로 한 차원 끌어올려, 행동하는 동물에 들어있는 개별 뉴런들의 집단을 동시에 감시하는 것이었다. 그리고 겨우 몇 시간 실험하고 마는 것이 아니라, 한번 실험을 시작하면 몇 주 단위에서, 몇 달 단위로 실험을 진행하려 했다. 그는 신경생리학의 성배를 손에 넣으려 하고 있었다. 그것도 불과 5년 안에!

얼핏 보면 이 프로젝트의 각 단계들은 모두 미쳤다는 소리를 들을 법한 실현 불가능해 보이는 시도였다. 예를 들면 신경생리학자들이 거의 반세기 동안 사용해온 고전적인 도구인 뻣뻣한 금속 전극 대신, 채핀은 스테인리스강으로 만든, 머리카락처럼 가늘고 유연한 마이크로와이어microwire를 여덟 개에서 열여섯 개 정도의 배열이나 묶음 형태로 만든 새로운 형식의 기록용 센서를 이용하자고 제안했다. 절연을 위해서 각각의 마이크로와이어는 뭉뚝한 끝부분만 남기고 나머지는 모두 얇은 테프론tefIon 층으로 덮는다. 채핀은 이 장치를 뇌 속에 심어놓으면 마취한 쥐나 자유롭게 행동하는 쥐에서 똑같이 수십 개의 뉴런들을 동시에 추적 관찰할 수 있을 것이라 확신했다. 이 위업을 달성하려면, 배열이나 묶음 형태의 마이크로와이어를 신경외과 수술을 통해 쥐의 몸감각피질과 같은 주어진 뇌구조 속에 심어놓을 필요가 있었다. 몇 번을 읽어봐도 꽤 까다로운 수술 같았다. 당시의 일반적인 형태와 달리 기록 장치 전체를 동물의 뇌 속에 심어 영구적으로 남겨놓을 계획이었다. 이것은 당시의 수준을 상당히 벗어난 것이었다.

그 전에도 일부 신경과학자들이 장기간에 걸쳐 뉴런의 활성을 기록할 요량으로 뇌에 뻣뻣하고 끝이 날카로운 미소전극을 남겨놓은 적이 있었다. 하지만 이런 시도는 사실상 모두가 처참한 실패로 끝나고 말았다. 뇌 안에서 이틀 정도 지나고 나면 미소전극은 대부분 작동하지 않았고, 뉴런의 신호도 기록이 되지 않았다. 동물의 뇌에 외부의 이물질이 삽입됨으로 인해 염증 반응이 촉발되고, 그 과정에서 미소전극의 전체 표면에, 그중에서도 특히 노출되어 있는 날카로운 끝 부분에 단백질과 세포가 침착되어 버린 것이다. 이 부분이 센서에서 유일하게 노출되어 전기 신호를 포착할 수 있는 부분이었지만, 이렇게 침착이 일어나면서 전기 신호가 차단되고 말았다. 더군다나 뇌가 동물의 두개골 속에서 살짝살짝 움직일 때마다, 뻣뻣한 미소전극 때문에 조직이 손상을 입어 병소가 생겨났고, 결국 센서 주위의 뉴런들은 변성이 일어나고 말았다.

채핀은 끝이 무딘 유연한 마이크로와이어를 사용하면 양쪽 문제 모두 해결하거나, 아니면 적어도 완화시킬 수는 있을 것이라고 믿었

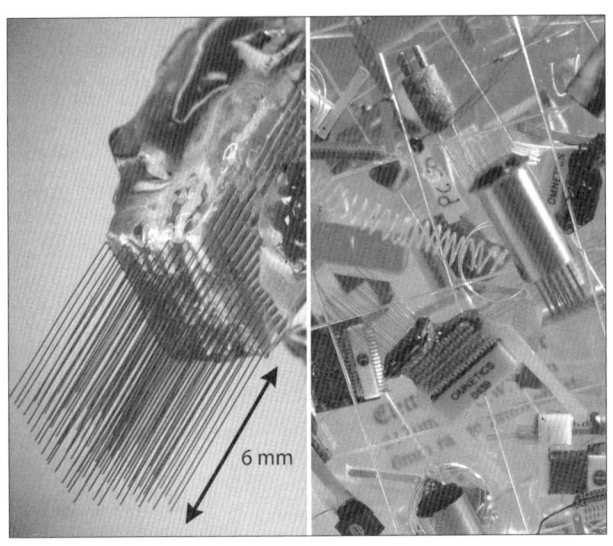

그림 4.4 대뇌의 심포니를 더 잘 듣기 위한 공학 기술을 찾아서. 왼쪽 사진은 듀크 대학교 신경공학센터에서 게리 르휴와 짐 멜로이가 제작한 다중전극배열을 확대 촬영한 사진이다. 다중의 가는 금속 섬유들이 행렬 형태로 모여 있다. 이런 섬유는 유연하기 때문에 뇌 속에 장기간 심어 놓을 수 있고, 몇 개월에서 몇 년까지 그 속에 남겨놓을 수도 있다. 오른쪽 사진은 DUCN에서 지난 10년 간 개발한 서로 다른 유형의 다중전극배열 표본이다.

다그림 4.4. 마이크로와이어는 노출된 부분이 더 넓기 때문에 염증 반응이 일어나도 와이어 끝 부분을 완전히 다 차단하지는 못할 것이라고 추측했다. 오히려 염증 반응으로 생긴 침착은 첫 한두 주 정도의 기간에 걸쳐 마이크로와이어의 기록 능력을 향상시켜 줄 것이다. 저항이 낮은 전극을 저항이 높은 전극으로 바꾸어주기 때문이다. 침착 반응은 이 와이어를 뇌에 고정시켜주는 역할도 할 것이다. 마이크로와이어는 다소 유연성이 있기 때문에 일단 이렇게 고정이 되고 나면 뇌와 같이 움직이게 되므로, 뇌에 심각한 병소를 만들지도 않을 것이다.

이식 수술을 할 때는 채핀의 마이크로와이어 배열을 뇌 조직으로 부드럽게 밀어 넣어 뭉뚝하게 노출된 끝 부분이 여러 뉴런을 둘러싸고 있는 세포외 공간에 놓이게 만든다. 이렇게 위치시키면 많은 개별 뉴런에 의해 발생하는 활동전위를 다중의 앰프를 이용해 지속적으로 기록할 수 있다. 채핀은 이 실험에서 기록되는 막대한 양의 자료를 다루기 위해서는 완전히 새로운 유형의 하드웨어를 만들어야 한다고 생각했다. 그리고 기록된 자료의 의미를 이해하기 위해서는 새로운 분석기술들을 다양하게 개발해야 한다는 것도 알고 있었다.

자신의 박사 학위 논문의 일부로 발표했던 이 예비 연구를 바탕으로 채핀은 실험용 쥐가 이런 신경외과수술 이후에 빠른 회복을 나타냈다고 보고했다. 사실 이 쥐들은 마이크로와이어 배열을 심어놓은 이후에도 정상적인 설치류로서의 삶을 살았다. 쥐들이 일상적인 생활로 돌아와서 정교한 행동 작업을 통달해 익히는 등, 보통의 실험실 쥐들이 하는 모든 행동들을 다 할 수 있게 되자, 채핀은 이 쥐들의 뇌 활성을 기록할 수 있었다.

미국국립보건원의 승인서를 읽으며 채핀이 제안하는 실험이 정말 성공하기만 한다면 신경생리학 분야에 엄청난 영향을 미치게 되리라는 것을 곧바로 깨달을 수 있었다. 뇌는 흩어져 있는 뉴런 집단들 사이에서 일어나는 전기 폭풍이 서로 결합해 생각의 흐름을 만들어내고 있는, 알려진 것이 거의 없는 미개척지였다. 이제 그 미개척지를 향해 나아갈 과학적 로드맵이 처음으로 마련되어 있었다. 그곳에 도달하는 일은 쉽지 않을 것이다. 어쩌면 불가능할지도 모른다. 하지만 순수한 모험으로 가득 찬, 분명 시도할 가치가 있는 여정임이 틀림없었다.

나는 박사후 연구원으로 1989년에 하네만 대학교에 도착했다. 그곳에서 다중전극 기록의 마법사 멀린(아더 왕의 전설에 등장하는 마법사-옮긴이)의 햇병아리 견습생이 된 나는 훨씬 따분한 도전과제에 집착하는 채핀과 한마음이 되었다.

우리 두 사람은 도대체 어떻게 쥐가 고양이에게서 도망치는지가 너무나도 알고 싶었다.

5

How Rats Escape from Cats

쥐가 고양이에게서 도망치는 법

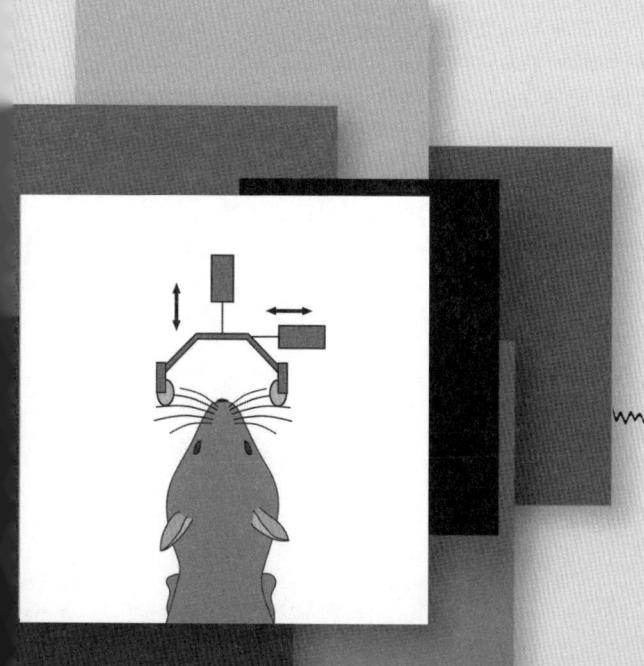

**BEYOND
BOUNDARIES**

5
쥐가 고양이에게서 도망치는 법

컴퓨터로 조절되는 미닫이문이 즉각적으로 열리면서 칠흑같이 어둡지만 이미 익숙해진 방이 나타났다. 그러자 에시는 역시나 몇 주간의 힘겨운 훈련을 마친 것에 걸맞게 정확히 기대했던 대로 움직였다. 조금의 망설임도 없이(그리고 아마 요즘에 계속 성적이 좋았으니까, 이번에도 역시 분명히 좋은 성적으로 포상을 받게 될 거라는 기대도 있었으리라) 에쉬는 반대편 벽을 향해 전속력으로 좁은 방안으로 돌진해 들어갔다.

분명 에쉬는 자신의 능력을 뽐낼 준비가 되어 있었다.

에쉬의 머리가 달리기 경로에 바로 설치해 놓은 구멍 앞에 위치한 적외선 빔을 지나는 순간 실험이 시작된다. 이 구멍은 방의 양쪽 벽에서 돌출되어 나온 두 개의 T자형 금속 막대기로 만든 작은 암arm으로 이루어져 있다. 이 두 개의 T자형 금속 막대기가 에쉬가 방 반대편에 닿기 위해 통과해야 할 구멍의 크기를 결정한다그림 5.1. 이 길은 이미 에쉬가 이미 익숙해진 길이었지만, 에쉬가 해야 할 일은 결코 만만한 것이 아니었다. 먼저 에쉬는 구멍에서 바로 맞은편에 위치한 벽 속 구멍에 코를 집어넣어야 한다. 그런 다음에는 단 한 번의 시도로 가급적 빠른 시간 안에 구멍의 직경을 판단해야 한다. 과제를 더 복잡하고 재미있게 만들기 위해 구멍의 직경이 시도할 때마다 무작위로 변하도록 구성했다. 따라서 에쉬가 그토록 갈망하는 포상을 얻기 위해서는 현재의 직경이 바로 몇 초전에 살펴보았던 직경보다 더 좁아졌는지, 넓어졌는지 판단해야 한다. 그리고 이 모든 과정을 완전한 어둠 속에서 진행해야 한다.

막대를 눈으로 볼 수 없기 때문에 에쉬가 목표에 도달할 방법은 한 가지밖에 없었다. 정교한 촉감과 지난달에 이 과제를 반복 또 반복하면서 축적한 경험에 전적으로 의존할 수밖에 없는 것이다. 놀랍게도 시도 중 90%에서 에쉬는 자기가 지금 건드리고 있는 구멍이 그 전의 구멍보다 큰지 작은지를 150ms 안으로 정확하게 판단할 수 있었고, 심지어 직경의 차이가 불과 몇 밀리미터에 불과한 경우에도 마찬가지 결과가 나왔다.

에쉬는 앞발이 아니라, 얼굴 양쪽으로 자라나온 긴 얼굴수염 끝으로 두 막대기의 가장자리를 건드려서 이런 놀라운 촉감 과제를 수행할 수 있었다. 콧수염이나 턱수염을 기르는 남자가 수염을 그런 구멍에 비비며 비슷한 과제를 수행하려고 하면 분명 처참한 실패를 맛보게 될 것이다(여자가 해도 마찬가지다).

촉감변별tactile discrimination이 필요한 문제에 닥치면 인간은 당연히 수염이 아니라 손끝을 이용한다. 이것이 가능한 이유는 손끝을 덮고

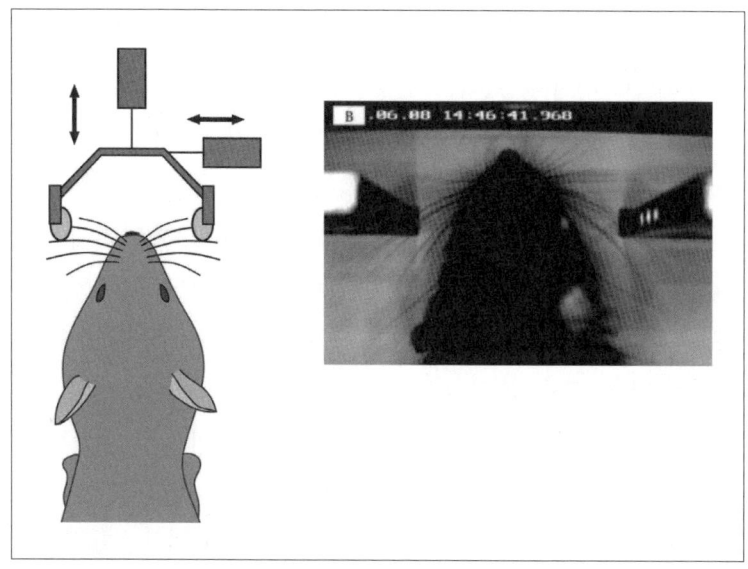

그림 5.1 자유롭게 행동하는 쥐가 어둠 속에서 얼굴 수염을 이용해 구멍의 직경을 분별하는 능력을 보기 위해 구성한 실험. 사진에서 에쉬는 아주 열정적으로 과제를 수행하고 있다!

있는 피부에는 기계적 감각수용기가 아주 고밀도로 분포하고 있어서, 이 수용기의 정교하고 다양한 형태적 구조를 이용해 몸 표면에 닿은 아주 미세한 힘까지도 포착할 수 있기 때문이다. 우리 몸에 있는 각각의 기계적 감각수용기의 수용야가 외부의 힘에 의해 활성화되면 촉각 자극 속에 들어 있는 정보는 뇌의 전기 언어로 번역된다. 따라서 촉각수용야 tactile receptive field, 혹은 신체수용야 somatic receptive field는 얼마만큼의 피부를 자극해야 말초의 기계적 감각수용기나 중추신경계의 한 뉴런에서 활동전위 방출 반응을 유도할 수 있는지를 결정한다. 기계적 감각수용기로부터 활동전위를 중계하는 감각변환

sensory transduction이라는 과정 덕분에 기계적 자극이 손끝 피부에 가해졌을 때 신속하게 활동전위가 만들어지면서 자극의 위치와 강도, 그리고 기간을 신호로 보낼 수 있다. 기계적 감각수용기는 바로 우리 곁에 있는 세상의 촉각 이미지를 생성해낸다.

이후 촉각 메시지는 앞에서 배웠듯이, 다음 처리과정을 위해 말초신경을 거쳐 중추신경계로 전달된다. 제일 먼저 피질하부의 중계소를 향해, 그리고 그 다음으로 피질영역으로 올라가는 신경섬유를 보통 '피드포워드 몸감각로feedforward somatosensory pathway'라고 부른다. 이런 피드포워드 경로는 반대 방향으로 흐르는, 소위 '피드백 신경투사feedback nerve projection'라는 것과 짝을 이룬다. 이것은 몸감각피질에서 기원해서 다양하고 이상한 이름을 가진 몇몇 피질하부 구조물에 투사된다. 이를테면, 시상thalamus이나 뇌줄기신경핵brain-stem nuclei 같은 것들이다. 감각계는 모두 이와 비슷한 피드포워드 신경투사feedforward projection와 피드백 신경투사feedback projection 배열을 하고 있다. 에쉬는 이런 사실을 모른 채, 이 피드포워드 경로와 피드백 경로들 사이에 일어나는 상호작용의 아주 기초적인 기능 중 하나를 알아보기 위해 설계된 실험에 참여하고 있던 것이다. 에쉬가 수행한 촉감 변별 과제는 원래 듀크 대학교의 내 실험실에서 일하는 신경생리학자인 데이비드 크루파David Krupa가 생각해낸 것으로, 사물을 능동적으로 탐사하는 동안 이 몸감각 뇌회로 안에서 일어나는 상호작용을 조사할 목적으로 고안한 것이다.

에쉬가 자기 얼굴 수염을 이용해 과제를 해결하기로 결정한 것은 아주 적절한 선택이었다. 결국 에쉬는 쥐니까 말이다. 그리고 쥐가 고양이를 피해 낯선 장소, 낯선 크기의 구멍(이를테면 다락방 구멍 같은)을 통과해 달아나야 하는 절박한 상황에 처한다면, 얼굴 수염의 주기적 율동을 제대로 이용하는 것이 탈출 가능성을 최고로 높여준다. 사람에게 말을 걸 수 있었다면, 쥐를 놓쳐 낙담한 고양이도 분명 그런 말을 꺼냈을 것이다.

영장류의 손가락 끝처럼 설치류 얼굴 수염의 뿌리에 있는 모낭도 기계적 감각수용기가 고밀도로 모여 있다. 이 수용기는 수염에 아주 미세한 기계적 변형만 생겨도 이것을 전기 신호로 번역해서 피드포워드 신경경로를 통해 결국 중추신경계로 정보를 전달한다. 이 일을 담당하는 것은 3차신경이다. 3차신경은 얼굴에서 오는 촉감 신호를 처리하고 전달하는 일을 전문적으로 하는 몸감각계의 일부다.

쥐가 어떻게 수염을 이용해서 위기를 모면하는 재주를 부릴 수 있는 것인지 이해하는 일은 그 자체로도 흥미로운 과학적 의문이다. 하지만 일찍이 많은 신경생리학자들은 3차신경 뉴런의 거대한 집단이 촉각 정보를 어떻게 처리하는가라는 기본적인 질문의 해답을 찾아내는 것이 그저 겁먹은 쥐가 배고픈 고양이를 어떻게 따돌리는지를 아는 것보다 훨씬 중요하다는 것을 깨닫고 있었다. 사실 1970년대 초부터 설치류의 3차신경계는 신경부호화 연구에 관심이 있는 신경생리학자들이 선호하는 실험 모델 중 하나로 자리 잡았다. 내 연구실에서 일하던 대학원 학생 야나이나 판토하Janaina Pantoja를 자극해서 3차신경계 뉴런들에 귀를 기울이는 일에 시간을 쏟게 만든 것도 바로 이것이었다. 이런 '뇌 듣기brain listening'가 가능할 수 있었던 것은 내가 존 채핀의 실험실에서 박사후 연구원으로 있던 시절에 설계하고 적용했다가, 나중에 듀크 대학교의 내 실험실에서 확장해놓은 신경생리학 기법 덕분이었다.

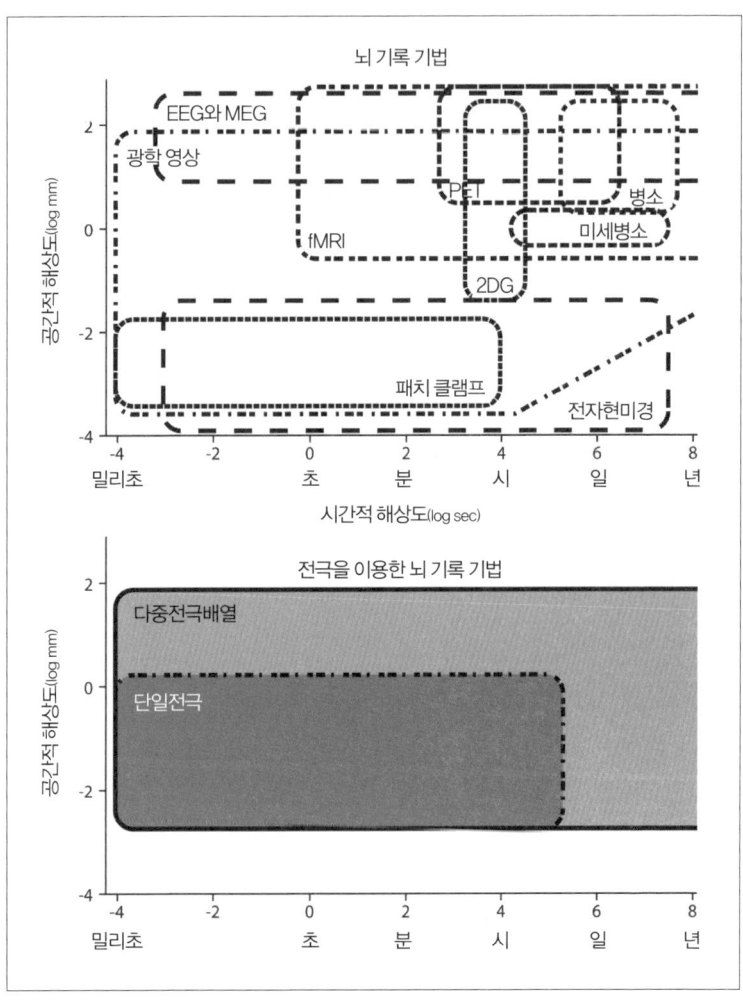

그림 5.2 단일전극과 다중전극을 사용한 기록 방식의 시간적, 공간적 해상도 비교. 위쪽의 그래프는 뇌 기능을 조사할 때 사용되는 거의 모든 기술의 시간적, 공간적 해상도를 나타내고 있다. 아래쪽 그래프는 같은 조건 아래서 단일전극 기록법과 다중전극 기록법 간의 차이를 비교해 놓은 것이다.

현재 나와 있는 장비로는 다중전극으로 장기간 여러 곳에서 기록하는 기법을 이용하면, 상호 연결되어 하나의 신경 회로를 구성하는 다중의 뇌 구조물에 자리 잡은 최고 500개의 단일뉴런이 만들어내는 전기활성을 며칠 내지 몇 년의 기간에 걸쳐 지속적으로 동시에 추적 관찰할 수 있다. 샌디에이고 소크 연구소의 컴퓨터 신경과학자 테리 세즈노프스키Terry Sejnowski가 작성한 그림에도 나와 있듯이그림 5.2, 이런 방법을 이용하면 시간적, 공간적으로 대단히 폭넓은 범위의 표본을 확보할 수 있기 때문에 지난 20년간 다른 주요 기술들을 능가하는 뛰어난 도구를 얻을 수 있었다. 요즘에는 듀크 대학교나 다른 곳에서 일하는 많은 과학자들이 쥐가 다양한 행동 과제를 수행하는 동안 쥐 3차신경계 속 많은 뇌 구조물에 흩어져 있는 수백 개 단일뉴런의 활성을 동시에 기록할 때 이 기법을 사용한다.

하지만 곧바로 이렇게 보람 있는 실험을 수행할 수 있게 된 것은 아니다. 이렇게 되기까지는 거의 10년에 걸쳐 집중적으로 기술을 개발하고, 고되게 자료를 수집하고, 새로운 기법의 정당성을 증명하는 수많은 연구 결과를 발표해야 했다. 사실 한 번에 하나의 단일뉴런만을 기록하는 데 너무 길들여진 신경생리학계 사람들을 설득해서 우리가 발견한 내용을 받아들이게 하기까지는 대단히 많은 연구 발표와 대화가 필요했다.

이런 설득 작업은 내가 필라델피아 하네만 대학교 존 채핀의 연구실에 합류한 1989년부터 시작되었다. 그 후로 5년 동안 내 목표는

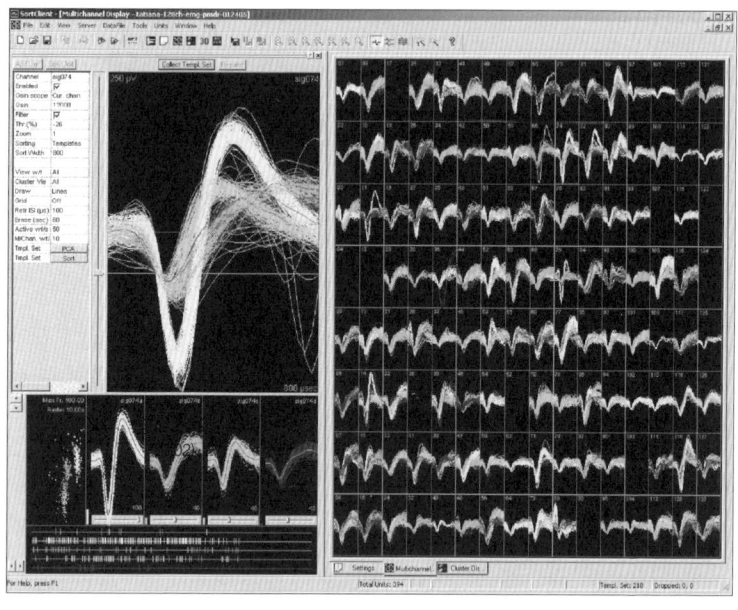

그림 5.3 수많은 단일뉴런의 기록. 자유롭게 행동하는 영장류에서 동시에 기록한 394개 피질뉴런 표본이 만들어낸 활동전위를 나타내는 컴퓨터 화면 영상. 그림 왼쪽 부분은 서로 구별되는 네 가지 계열의 활동전위를 보여주고 있다. 이것은 미소전극배열 하나로 동시에 기록한 활동전위들로, 한꺼번에 표본으로 잡아 기록한 네 가지 서로 다른 피질뉴런의 전기 활성을 나타내고 있다. 이 구분되는 네 가지 다른 뉴런들을 분리해서 왼쪽 아래 구석에 나타냈다.

이 새로운 신경생리학 접근방법을 체계적으로 적용하고 시험하는 것이었다. 이 접근법을 이용해서 뉴런에서 얻어낸 자료의 한 예가 그림 5.3에 나와 있다.

내 박사후 과정 연구의 또 하나의 목적은 그 당시 설치류를 가지고 몸감각을 연구하는 대부분의 신경생리학자들이 선호하던 신경부호화 전략이 타당한지 검사하는 것이었다. '레이블라인 모델(labeled line model, 우리가 느끼는 감각의 양식은 그 감각을 담당하는 특정 경로에 의해 부호화된다는 모델. 신경세포는 모두 활동전위를 통해 정보를 전달하는데, 중추신경계가 이 똑같은 활동전위를 어떻게 각각의 다른 감각 양식으로 받아들이는지를 설명하는 국소주의적인 관점이다. 이 관점에 따르면 신맛은 신맛을 담당하는 특정 경로를 따라 정보가 전달되므로, 중추는 어느 경로를 따라온 정보인가에 따라 그것이 신맛이라는 감각의 양식임을 판단한다-옮긴이)'이라고 알려진 이 신경부호화 전략은 기능적 국소주의의 한 변형이었다. 여기서는 쥐의 말초에서 발생한 감각정보가 신피질까지 올라갈 때는 서로 분리된 채 나란히 주행하는 복수의 피드포워드 몸감각로를 따라 쭉 전달된다고 가정한다. 따라서 이 모델에서는 뇌가 감각 정보를 처리할 때는 수염 모낭을 둘러싸는 피부의 말초 기계적 감각수용기를 중추신경계의 고위 구조물과 정확하게 연결해주는 피드포워드 회로를 이용한다고 주장한다.

1970년대 초반에 레이블라인 모델은 당시 존스홉킨스 의과대학에 있던 미국의 신경과학자 톰 울시Tom Woolsey와 네덜란드의 신경과학자 헨드릭 반 데어 루스Hendrik Van der Loos 덕분에 탄력을 받게 된다. 훗날 중대한 영향을 미치게 될 이 중요한 연구에서 두 사람은 생쥐mouse의 일차몸감각피질 S1이 모두 들어 있는 조직 블록들을 추출해서 편평하게 만든 다음에 피질조직 전체를 접선 방향으로 얇게 잘라 조직 절편을 만들었다. 그러고나서 조직학적 염색기법을 이용해 미토콘드리아 효소인 시토크롬산화효소cytochrome oxidase, CO를 고농도로 함유하고 있는 피질뉴런들이 S1 피질에서 특정한 공간적 분포를 나타낸다는 것을 밝혀냈다.

다른 포유류들과 마찬가지로 생쥐의 대뇌피질도 I에서 VI까지의 여섯 층으로 나뉘어 있다. 조직을 염색한 다음에 울시와 반 데어 루스는 얇게 자른 갈색의 S1 조직 절편을 꼭대기 층(I층)에서 바닥 층(VI층)까지 차례로 분석했다. 그리고 대뇌피질 중층(예를 들면 IV층)에서 복수의 명확한 'CO 풍부 뉴런 군집CO-rich neuron cluster'들이 가로줄과 세로줄이 뚜렷한 행렬 형태로 존재하는 것을 보고 무척 놀랐다. 울시와 반 데어 루스는 이 CO 풍부 뉴런 군집 각각을 '배럴barrel'이라고 하고, 행렬 배열 전체는 '배럴 필드barrel fields'라고 이름 붙였다. 그리고 이 배럴 필드가 생쥐의 얼굴 수염 전체를 살짝 형태가 왜곡되기는 했지만 아름다운 지도로 그려내고 있는 것을 보고 모두가 놀라고 말았다. 이 지형학적 지도에서 각각의 배럴은 특정한 얼굴 수염 하나의 위치를 나타냈다. 그리고 배럴 필드에서 나타나는 행과 열은 생쥐 주둥이에 있는 수염의 공간적 분포에서 나타나는 행과 열과 정확하게 맞아떨어졌다. 수염의 열(가로줄)은 얼굴의 수직축을 따라 제일 위 열(A)에서 제일 아래 열(E)까지 배열된다. 반면 수염 아치whisker arch는 수평축을 따라 제일 꼬리 쪽(1)부터 제일 주둥이 쪽(열에 따라 5에서 10까지 나타난다)으로 배열된다. 따라서 각각의 얼굴 수염은 뉴런 군집에서 어느 열, 어느 아치에 위치하느냐에 따라 확인이 가능하다. 예를 들어 C2수염(많은 연구 프로젝트에서 즐겨 대상으로 삼는 부위다)는 세 번째 열에 있는 두 번째 수염을 말한다.

울시와 반 데르 루스가 발견한 지도는 설치류 3차신경계에 대해 한바탕 과학적 관심을 불러 일으켰다. 머지않아 쥐rat에서 배럴 필드 비슷한 배열이 발견되었고그림 5.4, 그런 배열은 S1에만 한정된 것이 아니었다. 지형학적 지도는 3차신경 뇌줄기 복합체trigeminal brain-stem complex의 주요 부분들은 물론이고, 쥐 3차신경계의 주요 시상중계핵thalamic relay nucleus인 배쪽후내측핵ventral posterior medial nucleus, VPM에도 존

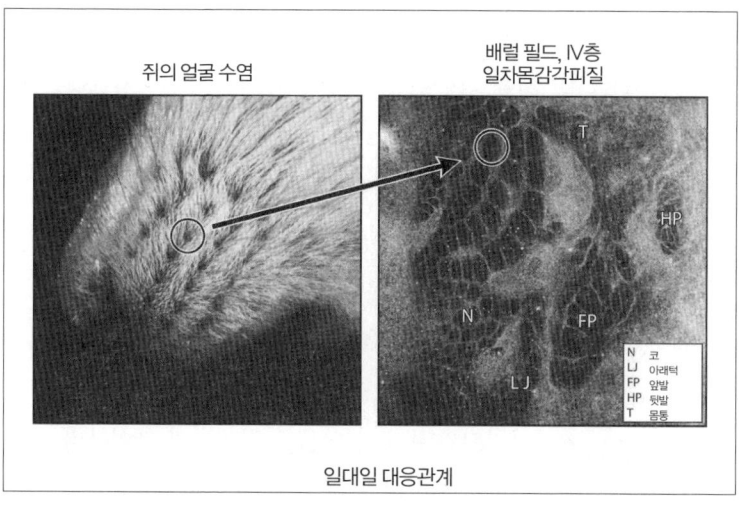

그림 5.4 쥐 얼굴 수염 지도. 왼쪽 사진을 보면 쥐 주둥이에 얼굴 수염이 네 개의 열과 많은 행으로 분포하는 것을 알 수 있다. 오른쪽 사진에는 수염 표상 부위(배럴 피질, barrel cortex), 코(N), 아래턱(LJ), 앞발(FP), 뒷발(HP) 등, '쥐의 뇌 난쟁이' 전체가 들어 있는 쥐의 일차몸 감각피질(S1) IV층을 따라 수평으로 자른 절편 사진이 나와 있다. 뉴런에서 나타나는 미토콘드리아 효소 존재 부위가 염색되어 있다. 어둡게 염색된 군집들은 IV층에 있는 뉴런 군집을 나타낸다. 배럴 피질이 수염의 행과 열을 동일한 구조로 표상하고 있음에 주목하라. 양쪽 사진에 그려 놓은 원은 쥐 얼굴과 S1 피질 양쪽의 C2 수염을 나타내고 있다.

재했다. VPM에 있는 CO 풍부 뉴런 군집은 '유사배럴barreloid'라는 이름이 붙었고, 뇌줄기에 있는 것들은 '소배럴barrelet'이라는 이름이 붙었다. 결국 이런 조직학적 연구들을 통해 얼굴 수염 등의 말초 기관을 S1 피질로 연결해주는 3차신경계 피질하부 중계핵 각각에 들어 있는 지형학적인 수염 지도들이 대량으로 발견되기에 이르렀다. 추가적인 실험을 통해, 주어진 VPM 유사배럴 안에 위치한 뉴런(이를테면 C2 수염을 표상하는 뉴런)은 완전히 배타적인 것은 아니지만 주로 S1 피질의 IV층에서 똑같은 수염을 표상하는 피질 배럴의 중심부로 투사한다는 것이 밝혀졌다. 이런 사실로 인해 설치류 몸감각신경계가 레이블라인 시스템의 핵심을 보여주는 전형적인 사례라는 개념이 지지를 얻게 된다. 이런 시스템의 신경부호화 전략에서 이끌어낼 수 있는 가장 중요한 결론을 딱 하나 꼽으라면 바로 이것이다. 즉, 대뇌피질의 배럴, 시상의 유사배럴 그리고 3차신경계의 소배럴 각각에 자리 잡고 있는 개별 뉴런들은 전체 지도 안에서 자신이 표상하고 있는 개별 수염을 자극했을 때만 의미 있는 반응을 나타내야 한다는 것이다. 그런 수염을 '주 수염principal whisker'이라고 한다.

아니나 다를까, 마취시킨 쥐에서 처음 측정해보니 레이블라인 모델을 더더욱 지지하는 내용이 나왔다. 얼굴 수염에 기계적으로 자극을 가하자 그 수염을 표상하는 피질 배럴cortex barrel 안에 위치한 단일뉴런들이 여기에 반응해 짧고 강한 일련의 활동전위를 만들어낸 것이다. 그 후로 10년 동안 개개의 피질 배럴, 시상 유사배럴, 뇌줄기 소배럴에서 따로따로 얻은 단일뉴런 기록들을 통해 레이블라인 모델은 주류 과학 이론으로 확실하게 자리 잡는 듯 보였다.

하지만 1980년대 후반에 들어서면서 여기에도 균열이 생기기 시작했다. 이런 균열을 찾아내는 선봉은 그 당시 유니버시티 칼리지 런던에 있었던 영국의 신경생리학자 마이클 암스트롱 제임스Michael Armstrong-James가 맡았다. 그는 마취된 쥐의 여러 피질 배럴에 위치한 단일뉴런들로부터 신호를 기록하기로 했다. 조사 결과 암스트롱 제임스는 이 피질뉴런들 대부분으로부터 해당 주 수염을 찾아 확인할 수 있었고, 이 주 수염이 그 뉴런이 위치한 배럴에 대응한다는 것도 증명했으며 이 뉴런들이 자신의 해당 주 수염 근처의 다른 수염에 기계적 자극을 가했을 때도 반응을 나타낼 수 있다는 사실도 알아냈다. 암스트롱 제임스와 그의 연구팀은 그 당시 그리 많지는 않았지만 활기에 넘쳤던 쥐 몸감각 연구자들의 입장에서 볼 때는 거의 이단에 가까운 결론을 내린다. 쥐 배럴 피질 안에 들어 있는 뉴런의 수용야는 하나의 주 수염에만 국한되지 않으며, 대신 몇몇 주변 수염들도 그 뉴런에 비록 약하고 느리기는 하지만 상당한 반응을 유도할 수 있다고 주장한 것이다.

1991년 여름, 존 채핀과 나는 우리의 다중 전극 기록 기술을 적용해서 주 수염과 관련된 의문점을 해결할 준비가 됐다는 판단을 내렸다. 우리는 회로판을 시험하고 미소전극배열을 만들면서 기나긴 2년을 보냈다. 그리고 쥐 시상 VPM의 수많은 유사배럴에 자리 잡고 있는 개별 뉴런의 수용야를 측정하기로 결정했다. VPM은 S1 배럴 필드로 올라가는 시상의 상행성 몸감각섬유ascending somatosensory thalamic fiber가 주로 기원하는 장소다. VPM을 의도적으로 고른 이유가 있었다. 여기에는 시상피질뉴런thalamocortical neuron, TC이라는 한 가지 종류의 세포밖에 없기 때문이다. TC 뉴런은 정교한 수상돌기가 광범위하게 뻗어 있어 3차신경 뇌줄기 신경핵에서 기원한 상행성 신경섬유와 수백 개에 이르는 시냅스 접촉을 이루고 있다. 바쁘게 일하는 이 멋진 수상돌기에 더해서 TC 뉴런은 시상을 빠져나와 쥐 S1의 배럴 필드까지 쭉 올라가 투사되는 긴 축삭돌기를 갖고 있다. 이곳에서 축삭돌기는 피질뉴런의 수상돌기와 흥분성 시냅스를 형성한다. 이 시상피질로thalamocortical pathway가 쥐 얼굴에 배열된 수염과 쥐의 대뇌피질을 잇는 주요 신경 고속도로의 마지막 피드포워드 구간이다그림 5.5 왼쪽.

하지만 이 피드포워드 회로에는 언급할 만한 가치가 있는 또 하나

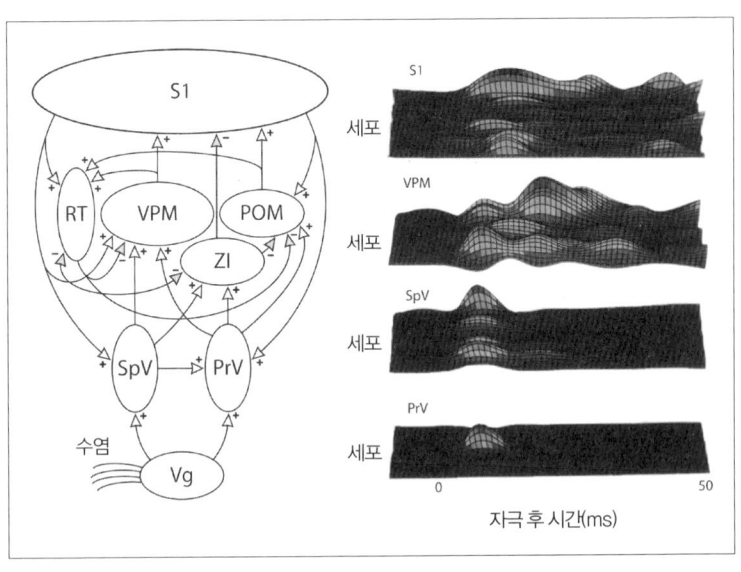

그림 5.5 왼쪽은 쥐의 3차신경 몸감각계를 구성하는 주요 뇌 구조물 중 일부가 어떻게 연결되어 있는지 보여준다. 흥분성(+) 연결과 억제성(−) 연결을 나타낸다. 얼굴 수염을 기계적으로 자극하면 3차신경절(trigeminal ganglion, Vg) 뉴런들의 전기적 반응이 촉발된다. Vg 뉴런들은 뇌줄기에 있는 두 가지 서로 다른 3차신경핵으로 투사된다. 바로 3차신경척수핵(spinal nucleus, SpV)과 3차신경주신경핵(principal nucleus, PrV)이다. 이 두 신경핵은 세 개의 시상 신경핵으로 신경로를 보낸다. 바로 배쪽후내측핵(ventroposterior medial nucleus, VPM), 후내측핵(posterior medial nucleus, POM), 불확성구역(zone incerta, ZI)이다. 시상그물핵(thalamic reticular nucleus, RT)은 VPM과 POM을 억제한다. VPM, POM, ZI는 일차몸감각피질에 시상 신경섬유를 보내는데, 그중 ZI만 S1피질에 억제성 구심성 신경을 보낸다. 오른쪽 그림에는 촉각자극에 의해 유발된 개별 뉴런 집단들의 반응을 3차신경계의 서로 다른 수준에서 동시에 기록해 3D 그래프로 쌓아올린 모습이 나와 있다.

의 구성요소가 있다. S1에 닿기 전에 TC 뉴런들의 축삭돌기는 곁가지를 뻗는데, 이 곁가지들은 껍데기처럼 생긴 얇은 뉴런 층인 시상그물핵reticular nucleus, RT에 가 닿는다. 시상을 구성하는 뉴런 덩어리 거의 대부분을 양파껍질처럼 둘러싸고 있는 이 시상그물핵은 뉴런의 흥분을 억제하는 감마 아미노부티르산gamma-aminobutric acid, 보통 가바 혹은 GABA라고 부른다이라는 신경전달물질을 주로 사용하는 뉴런만 들어 있다. 이상하게도 이 GABA성 시상그물핵 뉴런은 축삭돌기를 다시 VPM으로 투사해서 그 안에 있는 TC 뉴런과 시냅스를 형성하는데, 이 시냅스는 TC 뉴런과 연결된 유일한 억제성 시냅스다. 이런 사실은 신경생리학자가 새로운 방법을 시험해보고 싶을 때 아주 유용하다. 정의상 쥐의 VPM에서 기록된 뉴런은 어떤 것이든 주어진 VPM 유사배럴에 속하는 흥분성 TC 뉴런이기 때문이다. 이 각각의 TC 뉴런들은 VPM에서 검출되는 모든 억제의 기원인 시상그물핵은 물론이고, 자신과 대응하는 피질 배럴로 들어가는 흥분성 시상 입력의 주요 원천이다.

이 독특한 '배선도'는 우리가 실험을 디자인하고 목표를 설명하는 데 결정적인 영향을 미쳤다. 초기 계획은 간단했다. 시상핵을 구성하는 다수의 신경 군집들, 즉 유사배럴들에 흩어져 있는 24개 정도의 VPM 뉴런의 활성을 동시에 기록한 다음, 가볍게 마취된 여러 마리 쥐의 얼굴 수염 대부분에 무작위 순서로 차례차례 기계적 자극을 반복하고서 이들 뉴런에서 발생하는 전기적 반응을 기록하는 것이었다. 여러 개의 VPM TC 뉴런의 전기적 활성을 동시에 확실히 기록하기 위해 맞춤형 미소전극배열과 묶음을 만들었고, 신중하게 삽입 수술을 하고 난 일주일 후부터는 활발하고 정확한 기록 활동이

가능해졌다. 신중한 수술이었다는 말만으로는 부족하고, 신중하고 느린 수술이었다고 말하는 편이 옳겠다.

시간은 좀 걸렸지만, 몇 번 삽입 수술에 실패하고 난 후에 우리는 좋은 결과를 얻으려면 마이크로와이어를 쥐의 뇌에 아주 천천히 삽입해야 한다는 것을 깨달았다. 그래야만 뇌조직 손상을 막을 수 있었다. 수술 방법을 완전히 다듬고 난 다음에는 수술 진행 속도를 대단히 늦추었다. VPM 속으로 마이크로와이어를 삽입할 때는 분당 1/100㎛의 속도로 내려갔고, 각 단계 마다 1분에서 3분 정도 쉬는 시간을 주어 조직이 각각의 미세관통에 적응할 시간을 주었다. 밤낮으로 필라델피아 라디오 방송을 틀어놓고 있다보니, 그 지역의 우상인 필라델피아 필하모니 오케스트라와 야구팀 필라델피아 필리스에 익숙해진 것도 이맘때였다. 음악의 거장 유진 오르먼디와 강타자 존 크룩, 구원투수 미치 윌리엄스를 공동연구자로 곁에 두고 몇 달에 걸쳐 연습을 거듭하고 나니, 삽입 수술이 매끄럽게 잘 진행되기 시작했다.

그 다음은 쥐(그리고 나도)가 수술에서 회복하기를 기다렸다가, 삽입된 각각의 센서가 어떤 종류의 신경 신호를 기록하는지 시험해볼 시간이었다. 존 채핀이 미국국립보건원 연구비 지원서에서 예측했던 대로, 동물들을 실험실로 데리고 왔을 때는 삽입한 마이크로와이어 대부분에서 신경 흥분을 확인할 수 있었다. 오실로스코프 화면을 빠르게 흘러가는 녹색의 형광 자국이 어렵게 심어놓은 VPM 삽입 전극에서 기록된 첫 활동전위의 정체를 밝혀주었을 때의 기분은 정말 말로 뭐라 설명하기가 힘들다. 특별하게 만들어진 다채널 앰프를 사용함으로써 우리는 뇌에 삽입된 마이크로와이어 끝부분 근처에서 흥분하는 모든 단일뉴런의 전기 신호를 거르고, 증폭하고, 저장할 수 있었다.
 이렇게 해서 우리는 거의 24개에 이르는 단일뉴런들의 신호를 동시에 산뜻하게 얻을 수 있었다. 기록을 진행하는 동안 나는 늘 앰프의 출력을 스피커에 연결시키고 스위치를 켰다. 그러면 신경의 전기 활동이 아주 매력적인 선율의 목소리로 우리 앞에서 흘러나왔다. 그 목소리와 사랑에 빠지지 않으려면 오디세우스처럼 밀랍으로 귀를 막아야 할 것만 같았다.
 티모 이아리아 교수는 이것을 뉴런들의 노래라고 불렀었다. 3년의 기다림 끝에 드디어 나는 그들이 부르는 세레나데에 귀를 기울이고 있는 것이다.
 훈련이 되지 않은 귀로 스피커에서 나오는 뉴런의 흥분 소리를 들으면 '잡음 많은 AM 라디오 소리를 배경으로 나오는 팝콘 터지는 소리'처럼 들리겠지만, 그 뉴런들은 뇌 여기저기서 활동전위의 작은 불꽃들을 연주하는 명연주자들이었다. 이곳 하네만 대학교 생리학 및 생물물리학과 연구실의 작은 방음 벙커에서 우리는 뇌회로의 비밀을 실시간으로 밝히는 일에 가까이 다가가고 있었다. 우리는 당장 한바탕 집중적인 실험에 착수했다. 거기에는 12시간에서 16시간에 이르는 기록 세션도 포함되어 있었다. 머리에 생생하게 남아 있는 기억이 있다. 채핀과 내가 전극을 삽입한 쥐, 스크루드라이버, 그리고 컴퓨터 인쇄물을 사이에 두고 이클립스 미니컴퓨터를 디버깅하느라 낮부터 밤까지 꼴딱 새우다 잠시 멈추어 시계를 보니 새벽 5시였다. 어리둥절한 표정이었지만 분명 행복한 얼굴을 하고 있는 내 스승을 보며 내 머릿속에 떠오른 말은 이것 하나밖에 없었다. "적어도 우리 둘이 이혼변호사는 같은 사람을 쓸 수 있겠네요."

하지만 뉴런이 만들어내는 사이렌의 노랫소리는 우리에게 다른 여지를 남겨주지 않았다. 우리는 그저 어깨만 한번 으쓱하고서 다시 뉴런의 심포니 소리에 귀를 기울였다.

많은 VPM 뉴런이 만들어내는 전기 신호를 동시에 기록하는데 성공하고 나니, 그 다음에는 개별 얼굴 수염을 정교하게 자극할 방법을 찾아내는 것이 문제였다. 이 방법을 찾아내면 동시에 기록된 VPM 뉴런 각각이 잘 조절된 기계적 자극에 대해 어떻게 반응하는지를 양적으로 측정할 수 있을 것이다. 며칠에 걸쳐 이것저것 궁리를 하다가 채핀과 나는 동네 전파사와 약국 선반에서 구입한 재료만으로 만들 수 있는, 기술적으로도 어렵지 않고 비용도 저렴한 해결책을 찾아냈다. 이 장비를 만들기 위해 매일 아침 나는 실험실에서 기다란 의료용 면봉의 나무 자루 끝에 붙은 솜을 제거했다. 그러고나서는 스위스 군용 칼로 면봉 끝을 날카로운 바늘 모양이 되도록 깎아냈다. 그리고 순간접착제를 이용해서 면봉의 원통형 가장자리를 두꺼운 금속 나사받이의 편평한 면에 붙인 후에 이 나사받이를 작은 선기모터의 금속 자루에 단단하게 끼워 넣었다. 이러고 모터는 구리 그물망으로 싼 작은 금속 상자에 넣었다. 이 구리 그물망을 접지선에 연결하면 모터 자체에서 발생하는 전기 잡음을 제거할 수 있었다. 전기 모터를 구동하는 간단한 자극기stimulator를 이용함으로써 전기 모터 금속 자루를 아주 정교하게 움직일 수 있었고, 결국 면봉과 뾰족하게 다듬은 그 끝 부분도 마찬가지로 정확하게 움직일 수 있었다.

  오후쯤 그날 사용할 수 있는 장치가 준비되고 나면 실험에서 어려운 부분을 시작했다. 앞서 마이크로와이어 배열을 심어놓은 쥐를 마취시키고 난 뒤 그 쥐를 기록용 투명 아크릴 상자 안의 작은 단 위에 올려놓았다. 그러고나서 쥐의 미소전극배열을 VPM 뉴런의 전기활성을 증폭하고, 여과하고, 디스플레이하고, 저장하게 될 하드웨어에 연결했다. 이렇게 하면 전극배열이 삽입된 뇌 반구의 반대편 얼굴에 위치한 20개 정도의 수염을 자극할 준비가 마무리되었다.

  수염 하나만 자극하는 일은 쉽지 않다. 나는 장착된 확대경으로 보면서 뾰족한 면봉 끝을 수염의 모낭 뿌리에서 겨우 1/10mm 떨어진 곳에 가져다 대야 했다. 이 시점에서는 면봉 끝이 배열에서 어느 위치인지 확증할 수 있도록 수염이 면봉 끝에 닿아 있어야 한다. 일단 여기까지 이루어지고 나면, 나는 수염 자극기의 모터 전원을 켰다. 수염 자극은 한 번 이루어질 때마다 100ms 동안 지속되었고, 수염을 0.5mm 혹은 3도 정도 위로 움직이게 한 후, 다시 아래로 움직여서 수염을 원래의 자리로 돌아오게 했다. 이 과정을 1헤르츠, 즉 초당 1회의 속도로 360회 반복했고, 따라서 연속된 각각의 수염 자극 사이에는 900ms의 시간 간격이 생겼다. 이 과정을 마치고 나면 다음에 자극을 줄 수염을 찾아 나섰다.

  수염 자극을 가하는 동안 그에 뒤따르는 VPM TC 뉴런의 전기 활성을 확인해서 기계적 수염 자극과 시간적으로 완벽하게 동조시켜 기록했다. 자극과 자극 사이의 시간적 간격이 길었기 때문에(뇌 자체의 관점에서 보면 900ms는 아주 긴 시간이다) 이들 VPM 뉴런의 자발적 활성도 기록할 기회가 있었다. 각각의 실험 세션 끝에서는 기록된

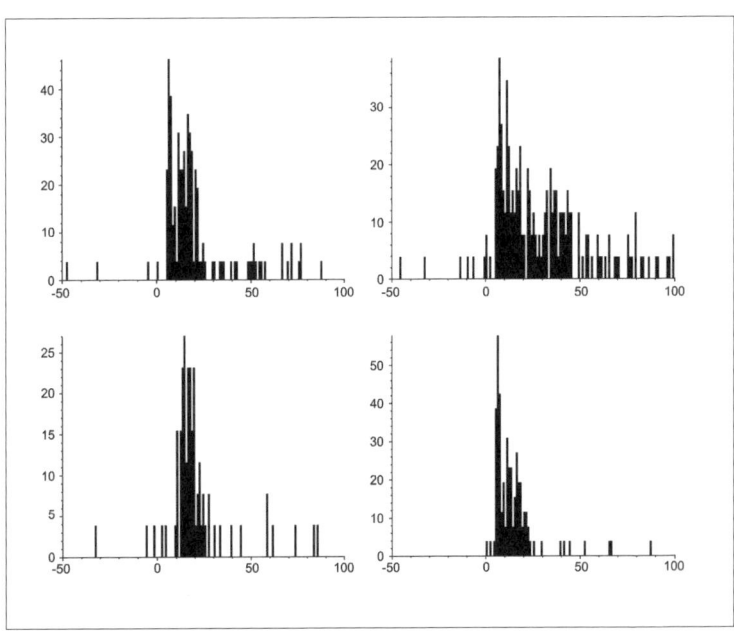

그림 5.6   VPM 자극주변 시간 히스토그램. 여기 나온 자극주변 시간 히스토그램 4개는 얼굴 수염에 자극을 주었을 때 단일 VPM 뉴런에서 나타나는 전형적인 전기적 반응을 나타내고 있다. 각각의 히스토그램에서 X축은 자극주변 시간을 나타내고, 0은 수염 자극을 시작한 시간을 의미한다. Y축은 뉴런이 발생시킨 활동전위spike의 숫자를 나타낸다.

뉴런 각각의 수용야뿐만 아니라 VPM 전체에 새겨진 수염 지도도 재구성할 수 있었다. 이 지도는 이미 기술이 되어 있는 상태이긴 했지만, 나는 우리의 동시성 다중전극 기록을 이용하는 최초의 VPM 지형학적 표상을 만들어내고 싶었다.

레이블라인 모델에 따르면, VPM TC 뉴런 각각의 수용야는 그 뉴런이 자리 잡은 유사배럴이 표상하고 있는 단 하나의 주 수염에 국한되어야 한다. 하지만 혼자 외롭게 쥐 수염을 비틀며 실험한 끝에 얻은 결과는 기대했던 것과는 너무도 달랐다. 18개월 동안 분석한 끝에 채편과 나는 단일 VPM 뉴런에 의미 있는 반응을 유도할 수 있는 수염이 하나가 아니라 여러 개임을 증명해냈다. 많은 단일 수염을 각기 독립적으로 자극했을 때 그에 대한 반응으로 많은 단일 VPM 뉴런이 만들어내는 활동전위의 숫자를 양적으로 측정해보았더니, 거기서 유발된 뉴런들의 흥분 반응은 안정시의 활성보다 유의미하게 높게 나온다는 것을 확인했다. 그리하여 각각의 VPM 뉴런에 통계적으로 유의미한 촉각 반응을 유발한 수염의 총 개수를 세는 것만으로도 우리는 피할 수 없는 결론에 도달했다. 즉, VPM 뉴런은 다수의 수염을 포괄하는 거대한 수용야를 가지고 있다는 것이었다. 레이블라인 모델의 예측과는 한참 다른 결론이었다. 1993년 〈미국국립과학아카데미회보Proceedings of the National Academy of Sciences〉, 1994년 〈신경과학저널Journal of Neuroscience〉, 이 두 편의 논문에서 보고했듯이, VPM 뉴런의 수용야 중 일부는 워낙에 방대해서 쥐의 얼굴 전체를 뒤덮다시피 했다.

C1, D1, D2, E1, E2 수염을 자극했을 때 무슨 일이 일어났는지를 도표로 나타낸 것을 보면 우리가 발견한 내용을 설명하는 데 도움이 될 것이다. 그림 5.6은 실험에서 얻은 데이터 세트data set의 유형을 '자극주변 시간 히스토그램peri-stimulus time histogram, PSTH'이라는 도표로 나타낸 것이다. 이 PSTH를 이용해 단일 VPM 뉴런의 수용야 크기를 정량화했다. 이 히스토그램은 특정 수염을 자극한 시간(X축) 주변으로 특정 VPM 뉴런이 활동전위를 발생시킨 빈도(Y축)를 나타내고 있다. 여기서 t = 0ms는 수염을 자극하기 시작한 시간이고, t = 100ms는 자극을 멈춘 시간이다. 이 히스토그램에서 흥미로운 몇 가지 사

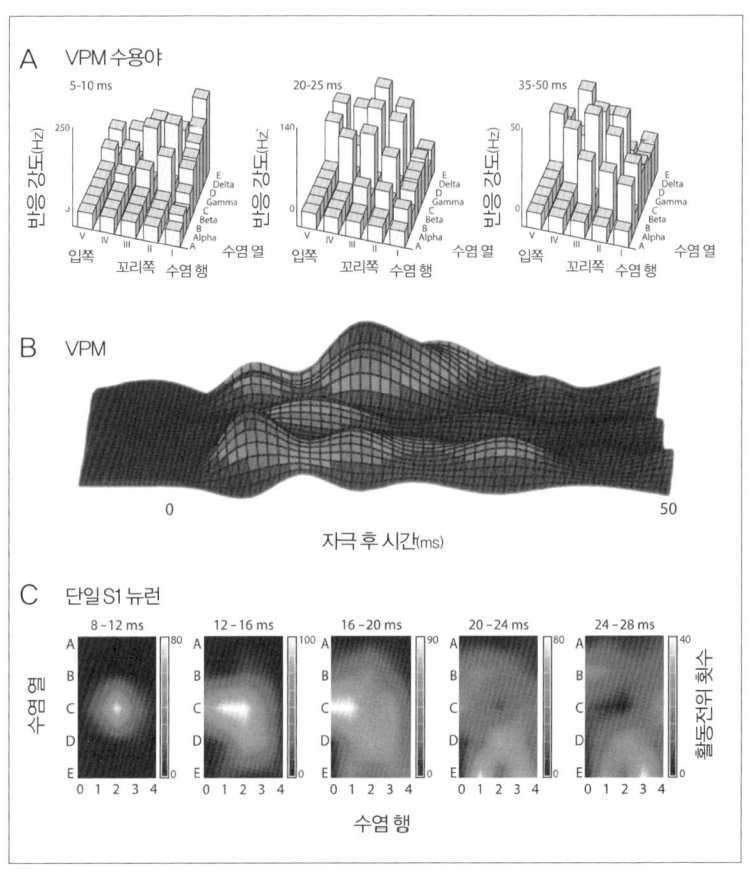

그림 5.7　시공간수용야와 지도. (A) 단일 VPM 뉴런의 시공간수용야. 각각의 3D 그래프는 특정 자극 후 시간 간격(5-10ms, 20-25ms, 35-50ms)에서 한 단일 VPM 뉴런이 반응하는 공간영역을 나타낸다. 각각의 3D 그래프에서 X축과 Y축은 쥐 얼굴에서 보이는 행과 열로 수염의 위치를 나타내고 있다. Z축은 한 특정 수염을 기계적으로 자극했을 때 VPM 뉴런의 흥분 반응의 강도를 나타낸다. 5-10ms에서는 E1 수염을 자극했을 때는 이 VPM 뉴런에 가장 강력한 흥분 반응이 유발되는 반면, 다른 수염들을 자극했을 때는 그보다는 어느 정도 작은 반응이 유발되었다는 사실에 주목하라. 하지만 수염 자극을 가하고 30-50ms가 지났을 때는 E4 수염이 같은 뉴런에서 가장 강력한 반응을 촉발했다. 따라서 이 VPM 뉴런 수용야의 공간적 중심이 자극 후 시간에 대한 함수를 따라 변화한 것이다. (B) 동시에 기록된 VPM 뉴런 집단의 촉

실을 발견할 수 있다. 첫째, 수염 자극을 시작하기 전에는 이 VPM 뉴런이 활동전위를 거의 일으키지 않았다. 즉, t = 0ms 전에는 흥분 빈도가 무척 낮았다. 하지만 자극이 시작되고 5ms 정도가 지나자 뉴런은 격렬한 흥분성 전기 반응을 나타내기 시작해 흥분빈도가 순간적으로 거의 50헤르츠에 이른다. '짧은 잠복기 반응short latency response'이라고 부르는 이것은 아주 짧은 시간 지속되었다가 급속히 쇠퇴했는데, 이는 이 VPM 세포와 연결된 GABA성 시상그물핵 뉴런의 억제성 작용 때문일 가능성이 높다. 그리고 VPM 뉴런과 시상그물핵 뉴런 사이가 상호 연결되어 있다는 사실에 비추어볼 때 이 억제는 VPM 뉴런의 강력한 흥분에 의해 촉발되었을 가능성이 크다.

이런 히스토그램 수백 개를 자세히 살펴보니, 반응 강도나 타이밍은 다를지언정, 똑같은 VPM 뉴런이 여러 다른 수염을 기계적으로 자극했을 때도 반응한다는 것을 발견했다. 더 나아가 이런 반응들을 시간적 차원에서 자세히 살펴보니, 자극이 시작된 이후에는 VPM 뉴런의 수용야가 시간의 흐름에 따라 2차원 공간에서 변화함을 보여주는 풍부한 패턴을 발견할 수 있었다. 이것을 내가 '시공간수용야 도표spatiotemporal receptive field plot'라고 부르는 도표로 나타내었다 그림 5.7A/C.

이 각각의 그림 그림 5.7A/C은 3차원에서 시작한다. 즉, 쥐 얼굴의 수

각 반응을 나타내는 시공간 히스토그램. 자극 후 시간을 X축에 나타냈고, 0은 수염 자극을 시작한 시간을 의미한다. Y축은 동시에 기록된 여러 개별 VPM 뉴런을 나타낸다. 회색 음영으로 표시된 Z축은 이 VPM 뉴런의 흥분빈도를 시간의 함수로 나타낸 것이다. (C) 쥐의 일차몸감각피질 안에 들어 있는 단일뉴런의 시공간수용야. 이 각각의 3D 그래프에서 X축은 수염의 행을 나타내고, Y축은 수염의 열을 나타내며, Z축(회색 음영으로 표시)은 단일 피질뉴런이 반응하는 크기를 나타낸다. 각각의 3D 그래프는 특정 자극 후 시간 간격(8-12, 12-16, 16-20, 20-24, 24-28ms)을 나타내고 있다. VPM과 마찬가지로 여기서도 수용야의 공간영역이 자극 후 시간의 함수를 따라 변하고 있음에 주목하라.

염 분포는 X, Y축에 행과 열의 격자로 나타내고, 이들 각각의 수염이 개별적으로 자극 받았을 때 단일 VPM 뉴런에 의해 유발되는 흥분빈도를 Z축에 나타냈다. 그러고나서 지도를 이용해 이 일련의 3차원 그래프들을 자극 후 시간에 대한 함수로 나타냄으로써, 나는 이 VPM 뉴런들 각각의 수용야 구조가 5ms에서 10ms 사이의 연속적 단계에서 어떻게 변화하는지를 처음으로 측정해 4D 도표로 나타냈다.

이 도표들을 다시 검토하면서 채핀과 나는 우리 실험에서 무언가 아주 흥미로운 것이 등장했음을 깨달았다. 수염 자극 시작 후 5-10ms 기간(그림 5.7A, 이때가 뉴런이 수염의 기계적 자극에 대한 정보를 받아볼 수 있는 가장 이른 시간이다)에서 단일 VPM 뉴런 수용야의 공간영역을 보여주는 첫 3차원 도표를 보면서 우리는 뉴런이 이미 상당한 빈도로 흥분하고 있음을 보았다. 심지어는 이 아주 짧은 잠복기 동안에도 뉴런의 수용야는 아주 넓은 영역을 가로지르며 펼쳐져 있었다. 이것은 주변 수염이 자극을 받음에 따라 촉발된 다소 약한 반응에 의해서 형성된 것이다. 특히나 그림 5.7A에 나온 예제를 보면, 수용야의 공간영역이 윗입술과 아랫입술이 만나는 입꼬리 근처의 수염패드 제일 바깥쪽인 꼬리쪽caudal 방향의 영역(E1 주 수염)에 위치하고 있었다.

VPM 뉴런들은 서로 다른 수염을 자극하면 뚜렷이 다른 자극 후 시간에 반응했기 때문에, 이 뉴런 수용야 각각의 공간영역은 자극이 언제 일어났느냐에 따라서도 전체적으로 상당히 달라진다는 것이 분명해졌다. 자극 개시 후 25-35ms 기간 즈음에는 VPM 뉴런 수용야의 공간적 중심이 입의 꼬리쪽 방향에 있던 E1 수염으로부터 주둥이 앞쪽에 위치한 수염인 E4로 꾸준히 움직여 이동해 있었다(그림 5.7A 오른쪽의 마지막 도표). 그리고 주변 수용야도 마찬가지로 퍼져 있었다. C1, C2, D1, D2, E2 수염 주변에서 출발한 수용야가 C3, D3, D4, E3로 이동한 것이다. 이들 VPM 뉴런의 수용야는 무척 넓었을 뿐 아니라, 그 공간영역이 시간의 흐름에 따라 쥐의 얼굴을 가로지르며 이동한 것이다.

쥐의 뇌 깊숙한 곳에서는 시간과 공간이 대단히 긴밀한 수준으로 융합되어 있었고, 결국 한 특정 VPM 뉴런 수용야의 공간영역이란 어느 순간의 공간영역을 의미하는 것인지 그 정확한 자극 후 시간을 함께 명시하지 않으면 무의미하다는 것을 증명하고 있었다. 더 나아가, 단일 VPM 뉴런이 각각의 수염 자극에서 똑같은 횟수로 활동전위를 내보내지 않는다는 사실을 바탕으로 볼 때, 각각의 3D 도표에 있는 Z축은 절대적인 흥분 강도를 나타내는 것이 아니라, 특정 순간에 주어진 수염 자극에 반응해서 각각의 뉴런이 흥분할 가능성을 간단히 추정한 값에 지나지 않음을 알 수 있다(그림 5.7C에 나온 S1 피질 뉴런 수용야의 또 다른 사례를 참조).

이것은 '신경생리학의 불확정성 원리uncertainty principle of neurophysiology'로, 상대론적 뇌relativistic brain가 자신의 관점에서 어떻게 생각을 만들어내는지를 설명하는 열 가지 원리 중 하나다.

◆ 신경생리학의 불확정성 원리
특정 순간을 명시하지 않고서는 특정 뉴런 수용야의 공간영역을 정의할 수 없다. 즉, 뉴런 흥분의 시간영역, 공간영역은 긴밀하게 서로 결합되어 '뉴런 시공간 연속체neuronal space-time continuum'를 정의한다.

이런 시공간 결합이 생기는 이유는 뉴런에 매 순간 서로 다른 조합의 구심성 신호가 수렴하기 때문이라고 생각한다.

우리가 수용야의 시공간적 특성을 발견함으로써, 널리 인정받고 있던 레이블라인 모델에 직접적으로 의문이 제기되었다. 더 나아가 우리의 자료는 VPM의 신체운동영역지도가 말초에서 나란히 상행하는 피드포워드 신경로에 의해 정의된다는 개념을 입증하는 대신, 그런 촉감 표상이 세 가지 주요 신경계의 비동기 상호작용asynchronous interplay의 결과로 생긴다는 것을 암시했다. 세 가지 주요 신경계란 흥분성 피드포워드 3차시상경로excitatory trigeminothalamic feedforward pathway, 흥분성 피드백 피질시상 투사excitatory corticothalamic feedback projection, 그리고 시상그물핵 뉴런에 제공하는 강력한 억제성 입력을 말한다. 이 세 가지 주요 영향력이 서로 다른 순간에 서로 다른 수상돌기 부위로 수렴해서 역동적인 시공간 지도를 정의하는 것이다그림 5.7B.

이 '비동기 수렴의 원리asynchronous convergence principle'가 상대론적 뇌를 정의하는 열 가지 신경생리학 원리 중 두 번째다.

◆ 비동기 수렴의 원리
개별 뉴런의 수용야와 뇌 영역에 새겨지는 지도들은 무수히 많은 다른 뉴런에서 오는 다양한 상행성, 국소성local, 하생성 영향력의 시공간적 비동기 수렴asynchronous spatiotemporal convergence에 의해 정의된다. 수용야와 지도는 그들의 시간영역과 공간영역을 하나의 시공간 연속체 안에서 결합함으로써 적절히 정의 내릴 수 있다.

불확정성 원리와 비동기 수렴의 원리를 함께 고려하면, 시간이 아무런 역할도 하지 않는, 수용야와 신체운동영역지도의 고전적 정의가 뒤집힌다. 대신 나는 수용야와 지도가 잠재적이고 확률적인 뉴런 집단 흥분 패턴의 역동적이고 유동적인 시공간 분포에 불과한 것이라고 생각한다.

우리 실험은 또 하나의 큰 충격적 내용을 담고 있었다. VPM 신경핵의 지도가 역동적이라면 그에 따라 필연적으로 VPM 뉴런들도 자신의 촉각 반응을 재빨리 재조직화해서 지도를 다시 작성할 수 있는 능력이 있으리라는 점이다. 사실, 수염 패드에서 생성되어 올라오는 촉각 정보의 흐름에 그 어떤 변화라도 있게 되면 곧바로 이런 변화가 따를 수밖에 없다. 쥐 얼굴의 작은 피부 부위를 마취하고서 이 말초 감각 차단이 VPM 뉴런의 수용야에 미치는 영향을 측정한다면 우리의 예측을 바로 시험해볼 수 있었다. 그래서 우리는 신속히 같은 실험동물에서 두 번째 실험들을 진행했다.

국소마취제인 리도카인으로 얼굴 피부 일부를 마취하고 2초가 지나자 VPM 뉴런의 시공간수용야에 광범위한 기능적 재조직화가 촉발되었다. 그 결과 그 신경핵에 새겨진 수염 지도 전체가 새로운 평형점을 향해 스스로 재조직화되었고, 그것도 거의 즉각적으로 일어났다. 다시 마이크로와이어를 이용해 VPM 신경핵 전체에 퍼져 있는 많은 개별 뉴런을 동시에 기록함으로써 우리는 쥐 얼굴의 신체운동영역지도가 말초에 입력된 새로운 실재를 반영하기 위해 어떻게 우아하게 변해가는지를 대단히 정교하고 자세하게 기록할 수 있었다.

일부 시스템신경생리학자들에게는 1993년에 〈네이처〉에 발표한 이 연구 결과들이 우리의 초기 연구들보다도 훨씬 더 충격적으로 다가갔다. 성체의 대뇌피질 수준에서 광범위하게 보고된 가소성 재조직화가 시상의 VPM 신경핵 같은 피질하부 뇌 구조물에서도 가능하다고 믿는 사람이 1990년대 초반에는 거의 없었다. 하지만 2년 후에 우리는 뇌에 대한 이 역동적이고 분산주의적인 관점이 3차신경계 전체에서도 기능하고 있음을 확인할 수 있었다. 또 다른 새로운 전략을 이용해서 나는 쥐의 뇌에 마이크로와이어 배열을 여러 개 삽입하기로 마음먹었다. 그리고 결국 한 기록 세션 안에서 최고 48개의 단일뉴런에서 기록을 얻는 데 성공했다. 이렇게 기록된 뉴런들은 3차신경절, 3차신경의 두 뇌줄기 신경핵(3차신경척수핵, 3차신경주신경핵), VPM, S1 피질 등그림 5.5 오른쪽, 쥐의 3차신경계를 형성하는 주요 구조물들 전체에 분포되어 있었다. 시스템신경생리학의 역사에서 자유롭게 행동하는 포유류의 한 신경 회로 전체에서 추출한 뉴런 표본을 시각화하고 측정한 것은 이것이 처음이었다. 그렇다. 제대로 읽은 게 맞다. 분명 '자유롭게 행동하는' 포유류였다. 더 구체적으로 말하면 이 실험의 경우 자유롭게 깨어서 수염으로 더듬고 다니는 포유류였다.

깨어 있는 동물을 대상으로 기록을 해서, 수염 하나를 자극해도 시공간적으로 복잡한 전기 활성의 파동이 촉발되어 우리가 동시에 추적 감시하고 있던 각각의 신경 구조물 내부의 여러 CO 풍부 뉴런 군집들을 가로지르며 퍼져나간다는 사실을 증명하는 순간이 찾아왔다. 이 효과는 VPM과 S1 수준에서 가장 두드러졌지만, 3차신경 뇌줄기 복합체 trigeminal brain-stem complex의 한 신경핵에서도 관찰할 수 있었다. 이것이 의미하는 바는 쥐 3차신경계의 중계 영역 대부분(3차신경절과 3차신경 복합체의 주감각핵은 예외)에 위치한 개별 뉴런들이 여러 개의 개별 수염 자극에 반응했다는 것이다. 마침내 우리의 눈과 귀 바로 앞에서 신경의 심포니를 연주하는 분산 표상distributed representation, 집단 신경부호population neural code와 만나게 된 것이다.

레이블라인 모델과 달라도 이렇게 다를 수가 없었다. 한 가지 자극 속성(자기 할머니의 얼굴 등)에만 반응해 흥분하는 고도로 전문화된 뉴런(악명 높은 할머니뉴런처럼) 대신, 적은 양의 정보를 실어 나르는 광범위 동조 뉴런broadly tuned neuron들에 의해 '분산된 신경 표상distributed neural representation'이 형성된다. 그런 만큼, 그 어떤 개별 뉴런의 순간적인 흥분 활성도 혼자 따로 고립되면 자체로는 다양한 자극을 분간할 수도 없고, 어떤 행동을 지속할 수도 없다. 하지만 광범위 동조 뉴런의 거대한 집단이 함께 작동하면 정밀한 계산이 가능해진다. 일례로, 1980년대에 그 당시 존스홉킨스 대학교에 있었던 그리스 계 미국인 신경생리학자 아포스톨로스 게오르고포울로스Apostolos Georgopoulos는 붉은털원숭이의 일차운동피질에 있는 개별 뉴런들이 팔의 운동 방향에 대해서 광범위 동조되어 있다고 보고했다. 그리고 더 나아가 이 피질뉴런 각각이 다양한 방향으로 팔을 움직이기 전에도 다른 강도, 다른 시간에 걸쳐 상당히 흥분하고 있음을 밝혔다. 이런 이유로 뉴런 하나의 활성만으로는 원숭이의 팔이 어느 방향으로 움직일지 예측하는 것이 불가능했다. 하지만 게오르고포울로스가 수백 개 뉴런의 활성을 조합해보니 운동 방향을 정확하게 예측할 수 있었고, 단 한 번의 시도만으로 정확한 팔의 궤적을 생성할 수 있었다. 그와 유사한 분산 전략이 촉각 자극을 표상하는 쥐의 3차신경계에도 채용된 것으로 보인다. 여러 수염에 반응하는 광범위한 수용야를 나타내는 단일뉴런들의 거대한 집단에서 나타나는 활성을 조합함으로써 우리는 쥐 바로 주변의 환경에 대해 정확하고 의미 있는 정보를 추출할 수 있었다. 사실 이것이 바로 쥐의 뇌가 하는 일이었다.

하지만 이 분산 체계distributed framework에는 광범위 동조 뉴런의 거대한 집단 이상의 무언가가 있었다.

여러 장소에서 기록이 가능한 내 새로운 전략을 이용하면 자유롭게 행동하는 쥐의 3차신경계 거의 전체에 퍼져 있는 뉴런들을 표본으로 잡아 기록할 수 있었기 때문에, 하루는 호기심이 생겨서, 쥐가 완전히 깨어 있는 상태로 수염에 아무런 기계적 자극도 받지 않고 기록상자 안에 그냥 서 있기만 할 때는 이 회로가 어떻게 작동하는지 관찰해보기로 마음먹었다. 원칙적으로 보면 이것은 보정 실험calibration experiment이라고 볼 수 있었다. 나는 그날 늦게 쥐를 꼼짝 못하게 고정시켜놓고 고된 수염 자극 실험을 해야 했는데, 그 실험의 기록 환경을 시험해볼 방법이었던 것이다.

기록 세션을 시작하고 몇 분 정도가 지나자 나는 내 귀에 들리는 뉴런 신호들이 그냥 일상적인 보정 작업에 참여하고 있는 수동적인 뇌의 신호가 아님을 깨달았다. 쥐의 뇌는 분명 '무언가'에 몰두하고 있었다. 돌아다니던 쥐가 주의를 기울이며 자리에 멈춰서자 실험실 스피커에서 아주 리드미컬한 소리가 쏟아져나왔다. 쥐가 '주의를 기울이는 부동 상태attentive immobility'에 머무는 것을 확인하면서 뉴런의 앰프 신호 스위치를 다른 피질, 시상, 뇌줄기 뉴런으로 바꿔보았다. 그랬더니 내가 기록하고 있던, 3차신경계 전체에 퍼져 있는 대부분의 세포들이 같은 빈도로 흥분하고 있었다. 사실, 3차신경절과 3차신경 뇌줄기 복합체의 한 신경핵에 있는 뉴런들을 제외하면, 3차신경 몸감각계trigeminal somatosensory system에 들어 있는 대부분의 피질 구조물과 피질하부 구조물들이 같은 패턴의 리드미컬한 흥분 양상을 보이고 있었다.

몇 초 후 그 쥐는 내가 자기의 뉴런을 엿듣고 있다는 것은 꿈에도 생각하지 못한 채, 얼굴 양쪽의 긴 수염들을 동시에 미묘하게 움직였다. 각각의 운동주기 동안 수염들은 재빨리 앞쪽으로 움직였다가 수십 ms 후에는 원래의 자리로 되돌아왔다. 그러고나면 새로운 수염운동주기가 시작되었다. 이 수염운동의 전체적인 왕복운동 진폭은 아주 작았다. 이것은 이 수염 행동이 주변을 돌아다니다가 만나는 사물을 조사할 때 이용하는 진폭이 넓은 수염운동large-amplitude movement과는 다름을 암시했다. 하지만 이 진폭이 좁은 수염운동small-amplitude whisker movement에서 가장 두드러진 특징은 초당 약 10주기 정도 되는 빈도였다.

일단 시작되면 이 개별적인 진폭이 좁은 수염운동(나는 이것을 '수염 실룩거림whisker twitch'라고 부른다)은 어느 정도 전체 3차신경계의 리드미컬한 뉴런 흥분을 조절modulate했다. 쥐가 '주의를 기울이는 부동 상태'에 머물러 있는 동안에는 뇌의 진동과 수염 실룩거림이 중단되지 않고 계속 진행할 수 있었다그림 5.8. 그러다가 쥐가 드디어 기록실을 탐험하기로 결심하면 그 수염운동은 실룩거림 동안에 보이는 빈도의 절반인 4~6헤르츠까지는 진폭이 극적으로 증가했다.

2시간 분량의 '보정 자료'를 모은 다음, 뉴런의 기록들을 몇 주에 걸쳐 자세히 연구했다. 이 리드미컬한 뉴런 흥분의 빈도는 7~12헤르츠 사이의 범위에 분포되어 있었는데, 재미있게도 항상 S1 피질의

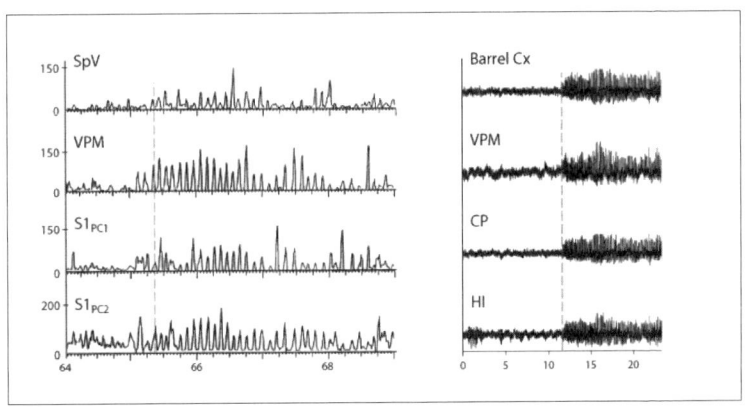

그림 5.8　쥐의 3차신경 몸감각계에서 관찰되는 7–14Hz의 리드미컬한 뮤 진동mu oscilla-tion의 사례. 왼쪽 그림에 서로 다른 부위를 동시에 기록한 그래프가 나와 있는데, 이 그래프를 보면 뮤 진동이 S1 피질에서 시작해서 VPM으로 퍼지고, 나중에 3차신경 뇌줄기 복합체의 척수 복합체(spinal complex of the trigeminal brain-stem complex, SPV)로 퍼지다가 수염이 실룩거리는 움직임이 시작되는 것을 알 수 있다. 오른쪽 그림에는 배럴 피질(쥐의 S1 수염 영역), VPM, 바닥핵(basal ganglia, CP), 해마(HI) 사이에서 나타나는 뮤 리듬mu rhythm과 수염 실룩거림 간의 상관관계를 서로 비교해서 그래프로 나타냈다.

어느 부분에서 시작했다. 동시에 발생한 리드미컬한 흥분의 파동들은 약 10~20ms에 걸쳐 S1 대부분의 영역을 가로질러 퍼진 후에 VPM 시상에서 나타나기 시작하고, 그곳에서 거의 순식간에 대부분의 시상피질뉴런들도 리드미컬한 흥분에 동참한다. 이와 유사한 진동이 또 다른 시상핵과 3차신경 뇌줄기 신경핵 중 하나에서도 관찰되었다그림 5.8. 쥐가 수염 실룩거림 운동을 만들어낼 기회를 잡기도 전에 3차신경계 대부분이 피질에서 발생한 7-12헤르츠의 흥분파에 의해 침범당하는 것으로 보였다. 이 흥분은 3차신경계의 상행성 피드포워드 경로와 반대 방향으로 흐르고 있었다.

이런 발견들을 1995년에 〈사이언스〉에 논문으로 발표하면서 채핀과 나는 촉각 정보를 쥐의 3차신경계 전체에 걸쳐서 나타내는 역동적이고 분산적인 시공간 표상dynamic and distributed spatiotemporal representation이 존재한다고 제안했다. 더 나아가 우리는 이 리드미컬한 대규모의 뉴런 흥분이 공간적으로 흩어져 있는 다중의 신경 구조들을 긴밀한 하나의 회로로 동조시키기 위해 쥐의 뇌에서 만들어내는 내부의 시간 기준신호internal temporal reference signal인지도 모른다는 의견을 냈다. 이 시각적 신호가 쥐를 대단히 주의력이 높은 상태로 만드는 역할을 할지도 모른다. 쥐는 다시 적극적으로 한바탕 주변을 조사하기에 앞서 리드미컬하게 수염을 움직이다 혹시 어떤 촉각 정보를 받아들일 수도 있는데, 이렇게 주의력이 높은 상태에 있으면 그런 정보를 미리 예상하고, 식별하는 데 도움이 될 수도 있다.

이것이 내가 처음으로 만난, 전형적인 모습으로 발현된 생생한 뇌 관점이었다. 스피커를 통해 변화무쌍하게 흘러나오는 매혹적이고 리드미컬한 뉴런 흥분의 심포니에 귀를 기울이다보니, 거의 우연처럼 나는 뇌 연구의 미개척 영역으로 흘러들어와 있었다.

나는 하루 빨리 이 새로운 세계로 뛰어들어, 내가 그 영역을 얼마나 넓혀 놓을 수 있을지 확인하고 싶었다.

이것이 내가 하네만 대학교에 박사후 연구원으로 있는 동안에 수행한 마지막 실험이었다. 쥐가 어떻게 고양이로부터 도망가는지 아직 확실히 알지 못한 상태에서 1994년 가을, 나는 듀크 대학교의 신생 학과였던 신경생물학과에 실험실을 마련했다. 내가 듀크 대학교에 도착한 지 얼마 지나지 않아서 모스코 아이다호대학교에서 철학과 생물학을 복수전공한 젊은 파키스탄계 미국인 대학원생 아지프 가잔파Asif Ghazanfar가 내 연구팀에 합류했다. 브라질 사람과 파키스탄 사람이 주축이 되어 새로 개관한 우리 실험실은 '난데없이 나타난 연구실lab from nowhere'로 불렸다.

그 후 2년간 가잔파와 나는 내가 하네만 대학교에서 연구해서 얻은 결과에서 나온 아이디어들을 미친 듯이 시험했다. 일례로 현재 프린스턴 대학교에 부교수로 있는 가잔파는 쥐 S1 피질에 있는 단일 뉴런이 여러 수염에 반응하는 커다랗고 역동적인 수용야를 가지고 있고, 이 수용야의 공간적 크기가 자극 후 시간의 함수를 따라 변화함을 보여주었다그림 5.7. 더 나아가 그는 한 수염에 자극을 가했을 때 여러 수염에 반응하는 커다란 수용야를 가진 뉴런 집단들이 그 자극의 위치를 한 번의 시도만으로도 정확히 예측할 수 있음을 정량적으로 증명했다. 이것은 수염을 하나씩 여러 개 자극하는 동안 얻은 많은 피질뉴런의 활성 기록을 일련의 패턴 인식 컴퓨터 알고리즘, 즉 인공신경망artificial neural networks, ANNs에 입력해봄으로써 증명되었다. 가잔파는 인공신경망이 피질뉴런 집단들이 만들어낸 시공간 홍분 패턴을 이용해서 단일 수염 자극의 위치를 정확히 파악할 수 있도록 훈련시켰다. 일단 알고리즘이 이 '훈련용 자료'에서 위치를 파악하는 정확도가 높은 수준에 이르자, 그는 인공신경망이 그때까지 접해보지 못했던 새로운 자료를 도입했다. 단일뉴런의 집합에서 나온 활성 기록을 인공신경망에 입력하자, 자극의 정체(즉, 어느 수염을 건드렸는지)를 정확하게 예측해냈다. 하지만 단일뉴런들의 활성 기록을 따로따로 입력하자, 인공신경망은 예측에 실패했다.

그 무렵, 다른 실험실에서도 다양한 실험 방법을 통해 우리가 발견한 전기생리학적 발견을 강력하게 지지하는 결과가 나오고 있었다. 예를 들면, 캘리포니아 어바인의 대학교에 있는 이스라엘 신경생리학자 론 프로스틱Ron Frostig은 내재성 광학영상기술intrinsic optical imaging이라는 뇌 영상화 기법을 이용해서, 수염 하나를 자극했을 때 쥐의 S1 피질에서 활성이 퍼져나가는 것을 측정했다. 그는 아주 작은 자극만으로도 S1 영역 거의 대부분을 휩쓸고 지나가는 복잡한 시공간적 반응이 유도된다는 것을 증명할 수 있었다. 더군다나 MIT의 크리스 무어Chris Moore, 사샤 넬슨Sacha Nelson, 므리강카 수르Mriganka Sur와 브라운 대학교의 배리 코너Barry Connor 연구실, 두 팀에서 각기 독립적으로 생체에서 S1 뉴런을 가지고 실험해서 세포내 기록을 얻어냈는데, 그 결과 단일 피질뉴런은 어느 피질층판에 속해 있든지 간에 여러 수염으로부터 구심성 정보를 입력받는다는 사실이 밝혀졌다. 따라서 여러 곳의 단일 수염 자극에서 촉발되는 시냅스 전류가 각각의 뉴런에 폭주하고 있었던 것이다. 우리가 얻었던 결과와 마찬가지로, 이들 뉴런의 수용야도 여러 수염에 반응하고 있었다.

가잔파는 계속해서 VPM과 S1 뉴런들이 한꺼번에 여러 수염에 가해진 기계적 자극 또한 통합할 수 있고, S1 뉴런의 활성을 차단하면 여러 수염에 반응하는 VPM 뉴런의 촉각 반응에 결정적인 영향을 미친다는 사실도 증명했다. 그로부터 몇 달 후에는 당시 내 실험실의 박사후 연구원으로 있던 데이비드 크루파가 피질시상경로를 차단할 경우, 얼굴 수염 몇 개를 마취하면 그에 따라 VPM 뉴런이 스스로를 가소성 있게 재조직화하는 능력이 감소함을 관찰했다. 이런 발견들은 S1 피질에서 기원해서 VPM 시상으로 가는 피드백 몸감각 투사가 때로는 시상을 통한 촉각 정보의 흐름을 다루는 데 있어서 중추적인 역할을 한다는 것을 명백하게 증명함으로써 비동기 수렴 이론asynchronous convergence theory에 근거를 더해주었다. 이런 다양한 결과들을 바탕으로 우리는 다음과 같이 정리했다. 즉, S1 뉴런과 VPM 뉴런들은 여러 수염을 아우르는 대단히 역동적인 촉각 반응을 나타내는데, 이것은 서로 다른 순간에 이 각각의 뉴런으로 수렴하는 수많은 상행성, 하행성, 국소성, 조절성modulatory 구심성 정보의 비동기 수렴에 의해 결정된다.

비동기 수렴의 원리에서 유도되어 나올 수 있는 예측 내용 중 상당수는 폭넓은 테스트가 필요하다. 한 예로, 지금은 피츠버그 대학교에 있는 에리카 팬슬로우Erika Fanselow는 1990년대 말 내 실험실에 대학원생으로 있는 동안 자유롭게 행동하는 쥐에서 유사한 촉각 자극을 다른 행동 조건 아래에서 가했을 때 S1 뉴런과 VPM 뉴런이 어떻게 반응하는지 측정할 수 있는 똑똑한 방법을 고안했다. 얼굴 수염을 지배하는 3차신경 가지인 안와아래신경infraorbital nerve, ION 둘레에 작은 소매형 전극cuff electrode을 삽입함으로써 팬슬로우는 정확한 순서로 전기 펄스electrical pulse를 가하면서 동시에 단일뉴런 집단에서 유발되는 반응을 기록할 수 있었다. 그러고나서 그녀는 이 장치를 이용해 이 뉴런 반응이 쥐가 일주기daily cycle에서 보여주는 전형적인 행동에 따라 어떻게 달라지는지 측정했다.

수염을 움직이고 있는 동안에는 쥐의 피질뉴런과 시상뉴런들이 쥐가 조용히 움직이지 않고 있을 때와 아주 다른 방식으로 촉각 자극에 반응했다. 흥분성 반응이 있은 후에는 오랜 기간 동안 심도 깊은 억제가 일어나는 것이 전형적인 주기이지만, 여기서는 그 대신 쥐의 피질뉴런과 시상뉴런들이 단일 전기 신경 펄스에 대해 좀 더 지속적인 반응을 나타냈고, 흥분후억제post-escitatory inhibition를 전혀 나타내지 않았다. 그리고 이것은 쥐가 만들어내는 수염운동의 종류와는 상관이 없었다. 이 결과에 자극을 받아서 팬슬로우는 한 펄스가 아닌 두 펄스로 연속적으로 신경을 자극해보았다. 그리고 그녀는 놀라운 결과를 얻었다. 쥐가 깨어 있고, 움직이지 않고, 어떤 수염운동도 하지 않고 있을 때는 쥐의 피질뉴런과 시상뉴런은 첫 번째 전기 펄스에만 반응할 수 있었고, 두 번째 펄스는 뉴런의 흥분후억제에 의해 가려졌다. 반면, 쥐가 능동적으로 수염을 움직이고 있는 동안에는 S1 뉴런과 VPM 뉴런 모두 양쪽 전기 펄스에 반응할 수 있었다. 심지어는 25ms라는 작은 시간 간격으로 가한 전기 펄스에도 반응할 수 있었다. 수염운동은 틀림없이 피질과 시상이 연속적인 촉각 자극에 충실히 반응할 수 있도록 해주고 있었다. 이런 현상은 쥐가 그냥 깨어 있기만 하고 움직이지 않을 때는 불가능한 현상이었다.

 팬슬로우가 얻은 결과는 촉각 반응이 동물의 행동 상태에 따라 달라진다는 것을 분명히 보여주었다. 물론 그녀의 실험 대상이 의미 있는 촉각 과제를 수행하고 있던 것은 아니다. 그래서 이런 의문이 떠올랐다. 쥐의 몸감각계는 수염을 이용해서 의미 있고 어려운 과제, 이를테면 얼굴 수염을 이용해서 계속 변화하는 구멍 크기를 판단하는 과제 같은 것을 수행할 필요가 있을 때 어떻게 행동할까? 집고양이들은 다들 잘 알고 있듯이, 쥐는 이 일을 늘 아주 멋지게 해낸다.

 데이비드 크루파가 이 의문점을 다룰 수 있는 적절한 실험 과제를 설계하는 동안, 우리 연구팀의 또 다른 구성원이었고, 지금은 존스홉킨스 대학교에 조교수로 있는 마샬 슐러Marshall Shuler가 IV층의 배럴 바깥에 있는 S1 뉴런들 중 상당한 비율의 뉴런이 쥐 얼굴 양쪽의 수염 자극에 반응한다는 것을 발견했다. 이 양측성 반응은 살짝 마취한 동물에서 처음으로 관찰되었다. 몇 년 후에 그 당시 듀크 대학교의 내 실험실에 박사후 연구원으로 있었고, 지금은 웰슬리 칼리지에 조교수로 있는 마이크 위스트Mike Wiest가 슐러의 실험을 깨어 있는 쥐에서 다시 반복해보았다. 그리고 쥐가 얼굴 양쪽의 수염에서 발생하는 촉각 정보를 통합해서 구멍 크기를 판단한다는 슐러의 발견이 사실임을 증명했다.

그때쯤 크루파는 나중에 에쉬가 아주 통달하게 된 그 과제를 쥐들에게 훈련시킬 방법을 찾아냈다. 이 방법을 이용하면 여러 수염에 대한 자극이 그냥 수동적으로 쥐에게 전달된 것이냐, 아니면 쥐가 성공에 따르는 포상을 얻기 위해 능동적으로 자기의 수염을 이용해서 촉각 식별 과제를 수행해서 얻은 것이냐에 따라 S1과 VPM 신경핵에서 나타나는 촉각 반응이 달라지는지 조사해볼 수 있게 되었다. 동물이 능동적으로 구멍을 건드릴 때 수염에 자극이 다르게 가해질 가능성을 배제하기 위해 크루파는 기발한 장치를 개발했다. 깨어 있지만 움직이지 않는 쥐의 얼굴을 향해 막대기 두 개로 만든 구멍을 움직일 수 있게 만든 것이다. 이렇게 설치하면 쥐가 상자로 뛰어들어 스스로 막대기를 건드렸을 때와 사실상 동일한 방식으로 막대기 가장자리에 수염이 닿는다. 유일한 차이는 능동적인 과제에서는 쥐가 포상을 받으려면 자신의 수염을 이용해서 구멍의 크기를 식별하고, 특정 방식으로 행동해야 한다는 점이다.

다중 수염 자극기multiwhisker stimulator로 자극했든, 아니면 장치 전체를 쥐의 얼굴을 향해 움직여 자극했든, 여러 수염이 수동적으로 자극을 받으면 S1 뉴런과 VPM 뉴런 모두 짧은 위상성 흥분반응phasic excitatory response을 보인다는 것을 이 실험을 통해 알 수 있었다. 순수한 억제 반응은 거의 관찰되지 않았다. 하지만 쥐가 포상을 바라고 능동적으로 자신의 수염을 이용해서 구멍의 크기를 판단하려 할 때는 상당한 비율의 S1 뉴런과 VPM 뉴런이 강력하게 오래 지속되는 흥분 반응을 나타냈다 그림 5.9. 더 나아가 상당한 비율의 피질뉴런들이 마취된 쥐나 깨어 있지만 움직이지 않는 쥐에서는 결코 볼 수 없었던, 오래 지속되는 순수한 억제 반응을 나타냈다.

서로 다른 피질층판들에 대해서 반응을 분석해 보고 크루파는 시도 초기, 쥐의 수염이 막대기와 접촉하기 오래 전에 II/III층과 V/VI층에서는 뉴런의 흥분이 증가하거나 감소하는 경향이 있음을 발견했다. 더 놀라운 점은 말초에서 S1으로 촉각 정보를 실어 나르는 상행성 시상피질 신경섬유들의 주요 목표지점인 IV층에서 그 어떤 뉴런 흥분을 나타내기도 전에 뉴런 흥분빈도에 대한 조절이 시작되었다는 점이다. 다양한 생리학적 측정법을 이용해서 크루파는 쥐가 과제를 수행하는 동안에 서로 다른 피질층판에 위치한 뉴런들이 구별되는 행동을 나타낸다는 것을 보여주었다. 저명한 신경생리학자 버넌 마운트캐슬은 S1의 한 수직 기둥vertical column에 퍼져 있는 뉴런들은 같은 촉각 자극에 대해서 유사한 흥분을 나타낸다는 개념을 옹호했었는데, 이 발견은 이런 개념에 의문을 제기하는 것이었다. 적어도 쥐의 몸감각피질에서는, 쥐가 수염을 이용해서 촉각적인 수수께끼를 해결할 때 생각의 기능적 단위로 작용하는 것은 뉴런의 기둥이 아니라 S1 피질 전체의 3차원 체적 속에 흩어져 있는 뉴런의 집단들이었다.

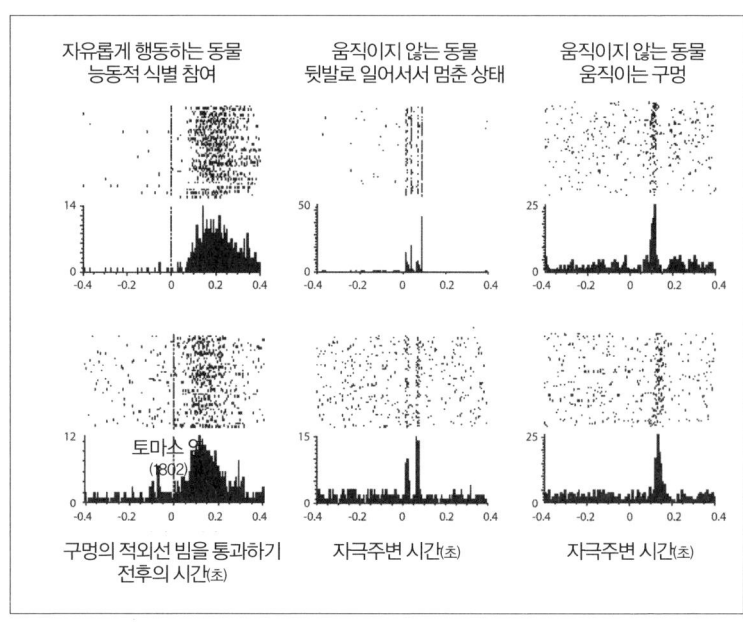

그림 5.9 쥐의 일차몸감각피질에 들어 있는 단일 피질뉴런이 세 가지 서로 다른 행동 조건 아래서 나타내는 흥분 반응 패턴을 보여주는 사건주변 히스토그램peri-event histogram. 제일 왼쪽은 자유롭게 행동하는 동물이 능동적으로 촉각 식별을 할 때, 가운데는 깨어 있지만 움직이지 않을 때, 오른쪽은 움직이지 않은 상태에서 수동적으로 식별에 참여했을 때를 나타낸다. 이 뉴런의 반응이 쥐가 처한 행동의 맥락에 따라 완전히 달라지고 있다는 사실에 주목하라. 각각의 히스토그램에서 X축은 사건주변 시간을 나타내고, 0은 얼굴 수염에 대한 기계적 자극이 시작된 시간을 말한다. 그리고 Y축은 뉴런의 전기적 흥분 반응을 초당 활동전위 회수spikes per second로 나타낸 것이다.

입증의 마지막 단계로 크루파는 이런 행동 과제를 수행하는 동안에 개별 뉴런들의 집단에 의해 생성된 시공간적 흥분 패턴을 인공신경망에 입력해보았다. 이 방법을 통해 크루파는 오랫동안 지속되는 흥분성, 혹은 억제성 촉각 반응을 나타내는 피질뉴런 50개 정도의 활성을 결합하면 쥐가 직경이 큰 구멍과 좁은 구멍을 알아맞힐지 단 한 번의 시도만으로 아주 정확하게 예측할 수 있었다.

똑같은 구멍 크기 평가 과제를 이용해 야나이나 판토하, 마이크 위스트, 에릭 톰슨Eric Thomson은 II/III과 V/VI층에서 나타나는 선행성 anticipatory 뉴런 흥분 중 일부가 쥐를 훈련시키는 중에 나타난다는 것을 밝혔다. 심지어는 쥐가 수염으로 막대기를 접촉하는 것을 멈춘 이후에도 S1 뉴런, 그리고 정도는 약하지만 VPM 뉴런도 수백 ms 동안 촉각 자극의 존재를 나타내는 흥분 패턴을 보였다. 사실, 이렇게 지속되는 활동은 동물이 포상을 받을 때까지 계속되었다. 심지어 S1 뉴런 집단의 시공간적 활성은 포상에 대한 동물의 기대가 어떤지, 즉 구멍의 크기를 성공적으로 알아맞힐 가능성이 높은지 내다볼 수 있게 해주는 믿을 만한 정보를 제공해주었다.

10년에 걸쳐 쥐의 수염을 비틀고 그 뇌의 소리에 귀를 기울인 끝에 듀크 대학교의 우리 연구팀은 어떻게 꾀돌이 생쥐 제리가 항상 비운의 고양이 톰을 피해 도망갈 수 있는지 이해하게 될 날을 눈앞에 두고 있었다. 하지만 이 실험들에서 모은 그 모든 증거에도 불구하고, 감각정보 처리의 레이블라인 모델, 피드포워드 모델을 지지하는 사람들에게 뇌가 수동적인 정보 해독기가 아니라, 뇌에 분산되어 역동적으로 작동하는 실재의 모델제작자이며, 다양한 피드백, 국소성, 조절성, 피드포워드 신경경로로 구성되어 거대하고 정교한 유기적인 시공간적 배선망을 만들어내고 있다는 사실을 설득하는 데 실패했다.

우리에게 쥐의 몸감각계는 뇌 기능의 새로운 패러다임을 보여주는 전형이었다. 이 새로운 패러다임에서 보면, 변화무쌍하고 끝없이 적응하는 능동적인 뇌는 언제나 자신의 관점과 주변 세상에 대한 기대를 표현할 준비를 갖추고 있다. 심지어 이 세상에 대한 실제 정보가 감각 채널을 통해 중추의 구조물에 도착하기도 전에 말이다. 하지만 '쥐의 배럴 피질' 연구를 전문적으로 하는 폐쇄적인 작은 집단 내부 사람들 말고는 우리의 자료가 신경생리학의 신성한 계율에 심각한 도전장을 내밀고 있다고 생각하는 사람이 거의 없었다.

우리의 관점을 입증하기 위해 우리는 1982년의 스릴러 영화 〈파이어폭스〉에서 클린트 이스트우드가 했던 그대로 해보기로 했다. 영화에서 클린트 이스트우드는 러시아어로 생각하면 손가락 하나 까딱하지 않고 비행기를 움직일 수 있게 해주는 헬멧을 이용해 소련의 비밀 전투기를 훔쳐낸다. 필리치즈스테이크로 함께 저녁식사를 하면서 존 채핀과 나는 우리도 뇌와 기계를 연결해서 기계가 뇌의 수의적 운동 의지를 따르도록 만들어보자고 결심했다. 오직 생각만으로 말이다.

과학에 몸담고 있는 사람들은 흔히 자기 아이디어가 다른 동료들의 지지를 받는 것만큼 힘이 나는 것이 없다고 한다. 아니나 다를까, 우리는 그날 저녁에 바로 그런 지지를 얻었다. 옆 자리에서 우리 대화에 귀를 기울이고 있던 한 트럭 운전수가 바로 엄지손가락을 치켜들며 이렇게 말한 것이다. "이야, 그거 정말 괜찮은 아이디어로군요!"

Freeing Aurora's Brain

오로라의 뇌를 해방시켜라

**BEYOND
BOUNDARIES**

6
오로라의 뇌를 해방시켜라

 자기가 좋아하는 연구실 의자에 편안하게 앉아 과일주스를 몇 모금 마시고 있는 그녀는 완전히 긴장을 풀고 있는 것 같았다. 지난 몇 주 동안 그녀는 게임에서 늘 정상을 차지했다. 그리고 주변의 모든 사람들에게 그 사실을 알렸다.
 불안도 없고, 열등감도 없다. 최근 들어 밤마다 그랬던 것처럼, 그 날 밤도 그녀에게서는 자신감이 흘러넘쳤다. 그녀는 원하는 것은 무엇이든 차지해야 직성이 풀리는 성격으로, 언제든 과학계에 지워지지 않을 자신의 흔적을 새겨 넣을 준비가 되어 있었다.
 그녀의 곁에 있으면 늘 조수의 위치로 전락하고 마는 것을 알면서도, 우리는 그녀에게 협조했다. 무엇보다도 우리는 오로라가 거물처럼 구는 모습이 좋았기 때문이다.
 그녀는 실망과 난관, 그리고 때로는 노골적인 부당함도 모두 극복했다. 그리고 다른 사람들에게도 기꺼이 그런 사실을 알리려 했다. 그녀보다 먼저 길을 걸었던 다른 선구자들처럼 그녀도 모험과 발견에 대한 사랑으로 이런 시련들을 견뎌냈다. 오늘 밤, 그녀는 과학자로 살아온 자신의 경력에서 정점을 찍게 될 것이다.

정말이지 신비롭고 이상한 방식으로 오로라는 우리 일원이 되어 있었다. 그녀는 공동 연구자로서 뇌에 대한 우리의 이해를 넓히는 연구에 결정적인 기여를 하고 있었다. 그녀는 불과 몇 달 전까지만 해도 불가능해 보였던 것을 입증하기 위해 조직된 팀의 일원이었다. 하지만 종종 잔혹해지는 학문적 연구라는 분야에 발을 들여놓고 있는 사람 중에 그녀의 성취를 두고 대단하다고 주장할 수 있는 사람은 아무도 없었다.

아무도.

그 전까지 살아오면서 시도하는 일마다 대부분 실패를 거듭한, 증명되지 않은 중년의 연구자였던 오로라는 자신의 경력에 새로운 활력을 불어넣어야 했다. 그녀는 고되고, 꼼꼼하고, 때로는 지겨운 실험실 작업을 통해 자신의 과학적 기질을 증명했다. 공짜 점심도 없고, 절호의 기회 같은 것도 없었다. 얼굴이 예쁘다는 이유만으로 무임승차할 수도 없었다.

그건 그렇고, 그녀는 정말 예뻤다.

더군다나 대단한 바람둥이기도 했다.

오로라는 연구실에서 단연 인기 최고의 여성이 되었다. 실제로 그녀의 남성 동료들 중 많은 이가 그녀가 귀빈 대접을 받는 것에 상당히 질투를 느끼는 것 같았다. 하지만 오로라가 늘 그렇게 편하게만 살아온 것은 아니다. 그녀가 처음 훈련을 마쳤을 때는 힘들게 노력한 것에 비하면 보여줄 것이 별로 없었다. 그녀는 뿌듯한 마음으로 바라볼 과학 논문도 없었고, 발표할 만한 좋은 자료도 없었다. 그녀의 인용지수citation index는 입에 담기도 민망했다. 그녀가 받은 지원금 기록은 거의 없다시피 했다. 하지만 이런 일은 그리 드물지 않았다. 그녀를 진짜로 낙담하게 만든 것은 워싱턴 교외에 위치한 일류 연방정부 연구기관에 정규직을 신청했다가 거절당한 것이었다. 그 저명한 연구기관에서 사용하는 용어를 빌리자면, 그녀는 그냥 간단하게 '불합격자'였다. 그러나 그들이 남긴 평가서를 보면 그녀는 끔찍할 정도로 독선적이고, 야망이 지나치고, 자기 이익에만 너무 밝다고 적혀 있었다.

솔직히 말해, 그녀가 지도하기 쉬운 유형은 아니었다. 경력이 많은 과학자들도 조사가 필요한 연구 과제가 있어 그녀에게 연구를 권해볼라치면, 얼마 안 가서 오로라가 생각하는 가치 있는 연구의 판단기준이 상당히 까다롭다는 것을 깨닫게 됐다. 분명한 이유도 없이 그녀는 윗사람들이 제안하는 과학 프로젝트들을 대부분 저평가했다. 그리고 그녀는 나쁜 아이디어라는 생각이 들면, 그 일에 뛰어들지 않았다.

오로라가 조금 자기도취에 빠져 있다는 것도 문제였다. 그녀를 기다려 주는 것도 한계가 있었다. 배우는 데 느렸던 그녀는 다른 동료들보다 실적이 뒤졌고, 실수를 만회하는 것도 힘들어했다. 그녀가 허우적대는 동안 그녀의 많은 동료들은(대부분 남성이었음을 짚고 넘어가야겠다) '성적 우수자'로 분류되고 있었다. 그들은 그녀를 경멸했고, 심지어 어떤 이들은 그녀의 등 뒤에서 그녀가 절대로 성공 못할 거라 장담하기도 했다.

그녀는 마음이 강인했기 때문에 그런 것들을 모두 권위에 대한 노골적인 무시로 이해했다. 그녀는 정말 심술궂을 때도 있었는데, 그럴 때도 얼굴에는 일말의 회한조차 보이지 않았고, 양심의 가책도 없는 것 같았다. 가끔씩 실험실 사람들은 절망에 사로잡혀서 그녀 앞에 무릎을 꿇고 제발 좀 제대로 해달라고 애걸하기도 했다. 어떤 사람들은 아이처럼 울면서 빌어보기도 했지만, 소용없는 짓이었다. 그녀는 눈곱만큼의 자비심도 베풀지 않았고, 심지어는 그녀에게 지쳐서 아예 과학계에서 완전히 발을 빼버린 사람들도 있었다. 그렇게 오로라의 전설은 계속되었다.

하지만 그녀의 인내와 신념은 끝내 그 결실을 맺었고, 초라했던 시작에 대한 기억 때문에 오히려 지금의 자리가 오히려 더 달콤하게 느껴졌다. 의자 꼭대기에서 타인을 꿰뚫어보는 다소 도전적인 검은 눈동자로 아래를 내려다보면서 그녀는 무언가 중얼거리기도 하고, 신선한 오렌지 주스를 마시기도 하고, 잠깐씩 낮잠을 자기도 했다. 그녀는 그 누구의 시선도 아랑곳하지 않았다. 그녀는 나약한 자들과 전통적인 행동신경과학자들 따위는 무시해버리는 자유로운 영혼이었다.

무엇보다 오로라는 행동에 나서고 있었다. 한번은 실험실에서 그녀가 엄청난 양의 막대한 아드레날린을 쏟아낸 적이 있었다. 그녀는 모든 시험과 게임을 쉬지 않고 엄청나게 빠른 속도로 수행하고 싶어 했다. 서투르게 복잡한 과제나 지루하기 짝이 없는 반복적인 안구운동 과제 따위는 관심이 없다. 그녀는 참신함, 흥분, 위험, 강렬함을 불러일으키는 실험을 원했다. 나중에 일어난 사건에서 증명되었듯이, 오로라 같은 '불합격자'도 또 다른 기회가 주어지고, 우호적인 환경이 만들어지면 과학이라는 큰 분야에 크게 기여할 수 있다는 희망이 생겼다.

어느 날 유명한 연방 연구기관에서 일하는 친한 친구와 통화하다가 나는 새로운 프로젝트를 함께 할 공동연구자를 찾고 있다는 얘기를 무심코 꺼냈다.

그 말에 친구는 오로라를 보내줄 테니 함께 일해보라고 신이 나서 얘기했다.

나는 그를 정말 친절한 친구라고 생각했다.

하지만 내 친구는 오로라가 자기 실험실에 있는 동안의 성적이나 행동들에 대해서는 자세히 얘기하지 않았다.

솔직히 얘기하면 그녀와 처음 만났을 때의 느낌은 그다지 나쁘지도, 좋지도 않았다. 그녀의 태도는 아주 오만했다. 우리 둘은 동료애 같은 것을 공유할 수도 없었다. 사실 그녀를 만나고 돌아오면서 나는 그녀가 상당히 합리적인 연구자인 것 같기는 하지만, 나의 연구 방식을 그녀에게 강요하지 않는 편이 낫겠다는 인상을 받았다. 사람을 샅샅이 뒤지듯 바라보는 눈길을 보아하니 아무래도 동료로 함께 일하거나, 친구로 지내려면 그냥 자기 편할 대로 두는 것이 좋을 거라고 말하는 듯했다.

그래서 나는 그렇게 했다.

우리 실험실에서 보낸 첫 몇 달 동안 그녀는 그저 박사후 연구원이나 기술자, 대학원생, 심지어는 청소직원들과 친구가 되는 것조차 끔찍이 싫은 것처럼 보였다. 누구든 그녀에게 심리학적인 농담이나 현대적인 행동 훈련 기법에 대해 말을 걸어볼라치면 번번이 퇴짜를 맞았다. 그녀는 자기가 오랫동안 유지해온 신념을 쉽게 포기하려 들지 않았다. 그 대가가 대단히 크고, 아주 달콤하지 않은 한 말이다. 나중에야 알게 되었지만 오로라는 과일주스에 단단히 중독되어 있었다. 특히 달콤하기 이를 데 없는 브라질산 오렌지 주스 한 통만 곁에 놓아주면 그녀는 시키는 일은 뭐든지 다 하려고 했다.

그러자 전혀 기대하지 못했던 일이 일어났다. 2001년 가을의 어느 날 밤, 갑자기 오로라가 우리를 함께 일해볼 만한 가치가 있는 존재로 판단한 것이다. 심지어 대학원생들을 주변에 두고 편안하게 웃음을 지어 보이려고도 했다.

사실, 그녀가 예민하기는 마찬가지였다. 한번은 익히 유명한 그 짜증을 내면서 연구자 한 사람을 할퀴려 한 적도 있었다. 다행히도 그 시도는 빗나갔다. 우리 중 일부는 충격을 받았지만, 솔직히 말하면 우리들 대부분은 그녀를 잘못 건드렸다가는, 특히나 그녀가 점심을 먹을 때라면, 위험을 단단히 각오해야 한다는 것을 이미 잘 알고 있었다.

그녀를 앞에 두고 심각하게 타일렀는데도 불구하고, 그녀가 조금도 신경을 쓰지 않는 것 같아 나는 계속 이렇게 행동하면 더 이상은 참지 않겠고 경고했다. 결국 그런 일은 다시 일어나지 않았다. 적어도 우리들 앞에서는 말이다. 오로라는 잔머리를 굴릴 줄도 알았다.

그럼에도 불구하고 몇 달 만에 오로라는 우리가 요구하는 어떤 과제도 척척해내는 우수한 존재로 놀랍게 변신해 있었다. 밤이면 밤마다 그녀는 듀크 대학교의 한 작은 실험실 벙커에서 우리 연구팀의 당당한 한 일원으로 활약했다.

브라질에서 날라 온 예기치 않은 소식에 우리 연구 프로그램을 어서 빨리 진행해야겠다는 의욕이 불타올랐다. 세자르 티모 이아리아 교수가 끔찍한 신경장애인 근위축성 측삭경화증 Amyotrophic Lateral Sclerosis, ALS에 걸렸다는 진단을 받은 것이다. 4년 후면 그의 생명을 앗아갈 질병이었다.

근육이 차츰 굳어져 점점 몸을 움직이는 것이 힘들어지다가, 결국 근육이 모두 소진되고 우리 몸에서 가장 저항성이 강한 호흡기 근육까지 멈추게 된다는 것이 얼마나 끔찍한 일인지는 사실 상상하기조차 힘들다. 하지만 바로 이것이 근위축성 측상경화증 환자들이 받아들여야만 하는 운명이다. 이 병은 대중의 사랑을 받았던 양키스의 강타자 루 게릭의 삶을 망쳐놓는 바람에 루게릭병이라는 이름으로 대중에게 알려지게 되었다.

인생이라는 무대가 아니고서는 펼쳐지기 힘든 아이러니라고 해야 할까. 티모 이아리아 교수는 새로운 루게릭병 진단법에 대한 연구로 과학자로서의 경력을 쌓기 시작했었다. 뉴욕에서 박사후 연구원으로 일하던 1950년대 후반에 그는 루게릭병 환자들의 말초신경 전도 속도가 꾸준히 감소한다는 사실을 처음으로 관찰한 신경생리학자 중 한 사람이 되었다. 이 관찰이 의미하는 바는 병이 깊어질수록 전기 펄스가 신경을 따라 이동해 근육을 활성화시키는 데 필요한 시간이 점차 길어진다는 것이었다. 그 후로 40년이 지나 당시 상파울루

의대 생리학과 명예교수로 있던 티모 이아리아 교수는 조용히 내게 알리기를, 자기가 젊었을 때 완성해놓은 검사법을 현대적으로 변형시킨 방법을 이용해서 자기도 루게릭병으로 확정 진단을 받았다고 했다.

말년에 티모 이아리아 교수는 우리가 듀크 대학교에서 진행하던 실험을 큰 관심을 가지고 바라보았다. 하지만 우리 실험에서 어떤 치료 가능성을 기대해서 그런 관심을 기울였던 것은 아니다. 대단히 경험이 많고 뛰어난 신경생리학자였던 그는 우리가 발견한 내용을 실제 치료법으로 옮기기에는 시간이 부족하다는 것을 잘 알고 있었다. 하지만 그는 미래의 환자들이 받게 될 혜택에 대해 생각하고 있었고, 이 실험들이 신경과학이라는 분야에 미칠 영향에 대해 생각하고 있었다.

내가 오로라를 만나기 2년 전에, 존 채핀과 나는 단일 뇌세포가 아니라 뉴런의 집단을 중추신경계의 진정한 기능적 단위로 생각해야 함을 보여주는 실시간 플랫폼을 만들기로 결심했었다. 과거에 이루어진 우리들의 연구 대다수가 쥐의 몸감각계에서 시행된 것이었기 때문에 신경생리학에 종사하는 우리 동료들 중 몇몇은 동물이 주위를 돌아다니면서 주변 환경의 사물을 확인하는 등의 의미 있는 행동을 유지할 때도 우리가 제안한 분산부호화distributed coding 전략이 실제로 의미가 있을지 대놓고 의문을 제기하기도 했다. 어쨌거나 쥐는 자기를 훈련시키는 과학자들과 대화하지 않기 때문에, 우리로서는 실험대상인 설치류가 얼굴 수염 중 하나를 자극해서 전기적 활성이 시공간상의 파동으로 피질에서 퍼져나갈 때 촉각적으로 어떤 느낌을 경험하는지 확인할 방법이 없었다. 사실, 일부 회의론자들은 단일뉴런의 수용야, 그리고 우리가 대뇌피질과 3차신경로의 피질하부 중계 영역에서 발견한 신체운동영역지도, 이 양쪽에서 나타나는 시공간적 복잡성spatiotemporal complexity은 쥐의 실제 행동에서는 별 의미가 없을지도 모른다고 주장한다. 지각이라는 관점에서 보면, 쥐의 뇌는 수염 자극이 어떤 종류의 촉각 메시지를 전달하는지 판단할 때, 바람직하지 못한 이런 복잡성은 기본적으로 모두 무시해버리고, 아주 적은 수의 피질뉴런이 나타내는 가장 강력한 촉각 반응만으로 고려할지도 모른다고 주장한다. '반응역치 설정response thresholding'이라고 부르는 이 과정을 통해 뇌는 임의로 높은 활성 역치를 설정하고, 그것을 기준으로 주어진 뉴런의 반응이 지각 경험을 유발할 만큼 의미가 있는 것인지 판단한다는 것이다. 쥐의 3차신경계에서는 주어진 뉴런에 해당하는 주 수염을 자극했을 때 유발되는 고강도 흥분과 잠복기가 짧은 반응만을 뇌가 고려하도록 역치가 설정되어 있기 때문에, 뇌는 이런 정보만을 바탕으로 바깥 세상에 대한 촉각 이미지를 구축한다는 것이다. 그에 따라 뉴런 수용야의 역동적인 '주변' 요소들이 나타내는, 강도도 약하고 잠복기도 긴 반응들은 몸감각계가 촉각 정보를 해석하는 과정에서 자연스럽게 걸러지고 제거된다는 것이다.

우리 발견 때문에 야기된 골치 아픈 문제들을 간단하고 신속하게 제거할 수 있는 방법이었다.

하지만 우리의 골치 아픈 자료에 우아하게 대처할 수 있는 방법을 찾아냈음에도 불구하고, 그들은 뇌가 실제로 이런 역치의 수준을 어떻게 결정할 것이며, 뉴런의 네트워크가 소위 유용한 활동전위와 걸러내야 할 활동전위를 어떻게 구분할 수 있는가에 대해서는 모호한 입장을 보였다. 우리는 이렇게 물었다. 그렇게 풍부하고 복잡한 뉴런의 역동성을 피질에서(그리고 우리 이론에서도) 신속하게 제거되어야 할 골치 아픈 문젯거리이자, 악당으로 취급해야 할 이유가 무엇인가? 반응역치 설정이 쥐의 몸감각계 전반에서 일어난다고 제안함으로써 그들은 본질적으로 촉각 반응과 신체운동영역지도에서 시간 차원, 즉 네 번째 차원을 제거해 버리고 있었다. 이것은 마치 포유류 뇌의 역동성은 촉각이 어떻게 생겨나는지를 설명하는 자기들의 모델에 집어넣기에는 너무 성가시고 달갑지 않은 존재라는 듯했다. 그들의 관점에서는 오직 정적이고 공간적인 관계만이 촉각 지각을 일으킬 수 있었다. 그들의 모델에서는, 촉감은 오로지 피부 상피에서 시작된 후에, 어느 정도 완벽하게 분리되어 평행하게 뻗어 있는 피드포워드 레이블 라인을 따라 올라가, 여러 겹으로 중첩된 왜곡된 지형학적 지도를 거쳐 S1 피질의 IV층으로 간 다음, 거기서 뉴런들 사이의 전기적 상호작용의 패턴으로 꽃을 피워, 말초 촉각 자극의 공간적 특성을 재현한다고 본다. 이 신경과학자들은 여전히 버넌 마운트캐슬이 1950년대에 확립해놓은 도그마를 따르고 있었다. 촉감의 기원은 공간적 질서이지, 시간적 혼돈이 아니라는 것이다. 따라서 만약 우리가 손끝이 돋을새김해놓은 'A'라는 글자 위를 지나가면 우리의 피질뉴런들은 A라는 글자의 공간적 조직을 머릿속에 정확히 재현해낸다는 것이다. 이런 관점에 따르면 뇌가 외부세계를 표상할 때 시간은 아무런 역할도 하지 않는다.

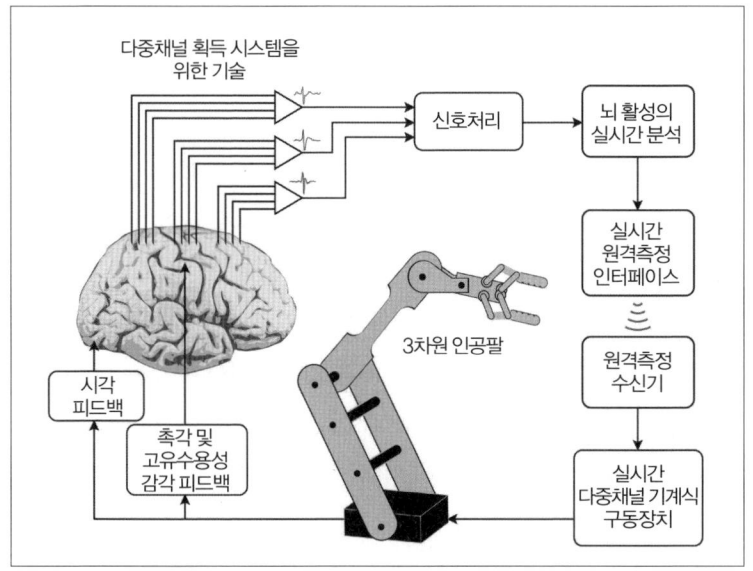

그림 6.1 뇌-기계 인터페이스의 첫 등장. 뇌-기계 인터페이스의 일반적인 구성을 보여주는 시스템 공학 도면. 다중전극배열과 마이크로칩을 이용해서 뇌의 활성을 대규모로 기록한다. 그리고 신호처리 기술을 이용해서 날것 그대로의 뇌 활성 기록을 디지털 명령으로 번역한 다음 그것을 이용해 뇌가 의도한 수의적 운동voluntary motor intention을 로봇팔에 재현한다. 그 다음에는 로봇 구동장치에서 나온 시각적, 촉각적, 고유수용성감각적 피드백 신호를 실험대상의 뇌로 되돌려보낸다.

그와는 정반대의 이론이 실제에 더 가깝다는 것을 증명하려면 넓게 퍼져 있는 신경회로의 일부로 함께 작동하는 뉴런 집단이 역동적이고 시공간적인 활성 패턴을 이용해서 운동행동motor behavior을 유지하는 데 충분한 정보를 부호화 할 수 있음을 증명해야 했다. 우리는 자유롭게 행동하는 우리의 실험동물이 특정 운동 과제를 수행하는 동안 우연히 기록하게 된 개별 세포들의 생리학적 특성을 더 이상 간단하게 관찰하고 수량화할 수 없었다. 이것이 운동피질의 집단부호화 전략의 정당성을 옹호하는 사람들을 비롯해, 사실상 피질을 연구하는 모든 생리학자들이 사용하는 전형적인 방식이긴 했지만, 우리는 실험 전략을 새로 발명해야만 했다. 우리 동료들을 설득하려면 운동피질 생리학이라는 분야에 완전히 새로운 실험 패러다임을 도입할 필요가 있었다. 이렇게 해서 우리는 뇌-기계 인터페이스라는 개념을 내놓게 된 것이다.

애초에 우리의 구상은 한 실험동물에서 다중전극을 이용해 여러 곳에서 장기간에 걸쳐 가능한 한 많은 피질뉴런의 활성을 동시에 기록하는 것이었다. 장기간 사용할 수 있는 삽입장치implant를 이용하면 실험에 사용되는 실험동물의 종류에 따라 몇 주에서 몇 달 동안 단일뉴런의 활성을 생생한 기록으로 남길 수 있었다. 우리는 그저 실험동물이 잘 통제된 행동 과제에서 명확하고 쉽게 수량화가 가능한 사지운동을 학습하는 동안, 전두엽과 두정엽에 있는 다중의 대뇌피질영역에 공간적으로 퍼져 있는 뉴런 집단을 기록하기만 하면 됐다.

게다가 단순히 이 각각의 뉴런의 생리학적 특성만을 측정하는 대신, 우리는 전적으로 다른 접근방법을 생각해냈다. 각각의 실험을 하는 동안 우리가 추적 관찰하는 피질뉴런이 생성하는 개별 활동전위를 증폭하고 걸러낸 다음에는 우리의 멀티채널기록시스템이 이 신경 신호를 마이크로컴퓨터로 보내기 시작한다. 그리고 마이크로컴퓨터는 지속적인 흐름으로 들어오는 뉴런의 자료들을 물리적으로 가능한 한에서는 최대한 실시간에 가깝게 일련의 간단한 수학 알고리즘으로 입력할 것이다. 이 알고리즘은 뉴런 활성의 시공간적 패턴을 최적의 상태로 결합해서, 실험대상의 뇌가 특정 과제를 위해 팔과 손의 움직임을 만들어낼 때 일반적으로 사용하는 운동조절 프로그램을 전체적인 뉴런 집단의 활성으로부터 추출할 수 있도록 설계되어 있다. 원숭이의 일차운동피질에만 해도 수천만 개의 뉴런이 존재하지만, 우리 기술로는 한 피질영역에서 한 번에 백 개 정도의 뉴런만을 표본으로 확보할 수 있었다. 즉, 우리의 최초의 뇌-기계 인터페이스는 운동피질에 할당된 전체 뉴런 집단 중에서 0.000001퍼센트의 뉴런에 의해 구동될 것이라는 뜻이었다.

실험동물이 뇌-기계 인터페이스BMI를 일관되게 작동할 수 있으려면, 뉴런의 활성이 디지털 통제 신호로 아주 신속하게 번역되어야 한다. 이 실험의 경우 적어도 200~300ms 안으로는 가능해야 했다. 이 좁은 시간 제한폭은 우연히 나온 것이 아니다. 우리는 실험동물의 전형적인 반응 시간을 결정하는 엄격한 조건 속에서 팔의 움직임을 인공 장치에 재현하고 싶었다. 그리고 원숭이뿐만 아니라 쥐에서도 뇌가 운동 계획을 발생시키고 팔의 움직임을 통해 그것을 실현하는 데는 시간이 그 정도 걸렸다. 그 후에 알게 된 흥미로운 사실이 있는데, 만약 BMI를 작동하는 데 걸리는 시간이 200~300ms를 넘어가게 되면 실험동물은 곧바로 비협조적으로 변하고, 대부분의 경우 실험을 포기하고 말았다. 우리의 간단한 수학모델mathematical model에서 흘러나오는 지속적인 출력이 팔의 움직임 발생에 관여하는 핵심 운동 매개변수에 대한 충분한 정보를 운반한다는 가정하에, 우리는 완전히 기능적인 BMI는 이 디지털 뇌 신호를 로봇 장치(예를 들면 인공팔)로 효율적으로 전달해서 그 장치의 금속, 플라스틱, 철사 등 모든 부분이 기계의 궁극적인 꿈을 만족시키게 할 수 있을 것이라고 예측했다. 마치 기적처럼, 갑자기 기계가 감각을 느끼며 살아 움직이는 목적의식 가득한 신체 덩어리로 바뀌어, 새 주인인 동물의 뇌가 원하는 바를 충실히 이행할 수 있게 되는 것이다.

하지만 우리의 BMI에는 단순히 팔을 움직이는 것 이상의 것이 있었다. 인공팔의 생물학적 주인이 하인이 충실히 작동하고 있는지 알 수 있게 하기 위해 인공팔은 뇌가 보내는 명령에 화답해 매순간마다 뇌로 감각 신호를 되돌려보낼 것이다. 당시에는 촉각 피드백 정보를 정확히 흉내 내서 인공팔에서 쥐나 원숭이의 뇌로 보내는 일이 기술적으로 어려웠기 때문에 우리는 실험동물의 시야에서 인공팔과 그 운동 결과가 보이게 설정함으로써 뇌에 시각 피드백 정보를 제공하는 것으로 만족하기로 했다. 따라서 로봇팔이 실험동물의 뇌신호 명령에 따라 움직일 때마다 실험동물은 BMI가 얼마나 잘 작동하고 있는지를 시각 정보를 통해 직접 평가할 수 있게 된다.

우리가 마주한 도전 과제는 엄청난 것이었다. 첫째, 우리는 장기간 사용할 수 있는 뇌삽입장치를 이용해 충분히 많은 뉴런에 접근해야 했다. 일차운동피질M1에 들어 있는 전체 뉴런 집단을 기록할 방법은 없었기 때문에 우리는 상대적으로 작은 뉴런 표본 집단에 의존해서 단일뉴런이 아닌 뉴런의 앙상블이 뇌의 진정한 기능적 단위라는 우리의 명제를 증명해야 했다. 둘째, 우리 실험동물이 BMI의 작동을 시험하기 위해 설계한 운동 과제를 배워서 통달할 수 있을 정도로 충분히 오랫동안 지속적으로 뉴런을 기록할 수 있어야 했다. 셋째, 그때까지 날것 그대로의 뇌 활성에서 다중의 운동 명령을 실시간으로 추출할 수 있을 정도로 강력하거나, 델Dell 워크스테이션에서 돌아갈 수 있을 정도로 효율적인 컴퓨터 알고리즘을 개발해놓은 사람은 없었다. 그 당시 우리 형편으로 가능한 컴퓨터 하드웨어는 이 워크스테이션이 유일했기 때문이다. 마지막으로 실험동물이 자신의 생물학적 팔을 이용해서 완수할 줄 알고 훈련받았던 과제를 인공팔이 대신 수행하는 것을 봤을 때 어떤 반응을 보일지 아는 사람이 아무도 없었다.

우리가 제출한 제안서를 보고 검토위원은 펄펄 뛰었지만, 놀랍게도 미국국립보건원에서는 존 채핀과 내가 개요를 작성해 보고한 원래의 BMI 실험에 연구자금을 지원해주었다. 이 작은 연구 계약을 통해 약간의 종자돈을 마련한 우리는 1997년에 첫 실험을 수행할 수 있었고, 그 실험을 통해 진짜 뇌-기계 인터페이스를 작동하는 쥐 몇 마리의 수행성과를 측정할 수 있었다. 우리 BMI 설계에는 완벽한 폐쇄루프제어장치closed loop control apparatus가 즉각적으로 포함되었다. 쥐가 시야에서 얻어 들인 정보를 통해 장치의 수행성과를 지속적으로 평가할 수 있게 허용한 상태에서, BMI가 뇌에서 기원한 신호를 이용해 기초적인 인공 장치의 1차원 운동을 조절했다는 뜻이다.

몇 주에 걸쳐 채핀과 그의 연구팀은 쥐 여섯 마리를 훈련시켰는데, 이것은 정말 싫증이 날 정도로 느린 과정이어서, 신경생리학자가 그러모을 수 있는 온간 인내심을 여기에 다 쏟아부어야 할 지경이었다. 제일 먼저, 쥐에게 털북숭이 엉덩이가 아니라 자기 앞발을 이용해서 막대기를 누르는 법을 가르쳐야 했다. 엉덩이를 사용하는 것은 정통적인 방법은 아니지만 해결해야 할 특정한 수수께끼 행동 과제를 마주치면 대부분의 설치류는 이 방법을 더 선호했다. 일단 쥐들이 우리가 원하는 방식으로 앞발을 이용해서 막대기를 누르는 법을 배우고 나면, 이 동작을 오랜 기간에 걸쳐 반복하도록 가르쳐야 했다. 그리고 컴퓨터를 통해 BMI에 입력할 적당한 양의 자료를 얻어내려면 기록 세션 당 몇 분 정도는 끈기 있게 누르게 만들어야 했다.

이렇게 구성한 상태에서 쥐는 작은 컵이 달린 금속 레버와 전기적으로 연결된 막대기를 눌렀다. 만약 쥐가 앞발로 막대기를 충분히 조심스럽게 누르면 레버가 움직여서 컵이 물방울이 떨어지는 튜브 아래 위치하게 된다. 컵을 그 위치에 1초 정도 유지하게 되면 쥐는 레버를 이용해서 맛있고 시원한 필라델피아 수돗물을 한 방울 얻을 수 있다. 그러고나서 막대기를 누르고 있던 앞발의 압력을 천천히 빼면, 레버가 컵을 입이 있는 곳까지 가져오고, 쥐는 맛있게 물을 마실 수 있었다. 쥐가 이 간단한 운동 과제에 익숙해지고 나면 마이크로와이어 배열을 M1에 삽입해서 BMI에 사용할 뉴런의 전기 활성 자료를 얻었다. 우리의 다음 목표는 쥐가 물을 받아먹는 전 과정을 반복하게 하는 것이었는데, 다만 이번에는 앞발이 아니라 BMI로 레버를 조종해서 움직여야 한다. 이렇게 하려면 쥐는 뇌 활성으로 레버의 움직임을 조종해서 시원한 물을 입으로 가져와야 했다.

여기서 우리는 생리학의 '경계 불분명 지역twilight zone'이라 표현할 수밖에 없는 단계로 접어들고 있었다. 이 단계에는 아주 중요하고 거대한 의문이 존재했다. 과연 쥐가 수염을 움직이지 않고 오로지 생각에만 의존해서 물을 얻는다는 개념을 제대로 이해할 수 있을까?

수술에서 회복되기까지 2주를 기다린 후에 채핀의 쥐들은 실험실 환경으로 돌아와 며칠에 걸쳐 첫 BMI 시험을 진행할 준비를 했다. 뇌에 삽입한 장치들을 꼼꼼히 살펴보니 기쁘게도 막대기 누르기 과제를 수행하고 있는 동안 쥐마다 최고 56개의 운동피질뉴런이 활발하게 흥분하고 있는 것을 확인할 수 있었다. 쥐가 앞발을 움직여서 막대기를 누르는 동안 이 뉴런들의 활성을 동시에 추적 관찰해보니, 이들 뉴런 대부분이 '운동전활성premovement activity'을 나타낸다는 것을 머지않아 알게 되었다. 운동전활성은 M1 피질이 운동을 만들어내기 전 200~300ms 안으로 마련하는 준비 과정이었다. 이것은 우리가 BMI를 작동시키는 데 필수적인 고품질의 뇌 활성을 기록할 수 있음을 의미했다.

이제 쥐가 앞발에 막대기를 누르라는 명령을 내리는 동안 채핀은 마이크로와이어 배열의 운동피질뉴런 표본이 만들어내는 활동전위를 기록했다. 인티그레이터 보드integrator board에 저항을 평행배열로 조립해서 각기 개별 뉴런의 기여량에 적절한 가중치를 주었다. 컴퓨터 처리 능력의 한계 때문에 이것은 각각의 기록 세션 동안 수동으로 해야 했다. 그 후에는 이렇게 가중치가 부여된 기여량을 합쳐서 연속적인 하나의 아날로그 '운동조절 신호motor control signal'를 출력했고, 이것이 만들어낸 뇌유래 신호brain-derived signal로 쥐의 수의적인 앞발 운동을 예측할 수 있었다. 이 운동 신호를 레버 조종 장치에 입력함으로써 금속 레버를 움직일 수 있었다. 그리하여 이제 다목적 금속 레버는 쥐 뇌의 수의적인 운동 의도를 실시간으로 재현할 수 있게 된 것이다.

며칠 후, 쥐가 물 운반 레버를 조절할 때 앞발을 사용하는 방식과 뇌를 사용하는 방식 사이를 오갈 수 있다는 조짐이 보이기 시작하자, 채핀은 이 털북숭이 친구들에게 장난을 쳐보기로 했다. 채핀은 막대기와 레버를 분리시켰다. 그러자 쥐들이 막대기를 눌러도 더 이상 레버는 꿈쩍하지도 않았다. 실망한 쥐들은 계속해서 막대기를 눌러보지만 소용이 없었다. 레버는 더 이상 움직이지 않았다. 그 순간 상상할 수조차 없었던 일이 벌어졌다.

채핀이 쥐의 뇌 활성을 직접 레버에 입력할 수 있게 해주는 BMI를 켜자 쥐들은 궁지의 상황에 갑작스럽게 들어온 희망에 반응하기 시작했다. 쥐들은 레버를 움직일 방법을 찾아내려고 무척 열심이었다. 하지만 앞발로 막대기를 누르며 애쓰는 것이 아니라, 막대기 누르기에 대한 생각만으로 애쓰고 있는 것이었다.

처음에는 이 움직임들이 대부분 너무 조심스러워서, 쥐들은 물방울에 닿지 못했다. 하지만 몇 번의 시도가 성공하고, 이 믿기지 않는 물 운반 시스템을 이용해 물을 더 많이 마실 수 있게 되자, 쥐들은 점차 뇌 활성만으로도 레버의 완전한 작동을 재현할 수 있다는 것을 깨닫게 되었다. 실제로 무슨 일이 벌어지고 있는지 알고 있는 쥐는 없었지만, 이들은 앞발을 이용해 온전한 막대기-레버 시스템을 조종할 때 만들어진 것과 어느 정도 비슷한 시공간적 뉴런 흥분 활성 패턴을 만들어내고 있었다. BMI 장치와 몇 분 정도 상호작용하고 난 후에는 대부분의 쥐가 앞발로 막대기를 누르는 일을 완전히 멈추었다. 우리는 이것을 이렇게 받아들였다. 시행착오를 통해 이 쥐들은 그냥 막대기를 바라보면서 앞발로 그것을 누를 때 필요한 운동을 상상하기만 하면 어쩐 일인지는 모르지만 자기가 원하는 물을 얻을 수 있음을 발견한 것이다. 물론 성공한 쥐 네 마리는 우리가, 그 중에서도 특히나 채핀이 그들의 목마른 운동 의도를 해석해서 실제로 옮기기 위해 얼마나 큰 수고를 해야 했는지는 까맣게 몰랐다. 그들이 아는 것이라고는 자기가 무리 중에서 연구실 실험 환경에 놓일 때마다 공짜로 물을 마실 수 있는 최초의 쥐가 되었다는 것밖에 없을 것이다.

오로라가 과학적으로 성공을 거두게 된 것은 그보다 3년 앞서 영장류를 뇌작동 기술brain-actuating technology의 시대로 인도한, 벨이라는 올빼미원숭이에게 신세를 진 부분이 크다.

벨은 오로라처럼 비디오 게임 중독자였다. 몇 달에 걸쳐 벨은 한 가지 게임에 완전히 통달했는데, 그 게임은 자기 앞에 놓인 편평한 디스플레이 화면 위에서 수평으로 연이어 놓인 불빛이 번쩍이는 것을 보면서 오른손으로 조이스틱을 잡고 있는 게임이었다. 훈련을 통해서 벨은 화면에서 불빛이 갑자기 번쩍일 때 빛의 방향을 따라 왼쪽이나 오른쪽으로 조이스틱을 움직이면 전자 밸브가 열리면서 자기 입 안으로 과일주스가 한 방울 떨어진다는 것을 알아챘다. 벨은 우리 연구실의 다른 어떤 올빼미원숭이보다도 이 게임을 좋아했다. 벨은 아무래도 주스 중독자이기도 한 것 같았다.

벨은 게임을 하는 동안 머리 꼭대기에 모자를 수술용 접착제로 붙여서 쓰고 있었다. 이 수술용 접착제는 환자에게 두개골 손상 부위를 보수할 때 보통 사용하는 것이다. 모자 밑으로는 네 개의 플라스틱 커넥터가 있었고, 이 각각의 커넥터들은 벨의 전두엽과 두정엽의 서로 다른 부위에 2mm 깊이로 이식해놓은 사각형 테플론 코팅 금속 마이크로와이어 배열들로부터 신호를 수신했다. 이 삽입장치가 들어갈 곳으로 선택된 피질영역은 영장류가 번쩍이는 불빛 같은 시각적 단서를 해석해서 목표물을 향해 조이스틱을 움직이는 데 필요한 손동작으로 옮길 때 필요한 시각운동 계획visual-motor planning에 관여하는 영역으로 알려져 있었다. 이 삽입장치 두 개는 벨의 M1과 다른 운동피질영역에 위치시켰다. 이것들을 결합한 신호가 주스 비디오 게임에 반응해서 벨의 팔과 손이 뇌가 떠올린 정교한 움직임을 행동에 옮기는 데 필요한 구체적인 운동 프로그램의 작은 표본이 되었다. 벨이 어떻게 움직일까 고민하는 동안, 삽입장치는 벨의 대뇌피질을 휩쓸며 퍼져나가는 전기 폭풍이 추상적인 사고로부터 행동이 비롯되는 것을 목격했다.

깨끗하게 기록하기 위해 마이크로와이어의 뭉툭한 금속 끝은 벨의 연약한 피질뉴런을 둘러싸고 있는, 살짝 소금기가 있는 액체로 가득 찬 세포외공간 속에 잘 위치시켰다. 전략적인 곳에 위치시켜놓은 이 노출 센서들은 마치 존경받는 신부처럼 벨의 뉴런이 고백하는 순간적인 전기적 중얼거림을 귀 기울여 들었다.

벨의 뇌 안에서는, 삽입된 마이크로와이어 근처의 피질뉴런 중 하나가 활동전위를 만들어낼 때마다 작은 양의 전류가 세포외공간을 타고 흐르게 되고, 이것이 미소전극의 끝에서 검출된다. 삽입된 모든 마이크로와이어에서 나온 전기는 마이크로와이어 배열 꼭대기에 위치한 커넥터 중 하나와 연결된 마이크로칩으로 입력된다. 이 마이크로칩을 우리는 뉴로칩neurochip이라고 부르는데, 여기에는 벨의 뉴런이 만들어내는 미세한 전기적 신호들을 증폭하고 걸러내는 전자장치들이 들어 있다.

각각의 뉴로칩에서 나온 작은 전선 다발이 벨의 모자에서 벨이 비디오 게임을 하고 있는 방음실 옆에 있는 전자장비 벽장으로 연결되어 있다. 그리고 이 전자장비 벽장은 다시 주 마이크로컴퓨터로 연결되어 있고, 이 컴퓨터는 벨의 생각을 디지털 신호의 흐름으로 해석해 내는 역할을 담당한다. 이 디지털 신호가 벨의 뇌가 만들어내는 수의적 운동 의도에 따라 두 로봇팔의 움직임을 조종하게 될 것이다.

하지만 날것 그대로의 뇌 활성을 디지털 운동 신호로 번역하는 것이 가능할까? 처음에는 이것이 극복하기 가장 어려운 장애물이 될 것이라 생각하는 사람들이 많았지만, 결국 지나고 보니 이 문제에 대한 해결책은 원래 생각했던 것보다 간단했다. 당시 듀크 대학교의 내 실험실에서 박사후 과정 연구를 하고 있던, 예테보리에서 온 스웨덴 신경생리학자 호안 베스버그Johan Wessberg가 내 사무실로 와 조용하면서도 확신에 찬 목소리로 우리 BMI에 쓸 실시간 컴퓨터 알고리즘을 어떻게 작동할지 알아냈다고 말하던 그날을 아직도 생생하게 기억한다. BMI로 향하는 길을 열었다고 할 수 있는 그의 대담한 통찰은 그가 뉴런에서 나온 자료들을 가지고 놀다가 찾아왔다. 우리가 밤낮으로 수집하고 있던 그런 종류의 자료였다. 주의 깊게 분석을 하고 난 후에 베스버그는 통계학자들에게는 다변량선형회귀분석 multivariate linear regression으로, 공학자들에게는 위너필터wiener filter로 알려져 있는 상대적으로 간단한 알고리즘을 사용해서 동시에 기록된 피질뉴런들이 만들어낸 전기 활성을 선형적으로 합하면 벨의 손 위치를 놀라울 정도로 정확하게 예측할 수 있다는 것을 발견했다. 이 알고리즘을 사용하면 기록된 각각의 뉴런에서 나온 전기적 활성의 기여량에 가중치를 부과할 수 있는 최적의 방법을 찾아낼 수 있을 것이다. 그 다음에는 가중치가 부여된 이 기여량을 합해서 연속적인 운동 출력 신호를 생성하고, 이것을 이용해 벨의 손목이 그리는 궤

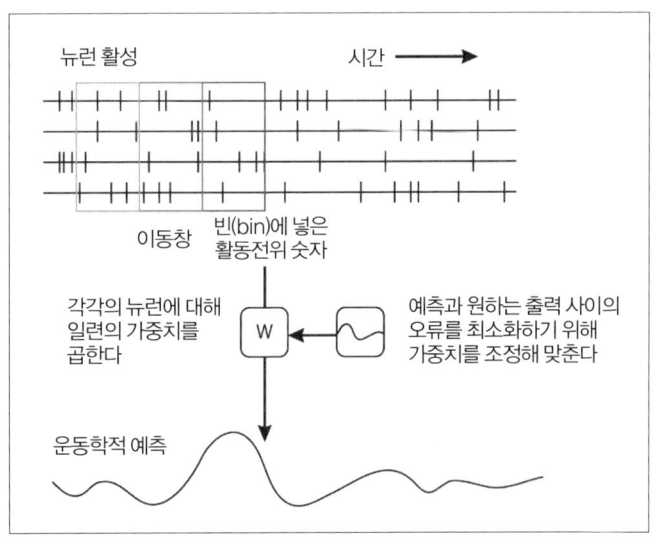

그림 6.2 날것 그대로의 뉴런 전기 활성을 디지털 명령으로 번역하는 알고리즘. 이 디지털 명령을 이용하면 운동학적인 변수를 예측할 수도, 뇌 활성만으로 인공도구들을 조종할 수도 있다.

적을 로봇장치에서 재구성할 수 있었다 그림 6.2. 존 채핀이 수동으로 계산하던 것에 비하면 이것은 크나큰 진보였다.

 제일 먼저 베스버그는 자유롭게 움직이는 팔의 운동을 정확히 측정할 수 있는 방법을 생각해 내야 했다. 그는 결국 나중에는 원숭이 뇌의 활성만을 가지고 이것을 예측해 내야 한다. 우리가 사용하고 있는 올빼미원숭이는 팔이 아주 여린 작은 영장류였기 때문에 정확하게 운동학적인 측정을 하려고 해도 거기에 적용할 수 있는 기술의 유형에 제약이 심했다. 베스버그는 셰이프테이프shape-tape라는 장치를 올빼미원숭이 팔에 장착함으로써 이 문제를 해결했다. 셰이프테이프는 납작하고 좁은 아주 유연한 플라스틱 테이프로, 광섬유 센서가 들어 있다. 이 테이프를 원숭이의 팔뚝과 손목에 감아놓으면 이 장치에 들어 있는 센서를 통해 원숭이 팔의 운동을 추적할 수 있었다. 원숭이가 주어진 동작을 할 때마다 팔에 부착한 유연한 테이프는 어느 정도 일정 비율로 휘어지게 된다. 테이프의 휘어짐을 지속적으로 기록함으로써 베스버그는 벨이 운동 과제를 수행하는 동안 그 손목의 궤적을 재구성할 수 있었다.

이 첫 번째 큰 문제를 해결한 베스버그는 계속해서 피질뉴런 집단의 역동적인 활성을 결합할 최고의 계산 전략을 조사하는 일에 착수했다. 그는 영장류의 뇌가 근육을 움직이기 위해 문제를 어떻게 계산적으로 풀어내는지 생각하는 일부터 시작했다. 그 어떤 근육이든, 근육이 움직이기 수백 ms 전에는 수의적인 운동 명령을 개시하는 신호가 발생하는데, 그 신호를 다룰 수 있어야 한다는 것이 그의 직관적인 생각이었다. 일단 뇌가 운동 계획을 세우면, 대뇌피질의 커다란 피라미드 뉴런이 아주 길고 두꺼운 축삭돌기를 통해 척수의 꽤 많은 뉴런들에게 명령을 전송한다. 이 축삭돌기는 미엘린수초가 대단히 발달되어 있기 때문에 전기 활성을 상당히 빠르게 전송할 수 있다. 그리고 대뇌피질로부터 퍼붓듯 쏟아지는 이 전기 신호를 받은 척수 뉴런들은 결국 즉시 실행 가능한 최종의 운동 대본을 만들어낸다.

수의운동을 만들어내는 생명의 고효율 전략에 영감을 받은 베스버그는 생각을 행동으로 옮기는 그와 유사한 알고리즘을 만들어냈다. 벨이 팔을 움직이는 동안 그 손목이 그리는 연속적인 공간 궤적을 예측하기 위해 그는 우리가 기록하는 백 개의 피질뉴런 각각이 만들어내는 전기 활성을 운동이 시작되기 무려 1초 전부터 분석해 들어갔다. 그러고나서 이 1초를 열 개의 연속적인 100ms 구간으로 나누었다. 각각의 피질뉴런에 대해 그는 이 각각의 구간에서 세포가 발생시킨 활동전위의 숫자를 셌다. 이 시간 구간을 '시간 빈time bin' 이라고도 불렀다. 이 과정을 마치고 나면 그는 기록된 피질뉴런 하나당 시간 빈 열 개라는 시간적 데이터베이스를 가지게 되었고, 각각의 시간 빈에는 벨의 팔 운동이 시작되기 전의 특정 순간에 뉴런이 만들어낸 활동전위의 숫자가 들어 있었다. 따라서 벨이 몇 분간 팔을 움직이는 동안, 베스버그는 운동이 시작할 때마다 뉴런 데이터베이스에서 시간을 거슬러올라가 살펴보면서 벨의 손목 위치를 기록했다. 그의 알고리즘에서 이 부분을 '자료를 빈에 넣기data binning'라고 불렀다.

그러고나서 시간 빈time bine들을 '시계열time series'이라고도 하는 두 가지 거대한 데이터 세트로 합쳤다. 하나는 3차원 공간 안에서 벨의 손목이 그리는 시변 궤적time-varying trajectory이 들어 있고, 다른 하나는 벨의 팔이 그 특정 위치에 닿기 1초 전에 만들어진 대뇌피질의 전기적 활성을 빈에 넣어 놓은 자료가 들어 있었다. 이 데이터 세트는 벨의 뇌에서 만들어내는 피질뉴런의 흥분과 벨의 팔 궤적 사이의 선형상관 linear correlation을 측정하는 데 사용됐다.

이 선형상관은 결국 통계학적으로 의미가 큰 것으로 밝혀졌다. 위너필터는 이 시계열 자료를 받은 후에 최적의 회귀계수regression coefficients를 계산해주었다. 이 각각의 회귀계수는 주어진 뉴런의 흥분 활성을 나타내는 빈 열 개 중 하나와 관련되어 있다. 이 계수 각각의 값은 과거의 뉴런 흥분 자료가 담긴 해당 빈이 벨 손목의 장래 위치를 예측함에 있어서 얼마나 관련성을 갖고 있는지를 직접 반영하고 있었다. 따라서 회귀계수가 높은 수가 나오면, 그 100ms 빈에 담긴 뉴런 흥분은 미래의 벨 손목의 위치를 대단히 정확하게 예측하고 있다는 것이다. 반대로 만약 계수 값이 아주 낮아서 0에 가깝다면 그 빈에 담겨 있는 흥분 활성 자료는 예측력이 전혀 없고, 계산에서 제외할 수 있다는 얘기가 된다. 더 나아가, 회귀계수가 양수라면 과거의 한 순간에 뉴런이 나타낸 흥분빈도는 미래의 팔의 위치 변화와 직접적인 상관관계에 있다. 만약 회귀계수가 음수라면 흥분빈도는 팔의 위치와 역의 상관관계를 갖는다. 대량의 회귀계수를 이용해서 우리는 우리가 표본으로 잡은 뉴런 집단의 흥분과 벨의 팔 운동 사이의 상관관계 수준을 나타내는 다변량 선형방정식multivariate linear equation을 유도할 수 있었다. 그 다음으로 우리는 피질뉴런 표본의 시변time-varying 활성을 시변운동 궤적으로 선형적으로 변환하도록 이 알고리즘을 훈련시켰다. 더욱이 오랫동안 훈련을 진행하고 나자 계수 값도 안정적이 되었다. 이들은 최적의 수행 수준에 도달한 것으로 보였다. 이렇게 해서 위너필터는 척수가 일반적으로 수행하는 복잡한 신경생리학적 과제를 어느 정도까지는 인공적으로 재현할 수 있게 되었다그림 6.3.

하지만 베스버그는 여기서 만족하지 않았다. 자신이 개발한 새롭고 기발한 계산 기법의 한계를 알아보기 위해 그는 같은 뉴런에서 나온 시공간 자료를 이 알고리즘의 다중 버전에 입력해서 구동하면, 3차원 공간에서 시간에 따라 변화하는 손목, 팔꿈치, 어깨의 위치와 같은 다중의 운동 행동을 동시에 예측할 수 있을지 조사해보기로 마음먹는다. 그리고 그 모든 어려움에도 불구하고 이것은 제대로 작동했다. 다만 한 가지 따라야 할 점은 그것이 예측해야 할 각각의 운동학적 변수에 대해 위너필터가 각각 다른 회귀계수를 만들어야 한다

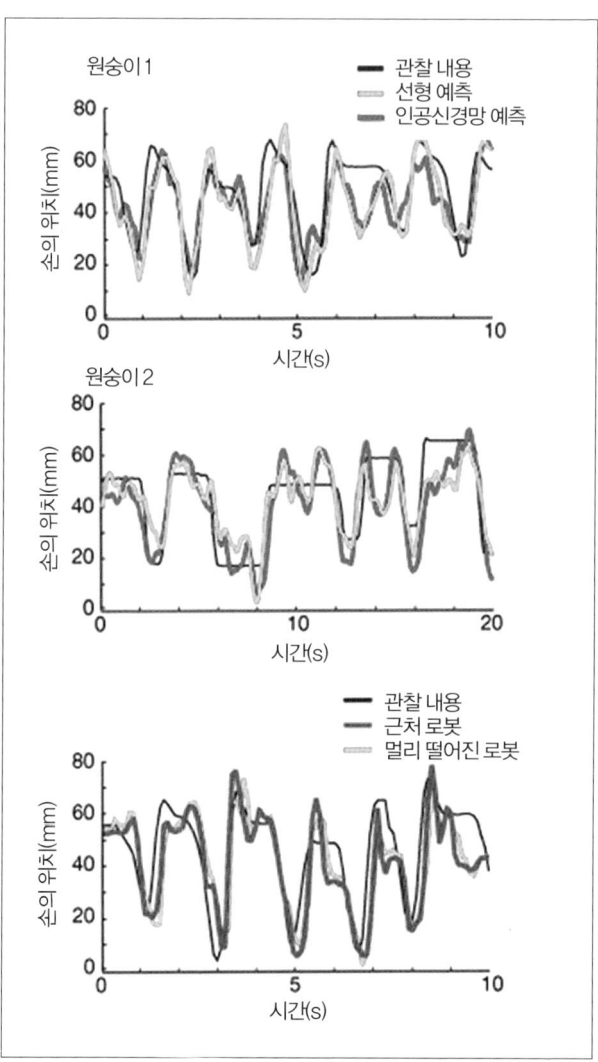

그림 6.3 벨의 손목은 어디로 갈까? 이 그래프는 벨과 카르멘의 뇌 활성에서 유도된 실시간 예측을 보여주고, 그것이 이 두 올빼미원숭이의 손의 실제 위치를 얼마나 정확히 재현하고 있는지를 보여준다. 맨 아래 그래프는 똑같은 운동학적 예측을 동물 옆에 있거나 멀리 떨어져 있는 로봇을 동시에 조종하는 데도 사용할 수 있음을 보여준다.

는 것이었다. 하지만 그래도 이것은 대단한 발견이었다. 별개의 가중선형합산weighted linear sum을 이용해서 대뇌 활성의 패턴을 살짝 다른 방식으로 섞기만 해도 베스버그는 동시에 작동하는 다중의 운동학적 신호를 만들어낼 수 있었다. 벨의 대뇌피질이 만만찮은 다중작업을 할 수 있다는 데는 의심의 여지가 없었다.

 그 다음 의문은 이 선형 계산이 내리는 명령을 받은 로봇팔이 벨의 진짜 팔처럼 노련하고 생물답게 움직일 수 있겠는가 하는 점이었다. 이것을 알아 보기 위해 우리는 천 개의 시간 빈 동안 베스버그의 안정적이고 최적인 회귀계수들을 알고리즘에 적용해보아야 했다. 먼저 알고리즘은 각각의 빈을 해당 회귀계수와 곱할 것이다. 이 회귀계수는 훈련 기간 동안 계산해놓은 것이다. 일단 필요한 곱셈이 모두 끝나고 나면 알고리즘은 그 값을 모두 더하고, 고정된 상수를 더해 결국 특정 운동을 위한 예측 값을 만들어낼 것이다. 이 연산은 이후의 각각의 기간에 대해 계속 반복된다. 알고리즘이 자료를 놓치지 않고 따라잡으면 우리 실험실의 주 컴퓨터는 벨의 뇌에서 유도된 운동조절 신호를 두 컴퓨터로 내보냈다. 한 컴퓨터는 우리 실험실 옆방에 있었고, 다른 하나는 케임브리지의 MIT에 있었다. 이 각각의 컴퓨터는 다관절 로봇팔에 디지털 명령을 보내는 역할을 맡고 있었다. 존 채핀의 쥐 실험에서와 마찬가지로 우리는 벨의 뉴런 활성을 200~300ms 안으로 로봇의 명령으로 번역해내야 했다. 이 시간은 대뇌피질에 운동 신호가 등장하는 순간과 팔이 진짜로 움직이기 시작한 순간 사이에 자연적으로 나타나는 정상적인 지연 시간이다.

 힘들게 일하며 몇 달을 보낸 후에, 드디어 선을 보일 시간이 왔다. 베스버그가 실험 장비에 전원을 켜자 불빛이 벨 앞에서 한 번에 하나씩 무작위로 번쩍이기 시작했고, 벨은 즉각적으로 조이스틱을 앞뒤로 움직이기 시작했다. 그 다음 30분은 마치 무한처럼 긴 시간이었다. 그 시간 동안 주 컴퓨터는 예비 선형 회귀계수 데이터 세트를 바쁘게 뽑아냈고, 결국 알고리즘의 서브루틴이 최적의 데이터 세트를 찾아냈다는 신호를 보냈다. 그 시점에 이르자 계수값이 거의 변하지 않았고, 우리는 BMI를 켤 준비가 되었다.

입이 바짝바짝 마르는 초조한 순간들이 지났지만, 별다른 일이 일어나지 않았다. 벨은 그저 자기 게임만 열심히 했다. 그리고 과일주스가 계속해서 벨의 입 속으로 떨어졌다. 내가 평생 겪었던 것 중 가장 심오한 정적이 방안을 가득 채웠다.

아무런 사전 경고도 없이 듀크 대학교에 위치한 섬세한 로봇팔이 금속관절과 고무 인대를 움직이기 시작했다. 우리는 주 컴퓨터 화면에서 밝은 줄 두 개가 동시에 그려지는 것을 보았다. 빨간 선은 게임을 즐기고 있는 벨의 생물학적 팔이 그리는 부드러운 움직임을 추적하는 선이었다. 그러다가 난데없이 감청색 선이 로봇팔의 궤적을 그리기 시작했다. 마치 자기보다 선배인 영장류 팔의 속도를 따라잡으려고 안간힘을 쓰는 듯 보였다. 처음 몇 초 동안 두 선은 상당한 거리로 떨어져 있었다. 이는 BMI에서 나오는 예측이 그리 정확하지 않다는 뜻이었다. 그러다 두 선이 합쳐지기 시작했고, 결국 거의 완전히 겹쳐졌다.

나는 전화기로 눈길을 돌렸다. 그 전화기 너머로는 매사추세츠에 있는 동료가 내 연락을 기다리고 있었다.

"안 움직여?" 건너편 목소리에서 나와 같은 흥분이 느껴지지 않는 것이 이상해서 내가 말했다.

"안 움직이는데? 꼼짝도 안 해!"

"왜 그러지? 우리 것은 옆방에서 아주 잘 움직이는데."

"여긴 아무 일도 없어. 로봇팔이 얼어붙은 것처럼 꼼짝도 안 해? 뭐 움찔하기라도 해야 말이지."

난 냉정해지려고 애쓰고 있었지만, 내가 MIT 연구팀과 통화하는 내용을 듣고 모두들 얼굴에 긴장감과 불편한 기색이 차츰 번지고 있는 것이 보였다. 다시 통화에 집중하면서 이런 문제가 발생한 이유를 찾아내려 머리를 굴려 보았다. "대체 무슨 일인지 모르겠네. 분명 작동해야 하는데. 전송선은 다 점검해본 거야?"

"물론이지, 다 확인해봤어. 점검 목록을 벌써 세 번이나 다 확인해봤는데. 영화〈아폴로 13〉이 생각나네. '관제소, 여기 문제가 생겼다!'"

그때 내 머릿속에 떠오르는 생각은 하나밖에 없었다. "보통 집에서 이런 일이 생기면 우리는 제일 먼저 전원 스위치부터 확인하지."

잠시 내 동료는 내 말에 더 이상 신경쓰지 않는 것처럼 들렸다. 너무도 낙담한 나머지 그냥 혼잣말을 하는 듯했다.

"컴퓨터도 초기화했고, 다 해봤⋯⋯ 잠깐만. 잠시만 기다려봐. 하나 까먹은 것이 있어. 내가 어쩌다 이걸 확인 안 하고 넘어갔지?"

"뭔데? 뭐 확인하는 걸 잊어버렸는데?" 이번에는 내가 더 이상 불안한 마음을 견딜 수 없을 것만 같았다.

"로봇팔 전원 스위치 넣는 것을 깜빡했어!"

수화기 건너편에서 동시에 큰 비명소리가 터져나왔다. 관중이 가득 찬 축구 경기장에서 홈팀이 기대하지도 않았던 아름다운 동점골을 터뜨렸을 때나 들려올 법한 그런 소리였다. 그 소리에 결국 MIT

실험실에 있는 로봇팔도 움직였음을 직감할 수 있었다.

이 연구 단계에서는 베스버그의 알고리즘이 뇌의 신경회로가 수행하는 복잡한 생리학적 과제를 모두 흉내낼 수 없었다. 하지만 지속적인 운동 신호를 출력해서 원숭이 벨의 가녀린 팔이 만들어내는 우아한 움직임을 재현하는 것만으로도 충분한 소득이었다.

MIT 동료들이 벨의 뇌로부터 운동 조종 신호를 받기 시작하자 우리 컴퓨터 화면에 세 번째 선이 나타났다. 이번에는 MIT의 로봇팔이 벨의 운동을 추적하기 시작한 것이다. 이것은 신경과학의 역사에 기록될, 짧지만 모험으로 가득 찬 탐험의 순간이었다. 이 얼마나 중요한 순간인가 생각하니 목이 메서, 나는 갈릴레오 갈릴레이가 이탈리아 재판소에서 종교 재판을 받으면서 자신을 옹호하며 중얼거렸다는 그 말밖에 떠오르지 않았다.

그래도 지구는 돈다.

2002년 겨울, 우리 연구팀은 MANEthe Mother of All Neurophysiolo-gical Experiments, 모든 신경생리학 실험의 어머니 프로젝트 준비를 마쳤다. 이 약자에 내 어린 시절의 우상 마노엘 가린샤Manoel Garrincha를 떠올리게 된 것은 우연이 아니었다. 그는 1958년과 1962년에 월드컵을 석권하며 아름답고 세계에서 가장 인기 많은 스포츠인 축구를 잘한다는 것이 무엇인지 새로운 기준을 세운 브라질 축구대표팀의 스타였다. 뼈에 타고난 심각한 기형 때문에 무릎과 다리의 휘는 방향이 달랐던 가린샤는 이 비정상적인 기형을 이용해 오히려 힙 트위스트와 페이크 동작으로 가득한 현란한 드리블 기술을 발전시켰다. 일례로 그는 팀 동료들에게 경기를 할 때 춤을 추라고 가르쳤다. 축구공이 발끝의 연장이 되는 정교한 발레를 만들어내라는 것이다. 온 브라질 국민의 가슴에 새겨진 그의 별명이 바로 마네Mane였다.

MANE 프로젝트는 설계, 준비, 실행 과정 모두가 만만치 않았다. 몇몇 계산 작업이나 공학적 구성요소들은 그 안에 새로운 많은 과정과 부분들을 포함하고 있었는데, 우리가 수집하는 자료가 쓸모 있으려면 이런 것들이 실시간으로 매끈하게 작동해야 했다. 게다가 처음 시도하는 일들은 모두 마찬가지지만, 실험의 결과를 예측하기가 무척 어려웠다. 더군다나, 그 당시 국방고등연구기획국Defense Advanced Research Projects Agency, DARPA에서 프로그램 감독관으로 일했던 훌륭한 과학자 알란 루돌프Alan Rudolph가 아니었다면 MANE 프로젝트 운영에 필요한 자금을 절대로 모으지 못했을 것이다.

거대한 하드웨어를 조립하고, 새로운 컴퓨터 프로그램을 만들고, 컴퓨터에 생긴 작은 결함들을 고치고, 특히 그 중에서도 오로라에게 비디오 게임을 하도록 설득하면서 몇 달을 보낸 후, 드디어 완전한 실험을 할 첫 번째 시간이 다가왔다.

실험을 시작하려고 준비하는 동안, 빨리 좀 서두르라는 오로라의 목소리가 끼어드는 바람에 우리는 몇 번이고 대화를 멈춰야 했다. 하지만 그녀가 인내심을 잃었다고 탓할 수 있는 사람은 없었다. 최근 들어 조짐이 좋아 몇 번 실험을 가동하려고 했었지만 모두 실패로 끝나고 말았었기 때문이다. 그날 밤 실험 통제실 커다란 벤치에 펼쳐져 있던 우리 컴퓨터들은 여느 때와는 달리 고장을 일으키지 않고, 입력되는 엄청난 양의 데이터를 게걸스럽게 잘 받아먹고 있었다.

평소처럼 오로라는 예쁜 조이스틱과 평판 LCD 화면, 그리고 과일 주스 분배기를 앞에 놓고 자기가 좋아하는 의자에 편안하게 자리를 잡고 앉았다. 이제 실험을 하면서 자기가 먹고 싶은 양껏 과일주스를 마실 수 있을 것이다. 그 옆에는 512채널 다중뉴런 데이터수집프로세서 multineuronal acquisition processor, MNAP도 마찬가지로 오로라의 뇌 활성을 기록할 준비를 마치고 기다리고 있었다. 이런 프로세서로는 세계 최대의 장치였다. 이번에 구동할 때는 그중 96개 채널만 사용했다. 연구팀의 다른 멤버들도 벙커 안에서 태세를 갖추고 있었다. 전직 공학자이고 모니터가 두 대씩 딸린 마이크로컴퓨터를 여러 대 한꺼번에 다루는 것을 좋아하는 스페인 사람 호세 카르메나 Jose Carmena, 그리고 문제해결을 쉽게 만들어주는 능력이 있는 물리학자 출신의 신경과학자인 러시아 사람 미하일 레베데프 Mikhail Lebedev. 이 두 사람 모두 축구라면 광팬이었다. 하지만 레베데프는 이 실험에 큰 도움이 될 특별한 재주를 갖고 있었다. 그는 오로라와 앞서서 다른 일을 함께 진행해보았기 때문에 그녀가 얼마나 까다로워질 수 있는지를 몸소 체험해서 알고 있었던 것이다.

통제실에서는 차근차근 일들이 진행되고 있었다. 카르메나가 정신없이 컴퓨터 사이를 움직이며 상태를 점검하고 있는 동안, 나는 각기 다른 각도의 비디오카메라 영상을 내보내는 TV들을 통해 오로라의 보디랭귀지를 지속적으로 관찰하고 있었다.

통제실 뒤로는 튼튼한 산업용 로봇팔을 설치했다. 이 로봇팔의 자유도는 7이었다. 팔 끝에는 원시적인 손가락 두 개가 달려 있어서 간단한 사물을 집어서 단단히 쥘 수 있었다. 로봇은 인공 어깨와 인공 팔꿈치를 살짝 늘어뜨리고 손은 완전히 펼친 채로 꼼짝 않고 있었다. 정말 아름다운 기계였다. 마치 누군가 멈춰선 자신의 관절과 모터를 조종해 조화로운 동작으로 무언가 의미 있는 일을 해주기를 간절히 애원하고 있는 듯했다.

들뜬 마음을 진정시키며 오로라는, 아니 오로라의 뇌는 상상조차 불가능한 무언가를 세상에 선보일 준비를 마쳤다. 그 전에 몇 번 시도했을 때는 로봇팔이 움직이지 않으면 오로라는 자기 잘못이 아니라고 대놓고 투덜거렸다. 하지만 오늘 밤 그녀는 불평 없이 일을 진행하고 있었다. 레베데프가 실험실로 들어와 케이블과 기계들 앞을 미끄러지듯 지나 오로라의 의자 옆으로 가더니 오로라 귀에 대고 러시아 말로 무어라 속삭였다. 그가 무슨 말을 했는지는 알 수 없었지만, 그 말이 오로라에게 영감을 불어넣었다는 확신이 들었다. 자기 앞에 놓인 컴퓨터 화면을 관심 있게 바라보면서 오로라는 자기를 촬영하는 카메라들 중 하나에 대고 얼굴을 찌푸려보았다. 그녀가 상황을 즐기고 있음을 알 수 있었다. 하지만 무언가 따지듯 바라보는 그녀의 눈동자를 보니 이제 그녀의 인내심도 한계에 도달했으며 실험을 시작하고 싶어 안달이 난 것을 알 수 있었다.

레베데프가 오로라의 방문을 닫고 나오자마자, 카르메나가 MANE를 시작하라는 시작 신호를 보냈다. 그 순간 고된 연구로 보낸 몇 년의 세월과 언젠가는 어느 정도라도 예전처럼 움직일 수 있게 되리라 꿈꾸는 수천 명 마비 환자들의 희망이 한데 뒤얽혔다.

우리는 실험의 성공이 MNAP의 작동, 컴퓨터 몇 대, 그리고 무엇보다도 오로라의 완고한 뇌에 달려 있다는 것을 잘 알고 있었다. 오로라가 왼손으로 부드럽게 조이스틱을 붙잡고 수의운동의 의도를 자기가 좋아하는 비디오 게임에 적용하자, 우리는 컴퓨터 화면 위에서 빠르고 매끈하게 깜박거리는 매트릭스에서 눈을 뗄 수 없었다. 그 컴퓨터 화면은 우리가 기록 중인 96개의 피질뉴런 집단이 만들어내는 전기 활성의 흐름을 보여주고 있었다. 오로라의 뇌가 빚어내는 심포니를 듣기 위해 통제실에 스피커도 설치해두었다. 그 심포니는 은은한 열대의 여름 밤하늘을 아름답게 수놓는 순수하고 맹렬한 천둥소리 같았다. 자연이 만들어낸 기적 속에서 뜻하지 않은 놀라움을 마주한 사람들처럼 깊은 생각 속에 경외감에 잠겨 있던 우리는 오로라가 관대하게 우리에게 허락해준 친밀감과 경이로운 계시에 마음을 뺏기고 말았다.

 오로라의 운동 사고motor thinking 표본은 뇌 피질영역 여러 곳에서 동시에 얻어졌다. 지난 30년 동안 여러 실험실에서 수행된 연구를 통해 전두엽과 두정엽에서 어느 대뇌피질영역이 오로라 같은 존재가 팔과 손을 정교하게 움직이는 데 필요한 신경 운동 계획 수립에 관여하는지는 밝혀져 있었다. 실험 규칙에 따르면 오로라는 그런 정교한 팔-손 운동으로 조이스틱을 조작해서 컴퓨터 화면 위에 있는 커서의 2차원 궤적을 조종해야 했다. 오로라는 이 커서를 움직여서 목표 대상을 가로채 움켜쥘 수 있었다. 이 목표 대상은 속이 차 있는 커다란 원으로, 매번 게임을 새로 시작할 때마다 화면 위에 무작위로 다양한 곳에 나타났다. 오로라는 이 비디오 게임을 하는 방법을 왼손과 왼팔로 아주 잘 익힐 수 있었다. 특히 5초 안으로 목표 대상을 움켜쥐는 데 성공하면 아주 만족스러운 포상이 기다리고 있었기 때문이다. 그 포상은 바로 그녀가 너무도 좋아하는 과일주스 한 방울이었다. 따라서 오로라가 게임을 제대로 할 때마다 전자 밸브가 열리면서 오로라의 입 속으로 주스가 한 방울 떨어졌고, 그와 동시

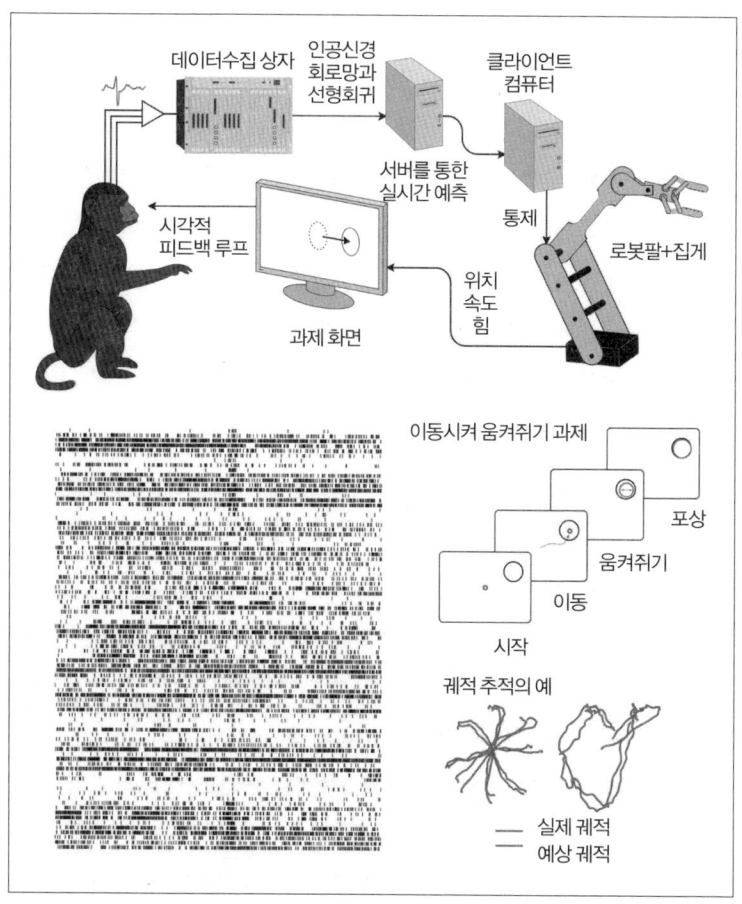

그림 6.4 조이스틱을 버리고 자기의 정신을 신체에서 해방시키는 오로라. 위 그림에는 오로라가 자신의 뇌 활성만으로 로봇팔의 움직임을 조종할 수 있게 하기 위한 실험 장치 구성이 나와 있다. 아래 왼쪽 그림에는 오로라 뇌에서 얻은 96개 피질뉴런의 전기 활성 표본이 나와 있다. Y축에서 각각의 수직 막대기는 단일 피질뉴런이 만들어낸 활동 전위를 나타낸다. X축은 시간을 나타낸다(10초). 아래 오른쪽 그림에는 오로라가 수행한 과제, 그리고 결합된 뇌 활성을 바탕으로 예측한 팔 움직임 궤적의 예가 그림으로 나와 있다.

에 고주파 소리가 통제실 가득 울려 퍼졌다.그림 6.4.

오로라가 게임을 시작하자, 우리는 MNAP를 이용해서 오로라 뇌의 여섯 피질영역에 흩어져 있는 뉴런 집단 표본이 만들어내는 선기신호의 시공간 패턴을 기록할 수 있었다. 각각의 활동전위는 보통 1ms 동안 지속되었으며, 그 후에는 통제실 컴퓨터 화면에 그려졌기 때문에 우리는 오로라의 뇌 활성을 실시간으로 추적 관찰할 수 있었다. 우리는 앞에서 펼쳐지는 이 시공간 패턴을 열심히 추적하며 오로라의 뇌가 음악의 거장처럼 자신의 신경 심포니를 작곡하는 데 사용하는 정확한 과정을 해독하려 애썼다.

모니터 위에서 우리는 오로라의 뇌회로를 형성하는 뉴런 집단이 만들어내는 거대한 전기 방출 파동을 볼 수 있었다. 이 끓어오르는 전기의 바다, 멈출 수 없는 전기 펄스의 흐름은 그 개별 요소들의 의미는 아주 작고 보잘것없지만, 그 요소들이 모두 한데 모여 뇌의 거대한 전기폭풍을 만들어내고, 오로라 일생을 적어내려가고 있었다. 모든 동작과 감각, 꿈, 기억, 슬픔, 그리고 오로라만의 독특한 개성을 빚어내는 그 모든 즐거움까지도 말이다. 우리는 대뇌피질의 껍질을 이루는 신비로운 골과 마루 속에서 예측할 수 없는 순간에 씨앗으로 심어졌다가, 파동으로 싹을 틔워 걷잡을 수 없이 퍼져나가고, 다시 고통 속에 사라져갈 때까지, 생각이 살다가는 유동적인 삶의 궤적을 목격하고 있었다.

우리는 몇 분 동안 자리에 그대로 앉아 오로라의 작은 생각의 조각들과 조건 없는 사랑에 빠져들고 있었다. 이제 우리는 오로라가 우리 팀의 일원으로 확실히 합류했다는 증거를 확보했다. 자신의 가장 소중한 자산인 생각을 우리와 나눔으로써 오로라는 우리를 향한 동지애를 드러냈을 뿐 아니라, 수백만 인류의 미래를 위해 자신의 존재 그 자체를 바치고, 자신의 뇌를 탐험하는 것을 허락하는 등, 타의 추종을 불허하는 이타주의의 모범을 보여주었기 때문이다.

하지만 그 숭고한 희생을 헛되이 하지 않으려면 우리는 일에 착수해야 했다. 우리의 첫째 목표는 오로라의 피질뉴런들이 과일주스를 건 비디오 게임에 관여하는 운동 조종 신호의 심포니에 참가하고 있는 동안 그 피질뉴런들을 최대한 많이 표본으로 확보해서 그 활성을 기록하는 것이었다. 그런 다음에는 오로라의 뇌에서 발생시킨 전기 신호를 일련의 간단한 수학모델로 굴려서 그 신호들로부터 오로라가 왼쪽 팔과 손을 움직이는 데 필요한 운동 명령을 추출해내야 한다. 예를 들면 오로라가 조이스틱 손잡이를 움켜쥐는 힘이나, 지속적으로 변화하는 손목, 팔꿈치, 어깨 등의 공간적 위치, 속도 등을 들 수 있다. 이런 명령은 오로라의 뉴런 활성을 선형으로 조합하는 것만으로도 유도해낼 수 있었다. 이것은 관련된 변수만 주어지면 아주 간단한 계산이다.

실험을 시작하고 30분이 지나자 첫 번째 좋은 소식이 날아들었다. 오로라가 컴퓨터 화면에 나타난 새로운 원형 목표물을 가로채서 움켜쥐기 위해 만들어야 할 커서의 움직임을 오로라의 뇌 활성을 추적하는 96개의 표본 뉴런만으로도 우리가 실시간으로 아주 정확하게 예측할 수 있음을 알게 된 것이다. 다른 말로 하면, 오로라가 주스 포상을 얻기 위해 사용한 운동 유형을 우리가 재현할 수 있었다는 말이다.

하지만 다음 것에 비하면 이것은 아무것도 아니었다.

오로라의 뇌에서 나오는 전기 방출 소리가 통제실을 가득 채운 가운데, 서서히 우리는 오로라가 팔이나 손을 움직이기 시작하기도 전에 뉴런의 흥분빈도가 변한다는 사실을 눈치챘다. 우리는 실제로 팔의 근육이 움직이기 시작하는 순간보다 수백 ms 앞서서 오로라가 어떤 움직임을 계획하고 있는지 알아낼 수 있었다. 우리가 듣고 있는 뇌 신호 속에는 오로라가 비디오 게임을 하는 데 필요한 운동 계획이 충분히 들어 있었다.

오로라의 동작이 점점 정확해지면서, 수행성과도 개선되어, 비디오 게임을 할 때마다 거의 매번 목표를 가로채서 쥐는 데 성공했다. 그리고 오로라의 성적이 좋아지면서 우리 수학모델도 성적이 덩달아 좋아져, 이제는 수행 능력이 최적의 상태로 수렴하고 있었다. 즉, 우리 모델들이 뇌에서 입력되는 신호만을 이용해서 만들어낸 출력으로도 오로라의 뇌가 팔과 손을 어디로 움직이려 하는지를 미처 근육이 움직이기도 전에 놀라울 정도로 잘 예측할 수 있었던 것이다.

다음으로 우리는 이 모델에서 나온 출력을 통제실에 위치한 로봇팔로 전송하기 시작했다. 몇 초 정도의 망설임 끝에(아무리 생명 없는 로봇팔이라도 그 순간에 자기에게 쏠린 그 엄청난 기대는 느낄 수 있었으리라) 기계가 오로라의 왼팔과 왼손이 만들어내는 운동을 흉내내기 시작했다. 오로라의 운동 사고가 이제는 직접 자신의 팔을 조종하고 있을 뿐 아니라, 로봇팔까지도 조종하고 있었다. 로봇팔은 생물학적 팔을 따라하고 있었다. 그리고 오로라의 팔이 뇌의 명령을 너무도 쉽게 따라하는 것처럼, 로봇팔도 쉽게 그 명령에 따라 움직이고 있었다. 정말이지, 오로라의 수의운동 의도와 로봇팔이 수행하는 동작은 그리 차이가 나지 않았다. 오히려 로봇팔은 자기 주인의 욕망을 조금 더 신속하게 행동으로 옮기고 있었다.

점차적으로 로봇팔의 동작은 점점 정교해졌으며, 그것을 통해 오로라의 운동 명령이 얼마나 강력한지를 정확히 이해할 수 있는 기회가 생겼다. 더 생각할 것도 없이 레베데프가 실험실로 들어가 조이스틱을 오로라가 닿을 수 없는 곳으로 살며시 없애버렸다. 그녀에게 행운을 빌어 준 후에 레베데프는 오로라를 혼자 남겨두고 방을 나왔고. 컴퓨터 화면 위에는 계속해서 게임이 돌아가고 있었다. 다음에는 카르메나가 커서의 통제권을 오로라가 쓰던 조이스틱에서 BMI의 명령을 따르는 로봇의 손목으로 넘겼다. 이제부터는 컴퓨터의 커서를 움직여, 목표물을 가로채 움켜쥐고, 비디오 게임에서 이겨 과일주스를 포상으로 얻으려면 오로라에게 주어진 선택의 기회는 한 가지 밖에 없음을 의미했다. 이제는 조이스틱이나 자기 팔을 움직여서는 아무 소용이 없다. 대신 BMI를 조작해서 이 복잡한 운동 과제를 수행해야 한다.

벨의 BMI 장치와 마찬가지로 이 BMI도 생각만으로 팔을 움직이도록 만들어져 있었다. 오로라는 로봇팔이 목표물을 가로챌 때 취했으면 하는 팔 동작을 상상해야 했다. 오로라의 생각은 자신의 팔이 아니라 로봇팔을 통해 커서를 화면 상의 정확한 지점으로 유도해서 원을 움켜쥘 것이다. 그 원은 물론 오로라의 바로 앞에 있었지만, 마찬가지로 가상의 물체였다. 따라서 오로라는 팔이 실제 공간 속에 있는 공을 건드린다고 상상할 수도 있어야 했다.

오로라에게는 이 실험 부분에서 어떻게 해야 하는지 훈련시키지 않았다. 오로라는 BMI 작동법을 스스로 알아내야 한다. 상황이 급변한 것이다. 처음에 오로라는 어리둥절하고 놀란 것 같았다. 하지만 조금 망설이다 그 다음에는 몇 번 실수를 하더니, 오로라는 난국에 잘 대처하기 시작했다. 차분하게 마음을 가라앉히며 우리에게 무슨 뜻인지 알겠다는 뜻을 전하고, 오로라는 긴장을 풀며 긴 근육질의 팔을 의자에 편안하게 걸쳐놓았다. 오로라의 눈이 화면을 향하더니 커서를 뚫어지게 바라보며 새로운 원형 목표물이 튀어나오기를 기다렸다.

통제실에 있던 우리는 많은 과학자들이 불가능하다고 말했던 것이 눈앞에서 펼쳐지는 것을 듣고, 보기 시작했다. 뇌의 전기폭풍이 오로라의 대뇌피질을 가로지르며 퍼져나가고, 오로라의 운동 의도가 실시간으로 수학모델에서 해독되는 동안, 수백 개의 활동전위가 만들어내는 소리와 불빛이 방안을 가득 채웠다. 오로라가 자기 생각의 최종 결과를 눈으로 확인하기도 전에 BMI가 오로라의 뇌 활성으로부터 뽑아낸 운동 명령을 로봇팔로 전달하고 있었다. 컴퓨터 화면에 새로운 목표물이 등장하자, 로봇팔이 통제실의 텅 빈 공간 속에서 오직 오로라의 눈과 뇌에만 그 위치가 등록된, 보이지도 않고, 손에 잡히지도 않는 물체를 쫓아 움직이기 시작했다. 오로라 앞에 놓인 화면 위에서는 이제 로봇팔 손목의 통제 아래 놓여 있는 컴퓨터 커서가 아름답고 의도적인 곡선 궤도를 그리며 목표물의 중앙으로 미끄러져 들어갔다. 기계팔은 거의 인간에 가까운 열정으로 첫 번째 목표물을 움켜쥐었고, 그 이후의 목표물들도 여럿 움켜쥐는 데 성공했다. 기계팔의 우아한 동작이 뇌의 수의적 활성만으로 만들어진 것이다. 마침내 오로라의 뇌가 자신을 가두는 생물학적 신체의 한계를 벗어나 해방된 순간이었다.

이제 오로라는 생각만으로 비디오 게임을 즐기고 있었다. 이제는 자신의 진짜 팔을 쓸 필요가 없었다. 신체에서 해방되어 자급자족이

가능해진 뇌 활성이 자신의 수의적 의지에 의해 짐 지워진 모든 노고를 실험실 벽 하나를 사이에 두고 모두 도맡아 하고 있었다. 하지만 그보다 더 놀라운 것이 우리 앞에 펼쳐지고 있었다. 오로라의 뉴런이 로봇팔의 동작을 직접 조종하기 시작하자, 오로라의 뇌가 기계장치 그 자체를 뉴런의 신체상 일부로 받아들이기 시작한 것이다. 마치 로봇이 자기 자신의 연장이라는 듯이 말이다.

오로라가 BMI를 이용해 거둔 성과는 신경 앙상블 생리학neural ensemble physiology의 세 번째 원리를 보여준다. 바로 '분산부호화의 원리distributed coding principle'다.

◆ 분산부호화
뇌에 의해 처리되는 모든 유형의 정보는 폭넓게 분산된 뉴런집단을 끌어들인다.

오로라의 성과 이후로 전 세계적으로 많은 실험실에서 일련의 광범위한 실험을 통해 뇌회로가 지각, 운동, 인지의 과제들과 관련해서 어떻게 정보를 처리하는지 측정했는데, 그 실험들 속에서 이 원리는 그 정당성이 입증되었다. 본질적으로 우리는 오로라의 뇌의 광범위한 영역에 분산되어 있는 뉴런 집단 표본에서 얻은 정보를 이용해, 뉴런들의 확률적 특성을 수학적으로 번역해서 결정론적인 운동 행동으로 옮길 수 있었다.

5장에서 보았듯이, 내가 생각하는 분산부호화는 시공간적인 수용야와 피질 지도를 역동적으로 이해해야 한다. 그런 만큼, 대뇌피질이 발생 초기에 만들어지는 과정에서 처음 결정되는 대뇌피질의 영역별 기능적 전문화는 다만 확률적인 것에 지나지 않는다. 이것이 또한 의미하는 바는 이 영역들이 결코 어떤 특정 기능에 대해서만 100% 완벽하게 헌신하지 않는다는 것이다. 따라서 공간적으로 S1 피질에 분포하는 신경회로들은 특정 촉각 자극에 대해 흥분할 확률이 상당히 높은 것이 사실이지만, 다른 감각 양식sensory modality의 자극에 대해서 흥분할 가능성도 0은 아닌 것이다. 더 나아가 어떤 맥락에서는, 특히 조이스틱을 통한 비디오 게임 통제력을 상실한 오로라처럼 신체적 제약에 변화가 오는 경우, 뉴런들이 원래 자기에게 배당된 것이 아닌 다른 자극에 반응해서 활발하게 흥분할 수도 있다. 원래의 신체적 제약에 어떤 변화가 오거나(실명하는 등), 경험에 변화가 일어나거나(피아노 연주를 배우는 등), 더 힘든 과제를 맡게 된다든가 하면(마이너리그에서 메이저리그로 올라오는 등), 분산 양상이 쉽사리 변하면서 대뇌피질 전체에 기능이 재분배된다. 나는 분산 처리 distributed processing라는 개념이 신피질에서 전체적으로 사용되는 보편적 부호화 전략universal coding strategy이며, 이는 국소적인 하부 영역에서나 신피질 전체에서나 모두 타당하다고 제안한다.

이 신경생리학적인 분산부호화 덕분에, 일단 BMI를 이용해 뇌 활성으로 조종되는 로봇장치를 움직일 수 있음을 분명하게 증명하기만 한다면 즉각적으로 원대한 가능성이 펼쳐지리라고 믿는다. BMI는 세자르 티모 이아리아 교수의 몸을 침범한 루게릭병으로 생기는 마비를 비롯해서 광범위한 신체 마비로 고통받는 수백만 환자들의 가동성을 회복시키는 것을 목표로 하는 새로운 세대의 신경보철장치neuroprosthetic device의 개발로 이어질 것이다. '모든 신경생리학 실험의 어머니' 프로젝트는 뇌회로의 작동을 지배하는 기본 메커니즘을 탐험할 수 있는 완전히 새로운 실험적 도구를 제공해주었을 뿐만 아니라, 이것을 믿을 만한 임상적 가능성으로 연구할 수 있게 만들겠다는 목표도 충족시켰다.

통제실로 돌아와보니, 오로라가 과일주스의 바다에 흠뻑 취해 있느라 고주파수의 솔레노이드 잡음이 거칠 것 없이 계속 나오고 있었다. 오로라의 밝은 표정을 보니 우리가 제시해준 예상치 못했던 과제에서 거둔 승리를 즐기고 있는 것이 분명히 느껴졌다. 사실, 우리가 서로를 끌어안으며 환호성을 지르다가 다시 냉정을 되찾고 통제실 의자로 되돌아왔을 때, 나는 분명 오로라가 장난기 어린 작고 검은 눈동자를 컴퓨터 화면에서 거두어 비디오카메라 화면을 통해 우리를 바라보면서 추파를 던지듯 윙크하는 것을 똑똑히 보았다.

나 말고는 아무도 그 윙크를 못 본 것 같았다. 레베데프나 카르메나 모두 불가능한 일이라고 반박했다. 하지만 그렇다면 그날 밤 우리가 이루어낸 모든 일들도 한때는 불가능하다고 생각했던 일이 아니던가? 나중에 혹시 누군가가 비디오 영상을 자세히 분석하다가 오로라가 원숭이다운 재주를 부려 윙크를 했음이 밝혀진다 하더라도 나는 놀라지 않으련다.

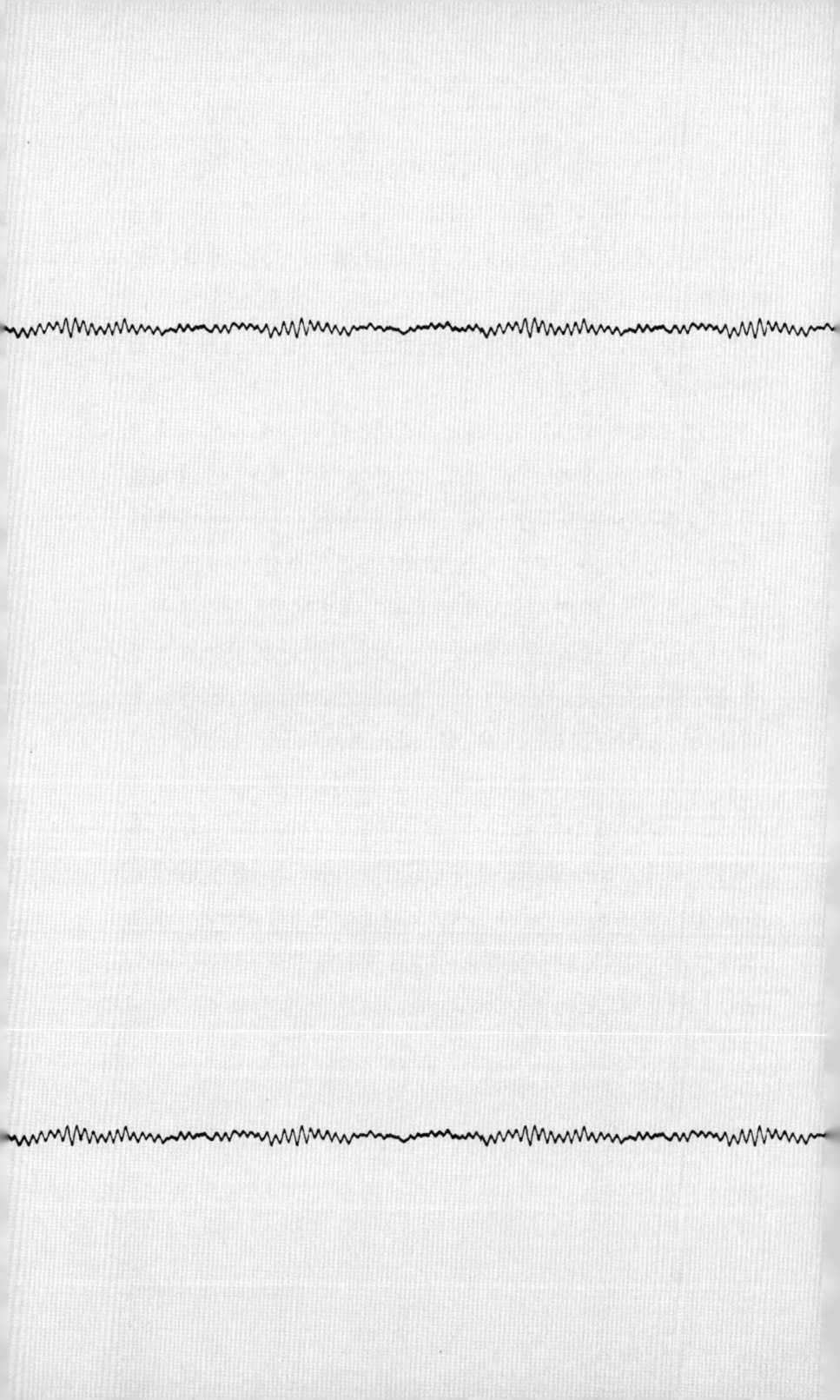

7

Self-Control
자가조절

**BEYOND
BOUNDARIES**

7
자가조절

1960년대 중반에 인간이 척수의 앞뿔 ventral horn에 위치한 단일 알파운동뉴런 alpha motor neuron의 축삭이 지배하는 근섬유를 아주 정교하게 수의적으로 조절할 수 있다는 과학 보고서 몇 개가 수면 위로 떠오른다. 이를 통해 바이오피드백 biofeedback 연구의 시대가 열린다. 이 연구에 참가했던 사람들은 근육에 삽입한 전극으로 기록한 활성을 시각적, 청각적 피드백으로 이용해 셰링턴의 단일 '운동단위 motor unit(한 개의 운동뉴런에서 나오는 운동신경섬유와 그에 의해 지배되는 여러 근섬유를 통틀어 운동단위라고 한다-옮긴이)'를 상당히 정교한 수준으로 조절할 수 있었다. 이 피드백은 모니터 상에 가벼운 파형으로 나타나거나, 스피커를 통해 소리로 전달되었다. 이 바이오피드백 실험으로 15~30분 정도만 훈련받으면 대부분의 실험참가자들은 조절에 대단히 능숙해졌다. 훈련을 더 받으면 그들은 처음에 끌어들였던 운동단위는 억제하고 다른 운동단위를 선택해 수의적으로 조절할 수도 있었다.

그와 비슷한 시기에 당시 미시간 대학교에 있었던 제임스 올드James Old, 마리안느 올드Marianne Old 박사 부부는 마취시킨 쥐의 포상-쾌락 시스템reward-pleasure system을 자극함으로써 대뇌피질의 다양한 감각, 운동 영역에 위치한 개별 뉴런들의 흥분빈도를 인위적으로 증가시킬 수 있음을 발견했다. 실험에서 그들은 기록 중인 단일뉴런이 활동전위를 발생시킬 때마다 먹거나 짝짓기를 할 때 느끼는 것처럼 강력한 쾌감을 발생시키는 뇌구조에 외부에서 직접 전기 자극을 주었다. 따라서 추적 감시중 중인 피질뉴런이 흥분할 때마다 쥐는 거의 오르가즘에 가까운 바이오피드백을 받은 것이다. 올드 부부는 이 기발한 강화 루프가 뉴런의 흥분빈도를 크게 증가시키는 것을 관찰했다.

이 연구에 영감을 받아서 독일계 미국인 신경생리학자 에버하드 페츠Eberhard Fetz는 자신의 혁신적인 영장류 실험에 바이오피드백을 적용해보기로 마음먹는다. 저명한 통증 신경생리학자인 패트릭 월 밑에서 연구하고, MIT 물리학과를 졸업한 이후에 그는 시애틀의 워싱턴 대학교에 있는 생리학 및 생물물리학과와 영장류 연구센터에 합류한다. 촉망받는 조교수였던 그는 행동하는 원숭이에서 단일뉴런을 기록하는 새로운 기술도 배운다. 더 나아가, 조작적 조건형성operant conditioning의 전문가였던 실험심리학자 돔 피노키오Dom V. Finocchio와 폭넓게 협력하면서 페츠는 피질뉴런의 생리학적 특성을 조사할 수 있는 또 다른 방법이 있다는 사실을 차츰 깨닫는다.

워싱턴 대학교에서 진행한 초기 연구 중 하나고, 1969년에 〈사이언스〉에 발표한 연구에서 페츠는 자신의 새로운 기법을 이용해서 깨어 있는 붉은털원숭이의 일차운동피질에 있는 개별 뉴런을 조사했다. 일부 과학자들은 페츠의 접근법을 멸시했지만, 이 실험은 30년 앞서서 일찍이 뇌-기계 인터페이스 창조의 기반을 다져놓았다.

그 당시 영장류 신경생리학 분야를 이끌었던 모든 신경생리학자들과 마찬가지로 페츠도 매일 몇 시간씩 하나짜리 텅스텐 미소전극을 이용해서 단일뉴런이 만들어내는 세포외 전기 활성을 추적 감시하는 것에서 시작했다. 일단 그 뉴런에 대한 기록이 끝나고 나면, 유압식 미세구동장치hydraulic microdrive를 이용해서 미소전극을 M1 피질 안으로 몇 백 마이크로미터 정도 천천히 내려 보냈다. 하지만 페츠의 실험 접근법에서 정통적인 방식과 일치하는 부분은 이 순차적 기록 방식밖에 없었다. 그는 놀라운 대담성과 독창성을 발휘해서 자신이 기록 중인 단일 피질뉴런에서 원숭이가 얼마나 높은 강도의 흥분을 발생시킬 수 있느냐에 따라 원숭이가 포상으로 받을 음식의 양을 결정하기로 했다. 이것은 원숭이 자신의 뇌 활성 수준이 얼마나 많은 포상을 얻을지 좌우한다는 뜻이다. 이 포상은 쾌락 중추에 미세자극을 주는 것처럼 오르가슴에 가까운 쾌락은 아니지만, 그래도 꽤 좋은 포상이었다. 바나나맛이 나는 알갱이 사료였기 때문이다.

페츠의 실험 구성은 조작적 조건형성과 바이오피드백을 모두 겸비하고 있었다. 원숭이 M1 피질의 단일뉴런을 격리시킨 다음에 페츠는 생성되는 활동전위를 기록했고, 활동전위가 특정 전압 역치를 넘어설 때마다 촉발장치trigger mechanism에 의해 전압펄스voltage pulse가 만들어졌다. 이 전압펄스들은 간단한 저항 전압 적분기resistor voltage integrator를 통해 결합되었다. 페츠는 이것을 '전기적 활성 적분기electronic activity integrator'라고 불렀다. 적분기의 전압 총량이 충분히 높은 수치에 도달하면 먹이공급기에서 원숭이의 입 근처로 사료가 배출됐다. 이렇게 해서 뉴런의 흥분빈도와 음식 포상의 양을 직접 연결시킬 수 있었다.

실험동물들이 바나나맛 사료로 잔치를 벌이는 것을 돕기 위해 페츠는 특정 순간에 추적 관찰 중인 피질뉴런의 흥분 수준을 간접적으로 알려주는 청각적, 시각적 피드백을 제공해주었다. 몇 번 훈련을 거치고 나니 실험동물들 모두 고음의 딸깍 소리나 환한 계량기 움직임을, 뒤이어 바로 나올 맛있는 식사와 연관 지을 수 있게 되었다. 충격적이게도 그는 인간이 아닌 영장류도 인간처럼 개별 M1 뉴런의 흥분을 수의적으로 조절할 수 있다는 것을 발견했다.

자세히 조사해보니 페츠는 원숭이가 추적 관찰 중인 뉴런에 폭발적 흥분을 자극해서 100~800ms 정도로 유지할 수 있다는 것을 알게 되었다. 그는 〈사이언스〉에 이렇게 적었다. "여기에 가끔씩 팔꿈치를 구부리거나 손목을 회전하는 등의 구체적이고 조화로운 운동이 동반되기도 했다." 하지만 단지 '가끔씩' 동반된다고 했다! 후속 논문에서 페츠는 운동피질의 뉴런을 기록하는데 이 뉴런의 흥분빈도가 증가해도 눈에 띄는 근육 수축이 전혀 일어나지 않는 경우가 많았다고 했다. 더욱 알다가도 모를 일은 특정 근육이 수축할 때 흥분하는 세포들이 어김없이 이 뉴런 주위를 둘러싸고 있었다는 점이다.

여기서 무슨 일이 일어나고 있는지를 밝히기 위해 1970년대 초에 페츠와 돔 피노키오는 전기적 활성 적분기의 성능을 개선하기로 마음먹는다. 개선된 장비에서는 일반적인 영장류용 의자에 장치를 달아서 원숭이가 머리를 움직이지 못하고, 왼쪽 팔은 반쯤 엎드린 자세로 팔 모양의 틀에 묻혀 있게 만들었다. 따라서 원숭이는 여전히 팔 근육을 등척성 수축isometric contraction은 할 수 있었다(등척성 수축이란 근육의 실제 길이나 그 근육과 연결된 관절의 각도 변화는 없이 근력만 발생하는 수축이다). 원숭이의 팔은 90도, 손목과 손가락은 완전히 펼쳐 180도가 되도록 틀을 고정시켜 놓았다. 네 개의 팔 근육 각각에는 스테인리스강을 꼬아서 만든 전극 쌍을 삽입해서 지속적으로 근전도electromyograph, EMG를 기록할 수 있었다.

하지만 가장 큰 변화는 전기 적분기 자체의 작동 방식이었다. 페츠와 피노키오는 이제 적분기에 단일뉴런의 전기 활성만 입력하는 대신, 새로운 몇 개의 입력을 장치에 추가했다. 기록하는 네 개의 개별 근육 각각에서 발생하는 전기 활성에 대응하는 전압펄스가 추가된 것이다. 이렇게 구성하면 단일 근육의 입력이든, 단일뉴런의 입력이든, 각각의 입력의 기여값에 가중치를 부가할 수 있다. 이것이 의미하는 바는 각각의 근육이나 뉴런의 활성이 적분기의 최종 전압 수준을 결정할 때 얼마나 중요하게 작용할지를 변화시킬 수 있고, 따라서 어느 쪽 전기 활성이 원숭이에게 먹이 포상을 얻게 해줄지를 페츠와 피노키오가 마음먹는 대로 변화시킬 수 있다는 것이다.

원숭이들이 이 변형된 장치에 적응했다는 판단이 서자, 페츠와 피노키오는 단일 근육, 단일뉴런, 하위 근육 집단, 심지어는 서로 다른 근육 활성과 뉴런 활성의 조합 등을 주요 소스로 적분기에 입력했을 때 무슨 일이 일어나는지 조사해보았다. 청각 피드백과 시각 피드백을 계속해서 받은 원숭이들은 처음부터 아예 모든 근육을 한꺼번에 수축함으로써 원하는 만큼의 고전압을 만들어내려 했다. 이들은 새로운 게임의 규칙을 이해했고, 자기의 영장류 사촌지간인 인간을 꾀로 이기려고 했다. 실험동물의 행동을 지시하기 위해 페츠와 피노키오는 피드백 장치를 바꾸기로 하고, 색 전등을 이용해서 개별 근육들 중 어느 것이 수축되었는지 알 수 있게 했다. 이렇게 하면 연구자들은 특정 근육의 수축은 강화하면서 다른 근육들은 적분기의 전압 합계에서 제거할 수 있었다. 원숭이들은 선택된 근육을 수축해야만 사료를 얻을 수 있음을 곧 알아챘다.

각각의 원숭이들이 수의적인 운동 의도를 한 단일 근육으로 제한하는 법을 배우는 동안, 페츠와 피노키오는 계속해서 원숭이의 단일 M1 뉴런 중 하나의 활성을 기록했다. 두 사람은 원숭이 M1 피질의 단일뉴런 대부분이 반대쪽 팔 관절을 EMG 활성이 없는 상태에서 수동적으로 움직였을 때 거기에 반응해서 흥분한다는 사실을 발견했다. 말초에서 오는 감각 정보가 운동피질에 있는 대부분의 뉴런에 영향을 미쳤다는 뜻이다.

페츠와 피노키오가 서로 다른 네 근육 각각의 등척성 수축을 강화하려고 장치를 이용하기 시작했을 때, 두 사람은 기록 중인 피질뉴런들이 예상치 못했던 특성을 나타내는 것을 알게 되었다. 예를 들면, 여러 근육을 수축하기 전이나 수축하는 동안에 다수의 단일뉴런이 자신의 흥분빈도를 조절하는 능력이 있는 것으로 보였다. 실제로 일부 뉴런은 같은 흥분 강도를 보이거나, 다른 흥분 강도를 보이면서 네 근육 모두와 공동으로 활성화되었다. 페츠와 피노키오는 쥐 수염의 역동적인 수용야처럼 개별 M1 뉴런들도 몇몇 근육이 수축하기 전에 흥분하며, 발생되는 운동의 맥락과 유형에 따라 뉴런 흥분과 근육 수축 사이의 상관관계가 극적으로 변한다는 것을 보여주었다. 이런 발견을 바탕으로 페츠는 나중에 한 피질뉴런의 흥분에 의해 공동활성화되는 근육 집합을 정의하기 위해 '근육야muscle field'라는 용어를 만들기도 했다. 이 근육야는 평행한 '레이블라인labeled line'이 개별 M1 뉴런을 특정 개별 근육과 연결해주고 있다는 개념을 흔들어놓는다.

 페츠와 피노키오는 개별 뉴런 흥분과 개별 근육 흥분에서 관찰되는 상관관계를 분리시킬 목적으로 전기적 활성 적분기를 이용해 가중치를 변경해보았는데, 여기서 가장 놀라운 결과가 나왔다. 이것을 위해 두 사람은 그냥 최종 적분기 전압에서 근육의 활성은 억제하는 한편, 단일 피질뉴런의 높은 흥분빈도는 강화해보았다. 그랬더니 불과 몇 분 만에 원숭이들은 근육야에(심지어는 그 특정 M1 뉴런과 가장 강력하게 서로 관련되어 있는 단일 근육에서도) 어떤 동시적인 전기 활성과 수축도 일으키지 않으면서 뉴런의 흥분빈도만을 선택적으로 높일 수 있었다. 선택적 강화를 통해 페츠와 피노키오는 원숭이들이 피질뉴런의 활성과 말초의 근육 수축을 완전히 분리시킬 수 있게 훈련하는 데 성공한 것이다.

 두 사람은 이런 증거로도 만족하지 못하고, 다음에는 정반대의 효과를 얻어보기로 했다. 단일뉴런의 흥분은 억제하면서 근육의 수축만을 선택적으로 강화하기로 한 것이다. 비록 이 실험을 위해 선택된 뉴런-근육 쌍(M1 뉴런과 이두박근)은 흥분 양상이 매우 강한 상관관계를 나타냈고, 실험을 진행할 당시 실험동물이 지쳐 있고, 바나나맛 사료를 만족할 만큼 먹은 상태였음에도 불구하고, 뉴런 흥분은 10% 억제되고, 동시에 이두박근의 활성은 300% 증가하는 결과가 나왔다. 일차운동피질에서 한 번에 하나의 세포만을 추적관찰하고 있었고, 따라서 M1의 전체적인 역동적 활성을 기록할 수 없었음에도 불구하고, 이 두 사람은 정신을 신체와 따로 분리하는 것이 실제로 가능하다는 강력한 증거를 보여주었다.

이 일련의 실험을 통해 페츠와 피노키오는 M1 뉴런 흥분과 근육 활성 사이의 관계가 훨씬 유연하다는 사실을 밝혀냈다. 정말 과학계에서는 가끔씩 기이한 우연히 일어나는데, 이 경우 또한 그랬다. 독일의 과학자 에두아르트 히트지히와 구스타브 프리치에 의해 운동피질이 발견된 지 거의 정확히 백년이 지난 후에 젊은 독일계 미국인 생리학자가 이끄는 한 연구팀이 이제는 바로 그 일차운동피질에 자리 잡고 있는 단일뉴런들이 만들어내는 폭발적인 활동전위가 반드시 말초에서 근육의 수축으로 이어지거나, 여러 근육에 행사되는 조절을 역동적으로 변화시키는 것은 아니라 주장하고 있으니 말이다. 결국 대뇌 기능은 그렇게 국소화되어 있는 것도, 미리 결정되어 있는 것도 아니었다. 심지어는 운동피질에도 유연성과 섬세한 조정의 여지는 충분히 남아 있었다.

페츠가 생각만으로 바나나맛 사료를 배달시키는 연구를 완벽하게 가다듬고 있는 동안 몇몇 실험실에서는 동물과 사람을 훈련해서 뇌의 리드미컬한 뉴런 활성을 촉진시킬 수 있는 가능성이 있는지 실험을 진행하고 있었다. 페츠와 피노키오가 원숭이에게 사용했던 것과 유사한 다양한 조작적 조건형성 기법과 비침습적noninvasive인 두피 EEG 기술을 이용해서 몇몇 신경생리학자들은 시각피질과 감각운동피질의 리듬을 기록해서 그것으로 실험대상에게 자신의 지속적인 뇌 활성을 보여주는 바이오피드백으로 제공했다. 사람을 대상으로 할 때는 요구한 EEG 리듬 활성을 만들어내면 보통 기분 좋은 소리나 번쩍이는 불빛, 혹은 즐거운 이미지를 투영해주는 것으로 포상을 해주었다.

이 기본적인 접근법을 조금씩 변형시켜서 샌프란시스코의 랭글리 포터 신경의학연구소의 조 카미야Joe Kamiya 등의 연구자들은 인간 실험참가자가 특정 운동단위를 조절하는 법을 배웠을 뿐 아니라 알파 리듬의 등장을 조절하는 법도 배웠다고 보고했다. 알파 리듬은 사람이 눈을 감고 이완된 상태로 편안하게 있을 때 시각피질에서 보통 나타나는, 8~13헤르츠 사이에서 진동하는 활성을 말한다. 그와 유사하게 캘리포니아 대학교 로스엔젤레스 캠퍼스의 해부학 및 신경학과에 있는 베리 스터먼M.Barry Sterman과 그 공동연구자들은 먹이를 주거나, 뇌의 쾌락중추를 직접 자극하는 방식으로 포상을 주며 훈련시키면 고양이들이 뮤 리듬mu rhythm의 발생을 조절하는 법을 배울 수 있음을 발견했다. 뮤 리듬은 동물이 한가하게 있거나 모든 사지의 움직임을 멈추었을 때 감각운동피질에서 감지되는, 7~14헤르츠 사이에서 진동하는 활성을 말한다.

때로는 상황이 터무니없이 흘러서, 에드먼드 드완Edmond Dewan이라는 한 작가는 자기가 알파 리듬 활성 조절을 잘 하게 돼서, 자기 EEG를 이용해서 컴퓨터로 모스부호 신호를 보낼 수 있다는 얘기까지 했다.

그 당시 페츠와 EEG를 사용하는 연구자들은 내다볼 수 없었겠지만, 바이오피드백을 이용한 이 혁신적인 연구는 과학계를 아주 이상하게 분열시켜 놓았다. 생각의 기본 기능적 단위가 단일뉴런이냐,

뉴런의 집단이냐를 두고 벌어진 지적인 논쟁과는 달리, 이것은 페츠처럼 뇌 신호를 얻기 위해 '침습적인' 두개 내 기록intracranial recording을 이용하는 사람들과 두피 EEGscalp EEG처럼 '비침습적인' 방법을 더 좋아하는 사람들, 이렇게 두 진영으로 갈라놓고 말았다. 뇌 활성을 기록하는 이 두 가지 일반적인 접근방법에 내재된 근본적인 차이점이 오늘날 '침습적' 뇌-기계 인터페이스를 추구하는 사람들과 '비침습적' 뇌-기계 인터페이스를 추구하는 사람들 사이에 거의 극복이 불가능한 깊은 골을 만들어냈다.

바이오피드백이 언젠가 BMI의 발명으로 꽃을 피우게 되리라고 공식적으로 주장한 최초의 인물은 바이오피드백의 개척자들 중 한 사람이 아니라, 미국국립보건원에서 일하던 또 다른 대뇌피질 신경생리학자였다. 1980년에 〈생물의료공학연보Annals of Biomedical Engineering〉에 발표한 한 논문에서 에드워드 슈미트Edward Schmidt는 심각한 장애 환자의 가동성 회복을 위한 새로운 세대의 보철장비 구축을 주목적으로 하는 새로운 과학 분야를 도입하자는 과학 성명을 발표했다.

불행하게도 슈미트의 대담한 제안은 바로 두 개의 큰 벽에 가로막히고 만다. 하나는 이론적인 벽이고, 다른 하나는 실험의 벽이었다. 불과 몇 년 후에 아포스톨로스 게오르고포울로스와 그의 동료들은 운동피질에 있는 단일뉴런의 흥분만으로는 원숭이가 의도하는 팔의 운동 방향을 확실하게 예측할 수 없음을 분명하게 증명해 보인다. 영장류의 팔이 공간 속에서 그리는 궤적을 시간 변화에 따라 정확하게 예측하려면 뉴런 집단을 조사해야 했다. 슈미트의 이상을 실제 임상으로 옮기려면 신경생리학자들이 수많은 단일뉴런의 세포외 활동을 동시에 기록할 수 있어야 했지만, 1980년대 중반의 신경생리학자들 중에서는 가까운 미래에 그런 신경 앙상블을 기록할 수 있을 것이라 믿는 사람이 거의 없었다.

필라델피아에서 존 채핀의 쥐가, 그리고 듀크 대학교에서 우리 원숭이가 슈미트가 꿈꾸었던 것과 비슷한 장비를 조작하게 되었을 때는 거의 20년이라는 세월이 흐른 뒤였다.

1998년부터 이루어진 일련의 새로운 과학적 발전 덕분에 오로라가 생각만으로 로봇팔을 통제할 수 있는 토대가 마련되었다. 그 해, 에모리대학교에 있던 신경과학자 필립 케네디Philip Kennedy와 신경외과의사 로이 베케이Roy Bakay가 단일 피질뉴런의 활성을 이용해 컴퓨터 커서를 움직일 수 있는 변종 '폐쇄증후군lock-in syndrome' 환자의 임상사례를 발표했다. 폐쇄증후군이란 전신이 완전히 마비되어 있지만, 중추신경계는 온전히, 혹은 부분적으로 기능을 유지하고 있는 신경학적 질환이다. 상담을 진행한 후에 환자는 원뿔전극cone electrode이라는 실험장치를 자기 대뇌피질에 이식하는 데 동의했다. 이 전극은 뉴런 돌기의 활성을 기록하도록 설계되었다. 이론적으로는 뉴런 돌기들이 전극 표면과 뒤얽히게 될 것이라 기대했었다. 원래의 논문에는 미가공 자료가 별로 실리지 않았고, 이후 동물과 다른 환자들에게서 실험한 내용을 보면 원뿔전극의 효율도 입증되지 않았다. 하지만 기초적인 신경생리학적 기술과 개념을 임상에 적용하게 될 날이 빠르게 다가오고 있다는 것만큼은 분명했다.

실제로 1년 후에 독일 튀빙겐 대학교 심리학연구소의 닐스 바우머

Niels Birbaumer가 〈네이처〉에 폐쇄증후군 환자를 교육시켜 EEG 리듬 활성을 이용해 컴퓨터 철자 시스템을 조종하는 법을 익히게 했다는 발표를 하자 사람들이 열광했다. 이 초기 '뇌-기계 인터페이스' 시스템을 이용해 환자들이 글자를 적고, 이메일을 보낼 수 있게 된 것이다. 그 중에는 사랑하는 사람이나 바깥세상과 몇 년 만에 처음으로 소통을 한 환자도 있었다.

얼마 지나지 않아 존 채핀, 그의 학생들, 그리고 나는 쥐가 뇌 활성을 이용해 로봇팔을 직접 조정하는 법을 배울 수 있었다는 연구를 발표했다. 우리 쥐가 갈증을 해소하는 방법을 빠르게 배우기는 했지만, BMI 연구의 미래는 영장류 실험에 달려 있다는 것을 우리는 너무도 잘 알고 있었다.

우리가 처음 벨과 그 올빼미원숭이 친구를 데리고 실험을 계획하기 시작했을 때, 호안 베스버그와 나는 원숭이에게 시각적인 단서를 제공해주고 거기에 반응해서 조이스틱을 왼쪽이나 오른쪽으로 움직이게 만드는 것이 우리가 기대할 수 있는 최대치가 되리라고 상당히 보수적으로 생각했었다. 불안정했던 BMI 연구 초기에 만약 누군가가 귀엽고 작은 우리 올빼미원숭이는 물론이고 일부 원숭이 종류가 팔을 위한 BMI 장치 조종을 첫 시도부터 이 정도 수준으로 해낼 수 있다고 미리 확신을 심어주었다면, 이 새로운 분야에 뛰어든 우리와 몇 안 되는 대다수의 신경과학 그룹은 믿을 수 없을 정도로 전율했을 것이다. 그런데 벨이 BMI와 처음 만나자마자 뛰어난 성과를 올리는 것을 보았으니, 우리 모두의 마음속에 벨이 그보다 더 어려운 과제도 수행할 수 있으리라는 기대가 커지는 것도 당연했다.

여기서 깊은 인상을 받은 베스버그는 새로 베일을 벗은 우리의

BMI-조절 로봇팔이 원숭이가 실제 세계에서 사용하는 자유로운 팔 운동도 재현할 수 있을지 시험해보려고 했다. 언뜻 보기에는 남미대륙 열대우림의 목가적인 나무 꼭대기 어딘가에서 태어나 지금은 노스캐롤라이나의 한 실험실 벙커에 앉아 있는 온순한 올빼미원숭이에게 요구하기에는 상당히 어려운 도전이 될 것으로 보였다. 하지만 베스버그와 나는 좀 더 자연스럽고, 따라서 좀 더 다양한 팔 운동을 실험실에서 이끌어낼 수 있으리라는 본능적인 믿음이 있었다.

주스 분배기가 있는 실험실 장비가 있는 곳으로 데려올 때마다 벨이 허겁지겁 제일 먼저 조이스틱을 찾아 달려가는 것을 보았었기 때문에, 베스버그는 음식 움켜쥐기를 실제 세계 운동 연구 과제로 삼아야 한다는 현명한 판단을 내렸다. 이 새로운 과제에서 우리 원숭이는 먼저 몇 초 동안 정신을 바짝 차리고 의자에 앉아 불투명한 유리장벽을 마주하고 있어야 한다. 그러다 갑자기 장벽이 위로 올라가면서 먹음직한 과일이 하나 담긴 사각형 접시가 한쪽 구석에 놓여 있는 것이 보일 것이다. 이것은 벨이 무척 좋아하는 음식이다. 과일을 보면 벨은 오른팔을 뻗어 과일을 움켜쥔 후에 침이 가득 고인 입으로 그것을 가져와야 한다. 그리고 이 모든 과정을 다시 가차 없이 장벽이 내려와 닫히기 전에 성공해야 한다. 이 모든 것이 계획한 대로 일어나면 원숭이는 과제 시도를 제대로 한 차례 완수하게 되고, 그에 따르는 적절한 포상으로 맛있는 과일을 대접받게 될 것이다. 그리고 그 맛있는 과일 덩어리를 게걸스럽게 다 먹어치우고 나면, 벨은 다시 한 번 미각의 즐거움을 찾아나설 준비가 될 것이다. 이렇게 완전히 배가 불러서 오후의 낮잠을 즐기러 갈 때까지 이 모든 과정을 반복한다. 똑똑한 영장류라면 배불리 먹고 난 다음에 낮잠 자는 일 말고 또 달리 무엇을 하겠는가?

앞선 실험과 마찬가지로 우리는 우리 BMI가 벨 뇌에 있는 백 개 정도의 피질뉴런에서 나온 원초적 그대로의 전기 활성을 번역해서 과일을 향해 손을 뻗는 원숭이가 만들어내는 팔의 움직임과 거의 유사한, 의미 있는 3차원의 로봇팔 운동으로 옮길 수 있음을 증명하고 싶었다. 그리고 정확히 그렇게 되었다. 벨이 손을 이용해 과일로 손을 뻗자, 듀크 대학교와 MIT에 있는 로봇팔도 그 동작을 그대로 따라한 것이다. 무작위로 표본을 추출한 터무니없을 정도로 적은 수의 뉴런만을 바탕으로 작동했는데도 다관절 로봇팔은 벨의 팔 동작을 정확하게 흉내냈다. 우리가 목격하고 있는 내용이 얼마나 믿기 어려운 것이었는지는 어렵지 않게 추측할 수 있으리라. 로봇팔이 그려낸 궤적은 원숭이의 자유로운 팔 운동과 70% 정도 유사했다. 이런 결과를 바탕으로 볼 때 95%의 정확도를 달성하는 것도 우리가 상상했던 것보다는 훨씬 작은 규모의 뉴런 집단으로 가능할지 모른다. 하지만 질문은 여전히 남아 있었다. 대체 얼마나 많아야 하는가?

추가적인 실험에서 얻은 신경생리학 자료를 통해 새로운 중요한 발견을 하게 되었다. 벨과 또 다른 올빼미원숭이인 카르멘의 대뇌피질 여러 영역에 미소전극배열을 삽입해놓은 덕에 우리는 BMI의 실시간 팔 운동 예측에 대뇌피질 앙상블은 물론이고 각각의 개별 뉴런이 얼마나 기여하고 있는지도 측정할 수 있었다. 이런 관계를 수량화하기 위해 베스버그는 또 다른 새로운 분석 기법을 만들어냈고,

이것은 지금 '뉴런탈락곡선neuron dropping curve, NDC'이라고 알려져 있다
그림 7.1. 이것은 주어진 운동 변수를 예측하는 특정 BMI 계산 알고리즘의 정확도를, 동시에 기록하는 단일뉴런의 숫자에 대한 함수로 측정한다. NDC는 처음에는 주어진 뇌 영역에서 동시에 기록되는 뉴런 표본 전체의 수행성과를 측정하는 것으로 시작한다. 일단 이 최대 수행성과를 얻고 난 다음에는 원래의 표본에서 무작위로 개별 뉴런들을 탈락시킨 다음 같은 계산을 다시 반복한다. 이렇게 뉴런을 무작위로 탈락시키는 단계를 전체 집단이 최후의 뉴런 하나로 줄어들 때까지 여러 번 반복한다. 그림 7.2에 나온 NDC 쌍들은 붉은털원숭이에 의해 BMI가 작동되는 동안 서로 다른 두 피질영역(일차운동피질과 후두정엽피질)에 위치한 뉴런 집단들이 두 개의 시변운동 변수를 동시에 예측하는 데 얼마나 기여하는지를 강조해서 나타내고 있다. 이 그림은 손의 위치와 악력이라는 두 가지 변수에 대한 예측이 기록되는 뉴런 집단 크기에 대한 함수로서 얼마나 변화하고 있는지를 나타낸다.

간단한 방법이긴 했지만, 우리가 기록해두었던 뉴런들로 유용한 비교를 해볼 수 있었던 것은 NDC의 개발로부터 얻어낸 것이었다. 우선 먼저, 서로 다른 피질영역에 위치한 신경 앙상블들이 특정 운동 변수나 전체적인 행동을 얼마나 잘 예측하는지 비교해볼 수 있었다. 또한 크기가 다른 신경 앙상블의 수행성과도 정량적으로 측정해볼 수 있었을 뿐 아니라, 해부학적 위치에 상관없이 동시에 기록되는 모든 뉴런을 결합시켰을 때 나오는 효과도 측정해볼 수 있었다. 더 나아가 개별 뉴런의 평균 기여값을 추적할 수도 있고, 1차원 팔동작 대 3차원 팔 동작 같은 다양한 동물의 행동을 예측할 때 서로

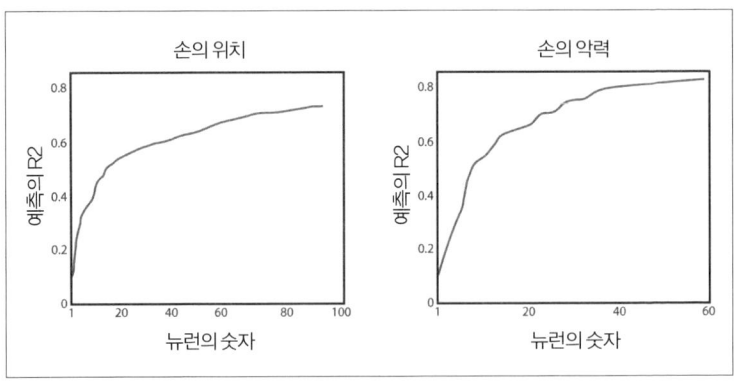

그림 7.1 얼마나 많은 뉴런이 필요할까? 두 개의 뉴런탈락곡선이 뉴런의 숫자(X축)와 두 개의 서로 다른 변수(손의 위치와 손의 악력)에서 얻은 실시간 예측 정확도 사이의 상관관계를 보여주고 있다. 이 두 곡선은 같은 원숭이 일차운동피질뉴런 표본을 이용해서 구축한 것이다.

다른 피질영역에 위치한 크기가 비슷한 뉴런 집단의 수행성과도 비교해볼 수 있게 되었다. 하지만 이 세상에는 본디 원래부터 완벽이란 없는 것이라, 연구 예산이 빠듯한 과학자 입장에서는 NDC도 한 가지 큰 불편이 있었다. 계산을 하려면 아주 성능이 뛰어난 컴퓨터가 있거나, 아니면 엄청난 인내력이 필요했기 때문이다. 당시로서는 고속 컴퓨터를 살 만한 자금이 안 되었기 때문에 베스버그의 스웨덴 사람다운 인내력과 지혜에 의존해서 모든 곡선을 계산하고 그래프로 그려야 했다.

우리 컴퓨터의 계산 능력 한계에도 불구하고 베스버그는 집요하게 밀고 나갔고, 어떻게든 과일을 많이 먹으려고 하는 벨과 카르멘에게서 나오는 자료들을 하나도 놓치지 않고 이용해서 최초의 NDC를 만들었다. 2000년에 〈네이처〉에 실린 그 도표들은 아주 흥미롭고

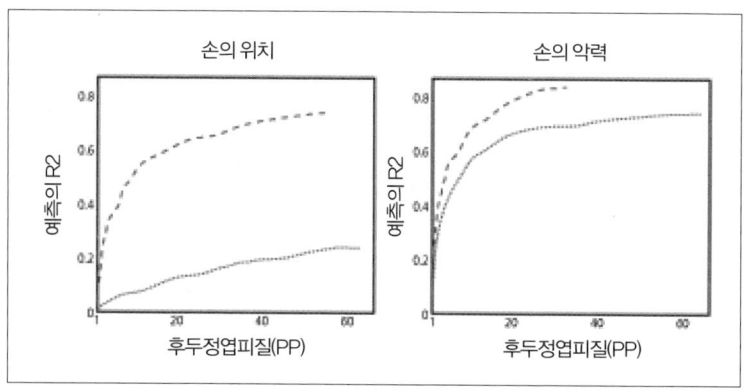

그림 7.2 뇌 전체에서 운동 명령 모으기. 뉴런탈락곡선을 이용해 두 변수(손의 위치와 악력)에 대해 일차운동피질(M1, 긴 점선)과 후두정엽피질(PP, 짧은 점선)에서 동시에 기록되는 뉴런 집단의 예측 정확도를 비교해 보았다. 두 변수에 대한 정보를 양쪽 피질영역에서 모두 얻을 수 있지만, 같은 크기의 뉴런 집단에 대해서는 M1이 더 많은 정보를 담고 있음을 주목하라. 하지만 같은 크기의 뉴런 집단에서는 악력 예측에서 M1과 PP 모두 비슷한 수준의 정확도를 나타내고 있다.

도발적인 발견을 두 가지 선보임으로써 신경과학계의 이목을 집중시켰다. 첫째, 1차원 팔 운동을 예측할 때 보면, 서로 다른 피질영역의 신경 양상들이 분명히 어느 정도는 전문화되어 있는 양상을 나타냈지만, 같은 운동 행동에 대한 정보를 뉴런 활성을 기록한 각각의 올빼미원숭이 피질영역에서도 마찬가지로 동시에 유도해낼 수 있었다. 둘째, 원래 기록을 시작했던 각각의 피질영역 뉴런 집단에서 무작위로 개별 뉴런들을 탈락시켰지만, NDC를 보면 특정 운동을 예측하는 컴퓨터 알고리즘의 전체적인 수행성과에는 거의 영향을 미치지 않았다. 다른 말로 하자면, 몇몇 개별 구성 요소들을 상실했음에도 불구하고 나머지 뉴런 집단은 원래의 뉴런 집단의 수행성과에 아주 가까운 성과를 유지할 수 있는 복원력을 갖고 있었다.

자가조절 259

우리가 하나씩 하나씩 뉴런을 탈락시키자, 앙상블의 수행성과도 점차적으로 떨어졌다. 이런 현상은 10~20개 정도의 뉴런이 남을 때까지 지속되다가, 그 지점에 가면 신경 앙상블의 수행싱과가 가파르게 떨어졌다. 그래서 몇 개 안 되는 뉴런만 남았을 때는 거기서 나오는 행동 예측의 수준이 대단히 형편없어졌다. 실제로, 뉴런이 하나만 남았을 때는 BMI 알고리즘으로도 믿을 만한 운동 예측이 전혀 나오지 않았다.

NDC는 원래의 뉴런 표본에서 뉴런을 무작위로 빼면서 만든 것이기 때문에, 이 마지막 결과가 의미하는 것은 평균적으로 볼 때 우리 실험에서 기록된 그 어떤 단일뉴런의 전기 활성도 우리 원숭이가 몇백 ms 후에 만들어내려고 의도하는 운동의 종류를 명확하게 예측할 수 없다는 것이다. 심지어 그 뉴런이 일차운동뉴런에 자리 잡은 것이라 하더라도 말이다. 의도적인 팔 운동을 만들어내거나, 그 운동을 인공 기계에서 재현하려면, 우리 두 원숭이의 뇌는 뉴런 집단의 협력 작업에 의존해야 했다. 이것이 '단일뉴런 불충분의 원리principle of single neuron insufficiency'다.

◆ 단일뉴런 불충분의 원리
단일뉴런이 아무리 특정 변수에 정교하게 동조된다 해도, 그 개별 뉴런의 흥분빈도만으로는 대뇌피질에 의해 조정되는 특정 기능이나 행동을 유지하기에는 불충분하다. 대부분의 개별 피질뉴런이 기여하는 부분은 순간에 따라 크게 달라지고, 따라서 개별적인 통계적 신뢰도가 결여되어 있기 때문에, 이것은 뇌-기계 인터페이스가 단일 신경의 흥분빈도에만 의지해서는 장기간 일관되게 작동할 수 없음을 의미하고, 또한 생

> 각의 기본 기능적 단위가 단일뉴런이 아니라 뉴런 집단이어야 함을 의미한다.

벨과 카르멘을 데리고 한 실험들이 어렵고 흥미진진했던 것은 사실이지만, 이 실험을 통해 시험할 수 없었던 핵심적인 요소가 있다. 영장류는 자기가 뇌 활성으로 조종하는 로봇의 운동 수행 상태를 실시간으로 피드백해주면 어떻게 반응할까?

오로라가 우리와 협력하기로 마음먹었을 즈음에는 이 질문을 다루기 위해 우리 실험 장치들이 여러 가지 많은 부분에서 성능이 개선되어 있었다. 우선 먼저 '기구 제작의 달인'인 레지던트 게리 르휴가 선봉에 서고 짐 멜로이Jim Meloy가 힘을 보태서 개발한 고밀도 미소전극배열 덕분에 최고 512개의 미소전극을 추적 감시할 수 있는 길이 열렸다. 잠재적으로는 최고 2,048개의 단일뉴런을 동시에 추적 감시할 수 있는 장치다. 그런 기술적 발달 덕분에 우리는 오로라의 뇌가 새로운 과제를 배우고 BMI와 상호작용해야 하는 요구에 어떻게 적응하는지 관찰할 수 있었다. BMI도 마찬가지로 개선되어, 우리 실험실의 또 다른 방에 자리 잡고 있는 로봇팔의 수행에 대한 정보를 실시간으로 피드백해주었다.

어떤 면에서 보면 오로라는 이미 기계로부터 피드백을 받도록 훈련되어 있다. 일례로, 우리가 비디오 게임을 위해 오로라에게 준 조이스틱은 살짝만 움직여도 커서가 쉽게 움직였기 때문에 커서의 궤적을 원하는 대로 움직이려면 오로라는 마음만 앞서서 조이스틱을 세게 쥐고 거칠게 움직일 것이 아니라, 화면상의 시각 정보를 이용해서 조심스럽게 조종하는 법을 배워야 했다. 모니터상에 무작위로 나타나는 원형 목표물을 얼마나 빨리 가로채느냐에 따라 포상 여부가 결정되기 때문에 오로라는 목표물이 나타나기도 전에 어림짐작으로 엉성한 추측으로 커서를 움직여 시간과 에너지를 낭비하지 않는 것이 중요하다는 것도 배웠다. 대신, 오로라는 충동을 꾹 누르고 정신을 바짝 차린 상태에서 가만히 앉아 기다리는 법을 배웠다.

우리가 BMI의 전원을 켜고, 조이스틱을 없애 버린 후에, 오로라가 새로운 게임의 규칙을 스스로 알아내게 내버려 두었을 때, 오로라는 처음 몇 분 동안은 팔과 손을 움직이며 마치 손을 화면으로 뻗어 목표물을 움켜쥐려는 듯이 보였다. 그러다가 오로라가 팔의 움직임을 완전히 멈추고도 이전처럼 주스를 포상으로 받기 시작했을 때, 우리는 오로라가 조이스틱 조종에서 BMI 조종으로 옮겨갔음을 깨달았다. 그리고 오로라의 몇몇 팔 근육과 등 근육에서 나오는 EMG 활성을 지속적으로 추적 관찰하고 있었기 때문에 오로라의 뇌가 언제 근육으로부터 스스로를 분리해냈는지 정확한 순간을 기록할 수 있었다.

페츠의 실험에서처럼, 시각적 피드백과 주스 포상은 오로라의 뇌와 근육 활성을 분리시키는 과정에서 강력한 강화 인자로 작용했다. 하지만 이상한 점은 페츠와 피노키오가 그들의 영장류 실험에서 했던 방식과는 달리 우리는 오로라에게 이런 분리를 선택하도록 가르쳐본 적이 없다는 것이다. 사실, 근육을 얌전히 그대로 있으냐 수축하느냐에 상관없이 그저 커서로 목표물을 가로채기만 하면 오로라는 포상으로 주스를 받을 수 있었다. 그런데도 오로라는 팔을 움직이지 않아도 포상을 받을 수 있다는 것을 알아내자마자 과감하게 몸을 움직이는 것을 그만두고, 정신만을 이용해서 자신의 과제를 수행하기로 한 것이다. 영장류는 수의적 운동 의도를 담고 있는 뇌 활성을 만들어내면서도, 이런 의도가 실제 근육의 활성으로 옮겨지지 않고 분리되도록 스스로 선택할 수 있었다. EMG 기록을 보면 우리가 추적 관찰하는 여러 팔 근육에서 근육 수축이 일어나지 않았기 때문에, 이 근육들로 신경섬유를 투사하는 척수의운동 뉴런도 마찬가지로 활성화되지 않은 것으로 보였다. 오로라는 자신의 대뇌피질에서 만들어진 운동 명령이 척수로 '다운로드'되는 것을 완전히 차단할 수 있었던 것이다.

몇 주에 걸쳐 오로라는 뇌로 직접 조종하는 모드에서 BMI를 사용하면서 행동 수행성과를 향상시켰다. 이 두 번째 훈련 기간이 끝날 즈음에 오로라는 조이스틱을 이용할 때만큼이나 게임을 잘 했고, 과일주스 포상도 그때만큼 많이 받았다. 더군다나 오로라는 BMI를 이용해서 커서의 궤적을 만드는데 필요한 시간도 줄일 수 있었고, 결국 조이스틱으로 게임을 할 때 관찰되는 것과 같은 정도의 시간 지연을 나타내는 수준까지 도달했다. 불과 250ms만에 오로라의 뇌에서 활성을 기록해 중앙 컴퓨터로 재전송하고, 몇 가지 수학모델에 입력한 다음, 이것을 기계가 이해할 수 있는 디지털 운동 명령으로 해석하고, 로봇팔로 전송해서 커서의 궤적을 유도하는 데 사용할 수 있었고, 결국 오로라는 눈과 입으로 게임의 결과를 확인 할 수 있었다. 결과는 대부분 승리였고, 오로라는 입으로 승리의 달콤함을 맛볼 수 있었다. 훈련에 들어간 지 30일 정도가 지났을 무렵, 오로라는 자기 팔과 손을 다른 중요한 목적에 사용할 수도 있다는 사실을 깨달았다. 뇌만을 이용해 비디오 게임을 하면서, 팔로는 등을 긁거나 지나가는 신경과학자의 옷을 잡아당기는 등의 행동을 할 수 있었던 것이다.

일단 오로라가 좋아하는 게임에 완전히 통달하고 나자, 우리는 오로라에게 두 가지 다른 운동 과제 수행을 훈련시켰다. 한 가지 과제는 컴퓨터 화면 위에 직경이 다른 두 동심원으로 형성된 고정된 시각 목표물을 보여준다. 이 과제에서는 두 원의 직경 차이가 오로라가 조이스틱을 쥘 때 적용해야 할 악력의 크기를 나타낸다. 이것을 정확히 해야 과일주스가 포상으로 나온다. 조이스틱 손잡이를 잡을 때 사용하는 악력을 조종해서 이 수수께끼를 푸는 법을 배우고 나자, 오로라는 BMI를 이용해서 생각만으로 적절한 악력의 크기를 만들어내는 일에는 비교적 쉽게 적응했다. 이번에도 역시 오로라는 공공연하게 손을 움직이지 않아도 요구된 과제를 충족시킬 수 있다는 것을 깨달았다.

자신의 실험 능력을 선보이는 마지막 무대에서 오로라는 훨씬 정교한 과제의 해결방법을 배웠다. 앞에서 했던 두 실험에서 가장 힘든 부분을 뽑아서 결합시킨 형태의 과제였다. 첫 번째 게임과 마찬가지로 오로라는 컴퓨터의 커서를 이동시켜서 컴퓨터 화면 아무데서나 나타나는 원형 목표물을 가로채야 한다. 하지만 일단 커서가 목표물을 따라잡는 순간, 목표물의 형태가 두 동심원으로 변한다. 그럼 오로라는 이 동심원 사이의 직경 차이가 말해주는 악력의 크기를 이용해 목표물을 수백 ms 동안 붙들고 있어야 한다. 이제 오로라는 주스 포상을 받고 싶으면 커서를 이용해 목표물을 따라잡아야 할 뿐 아니라, 적절한 크기의 악력을 적용해서 커서가 그 목표물을 붙들고 있게 해야 했다. 시간이 좀 걸리기는 했지만, 오로라는 결국 팔을 전혀 움직이지 않고 순수하게 생각만으로 이 좀 더 복잡한 과제를 수행하는 법을 배웠다.

오로라가 뛰어난 수행성과를 낸 덕분에 뉴런탈락곡선 NDC을 이용해 분석할 수 있는 막대한 양의 신경생리학 자료를 얻었다. 이 경우, 우리 모델에서 실시간으로 동시에 예측한 서로 다른 많은 운동 변수 각각에 대해 NDC를 계산해 낼 수 있었다. 그리고 우리는 또한 오로라가 과제를 익히고, BMI 사용법을 배우고, 뇌와 근육 활성을 분리시키는 동안 단일뉴런을 기록한 각각의 여섯 피질영역도 계산에 넣을 수 있었다.

오로라의 자료를 바탕으로 작성한 NDC도 벨과 진행했던 실험에서 관찰했던 내용을 더욱 강화해주었다. 사실, 자료들을 굳이 깊이 파고들어가지 않아도, 조사한 여섯 피질영역 모두 뉴런 집단에서는 오로라의 팔 궤적을 예측하게 해주는 정보를 끌어낼 수 있었지만, 개별 뉴런들에서는 그럴 수 없음을 증명할 수 있었다. 우리 실험에서 모델화한 개별 운동 변수 각각의 실시간 변화에 대한 예측 정확도를 기준으로 삼아 판단해 보았더니, 각기 다른 피질영역에서 얻은 뉴런 표본들은 이들 변수를 예측하는 데 있어서 서로 전문화 수준의 정도가 다르기는 했지만, 모든 피질영역의 신경 앙상블이 적어도 어느 정도는 유의미한 정보를 실어 나르고 있다는 사실을 관찰할 수 있었다. 일례로 그림 7.2에 나온 NDC를 들어보자. 이 곡선들은 손의 위치와 악력을 예측하려면 피질영역당 얼마나 많은 수의 뉴런을 표본으로 잡아야 하는지 비교한 것이다. 손의 위치를 예측할 때는 M1 뉴런은 표본을 아주 작게 잡아도 후두정엽피질 posterior parietal cortex, PP(피질) 영역에서 같은 수의 뉴런을 표본으로 잡는 것보다 훨씬 정확하게 예측할 수 있다. 하지만 이 두 피질영역이 손 악력의 실시간 예측에 기여하는 것을 비교해보면, PP 피질의 뉴런 표본도 같은 크기의 M1 앙상블에 별로 뒤지지 않는 정확한 예측을 내놓았다. 만약 이 영역에서 더 많은 PP 뉴런을 신경 앙상블로 잡아서 기록했다면 M1 앙상블만큼이나 수행성과가 좋았으리라고 생각할 수 있다. 오로라의 전두엽과 두정엽 전반에서 광범위하게 팔의 궤적에 대한 생각이 발생했음을 확인할 수 있었고, 특정 운동 과제에 참가하는 피질 뉴런들 중 상당수가 자신의 흥분 활성을 몇 가지 운동 변수를 계산하는 데 동시에 빌려 주었을 가능성이 크다.

이런 발견을 바탕으로 상대론적 뇌의 또 다른 원리를 발전시킬 수 있었다. 바로 '뉴런 다중작업의 원리neuronal multitasking principle'다.

◆ 뉴런 다중작업의 원리
개별 피질뉴런과 그 뉴런의 확률론적 흥분은 다중의 기능적 신경 앙상블에 동시에 참가할 수 있다. 즉, 하나의 피질뉴런이 만들어내는 활동전위는 서로 다른 신경 앙상블에 의해 다중의 기능적, 행동적 변수를 부호화하는 데 사용될 수 있다. 따라서 어느 특정 순간에 한 단일 피질 뉴런이 특정 운동 변수나 감각 변수에 예민하게 동조되어 있을지라도, 그 뉴런의 활동전위는 다른 뉴런 집합이 수행하고 있는 다른 변수 부호화에 동시에 참여할 수 있다. 뉴런 다중작업의 원리는 피질 전체가 '교차양식 감각 반응cross-modal sensory response(교차양식cross-modal이란 시각이나 청각처럼 범주가 서로 다른 양식 간에 영향을 미치는 것을 말한다—옮긴이)'을 나타낼 수 있고, 개별 뉴런들은 다중의 운동 변수나 다른 상위 인지higher cognitive 변수parameter를 부호화하는 능력이 있을 것이라고 예측한다.

오로라의 뇌에서 운동 기능이 엄격하고 정확하게 국소화되어 있다는 증거는 전혀 찾을 수 없었다. 그 대신 대뇌피질의 '기능 전문화'가 분명 존재하긴 했으나 상대적인 것이었다. 전문화와 아울러 높은 수준의 '기능 공유function sharing'도 함께 존재했던 것이다. 할머니 뉴런이 존재한다는 증거도 보이지 않았다. 모든 피질영역의 뉴런 집단을 단일뉴런으로 축소시키면 그 중 어떤 단일뉴런도 혼자서는 오로라의 운동 행동을 의미 있게 예측해서 BMI가 만족스러운 정확도로 꾸준히 작동하게 해줄 수 없었다.

이 실험들에서 이끌어낼 수 있는 주요 결론은 다소 직설적인 내용이었다. 오로라의 뇌 안에서 프란츠 갈의 골상학 후계자들과 단일뉴런 추종자 양쪽 모두는 폭넓게 분산된 뉴런 집단을 이용해 동물의 행동을 빚어내는 대자연의 아이디어 앞에 마침내 무릎을 꿇고 만 것이다.

오로라의 뇌에 적혀 있는 구호는 '단일뉴런 독재'가 아니라 '뉴런 민주주의'였던 것이다.

우리 분석의 다음 단계는 오로라가 자기 팔과 조이스틱으로 비디오 게임을 즐기다가, 사용하던 근육을 조금도 수축하지 않는 BMI 뇌 조종 모드로 우아하게 넘어갔을 때 개별 피질뉴런들이 어떻게 반응했는지 비교하는 일이었다. 이 비교를 위해 우리는 운동을 시행하기 전, 시행하는 동안, 그리고 시행한 바로 후의 순간에 각기 개별 피질뉴런의 흥분이 오로라의 생물학적 팔과 로봇팔이 움직이는 속도, 방향과 어떻게 관련되어 있는지를 측정한 동조 곡선tuning curve을 분석했다. 그림 7.3에 그린 동조 곡선 세 개가 나와 있다. 이 각각은 서로 다른 과제 수행 환경 아래서 얻어낸 자료로 구성한 곡선이다. 즉, 조이스틱 조종 모드, 팔 동작을 함께 하는 뇌 조종 모드, 그리고 오로라 자신의 팔은 움직이지 않고 로봇팔만 움직이는 뇌 조종 모드, 이렇게 세 가지다.

지난 40년 간 발표된 광범위한 신경과학 연구 문헌을 바탕으로 우리는 기록된 뉴런들 중 상당한 비율에서 오로라가 팔과 손을 움직이는 일부 양상과 어느 정도는 관련된 흥분 패턴이 나타나리라 기대했다. 그리고 실제로 우리가 기대했던 결과가 나왔다. 피질뉴런들은 이런 움직임과 관련해서 다양한 방식으로 자신의 전기 활성을 조절했다. 단일뉴런은 이런 움직임의 시작을 예상하고 흥분하기도 했고, 움직임이 실행되고 있는 동안 흥분빈도를 늘이기도, 줄이기도 했다. 관찰된 빈도는 다소 차이가 있었지만, 뚜렷이 구분되는 이런 흥분 패턴을 우리가 표본으로 잡은 모든 피질영역의 뉴런에서 확인할 수 있었다.

속도와 방향 동조 곡선을 더 분석해보니 몇 가지 흥미로운 특성이 드러났다. 첫째, 우리는 오로라가 자기 팔과 손을 이용해서 움직일 때만 흥분을 조절하는 피질뉴런 집단을 찾아냈다 그림 7.3A. 이 뉴런들은 오로라의 팔의 움직임이 개시되기 전에 예외 없이 분명하고 폭넓은 속도 동조와 방향 동조를 보였다. 시간이 흐르면서 움직임이 계속 이어지면 이들 뉴런의 속도 동조와 방향 동조 모두가 역동적으로 변화하는 경우가 많았다. 그리고 이 역동적인 변화들이 10년 전에 수염으로 더듬고 다니는 쥐에서 기록한 피질뉴런과 피질하부 뉴런의 시공간 촉각수용야에서 보았던 유연성과 많이 닮아 있는 것을 확인할 수 있었다. 둘째, 일단 오로라가 자기 팔의 움직임을

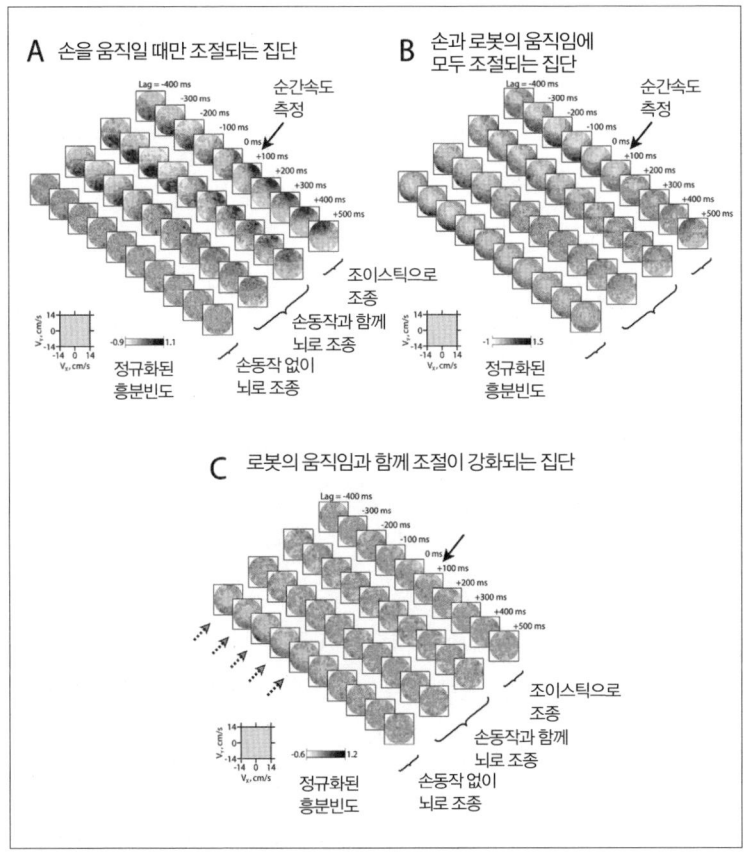

그림 7.3 몸과 기계의 움직임을 조종하는 피질뉴런의 미세 동조fine-tuning. 한 M1 뉴런의 흥분빈도를 팔의 순간속도 측정 순간(0ms)과의 시간 경과에 따라 팔의 속도에 대한 함수로 그레이스케일 극좌표선도에 나타냈다. 속도=0은 각각의 원 중앙에 있고, 최고 속도 (14cms/second)는 원의 가장자리에 있다. 흥분패턴은 서로 다른 작동 상태(조이스틱 조종, 손동작과 함께 뇌로 조종, 손동작 없이 뇌로 조종)에서, 서로 다른 작동기(손이나 로봇의 동작, 범례 참조)를 사용하는 동안에 얻었다. 각각의 원은 뉴런이 선호하는 방향 또한 부호화하고 있다(축적 참조). 회색 음영은 흥분빈도를 나타낸다(흰색이 최소, 검은색이 최대). (A) 원숭이가 로봇을 이용하지 않고 자기 손을 이용해 비디오 게임을 즐기고 있을 때 강한 속도 동조와 방향 동조를 나타내는 이웃 뉴런. (B) 원숭이가 조이스틱 조종과 뇌 조종을 하는 동안, 그리고 자기 손이나, 혹은 로봇만을 이용해서 비디오 게임을 즐기고 있을 때 속도 동조와 방향 동조를 둘 다 나타내는 단일 M1 뉴런 (C) 원숭이가 뇌 활성을 이용해 로봇팔을 움직일 준비를 할 때 강화된 속도 동조와 방향 동조(점선 화살표)를 나타내고, 원숭이가 자기의 생물학적 팔을 움직일 때는 동조를 나타내지 않는 이웃한 M1 뉴런.

멈추면 이 그룹의 피질뉴런들은 완전히 흥분을 멈추었다. 아무런 활동전위도 만들어지지 않은 것이다. 그 결과 이 뉴런들은 로봇팔의 움직임에 대해서는 아무런 속도 동조나 방향 동조를 나타내지 않았다. 로봇팔의 움직임이 실제로는 오로라 뇌의 조종 아래 있는데도 말이다그림 7.3A.

하지만 생물학적 팔의 움직임과 신경 흥분 간에 나타난 이 대단히 분명한 공분산covariance은 우리가 오로라의 대뇌피질 전기 활성에서 볼 수 있었던 여러 패턴 중 한 가지에 불과했다. 규모가 꽤 큰 피질뉴런의 일부 집단은 생물학적 팔과 로봇팔 양쪽의 움직임에 대해 방향 동조뿐만 아니라 속도 동조도 나타냈다. 심지어 오로라가 어떤 근육 수축도 일으키지 않고 BMI를 조작하고 있는 동안에도 말이다그림 7.3B. 때로는 오로라가 자기 팔을 움직이는 상태에서 뇌만으로 로봇팔을 직접 조종하는 상태로 옮겨감에 따라 속도 동조와 방향 동조가 변하기도 했다. 하지만 많은 경우, 단일 피질뉴런의 속도 동조와 방향 동조는 양쪽 조건 모두에서 똑같거나 아주 유사한 상태로 남아 있었다. 페츠가 원숭이를 실험하며 관찰했던 것처럼, 분명 오로라의 뉴런들 중 일부는 팔에 그 어떤 명확한 움직임도 없는 상태에서도 흥분할 수 있었다. 더 나아가 우리 실험은 이 피질뉴런들이 오로라가 자기 뇌만으로 로봇팔의 움직임을 조종해야 할 때도 자기 본래의 동조 특성을 유지할 수 있다는 것을 보여주었다.

이 후자의 관찰 내용은 오로라와 함께 한 모든 실험에서 가장 뜻깊은 발견이 될 뻔 했지만, 결국 믿을 수 없을 정도로 놀라운 생리학적 특성을 보여준 세 번째 종류의 피질뉴런이 확인되자 빛을 잃고 말았다. 이것은 내가 신경생리학자로 살아오면서 보고 상상했던 모든 것에서 완전히 벗어난 것이었다. 이 피질뉴런 집단은 오로라가 자기 팔이나 손을 움직일 때는 전혀 흥분하지 않았다. 즉, 오로라가 손으로 조이스틱을 조종하고 있는 동안 어떤 속도 동조나 방향 동조도 나타내지 않았다는 뜻이다. 하지만 오로라가 뇌 활성만을 이용해서 BMI를 작동시키고 로봇팔을 조정하기 시작하는 순간, 이 뉴런들은 미친 듯이 흥분하기 시작하면서 곧 로봇팔의 속도와 방향과 멋지게 동조하기 시작했다그림 7.3C, 점선화살표. 신기하게도 이 뉴런들은 피질 전체, 심지어는 M1에서도 발견되고, 오로라가 자기 팔을 움직일 때만 흥분하는 다른 뉴런들과 나란히 자리 잡고 있었다. 이렇게 놓고 보면 영장류 일차운동피질에 질서와 구조가 존재한다는 개념이 얼마나 부질없는 것인지. 우리는 이 관찰내용을 근본적으로 이렇게 해석했다. 마치 오로라의 피질뉴런 중 아주 적은 일부는 도구(이 경우에는 로봇팔)를 뇌가 내부적으로 시뮬레이션 해놓은 자기 몸의 신체상의 일부로 매끈하게 받아들일 수 있는 순간이 올 때까지 감각운동피질 속에 조용히 들어앉아 있었던 것 같다고 말이다.

 BMI 개발에 몰두하고 있는 우리 같은 사람들에게 오로라 실험의 결과는 마치 베토벤 교향곡 9번에 나오는 합창 '환희의 송가'처럼 들렸다. 순수한 희망과 기쁨이었던 것이다. 우리가 낙관적인 전망을 갖게 된 이유는 간단했다. 오로라가 뇌의 운동 활성 발생과 근육의 수축을 분리할 수 있었다면, 척수의 심각한 병소나 파괴적인 말초의 퇴행성신경질환 때문에 생긴 마비로 고통받고 있지만, 나머지 뇌의 기능은 온전한 환자들도 가동성을 완전히 회복할 수 있도록 설계된 신경보철장비의 움직임을 자신의 피질 활성을 이용해 조절하는 법을 배우게 될 가능성이 크기 때문이다.

당시에는 알아챈 사람이 없었지만, 이 고전적인 실험에서 오로라가 보여준 단호한 노력 덕분에 주류 신경과학에서 거의 200년 가까이 거들떠보지도 않았던 부분을 끈질기게 물고 늘어졌던 아이디어와 꿈, 그리고 거의 잃어버리다시피 한 명분들이 독특하게 한자리에 모이고 있었다. 토마스 영의 분산부호화에 대한 통찰, 칼 래슐리와 도널드 헵의 동등 잠재력의 원리principle of equipotentiality와 세포 집합체cell assembly 개념, 번쩍거리는 뉴런을 동시에 최대한 많이 보고 들으려 했던 존 릴리의 집념, 피드백 이용법을 개척한 페츠, 그리고 에드워드 슈미트가 꿈꾼 신경보철장비 등을 모두 포괄함으로써 오로라 실험은 오직 영장류의 뇌만이 만들어낼 수 있는 자아에 대한 모델을 새로 정의하는 것이 가능함을 보여준 것이다.

위대하게 이어져온 과학의 이어달리기에서 이제 드디어 마지막 모퉁이만 돌면 된다는 희망이 손에 잡힐 듯 가까워진 것 같았다.

8

A Mind's Voyage Around the Real World

마음의 진짜 세상 둘러보기

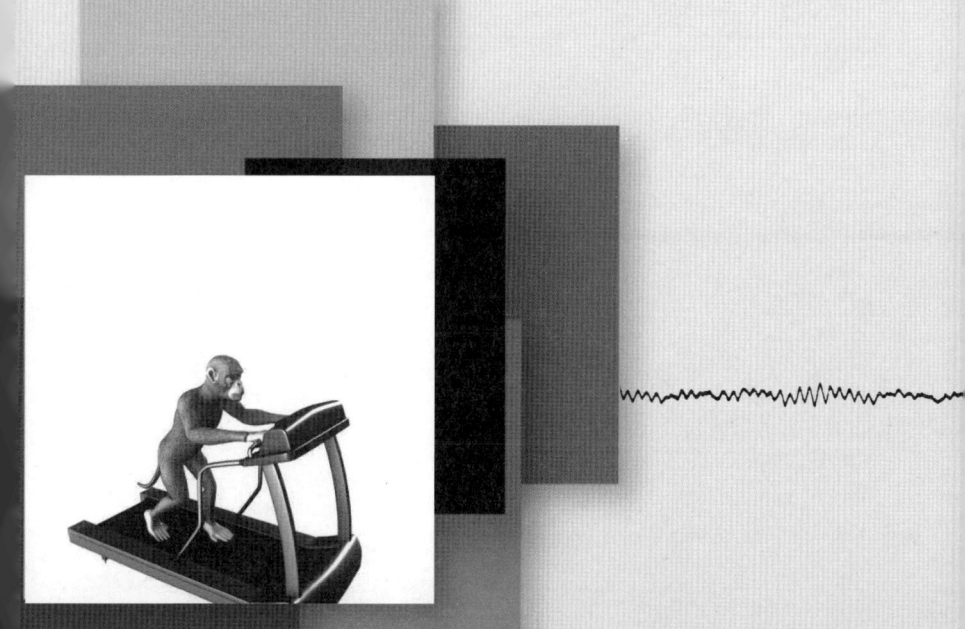

**BEYOND
BOUNDARIES**

8
마음의 진짜 세상 둘러보기

수십 년 동안 뇌와 기계를 결합하는 일은 아주 요원한 꿈인 듯 느껴졌고, 기껏해야 과학소설의 소재 정도로만 생각했다. 하지만 벨과 오로라와 함께 한 우리의 연구가 발표됨으로써 뇌-기계 인터페이스는 '진정한' 과학의 전당에 당당히 발을 들여놓았다. 〈사이언티픽 아메리칸Scientific American〉과 〈MIT 테크놀로지리뷰MIT Technology Review〉는 모두 BMI의 개발에 큰 관심을 보였다. 2001년에 〈네이처〉 특별호는 미래 사회에 영향을 미칠 가능성이 큰 최신 연구와 기술들을 검토하는 데 지면을 할애했는데, 거기에 기고한 기사에서 나는 우리의 폐쇄루프제어 BMI를 구성하는 요소, 그리고 그런 장치를 신경보철장비로 바꾸는 데 필요한 단계들을 설명하는 시스템공학 설계도를 처음으로 공개했다. 이렇게 관심이 집중되면서 전 세계의 신경과학 연구실은 자신의 연구 방향과 역량을 이 분야로 돌리기 시작했다.

그 당시 BMI에 대한 논쟁은 주로 두피 EEG 같은 비침습적 방식이 나은가, 아니면 우리가 벨과 오로라에게서 확인했던 바와 같이 수의적인 뇌 활성을 효과적으로 이용해 로봇팔을 조종할 수 있었던 미소전극배열을 뇌에 장기적으로 삽입하는 좀 더 침습적인 방식이 나은가 하는 문제에 집중되어 있었다.

EEG 기반의 뇌-컴퓨터 인터페이스brain-computer interface, BCI를 연구하는 사람들은 EEG가 뇌 조직을 침범하지 않고도 얻을 수 있기 때문에 임상에 따르는 위험과 이득 사이에서 제일 적당한 균형을 이룬다고 주장했다. 비침습적인 접근법을 옹호하는 사람들은 예외 없이 닐스 바우머가 EEG 기반의 BCI를 최초로 임상적용해서 폐쇄증후군 환자가 외부세계와 소통하게 하는 데 성공한 사례를 꼽는다. 몇 년 후에는 몇몇 연구그룹(이 중에는 베를린 공과대학교의 컴퓨터 과학자인 내 친한 친구 클라우스 뮐러가 이끄는 그룹도 있다)에서 바우머의 BCI 개념을 확장해서 건강한 실험참가자들이 EEG 활성을 이용해서 간단한 비디오 게임을 즐길 수 있는 장치를 개발하기도 했다. 더욱 최근에는 EEG 기반의 BCI를 이용해서 심각한 마비 환자가 휠체어를 조종하기도 했다.

이렇게 대단히 유용한 장치들이 나와 있기는 하지만, EEG 기반의 BCI는 한계가 있다. EEG는 수천 개 피질뉴런의 시냅스 활성과 흥분 활성을 평균을 낸 것이기 때문에 BCI에 그 신호를 입력하려 해도 신경보철장비가 자연스러운 팔다리 기능을 흉내내기에는 공간적인 해상도가 떨어진다. 본질적으로 EEG 신호는 구체적인 뉴런 정보를 거의 실어 나르지 않기 때문에 이런 신호를 기반으로 하는 BCI는 단지 몇 비트의 정보만을 다룰 수 있다. 최근에는 양쪽 진영에서 비침습적인 기술과 침습적인 기술에서 가장 좋은 접근법들을 취합해서 BMI를 만들 수 있다는 것을 깨닫고, 결국 논쟁은 휴전 상태로 들어갔다. 여기에 덧붙여 언젠가 BMI를 줄기 세포 치료 같은 다른 혁명적인 치료법과 함께 사용하면, 척수 손상으로 고통받는 환자들도 몸 전체의 가동성을 회복할 수 있을 것이다.

 2002년 말에 듀크 대학교 우리 실험실에서는 수술 중인 사람에게서 사전 데이터를 얻어냈는데, BMI 접근법을 임상에 적용하는 것이 실행 가능하다는 것이 입증되었다. 우리는 가능한 한 현실적으로 접근하기로 하고, 듀크 의과대학의 신경외과전문의 데니스 터너Dennis Turner와 그 밑에서 공부하고 있는 레지던트 드라간 디미트로프Dragan Dimitrov와 파락 파틸Parag Patil 두 사람에게 참여를 요청했다. 우리 팀의 수석기술개발자 게리 르휴가 신경외과팀과 함께 상품으로 나온 미소전극을 개조해서 중증의 파킨슨병 증상으로 고통받는 환자에게 표준의 수술 과정을 시행하는 동안 BMI의 개념을 시험해보았다. 신경전달물질인 도파민은 운동계가 매끄러운 수의적 운동을 개시하고 만들어내는 데 사용하는 핵심적인 화합물인데, 파킨슨병은 이 도파민이 풍부한 뉴런들이 시간이 흐르면서 죽어버리는 퇴행성질환이다. 이 수술은 뇌에 심부뇌자극기deep brain stimulator를 삽입하는데, 이것은 심장박동기 정도의 크기의 전극봉으로, 진전tremor, 손발의 떨림, 강직stiffness, 몸이 굳음, 보행장애나 기타 파킨슨병의 증상들을 유발하는 비정상적인 신경 신호를 차단하기 위해 사용한다. 이 장치는 도파민 작동성 뉴런dopaminergic neuron의 퇴행을 막지 못하기 때문에 파킨슨병 자체를 치료해주지는 못한다. 이것은 약물을 이용한 도파민대체요법에 더 이상 반응하지 않는 환자에게 현재 적용 가능한 방법들 중에서 그나마 가장 효과적인 치료 방법일 뿐이다.

보통 터너의 신경외과팀은 파킨슨병 환자가 의식이 있는 상태에서 두개골과 뇌척수막을 열어 뇌에 접근할 통로를 확보한다. 이것은 손으로 뇌조직을 직접 조작해도 통증이 전혀 생기지 않기 때문에 가능하다. 뇌조직에는 통증수용기pain receptor가 존재하지 않는다(따라서 뇌는 자기가 몸담고 있는 신체의 통증에 대해서는 끊임없이 신호를 보내고 있으면서도, 정작 자기 자신의 고통은 절대로 느끼지 못한다). 그 다음으로 터너는 뇌 깊숙한 곳에 있는 아주 작은 지점을 찾아나선다. 이곳에 장기간 사용할 수 있는 전극을 삽입해서 지속적인 전기 자극을 가하면 환자의 가장 심각한 운동 증상을 완화시킬 수 있다.

가장 중요한 단계는 자극기를 환자 뇌의 정확한 위치에 장착하는 것이다. 수술하는 동안에는 환자에게 자극용 전극의 효과가 어떻게 느껴지는지 물어볼 뿐만 아니라, 탐침으로 뇌를 관통하면서 만나는 뉴런의 전기 활성도 지속적으로 추적 관찰하면서 장치를 올바른 위치로 유도한다. 보통 이 과정은 고전적인 단일 미소전극 기법을 이용해서 시행한다. 이것은 전극의 끝을 천천히 피질 아래로 더 깊숙이 내리면서 뉴런을 하나씩(다중의 뉴런 활성을 기록하기도 한다) 차례로 기록하는 방법이다. 터너가 첫 번째 뇌 관통에서 쓸 만한 지점을 찾아내지 못했을 경우에는 전극을 빼 새로운 곳을 관통시킨 후 같은 과정을 반복한다. 환자에게서 전기 자극이 손발 떨림이나 다른 파킨슨병 증상을 완화시켜 준다는 확인을 받으려면, 보통 한 번으로는 부족하고, 그 이상 뇌를 관통하는 경우가 일반적이다.

르휴는 신경외과 수술용으로 승인을 받고 나온 탐침을 동시에 훨씬 많은 지점을 기록할 수 있게 개조해서 터너와 그 동료들이 이 수술과정을 훨씬 편하게 진행할 수 있도록 해 주었다. 사실 이제 터너는 탐침을 꽂은 위치 각각의 깊이에서 하나씩 관찰하는 것이 아니라, 동시에 32개 지점을 추적 관찰할 수 있었다. 르휴는 32개의 마이크로 와이어를 하나의 기록용 탐침에 다발로 묶고, 이것을 유도관을 이용해 뇌 안쪽으로 집어넣을 수 있게 만들었다. 이 마이크로와이어 다발 덕분에 수술과정을 마무리하는 데 필요한 시간이 바로 줄어들었다. 이것을 사용하면 대부분 한 번의 관통만으로 적당한 지점을 찾을 수 있었다.

르휴가 혁신적으로 개선한 마이크로와이어에 분명한 임상적 이점이 있다는 것을 증명한 후에 우리는 파킨슨병 환자에게 심부뇌자극기 삽입 수술을 하는 동안 오로라에게 사용했던 간단한 버전의 BMI를 11명의 환자를 대상으로 시험해도 좋다는 승인을 듀크 대학교 기관 내 심의위원회IRB로부터 받아냈다. 이제는 수술 진행이 빨라졌기 때문에 제한적이기는 하지만 우리 장치의 능률을 조사해볼 수 있는 시간이 주어진 것이다. 그래서 우리는 수술 전날 환자들에게 아주 간단한 비디오 게임을 훈련시키기로 했다. 이 게임은 손 한쪽을 이용해서 고무공을 쥐어짜는 게임이다. 공을 쥐는 악력을 다르게 적용함으로써 환자는 모니터 위에 그려진 줄 위에서 커서를 앞뒤로 움직일 수 있다. 이 게임의 목표는 그 줄 위에 튀어나오는 사각형 목표물을 커서로 맞히는 것이다. 환자들은 모두 단 몇 분 만에 이 과제를 완전히 익혔다.

수술을 진행하는 동안, 같은 환자들에게 약 5분 동안 게임을 하도록 요청하고, 동시에 32줄 마이크로와이어 탐침으로 뇌를 천천히 관통하면서 그것으로 그들의 뇌 활성을 기록했다. 오로라와 했던 실험과는 달리 이렇게 수술 중에 기록을 할 때는 동시에 추적 관찰할 수 있는 뉴런이 많아야 50개에 불과했다. 더군다나 파킨슨병 증상이 심각한 환자들은 심부뇌자극기 수술 과정에서 급속도로 피곤을 느끼는 경우가 많았기 때문에 피로를 최소화하기 위해 BMI가 환자의 뇌 활성만을 가지고 커서의 궤적을 예측하는 것이 가능한지 증명하는 데 필요한 자료만 수집하기로 했다. 이런 조건을 다 맞추고 나니 결국 각각의 환자에게서 BMI를 훈련시키는 데 5분, 그것을 시험하는 데 5분, 이렇게 겨우 10분만 기록할 수 있었다.

기록이 가능한 시간이 아주 짧았음에도 불구하고, 여기서 얻은 결과는 굉장했다. 오로라와 그 원숭이 친구들이 개척해낸 BMI 알고리즘은 인간의 뇌 활성을 입력했을 때도 아주 잘 작동했다. 베스버그의 수학모델은 인간의 간단한 손동작도 마찬가지로 예측할 수 있었다. 그리고 그보다 더 중요한 것이 있었다. BMI에 자료를 입력하기 위해 채용한 뉴런의 숫자를 50개에서 20개 정도로 줄이자, 손동작 예측의 정확도가 가파르게 떨어지더니, 결국 어느 한계를 넘어서자 예측이 거의 쓸모없게 되고 말았다. 우리 연구가 M1 피질이 아니라, 시상이나 시상하핵subthalamic nucleus 같은 피질하부의 운동관련 구조물의 활성을 기록한 것은 사실이다. 하지만 M1에 있는 아주 작은 규모의 표본이 이들 구조물에서 구성한 표본과 아주 다르게 행동하리라는 조짐은 없었다.

우리가 오로라와 함께 실험을 성공적으로 마무리한 후에는 BMI가 뇌를 신체의 물리적 제약으로 부터 해방시킬 수 있다는 말이 무슨 뜻인지 설명하는 일이 무척 중요해졌다. 이것을 설명하는 한 가지 방법은 우리의 BMI 실험을 임상적으로 적용할 방법을 찾아보는 것이다.

하지만 듀크 대학교의 우리 연구실 팀이 임상에 더욱 중점을 둔 연구로 안전하고 자신 있게 나가려면 먼저 더 많은 동물실험을 해볼 필요가 있었다. 2006년 가을 즈음에 우리는 남아 있는 미개척지를 향한 첫 발걸음을 내딛은 상태였다. 이 책에 그림을 그려주기도 한 대학원생 네이션 피츠시먼스Nathan Fitzsimmons의 뛰어난 연구 덕에 우리는 뇌 활성 기록에 사용하는 똑같은 마이크로와이어 배열을 이용해서 대뇌피질에 직접 미세자극을 주면 벨 같은 올빼미원숭이의 뇌에 피드백 메시지를 직접 전달할 수 있을지도 모른다는 것을 알게 되었다. 하지만 이 결과를 확신하려면, 그런 접근방법을 폐쇄 루프 BMI가 작동하고 있는 동안 붉은털원숭이에게도 시행해볼 필요가 있었다. 이 힘든 실험들을 진행하려면 광범위한 행동 훈련과 일련의 대조군 연구가 필요하기 때문에 우리는 벨과 오로라와의 연구에서 얻은 핵심 관찰내용들을 바탕으로 하는 또 다른 프로젝트를 통해 앞으로 나가기로 마음먹었다.

우리는 오로라로부터 BMI를 이용하면 영장류의 운동 행동 발생에 관여하는 세 가지 물리 변수의 표준척도normal scale를 동시에 변화시킬 수 있음을 배웠다. 바로 공간, 힘, 시간이다. 자기 몸과 멀리 떨어져 있는 로봇팔의 움직임을 직접 조종함으로써 오로라는 자신의 수의적인 운동 의도의 공간적 범위를 극적으로 증가시켰다. 로봇팔은 오로라가 자기 팔로 낼 수 있는 힘보다 더 강력한 힘을 발생시킬 수 있기 때문에 오로라는 자신의 운동 사고의 결과로 나오는 힘의 크기 또한 확대해 놓았다. 마지막으로 팔 BMI를 직접 조종함으로써 오로라는 자기 팔을 움직일 때 필요한 정상적인 신경생물학적 과정보다 살짝 더 빨리 로봇팔을 움직일 수 있었다. 이것도 마찬가지로 시간의 척도를 확대해주고 있다.

2007년 초에 실험실 사람들은 우리가 즐겨 가는 더럼에 있는 '조지스 그라스'라는 식당에 모여 그리스-레바논 음식을 푸짐하게 쌓아놓고 둘러앉아 토론하기를 좋아했는데, 그 토론의 주제는 크게 두 가지 사안이 중심이 되었다. 첫째 사안은 BMI를 팔 동작 이상의 동작을 만드는 데도 쓸 수 있을 것인가 하는 문제였다. 다른 말로 하면, 과연 BMI가 모든 종류의 운동 행동을 회복할 수 있는 플랫폼으로 작동할 수 있을 것인가? 둘째 사안은 실험대상이 BMI를 작동할 때 거기에 관여하는 공간, 힘, 시간의 척도를 과연 어디까지 넓힐 수 있을 것인가 하는 문제였다.

과학계의 많은 일들이 그렇듯, 우리가 찾는 해답도 일반적인 시스템신경생리학 실험실에서 보이는 조용하고 얌전한 분위기 속에서 등장하지 않았다. 이 경우, 그렇게 찾아 헤매던 통찰이 찾아온 것은 상파울루의 팔레스트라 이탈리아 축구경기장에서 내가 사랑하는 SE 파우메이라스 팀이 치열한 경기에서 가까스로 이기던 날이었다. 이 경기장은 내가 태어나서 지금까지 마치 종교를 따르듯이 쫓아다니며 역사적인 경기들은 물론이고, 그저 그런 경기들도 지켜본 곳이다. 토요일 오후, 파우메이라스 선수들이 쉬운 골 기회를 연거푸 놓치는 것을 고통스럽게 바라보고 있자니, 실망한 관중들이 선수에게 퍼부을 수 있는 최고의 욕설을 반복적으로 외쳐댔다. 'pernas de pau'말 그대로 '나무로 만든 의족'이라는 뜻이다. 그때 갑자기 내 머릿속에서 우리의 BMI 연구 프로그램을 이끌고 나갈 새로운 방향이 불현듯 떠올랐다. 파우메리아스의 박빙 승리를 간단하게 축하한 후에 호텔방으로 돌아왔는데, 내 머릿속에는 과연 피질뉴런 활성만을 구동 신호로 이용해서 멀리 떨어진 로봇에 두발보행 운동을 재현하도록 설계한 BMI의 작동법을 우리 붉은털원숭이들에게 가르칠 수 있을까 하는 생각밖에 떠오르지 않았다.

내가 로잔에 있는 스위스연방공과대학에서 2006~2007년 대부분의 기간을 안식년으로 보내고 있는 동안, 소리 소문도 없이 내 박사 후 연구원 중 한 사람인 앤드류 테이트Andrew Tate가 보행 발생과 관련이 있는 것으로 알려진 피질과 피질하부의 운동 관련 구조물에서 동시에 나타나는 뉴런 전기 활성 패턴을 측정하려고 쥐에게 러닝머신 위를 걷는 훈련을 시키고 있었다. 전통적으로 보행의 신경 기전에 관심이 있는 신경생리학자들은 주로 네발보행주기quadrupedal gait cycle의 발생과 연관된 특정한 리듬의 흥분을 나타내는 피질하부의 뉴런 집단에 초점을 맞추어 조사를 진행해왔다. 이 뉴런 집단을 중추패턴발생기central pattern generator라고 부른다. 고양이를 대상으로 진행된 이 연구들 대부분에서 척수와 뇌줄기에 있는 중추패턴발생기가 발견되었다. 고양이의 척수와 뇌 사이를 절단한 다음 돌아가는 러닝머신 위에 올려놓으면 그 고양이는 그 속도를 따라갈 수 있다. 고양이가 척수를 뇌에서 절단한 다음에도 네발보행 패턴을 유지할 수 있는 이유는 이 중추패턴발생기가 척수 수준에도 존재한다는 것으로 설명할 수 있을 듯하다. 영장류는 진화 과정에서 이 중추패턴발생기 대부분이 뇌로 이동했다. 영장류가 척수에 손상을 입거나 병소가 생기면 손상 부위 아래쪽 근육들이 비가역적인 마비 상태에 빠지는 이유는 이 때문이다. 그런 손상을 입은 환자는 몸의 나머지 부분은 자유롭게 움직일 수 있어도 러닝머신의 속도를 따라잡아 걸을 수 없다.

자유롭게 걸어다니는 동물에서 장기간에 걸쳐 피질을 기록하는 것이 어렵기도 하고, 또 전통적으로 오랫동안 실험동물의 피질하부 중추패턴발생기에만 연구를 집중했기 때문에, 운동피질이 영장류의 보행주기 조절에서 맡은 잠재적 역할을 조사하는 일은 어려운 과학적 도전으로 분류되었다. 하지만 놀랍게도 테이트의 쥐 연구를 통해 실험동물이 움직이는 러닝머신 위에서 정상적인 속도로 걷고 있을 때 M1과 S1 양쪽 피질에 있는 피질뉴런들이 자신의 흥분빈도를 실제로 조절한다는 것이 밝혀졌다.

이 놀라운 발견에 자극을 받은 우리는 위험을 무릅쓰고 보행운동 발생을 위한 BMI를 시험해 볼 수 있는 완전히 새로운 장치를 구축하는 일에 투자한다. 하지만 연구를 시작하려면 붉은털원숭이가 실제로 러닝머신 위를 두 발로 걸을 수 있다는 것을 증명할 필요가 있었다. 그리고 난 후에는 원숭이가 걷고 있는 동안 수 백 개의 원숭이 피질뉴런에서 동시에 발생하는 전기 활성을 기록할 수 있음을 증명해야 했다. 우리가 알고 있는 연구 중에 붉은털원숭이가 그런 행동 과제를 수행했다는 보고는 하나도 없었고, 자유롭게 걷는 원숭이에서 장기간에 걸쳐 피질의 활성을 기록했던 경우도 없었다.

운 좋게도, 우리의 골칫거리들 중 한 가지에 대한 해답은 전혀 예기치 않았던 부분에서 나왔다. 내 오랜 공동연구자이자 우리 영장류 연구실의 새로운 책임자로 임명 받은 미샤 레베데프Misha Lebedev가 20세기 초반에 나온 보고서에서 러시아 서커스단에서 붉은털원숭이에게

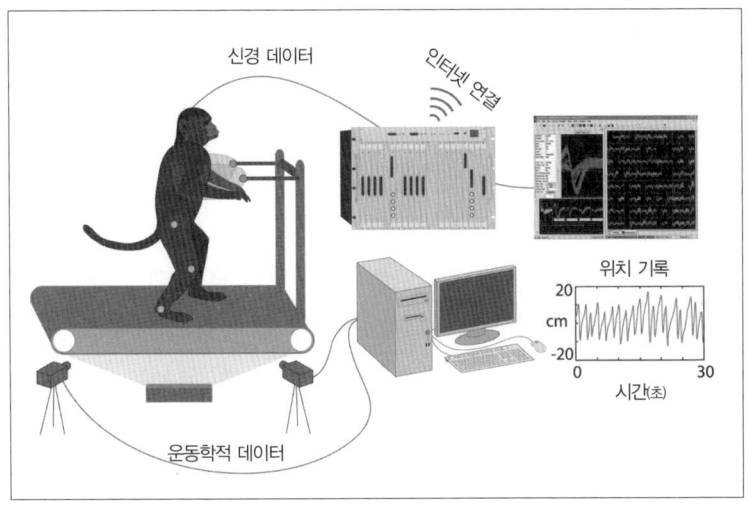

그림 8.1   보행 운동 BMI 제작을 위해 채용된 실험 구성.

'연단 위에서 두 발로 걷는 법'을 어떻게 훈련시켰는지 설명하는 부분을 찾아낸 것이다. 옳거니! 그 비결은 상체를 의지할 것을 만들어주어 원숭이가 안심하고 두 발로 서서 걸어도 되겠다고 느끼게 만들어주는 것이었다.

이 불가능해 보이는 임무를 기술의 달인 게리 르휴에게 맡겼다. 우리가 터무니없는 요구를 하도 많이 하다보니, 이미 익숙해진 르휴는 오래지 않아 어떻게 하면 '걷는 원숭이' 장치를 만들지 머리를 짜냈다. 이 장치는 유압식으로 움직이는 러닝머신으로, 합성수지로 원숭이가 상체를 의지할 수 있는 지지대를 설치했다. 덕분에 원숭이는 러닝머신에 설정한 방향, 속도, 경사에 맞추어 편안하게 걸을 수 있게 되었다그림 8.1. 전기모터 대신 유압식 장치를 이용함으로써 뉴런 기록을 방해할 가능성이 높은 전기적 잡음의 원천을 손쉽게 제거할 수 있었다. 그리고 이 러닝머신을 방음, 차폐된 방안에 두어 원숭이가 걸음을 걷는 동안 산만해지지 않도록 추가적으로 조치했다.

또한 르휴는 기록 장치 일부를 실험동물의 머리 바로 위에 붙들어 맬 수 있는 기발한 시스템도 설계했다. 이 어댑터 덕분에, 삽입된 마이크로와이어 배열을 프리앰프에 연결해주는 많은 선이 원숭이가 걷는 동안 서로 엉키지 않게 막을 수 있었다. 원숭이가 BMI를 통해 조종하고 있는 기계에서 피드백을 받을 수 있게 하려고, 르휴는 러닝머신 앞 벽에 비디오 피드백을 프로젝터로 비출 수 있는 시스템도 설치했다. 러닝머신 위를 걷는 동안 원숭이가 머리 위쪽을 똑바로 바라보면(합성수지 지지대에 기대어 걷는 원숭이에게는 가장 가능성이 높은 시나리오다), BMI에 의해 조종되는 멀리 떨어진 로봇 장치의 움직임을 볼 수 있을 것이다.

이 새로운 장치가 준비되자마자, 우리는 장치를 시험해 볼 첫 번째 원숭이를 선택했다. 전임자인 오로라처럼 이도야Idoya도 붉은털원숭이 무리의 다른 일원들과 만날 때 보면 무엇이든 원하는 것은 차지하고야 마는 성격을 일찌감치 보여주었다. 이도야는 르휴가 만든 걷는 원숭이 장치를 생전 처음 봤지만, 그 장비를 보고도 겁을 먹지 않았고, 매일 훈련을 한 결과 불과 몇 주 만에 능숙하게 두 발로 걸을 수 있게 되었다. 훈련 기간이 끝날 즈음에 이도야는 보행 방향을 앞뒤로 어떻게 바꿔야 하는지도 배웠고, 러닝머신의 속도를 바꾸자마자 거기에 맞추어 속도를 늘이거나 줄이는 법도 알게 되었다. 몇 발자국 정확하게 걸어서 과일을 포상으로 받을 수 있다면, 이도야는 하루에 한 시간 이상을 걸어도 불평 따위는 하지 않았다.

이 단계에서 우리는 이도야 뇌의 몇몇 피질영역에 마이크로와이어 배열을 몇 개 삽입했다. 수술하고 며칠이 지난 후에 이도야는 달리기에 중독된 인간 영장류처럼 다시 러닝머신 위를 걷고 있었다. 지금의 차이점이라면 우리 삽입장치가 수백 개의 멋진 뉴런으로부터 기록하고 있다는 것이었다. 이도야가 무심히 걷고 있는 동안 이 뉴런들의 흥분빈도가 조절되는 것을 분명하게 볼 수 있었다. 이 초기 기록을 보면 S1과 M1의 단일뉴런들이 매번 보행 주기가 개시되기에 앞서 흥분하는 경향을 나타냈다. 이 피질뉴런 앙상블을 집단으로 묶어서 우리의 팔 BMI에서 사용하는 선형 다변량 모델에 연결하자, 이도야의 걸음을 실시간으로 매우 정확하게 예측할 수 있었다. 이렇게 해서 우리는 영장류의 날것 그대로의 뇌 활성으로부터 진정한 보행 패턴을 뽑아내는 과정에서 그 다음으로 마주쳐야 할 어렵고 중대한 관문으로 나아갔다. 영장류 뇌를 기록했다고 해도 대체 어떤 인공 보행 장치가 뇌에서 유도된 그 조종 신호를 실시간으로 이용할 수 있을까? 이것은 참 어려운 질문이었다. 우리 실험이 갖고 있는 함축적 의미를 모두에게 이해시키려면 일종의 인간형 로봇humanoid robot에서 보행 시범을 보여줄 필요가 있었다.

마침, 몇 년 전에 나는 실제로 여기에 딱 알맞은 인간형 로봇을 만난 적이 있었다. 그 로봇은 고든 쳉Gorden Cheng의 연구실에 있었다. 고든 쳉은 일본 교토에 있는 국제전기통신 기초기술연구소Advanced Telecommunications Research Institute, ATR의 인간형 로봇공학 및 컴퓨터 신경과학부의 창시자이다. 2005년에 나는 그 당시 아직 제작 중이었던 '컴퓨터 뇌, 모델 1번Computational Brain, Model 1' 혹은 간단히 CB-1이라고 부르는 로봇을 보러 갔다가 쳉과 ATR의 책임자인 미츠오 카와토를 만났다.

쳉이 설계하고 미국 회사인 사르코스Sarcos에서 제작한 CB-1은 유압식 시스템으로 움직이기는 하지만 팔과 다리가 두 개씩 붙어 있어서 인간의 모습과 꽤 닮아 있었다. 이 로봇은 일차적으로 보행 운동 등, 진짜 인간 같은 운동 행동을 재현하는 것이 가능한지 연구할 목적으로 사용될 것이었다. 카와토는 이미 같은 계열의 앞 세대 로봇을 이용해 정확하게 조준되고 대단히 조화로운 팔과 손의 동작을 만들어내는 데 성공한 바 있다. 이것은 아주 놀라운 성과였다. 심지어 이들은 탁구를 치고, 일본 전통 춤 몇 개를 셔플 버전으로 추도록 프로그램 되어 있었다. 나는 우리의 걷는 원숭이의 뇌와 짝을 맺기에 천생연분인 로봇공학자와 로봇을 만났다는 확신이 들었다. 그래서 나는 내 아이디어를 제안을 해보려고 어느 날 쳉에게 전화를 걸었다. 최근에 연구비 지원 요청서를 낼 때 심사위원들에게 비웃음을 살까봐 겁이 나서 입 밖으로 꺼내지도 못했던 바로 그 제안이었다.

나는 망설이며 입을 열었다. "그러니까 말이죠, 우리가 요즘에 이런 생각을 해봤습니다. 우리에게 이도야라는 붉은털원숭이가 있는데, 그 원숭이는 러닝머신 위에서 두 발로 걸을 수 있어요. 그리고 이도야의 피질영역에서 집단적으로 기록한 뉴런 활성을 가지고 이도야의 보행 주기를 예측할 수 있죠. 이것의 의미는 우리가 제작한 BMI가 이론적으로는 이도야의 뇌 활성을 이용해 선생님의 CB-1 로봇을 실시간으로 걷게 만들 수 있다는 것입니다. 그럼 CB-1은 영장류 뇌의 조종을 받아서 걷는 최초의 인간형 로봇이 되죠."

여기까지는 쉬운 부분이다.

"뇌의 데이터를 일본으로 신속하게 전송해서 이도야의 다리가 뇌에 반응하는 것만큼 빨리 로봇도 반응하게 만들어야 하는데, 이 부분은 아직 조금 더 생각해 봐야할 부분입니다. 로봇 다리에서 비디오 피드백 신호를 되돌려 보내서 이도야가 매 순간 무슨 일이 벌어지고 있는지 알 수 있게 할 방법도 생각해내야 하고요. 아시다시피, 뇌 신호를 미국에서 일본으로 전송하는 것이나, 시각 피드백을 일본에서 미국으로 되돌려 보내는 것이나 실험동물의 반응 시간과 같은 지연 시간 안에서 일어나야 하니까요."

이것이 어려운 부분이었다. 오로라의 실험에서 보았듯이 우리에게 주어진 시간은 불과 몇 백 ms에 불과하다. 그 시간보다 길어지면 기계와 뇌는 동조가 깨지고, BMI는 실패할 것이다.

"그렇군요. 해봅시다. 아이디어가 맘에 드네요. 믿어보세요. 더럼과 교토 사이에 신호를 250ms보다 빨리 주고받을 수 있게 만들 테니까요."

"정말이세요?"

"그럼요. 내일 시작하죠." 이래서 쳉을 좋아하지 않을 수 없다. 상상하기도 힘든 일들을 그는 냉큼 받아들일 마음의 준비가 늘 되어 있다.

내가 다음 날 아침에 일어나 듀크 대학교 벙커에 있는 우리 팀원들에게 이 좋은 소식을 전하기도 전에 쳉은 이미 우리 골치를 아프게 만드는 엄청난 인터넷 통신 체증을 피해 250ms 안에 통신을 할 방법을 찾느라 바빴다. 이후 그는 자기 연구실 프로젝트만으로도 바

뿐데, 이 문제까지 해결하려고 애쓰느라 매일 밤 연구에 매달렸다.

우리의 대륙간 인간-로봇 팀이 넘어야 했던 장애물이 데이터 전송 속도만은 아니었다. 일례로 똑똑한 학부 공대생이었던 이안 페이컨Ian Peikon은 이도야 다리 관절의 3차원 공간적 위치를 연속으로 측정할 수 있는 완전히 새로운 시스템을 거의 혼자 힘으로 설계하고 시행에 옮겼다. 페이컨의 운동 기록 시스템은 러닝머신 위쪽 천장에 비디오카메라를 몇 대 설치하고, 그 각각의 카메라가 이도야의 오른쪽 엉덩이, 무릎, 발목에 발라놓은 형광 페인트 층에서 반사되어 나오는 빛을 측정했다. 이 전략을 사용하면 이도야가 러닝머신 위를 걷고 있는 동안 다리 관절의 위치, 속도, 가속도에 대한 정확한 정보를 연속적인 흐름으로 얻을 수 있었다. 우리는 쳉에게 뇌가 이 운동 데이터를 예측한 자료를 이용할 수 있는 로봇공학 인터페이스를 그의 프로젝트 목록에 더해달라고 부탁했다.

다음에는 페이컨의 운동 데이터, 그리고 그와 동시에 이도야의 200개 피질뉴런에서 기록한 전기 활성을 벨과 오로라의 실험에서 사용했던 것과 똑같은 컴퓨터 알고리즘에 입력했다. 이도야가 일정한 속도로 러닝머신을 걷고 있는 동안 뇌 활성을 분석해보니, 운동학적 관점에서는 동일해 보이는 걸음인데도, 그 각각의 걸음 앞에는 신경 앙상블 흥분의 미세한 시공간적 패턴이 각기 다른 형태로 선행하는 것을 발견했다. 이 패턴은 시간 해상도를 2ms 단위까지 좁혀서 측정한 것이었다. 하지만 이 적은 수의 뉴런 활성을 수백 ms 단위의 시간 간격으로 통합하자, 피질 활성 패턴에서 나타나는 변동성이 상당히 줄어들었다. 이것은 BMI에서 250ms 시간 간격을 채용해도 문제가 없다는 것을 의미했다.

또한 이것은 좀 더 심오한 의미를 내포하고 있었다. 당면한 문제에 대한 해결책을 만들어야 할 때 어느 때고 참여시킬 수 있는 뉴런의 숫자가 수 십 억에 이르기 때문에 뇌에게는 운동 행동을 만들어내고 싶을 때마다 내키는 대로 각기 다른 조합의 뉴런들을 끌어들일 수 있는 여유가 있다. 나는 이렇게 제안한다. 우리가 평생 똑같은 운동 행동을 얼마나 자주 반복하든지 간에, 이 특정한 수의적 운동 의지를 운반하는 뉴런의 미세한 시공간적 패턴이 똑같은 경우는 절대로 일어나지 않는다. 칼 래슐리와 도널드 헵이 처음 제안했던 개념과 닮은 이 발견은 미국의 노벨상 수상자 제럴드 에델만Gerald Edelman이 이름을 붙인 용어, '신경 축중의 원리neural degeneracy principle'에 압축되어 있다. 에델만은 이 전략을 유전암호에서 보이는 축중縮重, degeneracy 혹은 반복redundancy과 비교한 것이다.

◆ 신경 축중의 원리
동작이든, 지각 경험이든, 심지어는 노래 부르기나 방정식 풀기 등의 복잡한 행위이든, 뇌가 만들어내는 이런 특정 결과는 서로 다른 매우 다양한 뉴런의 시공간적 활성 패턴을 통해 나올 수 있다.

유전학과의 유사점을 살펴보면, 전령 RNAmRNA의 3염기 조합인 코돈codon은 단백질이 합성되는 세포소기관인 리보솜ribosome에 들어있는 폴리펩티드 사슬에 해당 아미노산을 결합시키는 역할을 한다. 특정 코돈이 어느 아미노산을 가져다 붙일지는 언제나 확실하기 때문에 유전 암호가 작동할 때는 애매한 부분이 없다는 것에 주목하기 바란다. 하지만 뇌에서는 어떤 목표 지향적 행동을 부호화 하든지

간에, 그 한 가지 행동을 만들어내는 대단히 많은 뉴런의 해법이 존재할 수 있다.

이런 통찰을 바탕으로 2007년 여름에 우리는 이도야가 고정 속도와 가변 속도에서 러닝머신 위를 걸을 때 경험하는 뇌 활성을 병렬로 돌아가는 21개의 선형 수학모델에 입력하면, CB-1을 원숭이처럼 걷게 만드는 데 필요한 연속적인 운동 명령의 흐름으로 만들어 낼 수 있다는 것을 알아냈다 그림 8.2. 그해 늦은 여름, 쳉은 250ms의 도전에 응할 준비를 마무리했다. 그는 우리의 두 실험실 사이에 특수한 인터넷 연결을 구축했다. 이것은 기술적 발명의 걸작이라 할 수 있는 것으로, 듀크 대학교와 ATR의 유별난 파이어 월을 교묘하게 피하고, 두 캠퍼스 사이에서 데이터를 전송하는 전 세계의 서버와 허브에서 발생할 지연 현상을 극복하고, 양쪽 방향의 데이터 전송이 모두 효율적이라는 것도 동시에 입증했다.

이 시점에서 일반적인 관례는 실험을 진행하고, 데이터를 수집하고, 전문 과학 잡지에 논문을 발표하고 나서 발견한 내용을 일반 대중에게 공개하는 것이 순서다. 이렇게 하는 데 보통 2년 정도가 걸린다. 하지만 우리는 이도야와 CB-1 사이의 정신적 결합은 좀 더 절차를 간소화할 가치가 있다고 생각했다. 그래서 우리는 동료평가 시스템peer view system의 속도를 조금 더 올리기로 결정하고, 더럼과 교토에서 〈뉴욕타임스〉 기자들이 옆에 앉아서 지켜보는 가운데 실험을 진행하기로 했다. 실험이 실패하거나, 전통적 방식을 고수하는 동료들을 화나게 할 위험보다는 우리의 연구 결과를 널리 알리는 데서 오는 이득이 훨씬 컸기 때문이다. 만약 CB-1이 이도야의 뇌가 조종하는 대로 걷는 것을 보여줄 수 있다면, 심각한 신경장애로 고통 받는 사

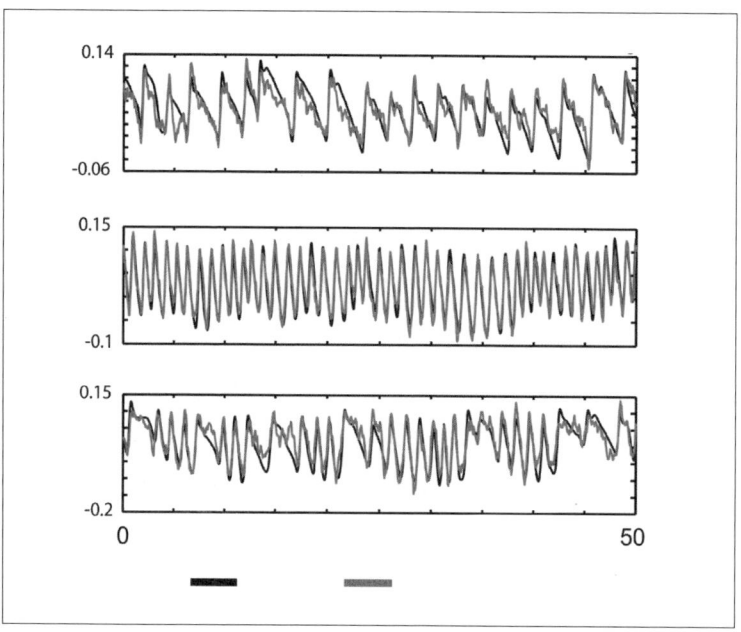

그림 8.2 서로 다른 종류의 두발보행 행동에서 날것 그대로의 뇌 활성을 결합해 유도해낸 운동 예측. 위쪽 그래프는 느린 전방 보행, 중간 그래프는 빠른 전방 보행, 아래 그래프는 가변 속도 보행을 나타내고 있다. 검은 선은 이도야 다리의 실제 위치를 나타내고, 회색 선은 이도야의 뇌 활성만을 이용해서 이 운동학적 변수를 실시간으로 예측한 것이다.

람을 다시 걷게 해줄 BMI를 만드는 일이 과학의 힘으로 어쩌면 10년 안에 가능하다는 논쟁에 불을 지피는 데 도움이 될 것이다.

평소보다 추웠던 2008년 1월의 어느 아침, 우리는 내가 '꼬맹이 문워크'라고 부르던 이 실험을 드디어 무대에 올리기로 결심했다. 이 거대한 도약을 내딛을 준비를 마친 영장류 이도야가 이제는 익숙해진 '걷는 원숭이' 장치가 설치된 방으로 호위를 받으며 들어왔다. 아마 이도야도 그날 실험실에 모여 있는 사람들이 다른 날보다 유독 더 심각해 보이는 것을 눈치챘을지도 모르겠다. 기술적으로 중요한 실험을 할 때 대부분 그렇듯이, 듀크 실험실도 카운트다운을 준비하기 위해 점검 목록을 보며 확인에 나섰다. 우리 대학원생 중 하나가 이도야의 뇌와 교토 실험실 사이에 데이터를 전송하고 수신하는 데 쓰일 수많은 컴퓨터를 몇 번이나 되풀이해서 점검하고, 사람들이 내게 건포도와 치리오스 시리얼(이도야가 포상으로 제일 선호하는 음식이다)이 충분히 준비되어 있느냐고 거듭거듭 확인하는 것을 보면 실험실 사람들의 걱정과 불안이 어느 정도인지 짐작할 수 있었다.

사진사들이 매순간을 촬영하고 있는 가운데, 이도야를 조심스럽게 러닝머신 위에 올렸다. 이도야가 자유로이 걸을 수 있게 하기 전에, 몇 달 전 이도야의 뇌에 삽입해 놓은 마이크로와이어 배열을 붙잡고 있는 플라스틱 커넥터를 위쪽에 매달려 있는 프리앰프에 연결했다. 프로젝터 스크린에는 CB-1 인간형 로봇의 다리가 선명하고 화려한 영상으로 비춰질 것이다. 영상의 크기를 몇 배 확대시켜서 이도야의 시야 전체를 이 영상이 꽉 채우게 만들었다.

조명을 어둡게 하자, 이도야의 엉덩이, 무릎, 발목에서 형광페인트가 녹색으로 빛났다. 이런 상황은 이도야에게 행동을 하도록 재촉하는 것 같았다. 이도야는 자기가 좋아하는 게임을 시작할 시간이 되었고, 게임을 잘 하면 건포도와 시리얼을 실컷 먹게 되리라는 것을 깨달았다. 여기에 자극 받은 이도야는 눈곱만큼의 망설임도 없이 부드럽고 일정하게 움직이는 러닝머신 속도에 맞추어 열심히 걷기 시작했다.

방 천정에 펼쳐져 매달려 있는 비디오카메라들이 즉각적으로 형광페인트에서 반사되는 빛을 포착해 각각의 비디오 프레임을 컴퓨터로 전송했고, 컴퓨터는 움직이는 이도야 다리의 3차원 공간적 위치를 계산해 냈다. 한편, 수백 개의 이도야 피질뉴런이 만들어내는 수의적 뇌 전기 활성에서 나온 수천 개의 작은 활동전위가 연속적인 병렬 스트림 parallel stream을 만들어내고, 이것이 즉각적으로 통제실의 커다란 컴퓨터 모니터에 불을 밝혔다. 우리가 이 운동 사고의 샘플을 관찰하는 동안 컴퓨터는 이도야의 뇌 활성을 다리 움직임에서 유도된 운동학적 변수와 조화시켜 줄 선형 수학모델을 고속으로 가동했다. 교토에서는 고든 쳉이 이미 CB-1을 멋진 일제 러닝머신 위에 올려놓은 상태였다. 등을 통해 허공에 매달려 있는 CB-1은 이 첫 번째 실험에서는 그냥 허공에서 걷는 동작을 보이는 것까지만 하기로 했다. 처음에는 듀크 대학교의 영원한 라이벌인 노스캐롤라이나 대학교에서, 그리고 나중에는 NBA(전미농구협회)에서 농구 경기를 하면서 허공을 걸어다녔던 농구 천재 마이클 조던의 로봇판이라고나 할까? 그림 8.3

평상시와 마찬가지로 수학모델의 훈련은 선형회귀계수가 수렴해서 안정될 때까지 몇 분 정도 지속되었다. 최적의 회귀계수 집합이 확인되자, 우리는 다른 컴퓨터 화면으로 고개를 돌렸다. 이도야의 뇌 활성이 이미 자신의 걷기 동작을 상당히 정확하게 예측하는 것으로 보였다. 붉은 선과 하얀 선 두 개가 점점 가까워지더니, 결국 겹쳐졌다. 이제 뇌에서 유도된 예측값을 교토로 보낼 때가 된 것이다.

쳉이 BMI 신호를 CB-1으로 스트리밍하는 역할을 담당하는 자기 쪽 통제시스템을 켜는 동안 몇 초가 지났다. 주변 사람들 사이로 흐르는

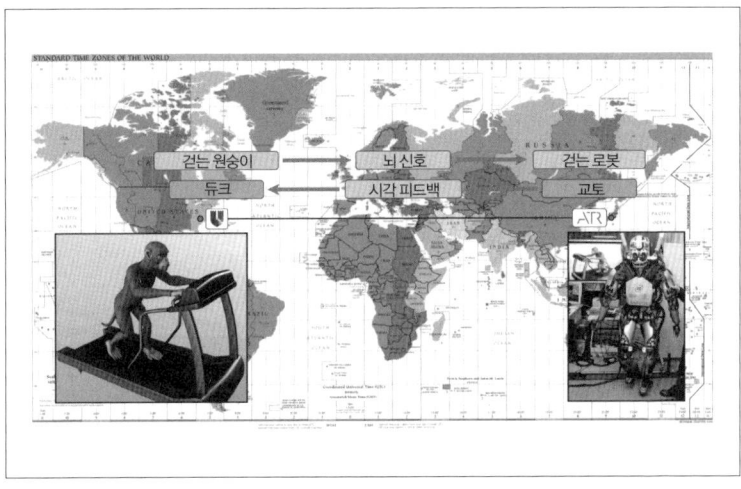

그림 8.3 지구를 가로지른 이도야와 CB-1의 거대한 도약. 미국 동부 해안에 있는 원숭이가 자신의 뇌 활성을 이용해 일본 교토에 있는 인간형 로봇(CB-1)의 다리 움직임을 조종하여, 로봇의 보행 운동을 시각 피드백으로 받아볼 수 있게 하는 실험의 전반적 개요도.

긴장감 따위는 아랑곳하지 않고 이도야는 한 발자국도 놓치는 일 없이 걸음을 계속했다. 갑자기 벽에 비쳐진 비디오 프레임이 거의 인간의 것에 가까운 목적의식을 띠게 되었다. 몸무게 5.5kg, 키 80cm인의 붉은털원숭이가 자기 머리에서 나오는 전기를 이용해 지구 반대편에 있는 몸무게 90kg, 키 1.5m의 인간형 로봇의 아기 영장류 같은 걸음마를 조종하기 시작한 것이다. '한 로봇이 내딛는 작은 걸음이지만, 영장류에게는 거대한 도약(인류 최초로 달에 발을 딛은 닐 암스트롱의 말을 살짝 비튼 것이다-옮긴이)'이라고 생각하지 않을 수 없었다.

　오로라도 이도야를 무척 자랑스러워했을 것이다. 결국 몇 발자국 안 되는 이 걸음마만으로 이도야는 뇌-기계 인터페이스의 공간 척도와 힘 척도를, 그 당시에 이론적으로 상상은 가능했지만 실현되지 못했던 가장자리까지 넓혀 놓았기 때문이다.

하지만 그게 전부가 아니었다. 쳉이 전화로 내게 환기시켜 주었듯이, 우리는 뇌 유도 신호를 더럼에서 교토로 보내는 시간과 교토에서 다시 더럼으로 비디오 이미지를 되돌려 보내는 시간 사이의 총 지연시간을 측정해보아야 했다. "230ms예요. 거봐요. 내가 250ms 아래로 할 수 있을 거라고 했죠!" 그가 말했다. 몇 달 동안 진이 빠지도록 작업해서 나온 결과를 보며 쳉은 만족을 숨기지 못했다. 피츠시먼스, 레베데프, 페이컨, 그리고 나머지 팀원들과 함께 그는 영장류 뇌와 로봇 다리 한 쌍을 양방향으로, 기능적으로 직접 연결해서, 이도야의 뇌에서 발생한 전기 활성이 자기 다리의 근육을 수축시키는 데 필요한 시간보다 몇 십 ms 정도 더 빠르게 지구 반대편 로봇의 다리를 움직일 수 있게 만들어 놓은 것이다. 이것만으로도 크나큰 축하를 받아 마땅한 일이었지만, 우리는 또 다른 모험을 할 준비가 되어있다고 판단했다.

"아, 그렇지. 러닝머신을 멈춰요. 좋아요. 멈춰보세요."

러닝머신이 천천히 멈추자 이도야도 그 자리에 평소대로 꼼짝않고 멈춰 섰다. 더럼의 모든 눈동자가 교토의 CB-1을 보여주는 모니터를 향했다. 이도야도 마찬가지로 자기 앞에 투사된 영상을 계속 바라보며 흥미를 느끼는 것 같았다.

아마도 이도야는 무언가를 증명해 보이고 싶었던 것 같다. 목격자의 입장으로 서 있는 우리 눈에는 최근에야 두발보행 로봇으로 승격된 CB-1 로봇이 리드미컬하게 허공을 걷는 모습 말고는 아무것도 들어오지 않았다. CB-1은 이도야의 뇌에서 끊이지 않고 흘러나오는 명령을 따라 그저 걷고 또 걸었다.

 더럼에서는 아무 일도 일어나지 않았다. 적어도 움직임이라는 측면에서 보면 말이다. 이도야를 비롯한 우리 모두는 침묵 속에서 꼼짝도 하지 않고, 우리 앞 화면에 투사된 로봇의 발걸음을 경외감 속에서 그저 멍하니 쳐다보고 있었다. 그 발걸음 하나하나는 신의 선물처럼 기쁨 속에서 등장한, 날것 그대로의 생명의 전기적 숨결이 불과 몇 백 ms 전에 공들여 만들어낸 것이었다. 신체에서 해방된 영장류의 뇌 앞에서 우리는 경외하지 않을 수 없었다.

9

The Man Whose Body Was a Plane

비행기가 된 사나이

BEYOND BOUNDARIES

9
비행기가 된 사나이

　인류 최초의 조상이 동아프리카와 북아프리카의 계곡을 떠돌기 시작한 몇 백만 년 전부터 사람속 homo genus 선조들 중 일부는 뇌가 일련의 형태적, 생리학적 변화를 거치면서, 그 이전의 동물계에서는 볼 수 없었던 정신적 과정과 행동들이 폭포가 쏟아지듯 등장하기에 이르렀다. 이런 변화들 중에서도 특히, 이 복잡한 뇌 개조를 통해 대뇌피질 전두엽과 두정엽이 유독 두드러지게 성장하고, 또 이 영역들 사이, 그리고 이들 영역과 다양한 피질하부 구조물들 사이를 병렬적으로 연결해주는 신경로가 형성되었다. 진화를 통해 전두엽과 두정엽을 아우르는 신경회로망이 거대하게 팽창하면서 독특한 일련의 신경생리학적 적응이 일어나고, 결국 우리가 흔히 인간의 특징이라 정의하는 그 고유한 특성들을 구축하는 새로운 지각, 운동, 인지의 행동기술이 등장하는 것으로 그 대단원의 막을 내린다.

진화 과정에서 뇌 구조가 이런 비약적 발전을 이루는 동안 구두 언어를 말하고 이해하는 능력이 폭발적으로 증가한다. 언어, 그리고 인간의 진화에서 언어가 담당한 역할에 대해서는 흥미로운 자료나 책들이 이미 많이 나와 있기 때문에 대신 여기서는 그와 동시에 등장한 두 가지 다른 적응에 대해 집중적으로 살펴보도록 하겠다. 이 두 적응이 영장류 뇌의 인지 도구로 쓰이기 시작한 것은 인간의 진화가 펼쳐지는 과정에서 불가결한 부분은 아니었을지 모르나, 언어 능력과 마찬가지로 결정적인 부분이었다. 이 두 적응 중 첫 번째는 우리 인류와 그 선조들을 궁극의 도구제작자로 거듭나게 해준 능력이다. 실제로, 탄자니아 올두바이 협곡에서 발견된 초기 인류의 화석 근처에서는 인공 유물이 눈에 띄게 많이 발견되었기 때문에 위대한 고생물학자 루이스 리키Louis Leakey는 자신이 발굴한 그 종을 '호모 하빌리스Homo habilis'라고 이름을 붙였다. 말 그대로 해석하면 '손을 쓰는 인간'이라는 뜻이다. 도구제작에 필요한 정신적 능력이 어떻게 생겨났는지는 인간 진화의 가장 놀라운 수수께끼 중 하나로 남아 있다.

전두엽과 두정엽 신경회로망의 급속한 성장으로부터 등장한 두 번째 행동학적 적응은 더욱 혁명적인 것이었다고 할 수 있음에도 불구하고 이상하게 신경과학계의 주목을 별로 받지 못했다. 이런 특성 덕분에 인간은 지구의 진화 역사상 가장 뛰어난 도구제작자가 되었을 뿐 아니라, 자신이 만들어낸 인공물을 자신의 일부로 매끈하게 합병incorporation할 수 있는 능력을 갖추게 되었다. 뇌가 우리의 몸을 정교하게 시뮬레이션 해 놓은 자기만의 은밀한 모델인 자아감sense of self의 진정한 확장이 가능해진 것이다. 환상지의 존재를 느끼거나,

유체이탈을 경험하는 것보다 더 황당한 소리로 들리지 모르겠으나, 도구합병 현상에 대한 다양한 정신물리학, 영상, 신경생리학 실험 증거가 인간과 영장류에서 재현되었다. 이 장에서는 다소 충격적인 이 신경생리학적 증거들에 대해 검토해보려고 한다. 하지만 먼저 우리가 인간이라는 하나의 종으로서 인공의 도구들과 얼마나 심오한 관계를 맺어왔는지 잘 보여주는 이야기를 하나 하려고 한다. 도구는 처음에는 우리 머릿속에 떠오른 한낱 공상에 불과한 것이었다. 하지만 실재 형태를 가진 기계, 전기 장치, 그리고 근래 들어 컴퓨터나 가상현실 등의 인공물로 옮겨진 후에는 우리 인간이 도달할 수 있는 영역을 넓혀왔다. 그리하여 인간의 뇌가 만들어낸 도구들은 지난 600만 년 동안 인간의 도달 범위를 우리 상상력의 한계까지 넓혀주었다. 그리고 그 중에서도 특히, 땅위에 얽매여 있던 우리의 육신이 우리에게 생명의 기본 요소를 부여해준 하늘을 정복하게 해주었다.

20세기가 시작된 지 몇 달 지나지 않은 무렵, 파리 사람들의 일상에서는 외국에서 온 한 젊은 과학자가 자기의 최신 발명품을 시험하겠다고 공언하고 나섰다 해서 특별히 이목을 끌지는 못했다. 그 당시 파리는 과학을 선도하는 세계적 중심지 중 하나였고, 전 세계적으로 유명한 물리학자, 수학자, 공학자, 발명가들이 머물던 곳이었기 때문이다. 바로 10여 년 전만 해도, 귀스타브 에펠Gustave Eiffel이 그 당시 인간이 만든 구조물 중에서는 세계에서 가장 높았던 에펠탑을 세워 올리기도 했다. 이것은 프랑스의 공학 수준과 독창성을 상징적으로 보여주는 건축물이었다. 하지만 바람이 불던 1901년 10월 19일 토요일 오후, 아름다운 도시의 깔끔한 거리와 잘 손질된 정원을 따라 별 생각 없이 산책이나 해볼까 하고 나온 사람들을 위해 역사는 기억에 남을 아주 특별한 사건을 준비하고 있었다.

그 추운 가을날, 체구는 작았지만 흠 잡을 데 없이 잘 차려입은 브라질 사람 아우베르투 산투스두몽Alberto Santos-Dumont은 당시의 통상적인 발견의 관례를 깨고, 오늘날이나 그 당시나 과학계 입장에서 보면 이질적으로 느껴질 수밖에 없는 행위를 했다. 그는 자신의 실험 중에서도 가장 대담한 실험을 대중 앞에서, 그것도 백주 대낮에 감행했다. 파리 사람이라면 누구나 그가 자신의 어린 시절 꿈을 채우는 데 성공했는지, 실패했는지 확인할 수 있게 말이다. 그는 이 실험을 위해 지난 4년의 세월 대부분을 바쳤고, 아주 많지는 않지만 그래도 꽤 많은 사재를 들였다. 그리고 몇 번은 거의 죽을 뻔하기도 했다. 다행스럽게도 산투스두몽은 세계에서 가장 돈이 많은 커피 농장주의 아들이자, 상속자였다. 그래서 목숨은 몰라도 돈만큼은 무제한이었다. 그는 의심의 눈초리로 바라보는 동료들이나 연구비 지원 단체에 자신의 혁명적인 접근 방식이 그 당시 그의 가장 큰 집착을 해결하는 데 어떤 장점이 있는지 설득하느라 아까운 연구 시간을 뺏길 필요가 없었다.

그의 집착은 바로 비행이었다.

개통한 지 얼마 안 된 알렉산드르 3세 다리를 한가롭게 건너던 사람들은 이상한 비행물체가 불로뉴 숲에서 날아와 에펠탑을 향하는 믿기 힘든 장면을 똑똑히 목격하게 되었다. 파리 사람들은 모두 가던 길을 멈추고 그 물체의 궤적을 쫓았다. 경이로움 속에 이 광경을 바라본 관중들은 아마도 몇 대에 걸쳐 자랑하고 다닐 것이다. 이 브라질 커피 농부의 아들이, 단호한 의지로 바람을 가르며 하늘 높이 날아오른 한 마리 외로운 새처럼, 비행선을 타고 하늘을 날아오르던 순간에 자기가 바로 그 자리에 있었노라고 말이다. 그날 오후, 아우베르투 산투스두몽이 자신이 상상하고 완성한 비행선을 조정해서 에펠탑을 돌고 다시 처음 이륙했던 바로 그 장소로 되돌아온 순간, 그는 혼자만의 힘으로 동력비행의 시대를 열었다.

밋밋한 이름이 말해주듯 산투스두몽이 시범으로 타고 날았던 비행선 '6호'는 산투스두몽, 그리고 그의 가까운 협력자였던 앨버트 채핀Albert Chapin이 이끄는 파리 기계공학 팀원들이 함께 만든 일련의 실험용 비행선 중 여섯 번째 작품이었다. 그 중 제일 진화한 형태였던 6호는 그들이 이룩한 수많은 혁신적 항공 기술을 모두 고스란히 담고 있었다.

산투스두몽 이전에 인간이 땅위를 벗어나 본 것은 뜨거운 공기나 헬륨, 혹은 수소 가스를 채운 둥근 기구를 타고 올라갔던 것밖에 없었다. 이 기구는 조종이 불가능했기 때문에 기구 조종사는 바람에 몸을 맡기고 흘러가면서 바닥짐이나 가스를 방출해서 기구의 고도를 높이거나 낮추는 것에 만족해야 했다. 그래서 이들은 그저 자연의 자비에 모든 것을 맡기고 떠다닐 뿐, 기구의 이동 궤적이나 착륙 장소를 마음대로 조종할 수 없었다.

산투스두몽은 비행 조종이 가능해지면 그것이 인간의 생활을 어떻게 바꾸어놓게 될지 정확히 인식하고 있었다. 인류를 '지상의 감옥'으로부터 해방시켜 아득히 먼 우주 끝까지 자유롭게 탐험할 수 있는 방법을 제공하는 것. 그에게는 이 문제를 정복하는 것이야말로 발명가의 삶을 온전히 바칠 가치가 있는 가장 근본적인 투쟁이었다. 아버지의 농장에서 기계를 설계하고, 개선하고, 즉석에서 임시변통으로 만드는 법을 배우며 독학으로 기술을 익힌 그는 자신의 우상인 19세기 작가 쥘 베른Jules Verne이 언젠가 인간을 달로 데려다주리라 꿈꾸었던 비행선을 자기 손으로 만들고 싶었다.

중간 단계의 원형을 이것저것 만들다가 결국 산투스두몽은 조종사 한 명이 탈 수 있는 비행선을 발명해냈다. 형태, 설계, 재료, 조종 기술, 기구 설비까지 다양한 기술적 발전이 반영된 비행선이었다. 처음 이 비행선들을 가지고 실험할 때부터 그는 조종사가 자유롭게 구동하고 조종할 수 있는 기계를 만드는 것을 목적으로 했다. 프랑스를 관광할 때 그곳에서 구입이 가능해진 첫 차를 조종하며 다녔듯이 말이다. 그는 천재성을 발휘해 송유차 엔진을 개조해서 긴 프로펠러와 함께 나는 기계에 달기로 결심했다. 산투스두몽은 기계공들에게 부탁해서 자동차 엔진 두 개를 결합해달라고 했는데, 그 설계를 보고 친구 앨버트 채핀은 기겁할 수밖에 없었다. 다행히도 그는 침착하게 엔진의 배기관을 아래로 꺾어서 엔진에서 나오는 뜨거운 매연과 불꽃이 가연성 수소로 가득 찬 비행선 가스주머니에서 먼 쪽으로 배출되게 만들었다.

작은 자동차 엔진으로 비행선을 움직이려니 그는 비행선의 무게를 줄일 새로운 방법을 찾아야 했다. 키 164cm에 아주 호리호리했던 그의 체격은 그가 만들고 싶어 했던 더 작고 가벼운 비행선으로 여행하기에는 딱 안성맞춤이었다. 그는 비행선의 가스주머니는 질기고 가벼운 일본산 비단을 사용했고, 골격은 대나무 막대기와 소나무를 이용했다. 그러고나서 비행선의 공기역학을 개선하기 위해 전통적으로 기구에 사용했던 구형 형태를 버리고, 공기를 가르며 날 수 있도록 길쭉한 시가 모양의 가스주머니를 만들었다.

다음에는 비행선을 마음대로 조종할 수 있는 방법을 찾기 위해 싸워야 했다. 이 부분은 다른 비행사들이 한 번도 겪어보지 않은 고민이었다. 이렇게 저렇게 만지작거리며 시험해보다가 그는 이거면 되겠다 싶은 비행선 조종 장치 두 개를 장착한다. 그 첫 번째 장치는 움직이는 커다란 삼각형(나중에는 육각형) 방향타였다. 이것도 역시 일본산 비단으로 만든 것으로, 가벼운 골격 꼭대기에 달았다. 골격은 비행선 용골 뒤쪽에 부착했고, 가끔씩은 가스주머니에 직접 부착하기도 했다. 비행선의 수평 운동은 방향타를 조작해서 조종할 수 있었다. 방향타는 끈을 잡아당겨 조종했다. 나중에 그는 자전거 핸들을 개조해서 조종간으로 사용한다.

다음으로 그는 비행선의 수직 균형 문제로 관심을 돌렸다. 폴 호프만Paul Hoffman이 자신의 책 《광기의 날개 Wings of Madness》에서 기술했듯이, 이 시스템에는 한 세대의 비행사들 모두가 손도 못 대고 있던 문제를 우아하게 풀어낸 산투스두몽의 기이한 능력이 잘 드러나 있다. 호프만에 따르면 결정적인 돌파구는 이렇게 찾아왔다고 한다. 산투스두몽은 비행선 앞머리를 올리거나 내릴 수 있는 방법을 찾아야 함을 깨달았다. 그렇게만 되면 엔진의 힘으로 비행선을 올리든 내리든 할 수 있을 테니 말이다. 이것을 위해 비행선의 무게 중심을 쉽게 이동할 수 있는 가동추movable weight 시스템을 만들어낸다. 사실

이 추라는 것은 그냥 바닥짐 자루 두 개에 불과했다. 이것을 하나는 앞쪽, 하나는 꼬리 쪽으로 기구 외피 아래로 매달아 놓은 것이다. 이 추 두 개 중에 어느 하나를 조종사가 탄 바구니 쪽으로 잡아당기면 비행선의 무게 중심을 이동할 수 있었다. "만약 앞쪽 추를 잡아당기면 비행선 앞머리가 위를 향할 것이고, 꼬리 쪽 추를 잡아당기면 앞머리가 아래를 향할 것이다." 호프만은 이렇게 설명한다.

먼저와 마찬가지로 산투스두몽은 자신의 안전 문제를 포함해서 여러 가지 한계를 시험해보고 싶었다. 심지어 한 비행선 원형을 제작할 때는 전통적으로 사용하던 기구 바구니 대신, 자전거의 안장과 뼈대를 10m짜리 대나무 막대기에 부착해 보기도 했다. 이 모양으로 비행선을 타면, 멀리서 바라보는 사람들 눈에는 산투스두몽이 복잡하게 얽힌 선으로 가스주머니에 아슬아슬하게 매달린 빗자루를 타고 나는 마녀처럼 보일 것이다. 여기에 만족 못한 그는 나중에 밧줄과 노끈 대신 피아노선을 이용해서 비행선 용골을 매달고 보강하기로 마음먹는다. 이것으로 비행선의 무게가 상당히 줄어들고, 공기 저항도 줄었다.

여기까지 오니 산투스두몽의 비행선은 여러 개의 밧줄과, 핸들, 심지어는 자전거 페달을 각기 다른 방식으로 사용해 조종하는 복잡한 기계로 변모해 있었다. 그의 비행선은 시가 모양의 가스주머니, 대나무 용골, 피아노선 철망, 송유차 엔진 두 개, 삼각형 비단 방향타, 그리고 무게중심 이동용 바닥짐 자루로 구성된 특이한 혼합물이었다. 이 잡동사니로 그가 공중곡예를 선보였으니 사람들의 관심을 끈 것도 당연하다. 그리하여 20세기로 넘어갈 무렵 그는 전 세계적으로 가장 유명한 인물 중 한 사람이 되어 있었다. 그는 비행선의 설계도를 무료로 배포했지만, 언론과 파리 사람들은 그의 과학 실험만을 기억했다. 산투스두몽은 특허 따위는 아랑곳하지 않았다. 대신 그는 자신의 발견이 모든 인류의 것이라고 말했다.

자신의 최신의 발명품을 대중에 공개하는 것을 결코 부끄러워하지 않았던 산투스두몽은 정기적으로 자신의 비행선을 파리 하늘 위에서 시험해보았다. 그리고 그때마다 늘 빳빳하게 다린 정장을 입고, 단단하게 매듭을 지은 넥타이를 매고, 아끼던 파나마모자를 썼다. 산투스두몽은 자기을 향한 비판의 목소리를 잠재우기 위해 절실하게 필요했던 것은 이 비행선이 그가 조종하는 대로 하늘을 날면서, 수백만 년 동안 온전히 땅위에 붙들려 살아온 인간의 신체를 확실하게 지면으로부터 해방시킬 수 있다는 증거였다.

인간이 조종하는 비행의 가능성을 입증해야 한다는 산투스두몽의 사명감은 석유 왕 앙리 도이치 드 라 뫼르트Henri Deutsch de la Meurthe가 항공학에 열성적인 동료들에게 도전 과제를 제안하면서 갑자기 불이 붙는다. 1900년 4월 파리항공클럽Paris Aero Club 모임에서 도이치는 비행선 자체의 동력만으로 생클루에서 출발해서 지면에 한 번도 닿지 않고 에펠탑을 돌아 출발지점까지 30분 내로 돌아오는 비행선에 사비로 총 10만 프랑의 상금을 주겠다고 공언한다. 호프만이 추정한 대로, 항공 역사 최초의 이 공식 국제 상을 타려면 비행선으로 약 22km/h에서 24km/h 정도의 속도로 왕복해야 했다. 이 상금을 노려볼 만한 사람은 사실 산투스두몽 밖에 없었지만, 이것은 심지어 그에게도 만만치 않은 벽이었다.

　도이치의 속내는 이 상을 자기가 직접 타려는 것이라 생각하는 사람이 많았지만, 상투스두몽은 그 영광은 자기 차지가 될 것임을 믿어 의심치 않았다. 사실 그 상을 공표하기 바로 전에 상투스두몽은 파리항공클럽으로부터 비행선을 날리는 데 필요한 기반 시설을 생 클루 비행장 외부에 건설해도 좋다는 허가를 받아두었다. 그는 비행선 부품 제작을 위한 넓은 작업장과 기구에 사용할 가스 생산을 위한 수소 생산 공장으로 무장했다. 그는 큰 비행장과 기구 격납고도 만든다. 이것은 최초로 건설된 항공기용 격납고였다. 이 격납고는 문까지 달린 완벽한 것이었고, 이 문 또한 역시나 그가 발명한 것이었다. 이 격납고 덕분에 산투스두몽은 다른 경쟁자들보다 훨씬 유리한 위치에 설 수 있었다. 이 격납고에는 기구를 부푼 상태 그대로 보관할 수 있었기 때문에 매번 시험 비행을 할 때마다 가스를 다시 채우는 데 필요한 시간과 돈을 절약할 수 있었기 때문이다.

　그 후로 18개월 동안 그는 최종 설계가 나올 때까지 실험을 거듭하며 도시 위를 구석구석 날았고, 결국 6호가 탄생하게 된다. 여기까지 오는 동안 그는 끔찍한 두 번의 사고에서 살아남는다. 첫 번째 사고는 7월에 일어났다. 그의 비행선이 하늘에서 에드먼드 드 로스차일드Edmond de Rothschild의 사유지 정원으로 떨어진 것이다. 기구가 추락하는 것을 운 좋게 나무가 막아주기는 했지만, 그것도 무척 위험한 상황이었다. 하지만 한 달 후에 그는 훨씬 더 심각한 위험을 마주한다. 비행선이 트로카데로 호텔 옆쪽에 충돌하고 정신을 차리니 고마울 정도로 튼튼한 피아노선 몇 가닥에 위태롭게 매달려 있었던 것이다.

하지만 이런 죽을 고비도 이 키 작은 브라질 사람의 전진을 막을 수는 없었다. 대부분의 파리 사람들은 이미 순전히 그 용기만으로도 그가 상을 탄 것이나 다름없다고 믿고 있었고, 이제 세부적인 것들만 마무리 되면 상은 그의 차지가 될 것 같아 보였다. 따라서 10월 19일 오후에 에펠탑 왕복 비행 시도를 심사하러 항공클럽 심사위원회가 소집되었을 즈음에 사람들 머릿속을 채운 질문은 과연 산투스 두몽이 30분 이내로 들어올 수 있을 것인가, 없을 것인가 하는 것밖에 없었다. 파리의 바람은 종잡을 수 없었다. 바람은 시험 기간 동안 그의 머리를 아프게 만들었던 최대의 적이기도 했다. 하지만 기상 조건과 상관없이 그의 비행선은 속도, 공기역학, 조종 능력을 최대로 끌어올려 성과를 내야 할 참이었다. 더군다나 그는 이 비행에서 살아남아야 했다. 트로카데로 호텔과 충돌하고 난 다음에는 이것 역시 장담할 수 없는 부분이 되고 말았다.

비행 시도가 한 번 중단되고 난 후 정확히 오후 2시 42분, 비행선 6호가 생클루 공원을 이륙해 에펠탑을 향해 곧장 날아감과 동시에 새로운 역사를 향한 산투스두몽의 단독 여행이 시작되었다. 비행선이 파리 하늘에 나타나자, 남녀노소, 지휘고하를 막론하고 모든 파리 사람들이 하던 일을 멈추고 이 용감무쌍한 비행사의 도전을 조금이라도 더 잘 보려고 전망 좋은 곳을 찾았고, 들뜬 사람들이 너나할 것 없이 몰려들면서, 길을 걷던 사람, 택시, 자동차, 자전거가 모두 샹드마르스Champs de Mars 공원을 향해 우르르 돌진하는 진풍경이 벌어졌다.

그 역사적 사건을 호프만이 재구성한 바에 따르면, 샹젤리제 거리를 행군하면서 프랑스를 방문 중인 그리스 왕과 500명의 고위관료

그림 9.1 아우베르투 산투스두몽과 그의 비행선. 비행사 산투스두몽의 사진과 1901년 10월 19일에 그가 에펠탑을 돌아가는 역사적 순간을 촬영한 사진.

들 앞에서 세레나데를 연주하고 있던 프랑스 제24연대 군악대 대원들은 어느 순간 군중들이 큰 소리로 '산투스두몽! 산투스두몽!'을 연호하는 것을 들었다. 사람들의 함성 소리를 들으며, 군법회의에 불려가 명령불복종으로 벌을 받는 한이 있더라도 역사의 한 순간을 목격하는 것이 더 낫다는 확신이 든 그들은 악기들을 바닥에 내팽개치고 군중의 대열에 합류했다. 산투스두몽이 12m 정도 거리를 두고 아슬아슬하게 에펠탑의 피뢰침을 돌기 시작했을 즈음에는 파리 사람 5,000명 정도가 트로카데로 정원에 모여들었다. 6호가 세느강을 건널 때 바람 때문에 살짝 문제가 있었던 것을 제외하면 에펠탑까지 오는 비행은 흠잡을 데가 없었다. 심지어 8분 45초로 그 구간의 최고 기록을 새로 경신할 정도였다. 자기 시간 기록을 확인할 수 있는 시계가 없었던 산투스두몽은(이 문제는 그의 친구인 루이 카르티에Louis

Cartier가 몇 달 후에 그를 위해 최초의 손목시계를 설계해 해결했다) 관중들의 함성 소리로 자신의 진척상황이 어떤지, 시간 내로 비행을 마무리할 수 있는 범위 안에 있는지 판단했다. 그가 에펠탑을 돌아 그림 9.1 다시 생클루를 향해 가자, 거리에 모인 거대한 군중들은 허공으로 모자를 던지며 서로 부둥켜안았다. 금지되어 있던 하늘을 정복하려는 인류의 마지막 질주가 시작된 것이다.

산투스두몽의 아래에서는 사람들이 열광하고 있었지만, 생클루로 돌아가는 비행은 만만치 않았다. 강한 맞바람 때문에 속도가 현저하게 줄어들었고, 엔진 세 개도 연이어 시동이 꺼져버렸다. 산투스두몽은 비행선의 방향을 유지하면서 공중에서 침착하게 하나씩 엔진을 고쳤다. 하지만 그 바람에 귀한 시간이 흘러가 버렸다. 생클루 비행장에 가까워지자 그는 지표면을 향해 마지막으로 급강하를 하기로 결심한다. 비행의 마지막 순간은 아주 신나는 질주가 되었다. 호프만은 이렇게 묘사한다.

> 공식 계시원이 29분 15초를 찍었다. 그리고 산투스두몽이 비행선을 되돌려 출발지점으로 다시 오는 데 1분하고 25초가 더 흘렀다. 그의 인부들이 당김줄을 붙잡아 비행선을 끌어내렸다. 박수소리를 뚫고 목소리가 들릴 만큼 비행선이 충분히 낮아지자 그가 옆으로 몸을 기울이며 소리쳤다. "상 탔나요?"
> 수백 명의 관람객이 한 목소리로 "그럼요! 그렇고말고!"라고 대답하며 비행선을 에워쌌다. 산투스두몽은 색종이 조각처럼 휘날리는 꽃잎 속에 파묻혔다. 남자와 여자들이 울고 있었다. 당시 파리에 망명해서 살고 있던 예전의 브라질 왕후는 무릎을 꿇고 하늘을 향해 손

을 들어 신에게 동포를 보호해 주어 감사하다고 기도를 드렸다. 그녀와 함께 온 석유 왕 록펠러의 아내는 여학생처럼 꽥꽥 소리를 질렀다. 한 낯선 사람은 산투스두몽에게 작고 하얀 토끼를 선물했고, 또 한 사람은 김이 모락모락 오르는 브라질 커피를 한 잔 건넸다.

불행히도 항공클럽 위원회에서는 산투스두몽의 승리를 그 자리에서 바로 비준할 수 없었다. 불과 한 달 전, 성공 평가 기준에 아주 작은 부분이지만 결정적인 변화가 있었기 때문이다. 바뀐 규칙에 따르면 계시원은 비행선이 출발선을 통과하는 순간이 아니라, 비행선의 당김줄을 땅위에 있던 인부가 잡는 순간에 시간을 측정하도록 되어 있었다. 산투스두몽은 이것이 과제를 훨씬 더 어렵게 만들려는 뻔뻔스러운 시도라 생각해서 자기는 이것을 무시한다는 것을 보여주려고 일부러 선을 더 넘어가 버렸다고 주장했다.

마침내 11월 4일, 항공클럽 위원회는 도이치 상을 아우베르투 산투스두몽에게 수여한다. 그는 그 상금을 받자마자 절반은 파리의 빈민들을 위해 기부하고, 3만 프랑은 일꾼들에게, 그리고 2만 프랑은 자신을 가장 열렬히 지지해준 수학자 이매뉴얼 에메Emmanuel Aime에게 준다. 그 후로 며칠 만에 산투스두몽은 새로운 세기, 그리고 그와 함께 따라오리라 예상되는 새로운 세계 질서를 상징적으로 나타내는 모험가로서 영웅의 반열에 올랐다. 그 새로운 질서가 무엇이 될지는 아무도 알 수 없었다. 하지만 이제 적어도 한 가지만큼은 분명해졌다. 20세기는 사람들이 자기의 의지에 따라, 그리고 자신의 수의적 통제 아래서 하늘을 날 수 있게 해줄 기계를 갖게 될 것이었다. 그리고 전신과 전화의 도입 덕분에 이제 이 뉴스거리는 몇 시간 만에 전 세계 사람들에게 전달될 수 있었다.

그 후로 며칠, 몇 주 동안 산투스두몽의 업적을 세세한 부분까지 모두 다루는 기사들이 신문을 가득 채웠다. 이 뉴스는 분명 노스캐롤라이나주 키티호크의 외딴 낙원에도 닿았을 것이다. 1901년 가을, 이곳에는 오하이오주 데이턴 출신의 두 형제가 비행 실험을 한 시즌 더 하기 위해 돌아와 있었다. 지난해에는 주로 특정 형태의 연을 가지고 실험하는 데만 집중했던 것에 비해 1901년에는 오빌 라이트와 윌버 라이트 두 형제는 캐롤라이나 해변에서 바람을 타고 글라이더를 타는 데만 모든 시간을 쏟아 부었다. 그해 가을에 라이트 형제가 한 일 중에서 동력 비행이라고 할 만한 것은 아예 없었고, 그 후로도 2년 동안은 마찬가지였다. 그러다가 결국 1903년 12월 17일, 라이트 형제는 그들의 중비행기 '플라이어 I'을 노스캐롤라이나 같은 해변의 모래 언덕에서 띄워 올린다.

나는 최초의 중비행기를 발명하고 띄워 올린 영광을 라이트 형제가 차지하는 것은 너무도 당연한 일이라 생각한다. 하지만 변덕스러운 기분에 따라 강요하듯 몰아치는 바람의 노예가 아니라, 조종사의 뇌가 만들어내는 수의적인 운동 의지를 따라 무한한 하늘을 가로질러 비행할 수 있는 비행선을 최초로 띄운 사람이 누구인가, 라는 쪽으로 질문을 옮긴다면 그 영광이 브라질 사람 산투스두몽에게 돌아가야 한다는 것 또한 너무나 당연한 일이다. 산투스두몽이 경비행기를 택했던 것은 그저 초기 비행사들이 갔던 길을 따르고 싶어 했기 때문이다. 그리고 그 비행사들 중에는 페르디난트 폰 체펠린Ferdinand von Zeppelin도 있었다. 그는 1901년 여름에 산투스두몽보다 앞서 비행선을 만들어 냈지만, 그것을 조종할 방법을 찾아내지는 못했었다.

새삼스러운 얘기지만, 산투스두몽과 라이트 형제, 그리고 다른 많은 사람들이 이룬 개척적인 실험을 통해 기술적인 변혁이 일어났고, 그 변혁을 통해 인류의 수송, 탐사, 소통, 상업뿐만 아니라, 전 세계의 사회적, 문화적 통합이 크게 가속화되었다. 하지만 불행히도 거기서 그치지 않고, 전쟁이나 예전에는 상상조차 할 수 없었던 참혹한 범죄를 저지르는 능력도 함께 커지고 말았다. 비행선이 살인병기로 전환되면서 발생한 수백만의 희생자들 중에는 다름 아닌 산투스두몽 그 자신도 포함된다. 브라질 정부가 상파울로에서 일어난 시민 봉기를 진압하는 데 비행기를 사용하고 있다는 사실 등을 알게 된 그는 정신적 고통 속에서 그만 1932년 7월 23일에 스스로 목숨을 끊고 만다.

산투스두몽이 에펠탑을 돌고 난 후 70년도 지나지 않아 인간 도달 범위는 혁명이 일어나 새로운 정점에 닿게 된다. 산투스두몽의 97번째 생일이 될 뻔했던 바로 그날, 닐 암스트롱이 지구가 아닌 다른 천체의 표면 위에 발을 내딛은 것이다. 고인이 된 산투스두몽은 몇 년 후에 큰 선물을 받게 된다. 국제천문연맹에서 '비의 바다Mare Imbrium- the Sea of Rains'라고도 알려진 거대한 달의 바다 동쪽 가장자리의 아페닌 산맥에 위치한 한 작은 충돌분화구를 그의 이름을 따라 명명한 것이다.

산투스두몽의 비행선은 인간 뇌의 본질적인 속성을 생생하고 구체적으로 보여준다. 즉 우리 뇌에는 도구를 설계하고, 제작하고, 이용해서 우리 인류가 도달할 수 있는 범위를 넓히고, 주변 세상과 이루는 상호작용을 강화할 수 있는 능력이 있는 것이다. 산투스두몽과 개척적인 그 동료 비행사들은 미처 깨닫지 못했겠지만, 그들이 비행선을 가지고 금지된 하늘을 향해 모험을 떠나기 시작했을 즈음에 뇌의 '신체도식body schema'에 의한 도구동화tool assimilation라는 개념이 선구적 신경과학자들의 머릿속에 형태를 잡아가기 시작했던 것이다. 영국의 신경학자 헨리 헤드Henry Head와 고든 홈스Gordon Holmes가 1911년에 상정한 최초의 구상에 따르면 '신체도식'은 인간의 마음이 만들어낸 것으로, 따라서 이 도식은 흔히 사용되는 인공도구도 자신의 일부로 포함하고 있다. 헤드와 홈스는 몸감각계의 서로 다른 피질 수준에 생긴 병소로 고통받는 환자들이 비정상적인 촉감을 경험하는 것을 관찰했다. 자신들이 발견한 내용을 왕립외과협회에서 발표하면서 그들은 신체도식이 건강한 사람들이 경험하는 풍부하고 다양한 촉감을 설명하는 것은 물론이고, 이들 환자가 보고하는 이상한 지각을 설명하는 데 도움이 된다고 제안했다. 그는 이렇게 적었다. "우리는 언제나 자기 자신의 자세 모델postural model을 구축하고 있으며, 그 모델 역시 끊임없이 변화하고 있다. 모든 새로운 자세나 동작은 가소성 있는 도식plastic schema 위에 기록된다. 그리고 대뇌피질의 활성은 새로이 유발된 모든 감각들을 그 도식과의 관계 속으로 집어넣는다." 헤드와 홈스는 이런 비교comparison와 번역translation의 과정을 택시에서 거리가 이미 금액으로 바뀌어 나타나는 것에 비유하기를 좋아했다. 본질적으로 신체도식은 주변의 촉각 정보에 대한 뇌 자체의 관점이다.

헤드와 홈스는 광범위한 병소로 원래의 신체도식을 유지하던 피질 부위가 파괴된 사례들을 살펴봄으로써 자신들의 가설을 강화했다. 오랫동안 환상지를 경험했던 환자들이 신체도식을 상실하면 환상지 현상이 사라졌던 것이다.

빅토리아 시대 사람들에게 충격을 주기에 이 정도로는 모자랐을까? 헤드와 홈스는 만약 뇌가 잃어버린 팔다리를 자신의 신체도식에서 계속 유지할 수 있다면, 몸에 두르는 장식물도 틀림없이 자신의 일부로 받아들일 수 있을 것이라 예상했다. 그렇지 않고서야 어떻게 인간이 도구에 숙달하는 것만 아니라, 도구를 통해 다른 사물들을 느낄 수 있겠는가? 다른 감각은 사용하지도 않고서 말이다.

우리가 몸의 자세, 동작, 위치에 대한 인식을 몸의 경계를 넘어 손에 쥐고 있는 기구 끝부분까지 투사할 수 있는 것은 이 '신체도식'이 존재하는 덕분이다. 그것이 없다면 우리는 막대기로 주변을 살피지도 못할 것이고, 시선을 접시에 고정시키고 있지 않는 한 숟가락을 사용할 수도 없을 것이다. 우리 몸의 의식적인 동작에 참가하는 것은 무엇이든 우리 자신에 대한 뇌의 모델에 추가되며, 이 신체도식의 일부가 된다. 어쩌면 여자들은 몸의 위치를 인식하는 능력이 모자에 달린 깃털까지 확장할 수 있을지도 모를 일이다.

헤드와 홈스가 빅토리아 시대 여성들의 패션에 대해 주제넘게 한마디 한 것을 두고 사회적인 반응이 어땠는지에 대해서는 남아 있는 기록이 없지만, 두 사람은 논문의 결론에서도 그와 비슷한 대담한 어조로 몸감각피질은 '과거에 받은 인상impression의 저장소'이며, 여기서 실재의 도식이 만들어지고, 이 과정은 무의식적인 경우가 많다고 주장했다. 그들은 우리의 모든 감각은 과거에 일어났던 무언가와의 관계가 덧붙여진 상태로 우리 의식 속에 떠오른다고 주장했다. 사실, 헤드와 홈스는 그저 실재가 세상에 대한 몸 중심의 피질 모델body-centered cortical model에서 탄생한다고 제안한 것이 아니라, 도구를 우리 신체의 경험 속으로 동화시켜서 언제든 자신의 공간적 구성을 바꿀 수 있는 뇌의 능력이 이 모델에서 우리의 물리적 신체를 시뮬레이션 하는 요소로 작용한다고 직접 암시했다.

이들의 논문을 처음 읽었을 때부터 나는 자신의 아이디어를 과감하게 제안한 그들의 대담함이 늘 마음에 들었다. 분명 이런 식으로 반응한 과학자가 내가 처음은 아니었다. 3장에서 보았듯이, 헤드와 홈스의 신체도식은 몇 십 년 후에 신경과학 문헌에서 로널드 멜자크이 제안했던 '신경그물망neuromatrix' 이론의 형태로 다시 등장한다. 크게 보면 이 이론들은 공통적으로 동물의 몸에 대한 신경적 표상이 말초에서 S1 피질로 편도로one-way 올라가는 피드포워드 정보에 의해 전적으로 결정된다는 순수한 지각의 개념을 부정하고 있다. 양쪽 이론은 모두, 몸속에 들어가 있다는 익숙한 느낌을 정의하는 데 있어서는 폭넓게 분산되어 있는 전두-두정 frontoparietal 피질뉴런 네트워크가 중심적인 역할을 한다고 주장한다. 하지만 현재의 국소주의에 대한 이 도전들 모두 20세기 대부분의 기간 동안 별다른 진전을 이루지 못했다.

이런 주장에 대한 지지가 부족한 것은 아주 근본적인 문제에서 기인한다. 주장을 증명해줄 실험적 데이터가 결여되어 있는 것이다. 사실 헤드와 홈스가 내놓은 임상사례 중에서 그들의 중요 가설을 직접 지지해줄 만한 것은 없었다.

　더군다나, 안젤로 마라비타Angelo Maravita와 아츠시 이리키Atsushi Iriki가 도구합병tool incorporation 연구에 대해 검토한 훌륭한 종설논문을 보면, 그들은 신체도식에 대한 헤드와 홈스의 본래 개념이 뇌가 일련의 고유수용성감각 신호만을 무의식적으로 통합한다는 개념에 바탕을 두고 있음을 지적했다. 뇌의 시뮬레이션을 몸 안에서 발생된 정보에만 국한시킴으로써 그들은 미래 세대의 신경과학자들에게 수수께끼를 남겨 놓았다. 전두엽과 두정엽의 수많은 뉴런은 다중양식multinodal 수용야를 가지고 있어서 몸감각 신호, 시각 신호, 고유수용성감각 신호들을 융합하는데, 이들 뉴런에서 발생하는 풍부한 활동전위는 대체 어떻게 이해해야 하는가? 이 수수께끼를 풀기 위한 첫 발걸음 중 하나는 로널드 멜자크가 내딛었다. 이때는 심지어 행동하는 영장류에서 단일뉴런 기록을 얻기도 전이었는데 그는 자신의 신경그물망에 촉각 신호와 운동 활성을 포함시켰다. 마라비타와 이리키가 지적했듯이, 점점 더 정교한 기록 기법이 발전되면서 다중양식 수용야에 대한 증거가 점차 쌓이고 있었고, 이를 통해 자아에 대한 다중양식 모델multimodal model of the self을 시험해볼 수 있는 길이 열렸다. 이 모델에서는 다중의 전두-두정엽 네트워크가 서로 다른 신체 부위에서 수행되는 특정 행동과 기능적으로 관련된 방식으로 개별 체표 부위와 외부 공간으로부터 오는 정보를 통합한다.

　마침내 감각신경생리학자들은 깊이 마취된 동물에서 지각 능력을 연구하는 것은 의미가 없음을 인정하지 않을 수 없게 되었다. 몸, 그리고 몸과 그 주변 공간과의 관계에 대한 뇌의 표상은 동시에 발생하는 시각 신호, 몸감각 신호, 고유수용감각 신호, 운동 신호가 어우

러져야 나오기 때문에, 새로운 연구 패러다임에서는 깨어서 행동하는 동물에서 연구를 진행하고, 되도록이면 의미 있는 과제를 포함하는 실험을 진행할 것을 고집하고 있다. 일단 관련된 모든 정보가 과거에 경험한 기억의 흔적들과 혼합되고 나면, 실험대상의 뇌는 언제나 불확실하기 마련인 미래에 대해 최상의 예측을 내놓을 수 있을 것이다. 인간의 뇌가 실생활에서 늘 그러하듯이 말이다. 그리고 그런 조건하에서만 뇌의 신경회로는 자아에 대한 의식적 경험, 즉 '신체상body image'이라는 추상적 개념을 정의하는 시공간적 활성 패턴 유형을 만들어낼 수 있다.

실험대상의 일상에 도구를 도입함으로써 신체상을 변화시킬 수 있음을 보여준 최초의 실험적 증거는 1990년대 말에 가서야 나왔다. 1996년에 시행한 이 혁신적인 연구에서 일본 도쿄의치과 대학의 아츠시 이리키와 그 동료들은 짧은 꼬리 원숭이에게 간단한 갈퀴를 이용해서 손이 닿지 않는 곳에 있는 사료 알갱이들을 모을 수 있도록 훈련시켰다 그림 9.2. 이 원숭이들은 실험실 밖 일상적인 생활에서는 도구를 사용하는 것으로 알려진 바가 없었지만, 2주일 동안 훈련한 후에는 갈퀴를 이용해서 사료를 모으는 일에 상당히 능숙해졌다. 이 초기 단계가 지난 후에 이리키와 동료들은 원숭이가 새로 배운 재주를 수행하는 동안 두정엽 단일뉴런의 활성을 연속적으로 기록해보았다. 처음 시작할 때부터 연구팀은 두정엽 피질뉴런 중 일부가 원숭이의 손 어디쯤에 해당하는 몸감각 수용야와 그와 동등하게 손 바로 주변을 감싸고 있는 외부 공간에 중심을 둔 시각수용야를 나타내는 것을 관찰할 수 있었다. 과학 전문용어로는 이런 뉴런을 '이중양식 뉴런 bimodal neuron'이라고 부른다. 이 뉴런 세포들이 보통 두 가지 서로 다른 감각 양식의 자극에 반응하기 때문이다. 신체의 경계에 근접한 체외공간extra-personal space을 보통 '개인주변공간peri-personal space'이라고 하기 때문에 이리키 연구팀이 확인한 이중양식 뉴런은 주로 원숭이 손의 개인주변공간 안에서 발생한 시각 자극을 표상했다.

놀랍게도 이리키와 그 동료들은 원숭이가 손을 공간 속의 새로운 위치로 옮기자, 피질뉴런의 몸감각 수용야는 같은 피부 부위에 집중한 상태로 남아 있는 반면, 시각수용야는 위치를 이동해서 현재 동물의 손을 둘러싸고 있는 새로운 개인주변공간을 표상하는 것을 발견했다. 뉴런의 시각수용야가 즉각적으로 손의 위치를 적절히 갱신한 것이다. 동물이 손의 위치를 어디에 두든지 간에, 피질뉴런들은 언제나 몸감각 수용야와 시각수용야가 잘 겹쳐지게 유지한다. 분명 동물의 손 위치는 이 뉴런들의 생리학적 특성을 결정짓는 데 사용되는 기준점이었다.

이 사실만으로도 분명 놀라운 신경생리학적 발견이 되었을 것이다. 하지만 이리키 연구팀이 그 다음으로 발견한 사실은 더더욱 놀라운 것이었다. 원숭이가 5분 정도 갈퀴를 이용해 사료를 성공적으로 모은 후에는 아까의 그 이중양식 피질뉴런의 시각수용야가 갑자기 확장되어 원래의 손 주변 공간은 물론이고, 도구 전체를 둘러싸는 개인주변공간까지도 포함하고 있었다. 게다가 시각수용야의 이 극적인 확장은 원숭이가 갈퀴를 적극적으로 사용하고 있을 때만 일어났다(이 경우에는 사료를 모으고 있는 동안). 원숭이가 갈퀴를 능동적으로 사용하지 않고 그저 우연히 잡고만 있을 때는 뉴런의 시각수용야에 변화가 없었다 그림 9.2.

이 연구에서 이리키는 두 번째 유형의 이중양식두정엽 피질뉴런

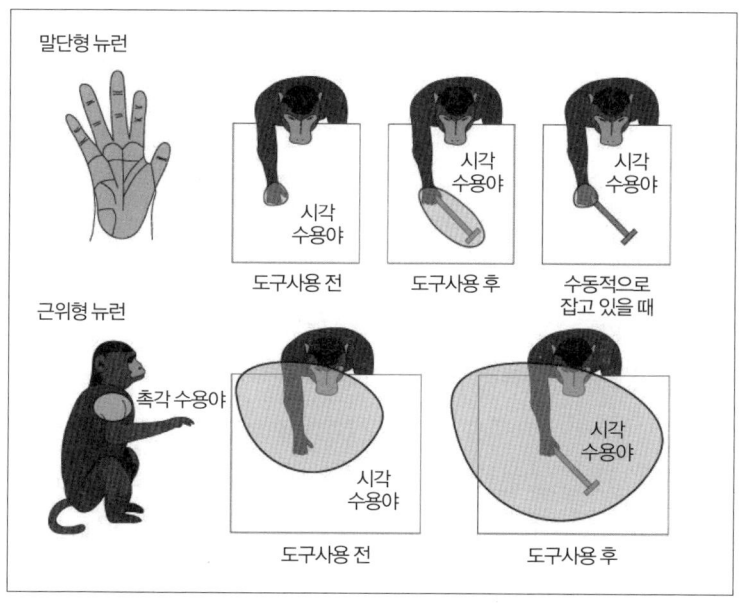

그림 9.2 아츠시 이리키 박사와 동료들이 수행한 실험의 요약. 실험동물이 과제를 수행하기 위해 간단한 도구를 사용했을 때 두정엽 피질뉴런의 시각수용야가 확장되는 것을 보여준다. 위쪽 그림의 뉴런은 손을 중심에 둔 촉각수용야와 시각수용야를 갖고 있는데, 이 뉴런이 수용야를 넓혀, 음식을 얻는 데 사용하는 도구 전체를 포함시키는 것이 나와 있다. 원숭이가 도구를 그저 잡고 있기만 하고, 과제 수행에 사용하지 않는 경우에는 시각수용야가 동물의 손만을 중심으로 유지되고 있음에 주목하기 바란다. 아래 그림에서는 원숭이의 어깨를 중심으로 둔 촉각수용야와 넓은 시각수용야를 가진 또 다른 뉴런이 원숭이가 3차원 공간에서 도구를 사용하자 마찬가지로 시각수용야를 확장하고 있다. 확장된 시각수용야가 도구가 닿을 수 있는 공간 전체를 포함하고 있음에 주목하라.

에 대해서도 기술했는데, 이 뉴런의 몸감각 수용야는 원숭이 어깨 부위에 위치해 있었다. 도구를 조작하기 전에 이 뉴런의 시각수용야는 원숭이가 손에 아무것도 들지 않은 채 움직일 때 만나는 3차원 개인주변공간을 포함하고 있었다. 하지만 불과 몇 분 동안 갈퀴로 사료 알갱이를 모으고 난 다음에는 이 뉴런의 시각수용야가 확장되어,

원숭이의 팔과 갈퀴가 함께 움직일 때 닿을 수 있는 3차원 개인주변 공간 전체로 넓어져 있었다. 이리키와 동료들이 올바로 결론을 내렸 듯이, 그들의 자료는 원숭이의 뇌가 갈퀴를 자기 팔의 확장으로 동 화시키고 있음을 암시하는 것이었다. 이 동화 과정은 너무도 정밀해 서 이리키가 갈퀴 사용이 손가락에 촉각수용야가 있는 이중양식 피 질뉴런에 미치는 영향을 측정했더니, 해당 시각수용야에는 변화가 없었다. 아마도 그 뉴런에서 시각수용야가 변화되려면 손가락을 좀 더 구체적으로 사용하는 도구를 써야 할 것이다. 내가 알고 있는 선 에서는, 아직 이 흥미로운 가설을 시험해 보려고 바이올린이나 피아 노를 연주하는 원숭이의 뇌에서 기록을 한 경우는 없는 것 같다. 하 지만 분명 합리적인 추측이다.

이리키의 연구팀은 연구를 계속해서 영장류 뇌에서 일어나는 도구 동화 tool assimilation의 생리학적 연관성 연구에서 이정표가 될 만한 발 견들을 해냈다. 일례로 그들은 불투명한 벽으로 가려서 자신의 손을 직접 볼 수 없는 상태에서 붉은털 원숭이가 손으로 물체를 조작하는 동안 그 손의 영상을 비디오 모니터에 투사해 주면 마찬가지로 이중 양식 피질뉴런의 시각수용야가 확장된다는 것을 보여주었다. 이 구 성을 이용해 이리키는 그 두정엽 피질뉴런의 시각수용야가 원숭이 손의 비디오 영상과 그 영상 주변의 개인주변공간을 중심으로 형성 된다는 것을 발견했다. 가상의 도구를 가상의 손에 위치시키면 이 이 중양식 뉴런의 시각수용야는 예상대로 가상 도구를 포함시키기 위해 확장된다. 그리고 가상 손의 크기, 위치, 모양을 조작하면 그 뉴런의 시각수용야에도 그에 해당하는 변화가 유발되었다. 이리키는 모니터 상의 가상 손과 가상 도구 이미지를 어떤 방식, 어떤 모양, 어떤 형식으로 구성해도 뉴런이 그것을 표상하도록 만들 수 있었다.

이런 충격적인 관찰 내용에도 불구하고, 아직 대답할 수 없는 중요한 질문이 한 가지 남아 있었다. 과연 시각수용야의 이런 확장은 도구의 '반복적repetitive' 사용에 따른 적응인가, 아니면 '효과적인effective' 사용에 따른 적응인가? 이것은 기계적인 행동과 숙달된 행동 사이의 차이였고, 후자의 경우라면 수용야의 확장은 그 도구의 적절한 사용법을 배우기 위한 필수적인 단계가 될 것이다. 이리키가 두정엽 피질뉴런이 도구와 그 주변 공간을 합병하기 위해 시각수용야를 변화시킨다는 것을 분명하게 보여준 것은 사실이지만, 그의 단일뉴런 기록은 원숭이가 갈퀴 사용법을 익힌 이후에 시작된 것이었다. 그런 만큼, 그런 수용야 변화가 훈련 받는 동안에 일어난 것인지, 아니면 갈퀴를 이용해 사료를 모으는 과제에 능숙해지면서 일어난 것인지 정확히 말할 수 없었다. 그에 더해서 이리키는 이 특정 유형의 이중양식 뉴런의 활성을 선택적으로 차단할 수 없었기 때문에 시각수용야의 확장과 인공적인 장비의 능숙한 조작 사이의 인과관계를 증명해 보일 수 없었다. 따라서 도구사용이 아무리 능숙하다 해도, 그런 시각수용야의 확장은 도구를 어떻게 사용하든지 간에 일어나는 결과에 불과하다는 주장이 여전히 가능하다.

아츠시 이리키와 그 동료들 입장에서 공평하게 얘기하자면, 관찰된 뇌 활성 패턴과 특정 행동의 생산 사이의 인과관계를 수립하는 일은 신경생리학이 당면한 가장 어려운 도전 과제 중 하나다. 하지만 이 특정 사례의 경우는 이리키의 논문이 등장하고 2년 후에 우리가 발표한 오로라의 BMI에 대한 자료가 이 대답하지 못한 질문에 일정 부분 빛을 밝혀줄 수 있다.

7장에서 보았듯이, 개별 피질뉴런의 속도 동조 특성과 방향 동조 특성을 분석해보면 오로라의 모든 대뇌피질영역에서 발견되는 두 가지 흥미로운 유형의 뉴런이 존재함을 알 수 있다. 이 뉴런 집단 중 하나는 오로라가 비디오 게임에 자신의 생물학적 팔을 사용할 때나 외부의 로봇팔을 사용할 때나 어느 정도 비슷한 속도 동조, 방향 동조 특성을 보인다. 하지만 두 번째 유형의 뉴런 집단은 오로라가 생각만으로 로봇팔을 조종할 때만 명확한 속도 동조와 방향 동조를 나타낸다. 뚜렷하고 예리한 속도 동조, 방향 동조를 나타내는 이 강화된 신경 흥분은 로봇팔의 동작 개시 몇 백 ms 전에 일어났다. BMI를 통해 오로라가 커서로 목표물을 가로채 과일주스를 먹을 수 있었던 것은 이 때문이다. 사실, 이 두 가지 유형의 피질뉴런이 없었다면 우리 BMI는 작동할 수 없었을 것이다. 오로라의 피질에서 기록한 나머지 뉴런들은 오로라가 자기 팔의 움직임을 멈추자 모두 정지해버리는 경향이 있었다. 흥미롭게도 우리가 BMI를 끄고 오로라가 다시 자기 팔을 이용해 게임을 하기 시작하는 순간부터 로봇의 동작 전에 흥분하던 피질뉴런은 모두 흥분을 멈추고 말았다. 이리키의 실험과는 달리, 우리의 기록은 오로라가 BMI로 훈련을 시작한 첫 순간부터 개시되었다.

오로라가 자기 팔을 움직이다가 생각만으로 로봇팔을 조종하는 상태로 넘어가자, 우리가 동시에 기록하던 96개 피질뉴런은 순차적인 100ms 단위 빈에서 측정한 흥분의 공분산이 세 배에서 여섯 배

정도 증가했다. 이것이 의미하는 것은 이 무작위 뉴런 표본이 로봇 팔을 직접 작동하는 것은 이들 뉴런 사이에서 유사한 흥분이 뚜렷하고 폭넓은 시간적 패턴을 보이는 것과 상관관계가 있다는 것이다. 더욱 흥미로운 점은, 이 효과가 이웃한 뉴런에만 국한되지 않았다는 것이다. 대신 이 현상은 아주 떨어져 있는 피질뉴런 집단까지도 확장되었다. 마치 개별 흥분 시간의 변동성을 줄임으로써 이들 뉴런이 공간적으로는 흩어져 있어도 밀접하게 서로 연결되어 비슷한 과제를 함께 나눠 할 수 있는 회로를 만들어낼 수 있다는 것 같았다. 다시 BMI를 끄고 오로라가 자기 팔을 이용해 비디오 게임을 하는 상태로 돌아오자 뉴런 흥분의 공분산 구조도 역시 사라지고, 기록되는 표본의 전체적인 흥분도 원래처럼 시간적으로 흩어진 패턴으로 돌아왔다. 시간을 이용해 공간을 '접착하는glue' 이런 방식은 기본적인 탐험 행동을 만들어내는 동안 넓게 흩어진 뉴런 집단들이 잠시나마 상호작용할 수 있게 만들어주는 뇌의 재주로 보인다.

일부 신경생리학자들은 이리키의 발견과 우리 연구실의 발견을 함께 놓고 보아도, 피질뉴런 흥분 패턴과 수용야에서 관찰된 변화가 원숭이가 능숙한 도구사용자가 되는 능력을 좌우한다는 결정적인 증거가 되지는 못한다고 주장할 수도 있겠지만, 우리의 연구가 그런 방향을 가리키고 있다는 점만큼은 분명하다. 우리는 인간을 대상으로 수행된 일련의 연구를 통해서도 추가적인 지지를 얻어냈다. 예를 들어 파도바 대학교의 루치아 리지오Lucia Riggio와 그 동료들은 인간은 손가락 끝 피부에 전달된 것이든, 기다란 도구 끝에 전달된 것이든 상관없이 촉각 자극을 똑같이 잘 구분할 수 있음을 증명해 보였다. 밀라노 대학교에서 수행된 또 다른 연구에서 안젤로 마라비타와 그 연구팀은 실험에서 참가자가 손이나 기다란 도구를 이용해서 어떤 물체가 만져지는지 보고하게 했는데, 손을 사용할 때나, 기다란 도구를 사용할 때나 모두, 옆에서 빛을 번쩍인다던가 해서 시각적으로 산만하게 만들면 촉각 자극을 받아들이는 데 방해가 된다는 것을 관찰했다. 좀 더 최근에는 프랑스 국립보건의학연구소와 프랑스 리옹의 클로드 베르나르 대학교에서 루칠라 카르디날리Lucilla Cardinali가 이끄는 한 그룹은 움켜쥐는 기계장치로 간단한 과제를 수행하게 했더니, 그 이후에 빈손으로 동작을 할 때 운동 특성에 상당한 변화가 생겼음을 보고했다. 실험참가자들은 팔꿈치와 가운데손가락을 동시에 건드렸을 때 그 둘 사이에서 느껴지는 거리가 이 도구를 사용하기 전보다 사용하고 난 후에 더 길어졌다고 했다. 자신의 생물학적 팔의 길이가 길어졌다고 착각한 것인데, 이는 도구사용이 실험참가자로 하여금 자신의 팔이 물리적으로 연장되었다는 느낌을 주었음을 뜻한다. 로저 페더러가 전용 테니스 라켓을 가지고 자신의 숙적인 라파엘 나달을 상대로 한 시간 동안 치열한 테니스 경기를 치른다면, 경기가 끝나고 자기 팔 길이가 얼마나 길어졌다고 얘기할까(로저 페더러와 라파엘 나달은 테니스 역사상 가장 극적인 라이벌 관계였던 것으로 유명하다-옮긴이)?

도구가 손쉽게 뇌를 기반으로 하는 내부적 자아 표상의 일부가 된다는 이론은 대뇌피질에 생긴 광범위한 병소로 고통받는 환자들을 다룬 일련의 임상사례를 통해서도 지지를 받고 있다. 일례로, 이탈리아 토리노대학교의 안나 베르티Anna Berti와 이탈리아 볼로냐 대학교의 프란체스카 프라시네티Francesca Frassinetti는 이렇게 보고했다. 한 환자가 심한 뇌졸중을 겪고 나서 오른쪽 대뇌반구 피질에 거대한 병소가 발생했고, 그 결과 오른쪽 두정엽 넓은 영역에 혈류가 제한되고 말았다. 이 환자는 '편측무시증후군hemineglect syndrome'이 생겨서 자신의 몸과 세상에서 제일 왼쪽에 있는 것들을 모두 무시했다. 글을 읽어보라고 하면 한 단어 안에서는 제일 왼쪽 글자를 무시했고, 한 문장 안에서는 제일 왼쪽에 있는 한 단어를 무시했다. 대뇌피질에 사건이 터지고 한 달 후에 자세히 다시 검사해보고 신경학자들은 환자의 편측무시 증상이 달라졌음을 발견했다. 환자의 몸 왼쪽으로 50cm 정도 되는 곳에 물체를 놓으면 환자는 물체의 존재를 인식하지 못했다. 하지만 같은 물체를 더 멀리 가져가 100cm 정도 떨어지게 만들면 환자는 갑자기 그것을 감지했다. 편측무시 증상이 몸과 아주 가까운 공간영역으로 제한된 것이다.

  이 편측무시증후군의 특징을 더 밝혀내기 위해 연구팀은 다음으로 환자에게 직선이분검사line bisection task를 해보았다. 이 검사는 종이 위에 직선들을 그려넣고, 그 직선들이 환자 앞에 공간적으로 다른 장소에 오도록 위치시킨다. 그러고나서 환자에게 오른쪽 집게손가락을 이용해서 환자가 무시하고 있는 공간에 위치한 직선의 중앙을 짚어보라고 한다. 보통 왼쪽 공간을 무시하는 환자들은 자기 왼쪽에 위치한 직선을 양쪽으로 나눌 때 오른쪽으로 치우치는 경향이 있다. 하지만 이 검사에서 베르티와 프라시네티는 환자가 직선을 이분할 때 집게손가락을 이용하는 것 말고도 두 가지 새로운 방식을 추가로 도입해 사용하게 했다. 가까이 있는 선에 대해서는 환자가 레이저 포인터를 이용할 수 있게 하고, 몸에서 더 멀리 떨어져 있는 선에 대해서는 레이저 포인터나 1m짜리 막대기를 사용할 수 있게 한 것이다. 예상한 대로 가는 검은색 선을 환자의 왼쪽 가까운 체외공간에 위치시키자 환자는 손가락을 이용할 때나 레이저 포인트를 이용할 때 모두 직선 중앙을 잘못 판단했다. 하지만 직선을 왼쪽으로 멀리 떨어진 체외공간에 위치시키자, 환자는 레이저 포인터를 이용하는 동안에는 문제없이 선을 이등분할 수 있었지만(자기 오른쪽 손가락을 이용할 때처럼), 1m 막대기를 이용할 때는 마찬가지로 오른쪽으로 편향되는 오류를 범했다. 베르티와 프라시네티는 후자의 오류가 생기게 된 것은 긴 막대기를 이용하고 합병하는 과정에서 환자의 뇌가 왼쪽으로 멀리 떨어진 공간을 왼쪽 가까운 공간으로 변환시켰기 때문이라고 제안했다. 왼쪽 가까운 공간은 환자의 공간 무시 경향이 분명하게 나타나는 공간이다.

내가 지금까지 언급한 신경생리학적, 정신물리학적, 임상적 발견 내용들은 모두 뇌가 자신의 신체 모델에 도구를 동화한다는 헤드와 홈스의 원래 가설을 확실하게 옹호해주는 방대한 과학문헌들 중에서 극히 일부를 예로 든 것에 불과하다. 곤충에서 포유류에 이르기까지 많은 동물들이 자연적인 도구나 인공도구를 이용하는 능력을 어느 정도 나타내게 되었지만(리처드 도킨스는 이것을 '확장된 표현형'이라고 부른다), 수백만 년의 진화를 통해 인간의 중추신경은 다른 모든 종을 능가하는 능력을 갖추게 되었다. 사람은 창조된 도구를 움켜쥐고, 뻗고, 조작할 수 있고, 또 끊임없이 움직이는 신체 주위의 체외공간을 역동적으로 표상할 수 있는 능수능란한 다중양식 감각운동 능력이 있는데, 여기에 대뇌피질 알고리즘 cortical algorithm을 결합함으로써 인간의 뇌는 우리가 알고 있는 가장 적응력이 뛰어나고 복잡한 모델을 만들어냈다. 바로 '자아감 sense of self'이다.

뇌에서 유도된 이 상대론적 모델이 미치는 전체적인 영향은 막대하다. 정신적 창조성, 능수능란한 운동 능력, 체외공간과 인공도구를 끊임없이 동화할 수 있는 능력이 상호 촉매 작용을 일으키며 폭발적으로 융합되며, 지난 수백만 년 동안 인간이라는 종은 차츰 대단히 독특한 진화 경로를 따라 올라갔다. 이 활기찬 뇌 기반 시뮬레이션의 역할은 그저 신기술의 개발을 통해 인류가 개인적으로, 집단적으로 도달할 수 있는 범위를 넓히고, 거주지역을 넓히고, 식량생산 방식을 개선하고, 질병을 극복하고, 자연재해를 이겨내게 해준 데서 그치지 않는다. 이것은 앞으로 어떤 기술 발전이 이루어지든 간에, 미래의 세대들은 그 모든 기술 발전을 지속적이고 능동적으로 자신의 자아감 안으로 동화시키게 될 것임을 보장하고 있다. 어떤 사람에게는 이상한 소리로 들릴지 모르지만, 지난 20년 동안, 한 세기에 걸쳐 신경생리학 연구에서 축적된 발견 내용들을 검토하면서 나는 뇌가 어떻게 끊임없이 변화하는 존재감 sense of being을 만들어내는지 설명할 방법은 이것밖에 없음을 알게 되었다. 사실, 나는 여기서 더 나가고 싶다. 인간의 뇌는 사실상 거의 아무런 노력 없이 복잡한 인공물을 받아들여 자기 신체의 연장인 것처럼 꾸밀 수 있는 힘이 있고, 이런 능력은 감히 다른 동물들이 넘보기 힘들다. 이 때문에 인간의 뇌는 인간 진화의 미래를 결정해야 할 책임의 상당 부분을 유전자로부터 뺏어올 수 있는 유일한 생물학적 알고리즘을 갖추고 있다.

내 이론적 주장의 정당성을 입증하려면 다양한 실험과 오랜 기간에 걸친 논쟁이 필요할 것이다. 하지만 지금까지 모인 묵직한 증거들은 횃불처럼 이쪽 방향을 가리키고 있다. 일례로, 우리는 이미 누군가가 느끼는 자아감의 경계는 상피의 제일 바깥층이 아니라는 실험적 증거를 살펴본 바 있다. 대신, 자아감은 옷, 손목시계, 반지, 양말, 넥타이, 장갑, 신발, 보청기, 치과 충전물, 의족, 심장박동기, 안경, 콘택트렌즈, 인공손톱, 가발, 틀니, 인공 눈알, 목걸이, 귀걸이, 팔찌, 피어싱, 실리콘 유방 보철물, 그리고 그밖에 우리 몸 안팎에 장착된 모든 추가물로 이루어져 있을 가능성이 크다. 더 나아가 우리에게는 흔히 쓰는 도구도 있고, 드물게 쓰는 도구도 있고, 직접 혹은 떨어져서 사용하는 도구들도 있는데, 자아감은 이런 도구의 움직임이 우리 신체 일부의 움직임과 어느 정도 관련이 되어 있는 한에서는 그 모든 도구를 자기 안에 함께 포함하고 있을 가능성이 크다. 사람들 대부분은 살아가는 동안 모르는 사이에 자아감을 확장해서 자신이 열심히 사용하는 기술적 도구들을 그 안으로 끌어들인다. 자동차, 자전거, 오토바이, 지팡이, 혹은 연필, 볼펜, 혹은 포크, 나이프, 숟가락, 거품기, 주걱, 혹은 테니스 라켓, 골프채, 농구공, 야구장갑, 축구공, 혹은 스크루드라이버, 망치, 혹은 조이스틱이나 컴퓨터 마우스, 심지어는 TV 리모컨이나 스마트폰 등, 아무리 이상하게 들리는 물건이라도 상관없이 모두 말이다.

  특별한 분야에 숙달된 사람들은 자아감이 확장되어 바이올린, 피아노, 플루트, 기타 같은 악기나 메스나 미소전극 같은 의료용 기구, 혹은 요트나 달착륙선, 비행기 같은 운송 장비 등을 포함할 수도 있다. 이것이 기구, 비행선, 비행기를 가지고 모험했던 아우베르투 산투스두몽의 경험이 도구동화 tool assimilation에 대해 우리에게 많은 것을 알려줄 수 있는 이유다.

산투스두몽이 말과 글로 직접 보고한 내용을 보면, 파리의 하늘을 가로지르는 동안 비행선 부품들을 조종하는 수많은 밧줄을 자기 손으로 계속 잡아당길 때마다 비행선이 거기에 반응하는 것을 바로바로 체험하다 보니, 그는 마치 비행선의 움직임이 자신의 움직임처럼 느껴지기 시작했다고 한다. 이것은 전통적인 형태의 기구 바구니에 그냥 승객으로 올라타서 바람에 몸을 맡기고 날아가는 동안에 느꼈던 것과는 완전히 다른 감각이었다. 산투스두몽의 자아감은 나는 기계와 너무나 깊숙이 뒤엉킨 나머지, 뒤이어 1908년에 그가 당시로서는 가장 믿을 만한 1인용 중비행기였던 '드모아젤'의 설계도 작업을 할 때는, 신체의 서로 다른 부분들을 사랑하는 새로운 비행선의 특정 제어장치에 직접 부착시킬 방법을 만들어내려 했다. 따라서 간단하게 몸을 앞뒤, 좌우로만 움직여도 그는 비행기를 조종할 수 있었다. 오늘날 우리가 알고 있는 지식에 비추어 보면, 산투스두몽이 서로 연결된 인간의 수백만 뉴런과 나는 기계 사이에서 형성된 최초의 폐쇄조종 피드포워드/피드백 루프closed-control feedforward/feedback loop를 경험하기 시작했고, 그 과정에서 그의 뇌가 비행기 전체를 자신의 작은 몸의 신체상 안에 합병했다고 추측해볼 수 있다. 산투스두몽이 경험했던 정교한 수준의 촉각 감수성과 어깨를 나란히 할 만한 사람은 '포뮬러원' 자동차경주대회의 대가 아일톤 세나 Ayrton Senna와 넬슨 피케 Nelson Piquet 정도가 아닐까 싶다. 이들은 시속 240km로 차를 모는 동안에도 경주용 트랙 아스팔트에 생긴 미묘한 변화를 감지할 수 있다고 말했다. 축구 황제 펠레가 드리블을 시작하고, 패스하고, 슛을 할 때 움직이는 공을 눈으로 직접 보고 차는 경우가 별로 없는 이

그림 9.3 왼쪽 그림은 1960년대에 활약할 당시의 펠레의 독특한 슈팅 동작이 사진으로 나와 있다. 오른쪽에는 이 책에서 제안하는 이론이 예측하는 펠레의 감각운동피질의 모습이 나와 있다. 이 관점에 따르면 축구공은 발을 표상하는 펠레의 대뇌피질에 합병되어 있을 것이다.

유도 비슷한 과정으로 설명할 수 있을 것이다. 가장 위대한 축구 선수의 뇌는 오래 전부터 축구공이 그저 자신의 움직이는 발의 연장에 불과하다고 느껴왔던 것이다그림 9.3.

이런 도구사용의 대가들은 자신의 도구를 뇌의 신체상 속으로 합병한다. 따라서 산투스두몽이 6호나 '드모아젤'로 날고 있을 때나, 펠레가 1,363회에 걸친 프로 경기에서 매번 공을 소유하고 있었을 때, 이 두 사람의 뇌는 자신의 신체도식에 각각의 도구를 새로이 받아들이고, 관련 감각수용야와 자신의 자아감을 실시간으로 계속해서 조정했던 것이다. 이런 과정은 상대론적 뇌의 또 다른 신경생리학 원리인 '가소성의 원리 plasticity principle'를 담고 있다.

◆ 가소성의 원리

피질뉴런 집단에 의해 창조되는 세상의 표상은 고정된 것이 아니라, 새로 학습한 경험, 새로운 자아의 모델, 외부 세상에 대한 새로운 시뮬레이션, 새로 동화된 도구 등에 평생토록 자신을 끊임없이 적응시키며 변화한다.

인공도구를 자아 내부 모델의 확장으로 합병하는 등, 새로운 과제를 배울 수 있는 동물의 능력은 그 밑바탕에 대뇌피질 재조직화 메커니즘이 놓여 있는데, 가소성의 원리는 이 모든 대뇌피질 재조직화 메커니즘을 아우른다. 그런 만큼 이것은 뇌-기계 인터페이스가 실제로 작동할 수 있는 주요 이유 중 하나가 된다. 뇌는 자신의 생물학적 손에서 느껴지는 도구와 가상의 도구를 구별하지 않기 때문이다.

지금까지 뇌에 의해 합병된 도구에만 초점을 맞추어 논의를 진행해 왔는데, 나는 이것만으로는 그다지 만족스럽지 않다는 것을 이 시점에서 고백해야겠다. 내 솔직한 의견으로는 자아감이 이런 한계를 훨씬 더 뛰어넘을 수 있다고 생각한다. 실험적 증거야 거의 없지만, 뇌는 자아를 궁극적으로 시뮬레이션 해내겠다는 완벽주의자적 충동이 있기 때문에 일상에서 우리를 둘러싸고 있는 다른 생명체의 신체도 진정한 자신의 일부로 병합한다고 나는 확고히 믿는다. 내가 제안하고 있는 세련된 신경 시뮬레이션을 더 잘 이해하려면, 여기서 만들어지는 최종 산물을 우리가 일상적으로 사용하는 대중화된 이름으로 부르는 것이 나을지 모르겠다. 바로 '사랑'이다.

사랑, 그리고 그것이 좀 더 강렬하게 구체화된 열정이 우리 속에서 어떻게 솟아나는지 생각해보자. 사랑에는 첫 눈에 반하는 사랑도 있고, 달콤하게 속삭이는 사랑도 있고, 엄마의 부드러운 포옹도 있다. 이 각각은 고전적인 감각 채널(시각, 청각, 촉각)을 동원한다. 언제나 예민한 화학적 감각인 후각과 미각에 동반해서 연쇄적으로 뿜어나오는 호르몬도 있다. 그 구체적인 예는 여러분의 무한한 상상력에 맡기도록 하겠다. 이 각각의 상황에서 뇌는 지속적으로 흘러들어오는 다중양식 신호를 수신하고서, 그 흐름을 기존의 경험 위에 세워진 현재의 실재 모델이나 자아감 속으로 합병하려 애쓴다. 비디오 게임 조이스틱이나 BMI의 피드포워드, 피드백 정보와 마주했을 때 그러는 것처럼 말이다. 상대론적 뇌의 정의를 이런 식으로 접근하면, 어느 한 사람의 자아감 속에는 부모, 배우자, 아이, 그리고 그보다는 강도가 떨어지겠지만, 친척, 친구, 그리고 아는 지인들까지도 포함하고 있어야 한다. 심지어는 애완동물도 이 목록의 일부가 될 수 있다.

다른 포유류와 우리 인간의 사회적 행동을 조사한 연구에서 뇌가 자신 내부 신체상에 다른 생명체의 몸도 함께 동화시킨다는 이 무리한 아이디어를 어느 정도 지지해주는 간접적인 힌트가 좀 나왔다. 그 예로 북미대륙에 사는 대초원흙들쥐 prairie vole의 행동을 살펴보자. 이 종의 성체는 자기가 좋아하는 짝을 만나면 뇌에서 엄청난 양의 도파민을 분비하는 경향이 있다. 도파민은 강력한 기쁨과 만족을 중재하는 분자다. 이 열정적인 첫 만남 이후에 일반적인 대초원흙들쥐는 자기 짝과 대단히 강력한 사회적 유대를 형성해서, 보통 이 관계가 평생 유지된다. 따라서 암컷이나 수컷 모두 다양한 다른 개체들과 어쩌다가 바람을 피우는 일이 계속 생기기는 하지만, 자기가 함께 사는 특정 동반자와 더욱 강력한 유대관계를 유지한다. 더 연구해 들어간 결과 대초원흙들쥐 쌍이 직접적인 사회적 접촉에 있을 때는 다량의 옥시토신을 만들어낸다는 것이 밝혀졌다. 옥시토신은 엄마가 갓난아기에게 모유를 먹일 때 분비되는 바로 그 호르몬이다. 일단 방출되고 나면 옥시토신은 뇌 변연계(변연계)에 있는 특정 수용기에 결합해 도파민의 분비를 유도한다. 결국 친해진 대초원흙들쥐 쌍은 아주 기분 좋고 만족스러운 기분을 오래도록 느낄 가능성이 크다. 이런 기분은 어쩌다 잠깐 만나는 섹스 파트너와는 경험해보기 힘든 것이다. 흥미롭게도 갓 새끼를 낳은 암컷 대초원흙들쥐의 옥시토신 수용기를 차단하면 그 암컷은 새로 태어난 새끼들과의 관계에 무관심해진다. 따라서 대초원흙들쥐 쌍의 옥시토신 수용기를 차단하면 이들은 유대관계를 깨고, 하룻밤의 섹스 상대를 찾아 쉬지 않고 돌아다닐 것이다.

뭐 대초원흙들쥐야 그래도 별 상관은 없다. 그런데 열정적이고 로맨틱한 관계에 빠진 지 얼마 안 된 젊은 남녀를 뇌영상법으로 연구해보았더니, 도파민이 풍부한 뇌 영역이 마찬가지로 강력하게 활성화되어 있는 것으로 나타났다. 더군다나 사람들이 배우자나 자녀 같이 자기가 사랑하는 사람을 안을 때나, 커플이 섹스를 할 때, 심지어는 친한 친구를 우연히 만났을 때도 옥시토신이 분비된다는 것이 이제는 잘 알려져 있다. 옥시토신 분비는 사람들이 애완동물을 어루만지거나, 마사지를 즐길 때 경험하는 기분 좋은 느낌에도 기여할 수 있다고 한다. 이 연구들과 다른 연구들을 통해, 호르몬 중에서도 특히 옥시토신이 쾌락 반응을 긍정적으로 강화하는 일련의 과정을 통해 인간의 사회적 유대감을 중재하는 데 핵심적인 역할을 할지 모른다는 가능성이 제기되었다. 이런 반응은 손잡기, 키스, 포옹, 섹스 등 신체적 접촉을 유발하는 행동이나 사교 자리에서 욕망의 대상과의 우연한 만남에 의해 처음 촉발된다. 그러고나면 뇌에서 분비되는 호르몬과 화합물질들은 아주 기분 좋은 느낌을 만들어내고, 결국 오래 지속되는 유대감을 확립하게 된다. 이 유대감은 뇌가 시뮬레이션한 실재에 의해 보살핌을 받다가, 결국 우리의 자아감을 정의하는 바로 그 모델의 일부로 통합되기에 이른다.

  내 관점에서 보면, 신체 동화와 가소성의 이런 지각-화학 변환 메커니즘perceptual-chemical transduction을 이용하면, 인간의 뇌가 자신의 신경 모델을 확장하는 일련의 인과적 사건을 정의할 수 있다. 놀라운 얘기로 들리겠지만, 이것이 의미하는 바는 우리의 자아감 속에는 우리가 삶을 함께 하는 개인들로 구성된 사회적 네트워크도 생생하게 함께 표상되어 있다는 것이다. 이런 표상은 사랑하는 사람과 함께 나누는 손길, 포옹, 키스, 애정 표시에 의해 뉴런 공간neuronal space에서 능동적이고 역동적으로 유지되는 진정한 신체의 결합인 것이다. 심지어 이것을 이용하면 연인관계가 깨졌을 때나 사랑하는 사람이 죽었을 때 거기에 적응하는 일이 왜 그리도 고통스러운지를 신경생물학적으로 설명할 수 있을지도 모른다. 기본적으로 나는 이렇게 제안한다. 마음을 온통 집어삼키는 그런 끔찍한 고통이 생기는 이유는 언제나 꼼꼼하게 모델을 제작하는 우리 뇌에게 있어서 그런 상실은, 없어서는 안 될 자아의 일부를 실제로 돌이킬 수 없이 지워야 함을 나타내기 때문이다.

  하지만 과연 다른 생명체를 동화하는 것이 우리의 자아감을 확장할 수 있는 마지막 한계일까? 위험한 발상으로 들릴지 모르겠지만, 나는 이 질문에 올바른 대답은 '단연코 아니다'라고 믿는다. 새로운 원격조종 기술과 결합된 뇌-기계 인터페이스의 등장, 그리고 생물학적 조작자의 물리적 존재와는 상당한 거리를 두고 위치하거나, 심지어는 공간적 규모가 아주 다른 다양한 기계 도구, 전자 도구, 가상 도구의 등장은 결국, 자신이 창조한 도구를 동화시킬 수 있는 인간 뇌의 독특한 능력 덕분에 우리 자아의 경계가 인간이라는 종이 결코 닿아보지 못한 영역까지 확장될 가능성이 있음을 말해주고 있다.

내가 마음속에 품고 있는 꿈은 오로라가 몇 미터 정도 떨어져 있는 로봇팔을 쉽게 동화했던 것이나 이도야가 지구 반대편의 로봇다리를 동화했던 것보다 훨씬 더 먼 곳으로 뻗어 있다. 예를 들면, 자아를 확장해서 3년이나 십년, 혹은 백 년 전에 미리 보낸 기계 장치를 통해 또 다른 행성의 지표면을 체험하는 일이 가능할까? 적어도 이론적으로는, 그런 상상 불가능한 경계선을 한두 세대 후에는 뛰어넘게 되리라고 상상해볼 수 있다. 그 날이 오면, 이런 상황이 벌어질지도 모른다. 아니, 사실 거의 확실하다. 우리 손자, 손녀들은 지구의 자기 집 거실 의자에 편안하게 앉은 채로 화성의 붉은 모래언덕을 돌아다니며, 발아래 밟히는 차가운 모래를 느끼는 것이 대체 뭐가 충격적이라는 것인지 옛날 사람들을 도무지 이해할 수 없다고 생각할 것이다.

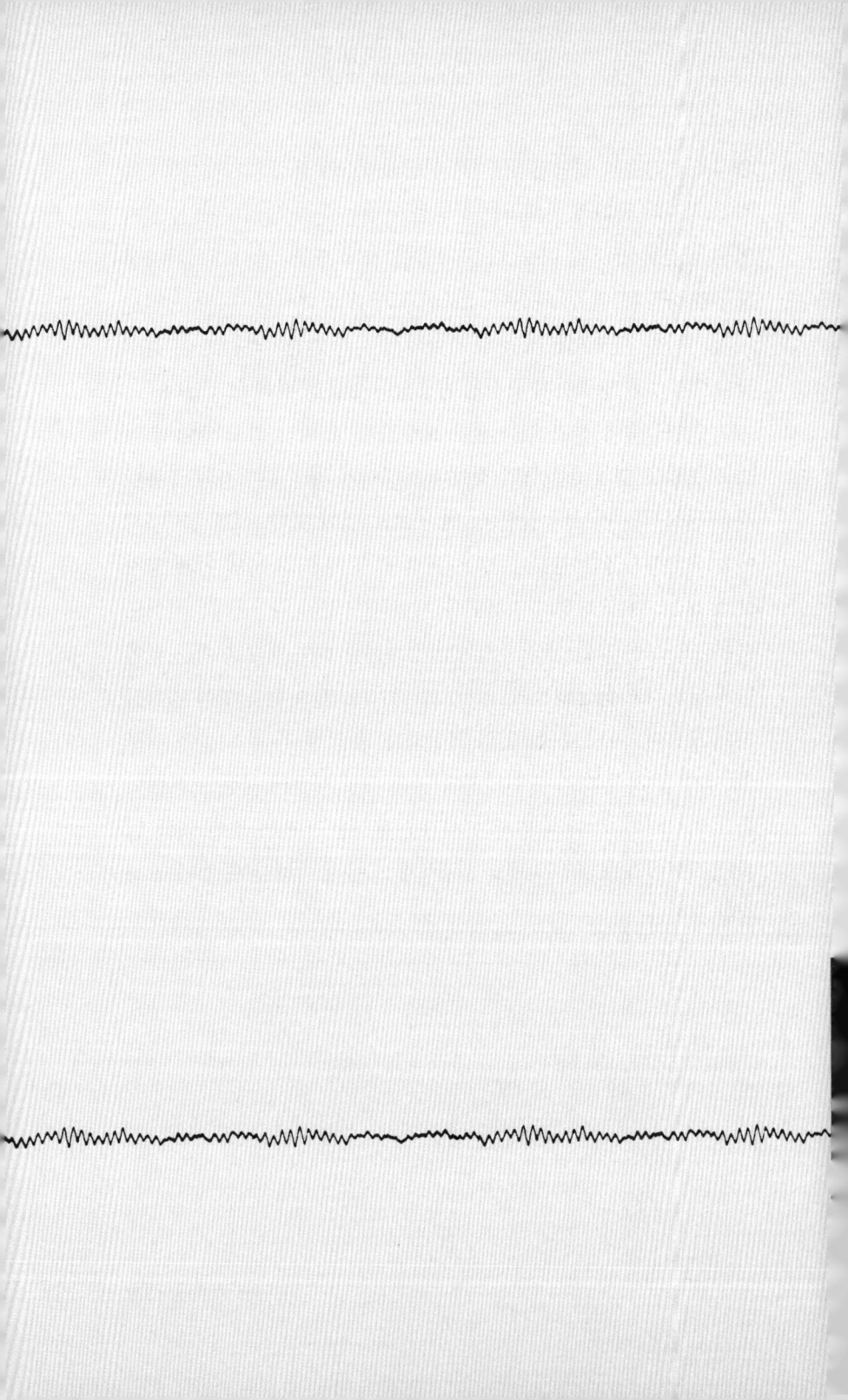

Shaping and Sharing Minds
마음의 형성과 공유

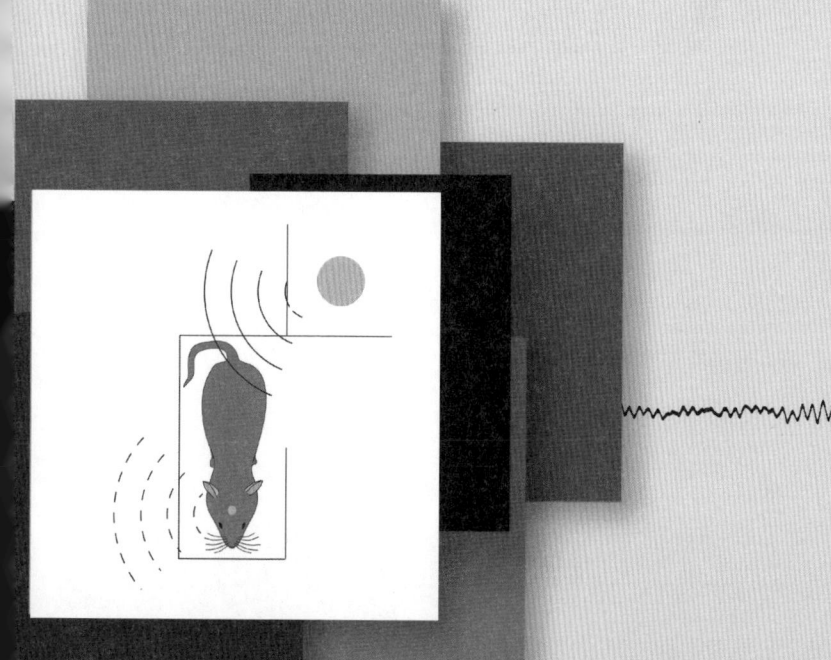

**BEYOND
BOUNDARIES**

10

마음의 형성과 공유

"지금까지 이걸 시도해서 동료평가를 통과해 발표한 사람이 있어?"

국제전화 잡음 때문에 말소리가 잘 들리지 않았지만, 내가 최근에 내놓은 희한한 아이디어를 승인해주려니 대놓고 뭐라 말은 못하고 망설이는 것이 느껴졌다. 몇 달 동안 곰곰이 구상한 실험의 개요를 정리하느라 밤을 꼬박 새운 나는 이제 진짜 고군분투해야 할 일을 마주하고 있었다. 내 전략이 먹혀들 거라고 다른 누군가를 설득하는 일이었다.

결코 만만하게 풀릴 일은 아니었다.

"정말 뇌-뇌 인터페이스가 가능하다고 생각하는 거야? 살아 있는 뇌 두 개를 서로 연결한다고? 정말 믿을 수가 없네." 상대방은 살짝 놀란 것 같기는 했지만, 그래도 말꼬리를 돌리려고 하지는 않았다.

예를 들면 우리가 좋아하는 주제인 파우메이라스 축구팀의 성적 같은 것들 말이다. 그것이 첫 번째 좋은 징조였다.

지난 30년 동안에도 여러 번 그랬었지만, 이번에도 나는 내 어린 시절의 친구 루이즈 안토니오 바칼라Luiz Antonio Baccala의 의견을 들어보고 싶었다. 하지만 이번에는 그저 습관적으로 전화를 걸어 물어본 것이 아니었다. 펜실베이니아 대학교에서 박사학위를 받았고, 뛰어난 기량과 지적 재능을 타고난 전기공학자 바칼라는 아무리 복잡한 과학 이론이라도 예리하게 분석해내는 재주가 있었다.

"내가 구상한 것을 그림으로 그린 것을 팩스로 보내줄게." 내가 이렇게 대답하자, 내 친구도 내가 농담하는 것이 아니란 것을 눈치챘다. 그림을 그리는 일은 나에겐 언제나 골치 아픈 일이었지만, 뇌-뇌 인터페이스에 대한 내 아이디어를 전달하려면 그것이 제일 빠른 방법이라는 것을 깨달았다.

"좋아, 그림을 한번 보내봐. 시간 나는 대로 살펴보고 내 생각을 말해줄게. 어쩌면 이번 주말쯤에 시간이 날 것 같네. 내가 뭘 할 수 있을지 한번 볼게."

통화가 끝날 때까지 파우메이라스 축구팀은 늘 충성 팬 관리에 소홀하다는 말이 한 번도 안 나온 것을 보니, 바칼라가 내 아이디어에 흥미를 느끼고 있음을 알 수 있었다.

두 사람의 마음을 연결한다는 아이디어에 대해서는 재미삼아 생각해 본 사람들이 없지 않았다. 일례로 노벨상을 수상한 물리학자 머리 겔만Murray Gell-Mann은 1994년에 자신의 책 《쿼크와 재규어The Quark and the Jaguar》에서 이렇게 적었다.

언젠가는 좋든 싫든, …… 인간이 고등 컴퓨터에 직접 연결되고(언어, 혹은 제어판 같은 인터페이스를 통하는 것이 아니라), 그 컴퓨터를 이용해서 하나나 그 이상의 다른 사람들과 연결되는 날이 찾아올 것이다. 그럼 언어를 사용할 때처럼 하고 싶은 말만 골라서 하거나, 속이는 일이 불가능해지고, 모든 생각과 감정을 완전히 공유하게 될 것이다. …… 과연 내가 이것을 권하게 될지는 확신이 서지 않는다(모든 것이 잘 풀리기만 하면 이것을 통해 너무나 다루기 어려웠던 인간적인 문제들 중 일부는 완화될지도 모르겠지만). 하지만 이것은 분명 새로운 형태의 복잡적응계adaptive system를 창조해낼 것이다. 많은 사람들이 진정한 하나로 합쳐지게 되는 것이다.

겔만의 두려움은 부당한 것이고, 미래에는 그런 기술이 인류에게 말로 다 못할 큰 혜택을 주리라는 확신 속에 나는 진정한 뇌-뇌 인터페이스를 시험해볼 수 있는 적법한 전략을 만들어내는 데 큰 노력을 쏟아 부었다. 이제 나는 이 프로젝터를 가동시켜 줄 바칼라의 승인만을 기다리고 있었다.

다음 주 월요일, 나는 상파울루 대학교 과학기술대학 교수 루이즈 안토니오 바칼라 박사의 명의로 아침 일찍 온 이메일을 보았다. "당장 전화해." 이 다급한 요청 말고는 아무것도 적혀 있지 않았다.

평소처럼 그는 핸드폰을 받지 않았다. 몇 번 통화를 시도한 끝에 나는 운이 좋게 사무실에 있는 그와 연결되었다. 그는 짜증난 목소리로 일단 얘기할 시간이 별로 없다는 말부터 꺼냈다. 학생들 시험점수를 매기느라 바쁘기는 하지만, 그래도 내게 무언가 중요한 얘기를 좀 해야겠다는 것이다. 그 말과 함께 그는 깊은 침묵 속에 빠져들었다. 그 침묵이 나는 도무지 견딜 수 없었다.

"그래서 뭔데?" 내가 사정하듯 말했다.

"아주 미친 소리라고. 좋은 의미로 말이야. 어떻게 될지 예측도 불가능하고, 파괴적이지만, 엄청나게 매력적이야. 만약 제대로 작동하기만 하면, 너희 분야는 아주 천지개벽할 거다. 만약 실패해도 잃을 것은 없지. 애써 쌓아올린 명성에 좀 흠집은 나겠지만, 제대로 작동했을 때 일어날 일에 비하면 그건 아무것도 아니지."

바칼라가 이렇게 조건 없는 지지를 표명하는 것은 상당히 큰 의미가 있었다. 그는 내가 보낸 그림을 꼼꼼하게 살펴보고, 기술적인 문제들도 분석해 보았다. 그가 보기에는 실험의 논리가 타당했다. 그것이 바로 내가 듣고 싶었던 말이다.

현대의 신경공학은 두 사람, 심지어는 그보다 많은 뇌를 하나로 연결하는 능력을 향해 빠른 진전을 보이고 있다. 앞에서 보았듯이 기계의 움직임을 조종하기 위해 만들어진 BMI가 성공적으로 작동하려면 두 가지 요소가 동시에 구현되어야 한다. 하나는 뇌 활성을 표본으로 추출하고, 거기서 수의적 운동 정보를 추출한 다음, 그 결과로 나온 명령 신호를 인공 장비로 재전송하는 것이다(원심성 요소, efferent component). 그리고 다른 하나는 구동장치의 수행에 대한 정보를 실험대상의 뇌로 다시 피드백 해주는 것이다(구심성 요소, afferent component). 지금까지 내가 BMI 실험에 대해서 기술한 내용 대부분은 첫 번째 요소에 초점을 맞추었고, 뇌에서 유도된 신호로 인공도구를 동화해 인간 뇌가 영향을 미칠 수 있는 범위를 확장하는 방법에만 치중했다. 그리고 이 실험들 대부분에서 BMI의 두 번째 요소로는 기계의 움직임을 직접, 혹은 원격으로 보여 주는 시각적 피드백을 주로 사용했다. 원래 자연발생적으로 일어나는 뇌의 도구합병 과정에서도 시각이 핵심적인 역할을 수행하는 것이 사실이지만, 다른 감각 양식을 바탕으로 작동하는 BMI도 만들어져 작동되었다. 사실 지금까지 만들어진 신경보철장치 중에 가장 성공적인 것은 인공와우cochlear implant다. 이미 전 세계적으로 수만 명의 청각장애 환자들이 이 장치를 이용해 듣기 기능을 상당한 수준으로 회복했다. 이 인공와우 삽입장치는 남아 있는 청각신경섬유를 전기적으로 자극해서 임상 효과를 유발한다.

사실 솔직히 말하자면, BMI에서 시각적 피드백을 가장 선호하는 이유는 실험실에서 시행하기 쉽기 때문이라고 해야 할 것이다. 영장류는 시각적 피드백을 대단히 효율적으로 다룰 수 있고, 비디오 화면과 상호작용하는 데도 어려움을 느끼지 않기 때문이다. 하지만 다른 감각 양식을 이용하지 말아야 할 이유는 없다. 사실 최근에 네이단 피츠시먼스와 듀크대학의 또 다른 대학원생 조지프 오도허티 Joseph O'Doherty는 오로라가 작동시켰던 상지 BMI에서 구심성 요소로 사용되었던 시각적 피드백을 원숭이 피부의 촉각 자극으로 손쉽게 대체할 수 있음을 보여주었다. 예를 들면, 생각으로 직접 로봇팔을 조종할 때 시각 정보를 흐릿하게 보여주면, 원숭이는 촉각 단서를 이용해 로봇팔의 진행 방향을 판단하는 법을 쉽게 배운다.

하지만 이런 피드백 정보 전달 방식도 여전히 고도로 특화된 신체 감각 기관에 의지하는 것이다. 이래서는 BMI가 뇌를 몸에서 완전히 해방시켰다고 자신 있게 주장하기 힘들다. 이런 한계를 진정으로 뛰어넘으려면 신체 말초 감각 기관의 어떤 중재도 없이 BMI의 구심성 피드백 요소를 제공할 방법을 찾아내야 한다.

전기뇌자극eletrical brain stimulation 기법은 에두아르트 히트지히와 구스타브 프리치가 1870년에 운동피질을 발견했을 때 사용했던 기술이고, 지난 세기 동안 신경생리학자들이 가장 흔하게 사용했던 실험적 접근방법 중 하나인데, 이것을 몇 군데 변경해 주니 이 딜레마의 해결을 위한 출발점이 간편하게 마련되었다. 뇌-기계-뇌 인터페이스brain-machine-brain interface, BMBI를 만들기 위한 첫 번째 시도에서 우리는 이 방법을 이용해서 원숭이 뇌와 직접 소통하고 나서, 원숭이 뇌가 대뇌피질에 직접 전달된 간단한 교육용 피드백 메시지나 감각 피드백 메시지를 해독하는 법을 배울 수 있을지 조사해보기로 했다. 이 단계에서 우리는 전형적인 형태의 BMI를 사용하고 있었지만, 실험 대상의 뇌와 인공 구동장치 사이에 몸의 간섭 없이 양방향 소통을 가능하게 해주는 장치의 윤곽을 처음 그려냈던 1969년도의 한 연구에서 사용한 '뇌-기계-뇌 인터페이스'라는 용어를 그대로 채용했다. 그 최초의 실험에서는 아날로그 컴퓨터를 통해 중계되는, 두 피질하부 뇌 영역 사이에서 일어나는 자동적인 상호작용을 이용했다. 반면 우리의 BMBI는 실험대상에게 잘 정의된 운동 과제를 통해 장치를 수의적으로 조절할 것을 요구했다.

100년이 넘게 진행된 전기뇌자극 실험은 영감을 불어넣어주었을 뿐만 아니라, 우리 문제에 전기뇌자극 기법을 어떻게 적용해야 할지 그 다양한 실용적인 팁 또한 제공해주었다. 어쨌거나 찰스 셰링턴, 에드거 에이드리언, 와일더 펜필드 등의 가장 선도적인 신경과학자들도 전기자극 기법을 이런저런 방식으로 손보면서 중추신경계와 말초신경계의 다른 부분들을 조사했던 것은 사실이지만, 이 거물들 중에서도 거의 잊혀진 스페인의 신경생리학자 호세 마누엘 로드리게스 델가도José Manuel Rodriguez Delgado만큼 이 기법을 폭넓게 사용했던 사람은 없었다. 예일 대학교의 실험실에서 일했던 그는 자유롭게 행동하는 동물과 사람에 장기간용 뇌 삽입장치를 이용하는 시대를 연 사람으로 인정받아 마땅한 사람이다.

  1969년에 시행한, 그가 좋아했던 한 실험에서 델가도는 패디라는 암컷 붉은털원숭이와 그가 발명한 '스티모시버stimoceiver'라는 작은 장비를 이용해 최초의 양방향 BMBI가 자동으로 작동하도록 선보였다. 스티모시버는 자유롭게 행동하는 실험대상과 기계 사이에서 전기 신호를 무선으로 전송할 수 있게 해주었다. 이 장비는 크기가 작았기 때문에 한 번에 여러 개를 삽입해서 서로 다른 뇌 영역을 동시에 기록하고, 자극할 수 있었다. 실험에서 델가도는 장기 삽입된 EEG 기록용 전극을 이용해서, 감정 조절에 관여하는 것으로 보이는 편도체라는 아몬드 크기 정도의 심부 뇌 구조물에 위치한 뉴런이 만들어내는 전기 활성 표본을 확보했다. 스티모시버는 편도체의 날것 그대로의 뇌 신호를 델가도의 실험실 근처 방에 가져다놓은 아날로그 컴퓨터로 중계했다. 그리고 이 컴퓨터를 프로그래밍해서, 편도체 뉴런들의 긴밀한 앙상블이 활성화될 때 나오는 '편도체 방추amygdala spindle'라는 리드미컬한 특정 뇌 활성 패턴을 감지하게 하고, 이것을 BMBI 피드백 요소 작동 기준으로 잡았다. 즉, 편도체 방추를 감지할 때마다 컴퓨터가 스티모시버로 무선 신호를 보내서, 독립된 뇌 영역을 전기적으로 자극하게 한 것이다. 이 뇌 영역은 원숭이의 망

상체reticular formation의 한 부분으로, 부정적 강화 메커니즘negative reinforcement mechanism을 작동시키는 것으로 확인된 영역이다.

이런 교묘한 구성 덕분에 델가도는 일단 BMBI를 작동시켜 놓은 다음에는 기계에 의해 중계되는 이 두 피질하부 뇌 영역 사이에서 어떤 상호작용이 펼쳐지는지 그저 지켜보기만 하면 됐다. 놀랍게도 BMBI를 가동시킨 지 몇 시간밖에 지나지 않았는데도, 편도체 방추의 활성이 50% 감소하는 것이 관찰됐다. 그 후로 6일에 걸쳐 패디는 매일 두 시간씩 BMBI와 상호작용했다. 그리고 이 기간이 끝날 즈음에는 패디의 편도체 방추가 정상의 1%라는 믿기 어려운 수준으로 감소되어 있었다. 여기까지 진행되고 나니 패디는 조용하고 내성적으로 변했고, 추가적인 행동 검사에 참가하려는 의욕도 떨어져 버려서, 결국 델가도는 실험을 중지했다. 그러자 며칠 만에 편도체 방추와 쾌활한 성격도 정상적인 수준으로 되돌아 왔다. 이것을 보고 델가도는 의사들이 인간의 뇌를 컴퓨터와 직접 연결해서 신경장애를 치료할 날이 머지않았다고 예상했다.

슬프게도, 머지않아 델가도와 그의 연구는 과학적으로 배척당하게 되었다. 2005년에 존 호건John Horgan이 〈사이언티픽 아메리칸〉에 실은 기사에 따르면, 델가도는 동료와 일반 대중 모두로부터 거의 본능적인 반감을 이끌어 냈다. 그는 1969년에 자신의 실험적 발견을 요약하는 책을 펴내면서《마음의 물리적 조종-심리적으로 문명화된 사회를 향해Physical Control of the Mind: Toward a psychocivilized Society》라는 책 제목을 택했는데, 그의 연구의 세부적 사항들이 특별히 잘 알려지지 않은 상태에서 이런 제목은 분명 그의 명성에 버팀목 역할을 해주지 못했다. 뇌 삽입장치의 미래에 대한 그의 독특한 비전, 즉 그것을 이용해 동물과 인간의 생리적, 병리적 행동을 조절한다는 비전 때문에 신경과학자들이 효과적인 마인드 컨트롤 방법 개발에 필요한 지식과 기술을 끌어모으고 있다는 공포가 퍼져나간다. 어쨌거나 그가 한참 연구에 박차를 가하던 시기는 냉전에 대한 피해망상이 절정에 이르렀던 때고, 음모론만 나오면 어떤 것이든, 특히나 과학자가 타인의 정신을 망가뜨리려 한다는 식의 얘기만 나오면 모두 끔찍하고 그럴듯 해보이던 시기였다. 하지만 그런 유언비어를 퍼뜨린 사람이 실제로 델가도의 책을 읽어보았더라면 그가 두개 내 전기 자극을 이용해 대담하게 대뇌피질과 피질하부 회로들을 조사했던 가장 큰 이유가 뇌에 대한 기초적인 지식을 얻고, 결국에는 그것을 이용해서 심한 병을 앓는 환자들을 위한 임상적 치료법을 개발하기 위한 것이었음을 알 수 있었을 것이다. 그렇긴 해도, 호건이 지적했듯이, 델가도가 인간의 뇌와 직접 소통할 방법을 찾아낼 가능성에 매료되었었다는 것만큼은 분명하다.

1994년 가을에 도서관 선반에서 그 《마음의 물리적 조종》을 처음 끄집어 들었던 날이 아직도 기억난다. 그때까지 그 책을 찾아왔던 존재는 거미나 이따금씩 찾아오는 떠돌이 흰개미 밖에 없었던 듯했다. 그 당시 듀크 대학교에서 조교수로 갓 발령 받았던 나는 신경과학의 고전들을 읽어볼 때가 되었다는 생각을 하고 있었다. 그런데 델가도가 다른 곳도 아닌 투우 경기장에서 전기뇌자극의 억제성 행동 효과inhibitory behavioral effect 실험을 펼쳐보였다는 얘기가 내 호기심을 자극했다.그림 10.1.

스페인 코르도바의 한 목장에서 빠른 속도로 연속 촬영한 흑백사진들 속에 이 환상적인 실험 환경이 생생하게 포착되어 있었다. 이

그림 10.1 투우 경기장에 선 신경과학자. 이 일련의 사진은 호세 델가도 박사가 수행한 고전적 실험을 보여준다. 그는 심부전기뇌자극을 이용해 달려드는 황소가 멈춰 서게 만들었다.

사진을 보면, 오직 한 가지 특성, 즉 빨강 망토를 쥐고 있는 사내를 끔찍하게 싫어하는 특성을 강화하기 위해 여러 세대에 걸쳐 특별하게 양육된, 마르고 사나운 황소 한 마리가 자기에게 주어진 역할을 충실히 펼쳐 보이고 있다. 언뜻 보기에는 비제의 불멸의 오페라 '카르멘'에서 매번 돈 호세로부터 카르멘의 마음을 훔쳐 달아나던, 황금색으로 치장한 투우사 에스카미요나 들고 있을 법한 빨강 망토만 들고 서 있는 듯한 신경생리학자를 향해 전속력으로 돌진하고 있는 것이다.

처음에 이 엄청난 황소는 투우 경기장 가장 자리에서 치명적인 뿔을 델가도를 향해 겨누고 서 있다. 그리고 델가도는 겁도 없이 오른

손에 빨강 망토를 쥐고 자신의 실험대상을 주의 깊게 쳐다보고 있다. 델가도는 왼손에 투우 경기에서는 결코 보인 적이 없었던 물체를 하나 쥐고 있다. 긴 안테나가 달린 라디오 비슷한 장치다. 경기장의 나무 링 위에는 정체를 알 수 없는 도우미가 앉아 있다. 이 사람은 이제 막 펼쳐지려는 사건에 대해 긴장하거나 염려하는 기색이 조금도 보이지 않는다. 이제 황소는 아마추어 투우사를 향해 곧바로 뿔을 겨누고, 누구도 멈춰 세울 수 없을 듯한 질주를 시작한다. 그 다음 사진을 보면 안도와 함께 놀라움이 밀려든다. 황소가 델가도 바로 몇 미터 앞에서 미끄러지며 갑자기 멈추어 선 것이다. 델가도는 이 사진보다 1초 정도 앞서서 현명하게도 쓸모없는 망토를 손에서 놓고, 돌진하는 황소에서 눈을 떼지 않은 채, 모든 운동 의지와 기도를 그 이상한 장치의 버튼을 누르는 일에 집중한 것이다. 이제 온순해진 황소는 델가도에게서 고개를 돌린다. 민망해진 황소를 델가도가 오른손을 저어 내쫓는 것을 볼 수 있다. 그런데 사진을 한 장, 한 장 들여다보면 도우미가 그 광경을 다 지켜보면서도 손 하나 까딱하지 않았다는 것을 알 수 있다. 이 모든 과정이 그 도우미에게는 충분히 연습된 지루한 마술에 불과함을 말해준다. 이아리아 교수가 즐겨 말했듯이, 만약 충분히 연습된 장면을 찍은 것이 아니었다면, 실험에서 이루어진 이 놀라운 만남을 찍은 이 역사적 사진 속에서 달랑 라디오 비슷한 장비 하나만 믿고 나와 있는 이 용감한 투우사는 델가도가 아니라 사시나무 떨 듯 떨고 있는 대학원생이었을 것이다.

누가 그 장치를 조종하고 있었던 간에, 델가도는 황소가 뿔로 자기를 치받기 바로 전에 그저 단추 하나만 눌러서 멈출 수 있는 방법을 찾아냈다. 이것만 놓고 보면 거의 믿기 힘든 이야기다. 사실, 그날 델가도가 다소 엉뚱한 방식으로 사람들에게 선보인 것은 운동 정보가 흘러 다니는 주요 통로인 바닥핵 줄무늬체striatum 등, 황소 뇌의 특정 영역을 전기적으로 자극하면 '운동 행동 정지motor behavior arrest' 상태를 유도할 수 있다는 것이었다. 독창적인 과학기술자였던 그는 미리 황소의 뇌에 심어둔 스티모시버를 전파 주파수를 이용해 활성화했던 것이다.

델가도의 비정통적 전기뇌자극 실험은 투우 경기장에서 끝나지 않았다. 그는 전기 자극을 이용해서 원숭이 무리를 지배하는 '알파' 원숭이의 공격적인 행동에 영향을 주면, 그 원숭이와 원숭이 사회의 다른 구성원들에게 어떤 영향이 가는지를 최초로 연구한 사람이었다. 원숭이 무리에서는 알파 수컷 한 마리가 다양한 위협 행동을 과시함으로써 계급이 낮은 다른 '델타' 구성원들에게 자신의 의지를 관철시킨다. 이를테면 다른 원숭이를 똑바로 쳐다본다든가, 이빨을 드러내고, 목소리로 경고를 내보내거나, 공격을 암시하는 자세를 취하는 등의 행동이다. 잡혀 들어와 있는 상태라 해도, 이런 공격적인 행동을 통해 알파 원숭이는 무리에서 자신의 특권을 유지할 수 있다. 즉, 우리 안 공간을 더 넓게 사용할 수 있고, 짝짓기 상대를 마음대로 고를 수 있고, 사육사가 주는 음식에 제일 먼저 손을 뻗을 권리도 차지한다. 멜 브룩스Mel Brooks의 말대로, 델타 원숭이가 되는 것은 전혀 즐거운 일이 아니다.

먼저 델가도는 자극용 전극 장치를 우두머리 알파 원숭이인 알리의 뇌에 삽입했다. 이것을 이용하면 델가도는 알리가 무리의 델타 구성원들과 상호작용하는 동안 바닥핵의 꼬리핵caudate nucleus을 원격으로 자극할 수 있었다. 매일 한 시간 동안 알리의 뇌는 1분당 5초씩 자극을 받았고, 이렇게 간헐적 자극을 주는 동안 알리의 공격성은 현저하게 줄어들었다. 무리 속 나머지 구성원들이 알리의 태도가 달라진 것을 차츰 눈치 채자, 계급이 낮은 원숭이들이 스스로를 내세우며 알리의 영역과 기타 특권들을 넘보기 시작했다. 알리의 뇌를 자극하고 있는 동안에는 델타 원숭이들이 우리 안을 휘젓고 다녔으며, 심지어 알리의 주변에 모여들기까지 했다. 다른 때 같았으면 이런 행동은 무리의 엄격한 위계질서를 모욕하는 행위로 간주되어 벌을 받아 마땅한 일이건만, 알리는 신경쓰지 않는 것 같았다.

하지만 긴장을 풀고 활개를 치던 이 델타 원숭이 패거리들의 파티는 오래 가지 못했다. 델가도가 알리 뇌의 전기 자극을 멈추고 약 10분 정도가 지나자 기존의 위계질서가 다시 확고하게 자리 잡았다. 평소의 공격적인 자신의 모습으로 돌아온 알리는 자신의 영토를 재정복하고, 알파 영장류의 자리에 따라오는 온갖 달콤한 특권을 다시 누리기 시작했다. 그 후의 일련의 실험에서 델가도는 레버를 누르면 알리의 꼬리핵에 전기 자극을 유발하도록 설치하고서, 계급 낮은 원숭이들이 그 레버에 접근할 수 있게 해주면 원숭이 무리의 사회 구조에 어떤 일이 생길지 조사해보기로 마음먹는다. 처음에는 몇몇 델타 원숭이들이 망설이며 레버를 눌렀다. 하지만 잠시 후에 엘자라는 암컷 원숭이가 알리가 자기를 위협할 때마다 그 레버를 누르면 알리를 자기에게서 떨어지게 할 수 있다는 것을 알아냈다. 엘자의 행동 또한 진화했다. 머지않아 엘자가 버튼을 누를 때 알리의 눈을 똑바로 쳐다보기 시작한 것이다. 비록 엘자가 무리의 새로운 알파 원숭이가 된 것은 아니지만, 엘자는 분명 알리의 공격성을 통제하는 법을 깨우쳤고, 알리의 공격을 최소한으로 줄일 수 있었다.

연구 활동을 하는 동안 델가도는 똑같은 방법을 보편적으로 적용해서 동물들과 심각한 정신장애, 신경장애를 앓는 환자 25명에게 핵심 뇌회로와 관련된 아주 다양한 피질 구조물과 피질하부 구조물인 운동계, 변연계(변연계) 등을 전기적으로 자극해보았다. 그렇게 해서 그는 복잡한 운동 작용, 지각적 감각, 타인을 향한 공격성이나 친밀감 등의 감정, 희열, 온순함, 성욕 등의 다양한 행동을 유도하거나 차단할 수 있었다. 연구를 진행하면서 델가도는 특정 행동을 유도하기 위해 전기뇌자극을 이용할 때 많은 문제가 도사리고 있다는 것을 깨달았다. 호건이 그의 프로필에서 지적했듯이, 델가도는 사람을 대상으로 연구한 내용들은 대부분 빼버렸다. 전기뇌자극의 효과가 사람마다 너무 다르게 나타났고, 심지어는 같은 환자에서도 매순간 달라졌기 때문이다.

이런 연구가 결국 어떻게 델가도를 곤경에 빠뜨렸을지를 상상하기는 그리 어렵지 않다. 사실 호건의 말처럼 이런 실험들은 공상과학소설 작가들이 퍼뜨리고 다니는 최악의 시나리오를 떠올리게 한다. 하지만 델가도가 호건과의 인터뷰에서 밝혔듯이 그가 사람에게 전기뇌자극 기법을 도입하려 했던 진짜 이유는 당시 공격적 행동을 보이는 정신분열 환자들을 전두엽절제술prefrontal lobotomy이라는 섬뜩한 수술로 치료하는 경우가 많았기 때문이었다. 이 수술은 전두엽피질prefrontal cortex 대부분을 뇌 나머지 부분과 단절시키거나, 제거하거나 파괴해버리는 수술이었다. 비극적이게도, 전두엽절제술이 환자를 정서적 무관심emotional indifference, 통증이나 기타 감정에 대한 심각한 무관심, 진취성과 동기 의식의 뚜렷한 결여 등으로 특징 지워지는 정신 상태로 퇴화시킨다는 것을 신경과학자들이 알게 된 것은 그로부터 한참 후였다. 델가도에게는 이런 수술이 너무도 끔찍하게 느껴졌다. 하지만 그런 좋은 의도만으로는 과학계에서 그를 깎아내리려는 사람들의 마음을 달랠 수 없었고, 일반 대중들도 진정시킬 수 없었다. 사람들은 그의 연구의 진짜 의도가 무엇이냐고 전방위에서 의심의 눈초리를 보내기 시작했다.

논란의 여지가 있는 책 제목을 고른 탓에 자신의 기술적, 과학적 발견들 대부분이 묻혀 버린 지 불과 5년 후인 1974년에 델가도는 미국을 떠나 스페인 마드리드의 마드리드 주립대학교에서 그를 위해 특별히 마련한 자리로 옮긴다. 거기서 그는 주류 신경과학계와는 거의 고립된 채, 비침습적인 뇌 자극법에 주로 초점을 맞추어 연구를 계속 진행한다. 그의 실험들, 특히 운동 행동을 생성하고 차단하는 실험들은 한 세대 후에 파킨슨병이나 다른 신경학적 장애의 치료에 심부뇌자극술deep brain stimulation, DBS이 도입될 수 있도록 간접적으로 길을 닦아주는 역할을 했다. 하지만 그 후로 20년 동안 델가도의 이름과 그가 남긴 유산은 차츰 신경과학 문헌에서 자취를 감추고 만다.

이상하게도, 델가도가 한 연구나 글로 펴낸 내용을 보면, 사람의 마음을 통제하기는커녕, 사람의 수의적 의지를 통제하겠다고 암시한 부분도 전혀 찾아볼 수 없다. 하지만 과학자들이 셀 수 없이 많은 기발한 방법으로 인류의 멸망을 재촉하고 있다고 주장하며 늘 비난하고 다니는 사람들이, 현대사회에 넘쳐나는 것으로 거듭 확인되고 있는 더욱 효율적인 형태의 세뇌 기법이나 마인드 컨트롤 기법에 대해서는 눈곱만큼도 걱정하지 않는 것을 보면 참 흥미롭다. 이들의 상상력 넘치는 음모론과는 달리, 이런 세뇌 기법이나 마인드 컨트롤 기법에 신경과학자가 연구실에서 개발한 최신 뇌 칩 같은 것이 사용된 적은 한 번도 없다. 심지어 호세 델가도 같은 괴짜 과학자도 그런 것을 시도한 적은 없다.

 델가도가 곤란을 겪었음에도 전기뇌자극은 뇌조직, 신경로, 말초신경을 자극하는 중요한 방법으로 신경학자들 사이에서 계속 널리 사용되었다. 하지만 델가도가 1960년대에 수행했던 것에 견줄 만한 과감한 실험을 하는 과학자는 오랫동안 거의 나타나지 않았다. 하지만 내 전임 지도교수였던 존 채핀과 그의 학생들이 '로봇쥐roborat'로 수행한 광범위한 실험이 신경과학계를 놀라게 하면서 이 조용하던 시나리오에 급격한 변화가 찾아온다.그림 10.2.
 나는 처음 그들이 구상에 들어갔을 때부터 그 연구에 대해서 알고 있었지만, 로봇쥐가 주인공으로 등장하는 비디오 클립들은 나에게 정말이지 강렬한 인상을 남겼다. 이 비디오 중 하나는 로봇쥐가 고무 그물망을 오르는 모습이 있었는데, 이 고무 그물망에는 로봇쥐의 발 크기만한 구멍들이 지면과 거의 수직으로 숭숭 뚫려 있었다. 다른 비디오에는 로봇쥐가 텍사스 샌안토니오에 있는 시험용 야외 트랙의 힘든 장애물 코스에서 성공적으로 길을 찾아가는 모습이 담겨 있었다. 이 트랙은 그 당시 국방고등연구기획국DARPA에서 제작 중이었던 최신 자동 로봇들의 한계를 평가하는 데 사용하던 곳이었다.
 이 시점에서 여러분은 좀 의아해졌을지도 모르겠다. 로봇 하나가 이런 재주를 좀 부린 것이 뭐가 그리 대단하단 말인가? 미츠오 카와

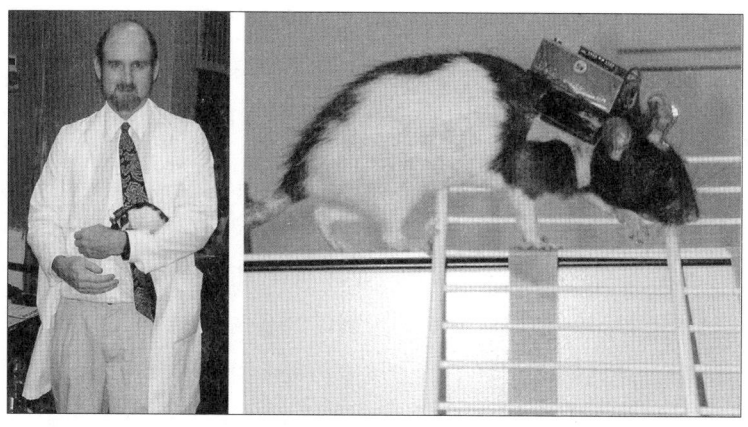

그림 10.2 존 채핀과 로봇쥐. 왼쪽은 자신의 로봇쥐와 함께 찍은 존 채핀 박사의 사진이다. 아래 사진에서는 로봇쥐가 금속망 위를 걷고 있다.

토와 고든 쳉의 로봇은 노래도 하고, 춤도 추고, 탁구까지 치지 않았나? 맞는 말이긴 하지만, 그 로봇들은 특정 과제를 수행하도록 프로그램 되어 있는 것이었다. 그런 로봇들은 로봇공학자가 열심히 만들어 준 명령 코드의 도움 없이는 새로운 노래를 부르지도, 삼바 춤을 추지도, 탁구 금메달리스트를 이기지도 못한다. 그리고 이 로봇들에게는 DARPA 트랙의 장애물 코스를 끝까지 완주하는 일도 마찬가지로 불가능하다. 자동 로봇은 모래 함정에 빠져버릴 수도 있고, 돌무더기에 가로막히거나 아주 가파르고 미끄러운 경사로를 만나 실패할지도 모른다.

하지만 로봇쥐의 성과를 두고 몇몇 라이벌 로봇공학자들이 제일 짜증을 냈던 부분은 로봇쥐가 사실은 전혀 로봇이 아니라는 사실이었다. 그건 그냥 쥐에 불과했다. 필라델피아 하수구 안에 사는 쥐가 아니라, 브루클린의 뉴욕 주립대학교 의과대학에 있는 존 채핀의 실험실에서 자라고, 훈련 받고, 능력이 살짝 향상된 자랑스러운 롱-에반스Long-Evans 혈통의 쥐였던 것이다. 채핀이 쥐가 들어 있는 상자를 들고 DARPA 로봇 트랙에 들어서자 몇몇 사람은 믿을 수 없다는 표정으로 킥킥거리기도 했다. 그 상자에서 채핀이 조심스럽게 꺼낸 것이 로봇이 아니라 얼룩무늬 설치류인 것을 보자 더 많은 사람들이 낄낄거렸다. 몇 분 정도 명상하듯 쥐의 등을 부드럽게 어루만져 준 후에 채핀은 조심스럽게 쥐를 트랙 출발점에 위치시켰다.

채핀이 자신의 제자로 부터 몇 걸음 물러나왔을 때, 그 광경에 주목하고 있던 사람들 눈에 채핀이 손으로 꽉 움켜쥐고 있는 흔하디흔한 노트북 하나가 들어왔다. 갑자기 사람들 얼굴에서 웃음과 조롱하는 듯한 표정이 싹 사라지고 말았다. 분명 채핀의 실험은 그의 선구자 델가도가 이룬 그 모든 것을 뛰어넘고 있었다. 몇 달에 걸쳐 그는 정교한 새로운 전기뇌자극 패러다임을 시험하고 있었다. 채핀은 그저 특정 뇌영역을 자극해서 무언가를 차단하거나 몸의 산발적인 움직임을 유도하는 것이 아니라 전기 펄스를 이용해서 쥐에게 복잡한 미로를 어떻게 움직여 나갈 것인지 명령을 내릴 계획을 세웠다. 이런 명령을 내리기 위해 그는 그가 아주 잘 알고 있는 피질영역에 자극용 단일 전극 하나를 장기적으로 삽입해 놓았다. 바로 일차몸감각 피질의 수염 표상 부위였다. 이 자극용 전극은 쥐에게 몸을 어느 방향으로 돌려야 하는지 정보를 알려주는 용도로 사용할 것이기 때문에 채핀은 한 전극은 오른쪽 S1 피질에, 그리고 하나는 왼쪽 S1 피질에 삽입했다. S1 전기자극을 이용하는 기존 대부분의 연구와는 달리, 채핀은 안쪽전뇌다발medial forebrain bundle, MFB에도 자극용 와이어를 삽입해 놓았다. 채핀은 이곳을 자극하면 아주 강력한 쾌감이 발생한다는 것을 알고 있었다. 쥐가 삽입 수술에서 회복된 다음에 채핀은 쥐에게 '배낭'을 장착해주었다. 이것은 간단한 무선 송신기로부터 명령을 받아 쥐에 삽입된 전극으로 작은 전기 펄스를 전달하는 역할을 했다.

하지만 이 실험의 비결은 채핀이 각각의 대뇌 반구나 안쪽전뇌다발로 전달하는 펄스의 시간적 순서를 어떻게 정의했느냐 하는 부분이었다. 그는 쥐가 오른쪽 S1 피질로 전달된 펄스는 오른쪽으로 돌라는 명령으로, 왼쪽 S1 피질로 전달된 펄스는 왼쪽으로 돌라는 신호로 받아들이는 법을 배울 수 있음을 알아냈다. 쥐가 채핀의 명령을 정확히 따를 때마다 안쪽전뇌다발로 전기 펄스를 한 번씩 보내주었기 때문에 이런 학습이 가능했고, 또 비교적 신속한 학습이 가능했다. 이런 전략을 이용해서 채핀은 쥐가 어떤 미로와 마주쳐도 길을 잘 찾아갈 수 있게 훈련할 수 있었다. 그리하여 로봇쥐는 DARPA의 시험용 트랙 기록을 갈아치운 최초의 기계 혼합 생명체가 되었다.

평소에도 겸손하고 솔직한 모습을 보여주던 존 채핀은 이런 엄청난 성과를 올리고 나서도 실험동물의 뇌에 명령을 내리고, 잘 따라하면 포상해 주는 이 독특한 전략의 한계가 무엇인지 잘 인식하고 있었다. 그래서 나중에는 앞으로 움직이라는 명령을 도입하는 등의 혁신을 이루기도 했었지만, 자신의 접근법을 상지와 하지 BMI에 적응시키려면, 훨씬 많은 명령, 그리고 훨씬 미묘한 의미를 전달할 수 있는 전기 자극 패턴들을 몸감각피질로 보내야 한다는 점을 분명하게 알고 있었다. 어쨌거나 로봇쥐의 믿기 어려운 놀라운 모험은 전기뇌자극을 다음 세대 BMI에 사용할 수 있으리라는 내 예감을 더 공고히 다지는 계기가 되었다. 이제 이 추측을 칠판에만 끼적일 것이 아니라 일련의 실험에서 시도해봐야할 때가 드디어 온 것이다.

  이 아이디어를 상상의 나래를 따라 최대한으로 펼쳐 보이기에 앞서 먼저 상대적으로 좀 쉬운 것을 시도해보기로 했다. 과연 원숭이가 직접적인 피질 전기 자극으로 전달된 이진 메시지binary message를 해석하고 행동 과제를 해결하는 데 그 정보를 이용하는 법을 배울 수 있을까? 이런 궁금증은 우리 실험실 대학원생 아론 샌들러Aaron Sandler가 최근에 결론을 내린 한 프로젝트에서 발전된 것이었다. 샌들러는 접근을 막고 있던 합성수지 문을 올렸을 때 올빼미원숭이가 왼쪽이나 오른쪽 팔뚝에 전달된 촉각 자극을 이용해서 자기 앞에 놓인 두 상자 중, 어느 쪽에서 먹이를 찾아야 하는지 판단할 수 있음을 보여주었다. 그가 훈련시킨 두 원숭이는 오른쪽 팔에 자극이 왔을 때는 오른쪽 상자에서 먹이를 찾고, 왼쪽 팔에 자극이 오면 왼쪽 상자에서 먹이를 찾아야 한다는 것을 별다른 어려움 없이 익혔다. 더 나아가 이 첫 번째 규칙을 배운 다음에는 규칙을 반대로 뒤집어서 왼쪽 팔 자극에는 오른쪽 상자에 먹이가, 오른 팔 자극에는 왼쪽 상자에 먹이가 있게 해도 쉽게 그 규칙을 이해했다.

  이런 유용한 정보와 샌들러가 이 실험을 하면서 꼼꼼하게 모아놓은 자세한 행동 자료들을 바탕으로 네이선 피츠시먼스는 같은 원숭이의 S1 피질에 전기자극을 전달할 방법을 조사하기 시작했다그림 10.3. 샌들러가 이 두 올빼미원숭이의 피질영역 몇 곳에 다중의 마이

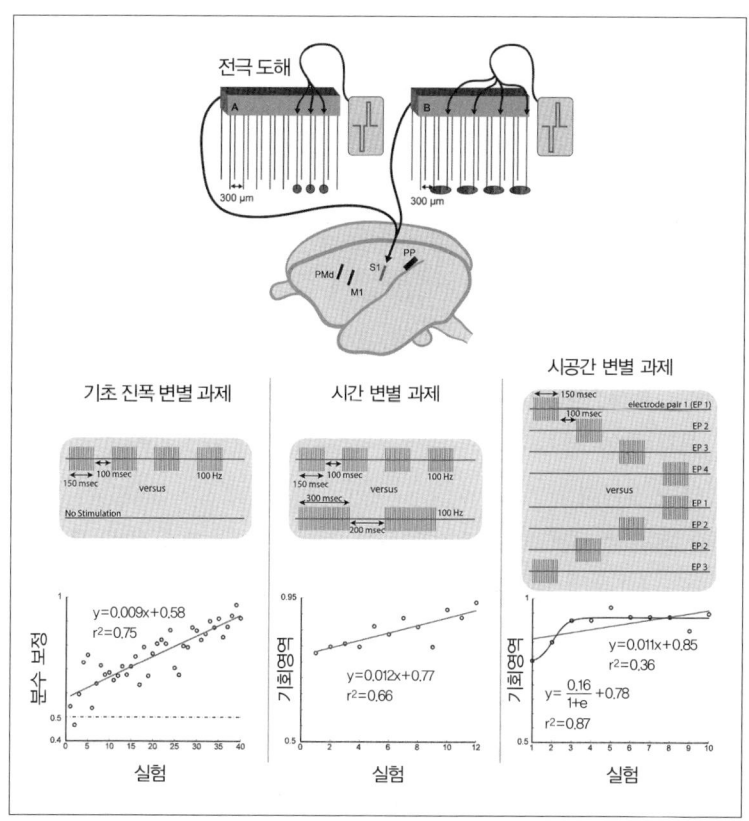

그림 10.3 뇌와 대화하기. 위쪽 그림은 원숭이 뇌에 '전기 메시지'를 전달하는 데 사용된 실험 구성을 나타내고 있다. 장기간 삽입된 미소전극배열을 이용해서 서로 다른 메시지를 표상하는 시공간 전기 패턴을 전달한다. 중간에 나온 그림은 기초 진폭 변별, 시간 변별, 시공간 변별 등, 원숭이 뇌에 메시지를 전달하는 데 사용된 서로 다른 유형의 패턴이 나와 있다. 아래 그림은 세 가지 메시지 전달 방법 각각에 대한 학습곡선이 나와 있다.

크로와이어 배열을 삽입해놓은 상태였다. 이것을 이용하면 샌들러와 피츠시먼스는 백 개에 가까운 피질뉴런의 동시적인 전기 활성을 장기적으로 6년 동안 연속 기록할 수 있었다. 학위논문 프로젝트를 위해 피츠시먼스는 새로운 버전의 상자 알아맞히기 과제에서 원숭이에게 전기 신호 단서를 전달하는 데 사용할 마이크로와이어를 각 원숭이의 S1 피질에서 몇 개 골랐다. 더 나아가 그는 원숭이 대뇌피질에 공간적인 단서를 직접 전달할 때, 다양한 부호화 전략encoding scheme을 시도해보기로 마음먹었다. 그 첫 번째 전략의 규칙은 아주 간단했다. 합성수지 문을 올리기 전 시간 동안 오른쪽 S1 피질에 고주파의 전기 미세자극이 전달되면 사료는 오른쪽 상자에 들어있고, 그 시간 동안 전기 자극이 일어나지 않으면 사료는 왼쪽 상자에 들어 있는 것이다.

이 두 원숭이는 촉각 자극을 이용한 과제에 대해서 이미 심도 깊은 훈련을 받은 상태였지만 먹이를 얻는 이 새로운 규칙을 익히는 데는 둘 다 약 40일 정도가 걸렸다. 이것은 좀 이상했다. 피질에 미세 전기 자극을 주는 기존의 실험에서 이런 간단한 전기적 단서를 익히는 데 이렇게 긴 학습 기간이 들었던 적은 없었기 때문이다. 여하튼, 일단 원숭이가 전기 자극을 판단에 연관시킬 수 있게 되자, 팔뚝에 촉각 자극을 받아서 과제를 수행할 때만큼 이번 과제도 잘 수행했다. 우리는 다음 단계로 열심히 나아갔다. 다음 단계는 원숭이가 지금 막 익숙해진 규칙을 거꾸로 뒤집는 것이었다. 이번에는 새로운 규칙을 배우는 데 걸리는 시간이 훨씬 짧아져서 약 15일 정도가 걸렸다. 이제 부호화 전략을 다시 변경할 때가 되었다. 이번 라운드에서 피츠시먼스는 시간 패턴이 서로 다른 미세 전기 자극을 골라

두 가지 메시지를 전달하게 했다. 원숭이에게 100ms 간격으로 150ms 길이의 펄스 자극을 주면 먹이는 오른쪽 상자에 있고, 200ms 간격으로 300ms 길이의 펄스 자극을 주면 먹이는 왼쪽에 있다는 뜻이다. 주파수의 이 작은 차이를 제외하면 이 '변별 우발사건 discrimination contingency'에서 자극의 총량 total charge, 자극 지속 기간 duration, 피질의 위치 cortical location 등 자극의 나머지 모든 특성은 동일했다. 이것은 아주 살짝 차이가 나는 두 자극을 변별해서 어느 상자를 선택해야 먹이를 구하는지 판단해야 하는 첫 번째 과제였지만, 두 원숭이는 새로운 규칙을 약 일주일 만에 익혔다.

여기까지 온 다음에 우리는 대뇌피질 미세 전기 자극으로 원숭이 행동을 명령하는 한계를 넓혀 보기로 마음먹었다. 단일 마이크로와이어를 이용해서 전기 펄스를 전달하는 대신 피츠시먼스는 이웃한 네 쌍의 미소전극을 참여시켰다. 그리고서 서로 다른 주파수를 이용해 단서를 알려주는 대신, 마이크로와이어들을 가로질러 반대 방향으로 움직이는 두 가지 전기 진행파 traveling wave를 이용해 원숭이에게 먹이의 위치를 알려주기로 했다. 우리는 두 원숭이가 시공간 우발사건 spatiotemporal contingency에서 이 두 가지 패턴을 변별하는 데는 훨씬 어려움을 크게 겪으리라고 예상했다.

우리의 걱정은 완전한 기우였다. 불과 3, 4일 만에 두 올빼미원숭이 모두 두 시공간 단서 사이의 미묘한 차이를 알아냈고, 앞선 세 가지 부호화 전략 과제를 수행할 때와 같은 수준의 자신감으로 숨겨진 먹이를 찾아냈다. 실제로 이 둘은 단서 학습 속도도 마찬가지로 점점 빨라지고 있었다. 일단 원숭이들이 우리가 그들에게 전달하려 하는 메시지의 골자, 즉 우리가 먹이의 위치를 알려려 하고 있다는 것을 이해하고 나자, 우리가 그 어떤 새로운 우발사건continigency을 던져주더라도 거기에 이 일반적인 규칙을 적용하는 능력을 지속적으로 향상시키고 있는 것으로 보였다.

   자극기에서 나오는 전기적 잡음을 차단하는 기발한 방법을 찾아낸 피츠시먼스는 원숭이가 먹이가 들어 있는 상자를 알려주는 전기적 단서를 수신할 때 즈음에 이 두 원숭이의 S1과 M1 피질에서 뉴런 활성을 동시에 기록해 냈다. 이 귀중한 뉴런 신호를 우리가 BMI를 구동시킬 때 늘 사용했던 똑같은 다중회귀 알고리즘multilinear regression algorithm에 입력해본 피츠시먼스는 무언가 재미있는 것을 찾아냈다. 전기자극이 끝나는 시점과 상자를 향한 동물의 움직임이 시작되는 시점 사이의 기간 동안 S1 뉴런에서 만들어진 뉴런활성을 선형결합linearly combined한 것을 보니, 이 신경생리학적 데이터만으로도 바로 200ms 전에 원숭이의 몸감각피질에 어떤 자극이 전달되었는지를 예측할 수 있었던 것이다. 여기에 자극 받은 피츠시먼스는 같은 시기에 기록에 참가한 모든 M1 뉴런에서 만들어진 활성을 선형 모델에 입력해보았다. 그랬더니 이 데이터로는 원숭이의 팔 근육에서 아무런 움직임의 징조가 나타나기 전인데도 원숭이가 어느 쪽으로 손을 움직일지를 마찬가지 정확도로 예측할 수 있었다. 원숭이가 각각의 우발사건contingency 과제에 능숙해짐에 따라 피츠시먼스의 예측도 함께 향상되었다. 그가 이 원숭이들의 뇌가 외부에서 온 전기 자극에 담겨진 메시지를 해독하고 난 후에 이 귀한 정보를 결단력 있는 수의적 행동으로 매끈하게 옮기기까지의 과정을 시간적 순서에 따라 신경생리학적으로 대단히 자세하게 보고할 수 있었던 것은 바로 이 덕분이었다.

영장류의 뇌와 직접적인 대화를 성립시키려는 노력을 통해 우리는 '기꺼이 귀 기울일 준비가 된' 뉴런의 귀를 찾아냈다. 분명 이것은 대단히 상서로운 출발이었다.

대뇌피질 미세자극을 다룬 피츠시먼스의 실험 결과가 발표될 때쯤, 오도허티는 상지 BMI에 대뇌피질 전기자극을 이용하는 일련의 새로운 붉은털원숭이 실험을 고안하고 있었다. 오도허티와 나는 이 원숭이들이 호세 델가도를 기념해 BMBI로 세례받게 될 새롭고 근본적인 패러다임의 첫 실험대상이 될 수 있음을 깨달았다. 이 BMBI를 통해 실험대상인 우리 원숭이들은 신체로부터 오는 모든 간섭을 완전히 배제한 폐쇄제어 루프closed-control loop를 통해 특정 인공 장비와 상호작용할 수 있을 것이다. 인터페이스를 구성하는 원심성 요소(운동 제어)와 구심성 요소(감각을 통한 명령이나 피드백) 모두 정보를 송수신하는 작은 대뇌피질 표본 말고는 그 어떤 세포 조직에도 의존하지 않을 것이다. 원숭이들은 명령이나 감각 피드백을 직접 뇌로 수신하며, 영장류가 일반적으로 움직이는 몸에서 정보를 모을 때 의지하는 생물학적 감각기관이나 말초 신경로를 동원할 필요가 없을 것이다.

이것은 분명 만만치 않은 도전이었다. 특히나 이런 BMBI의 최초 버전에서는 방대한 신체 감각 기관의 대체물로 사용할 소통 채널이 질적으로 다소 빈약할 수밖에 없다는 점을 고려하면 더욱 그랬다. 피츠시먼스의 실험에서처럼, 감각을 대체하려면 장기 삽입된 마이크로와이어를 이용해서 원숭이의 일차몸감각피질이나 후두정엽피질로 간단한 전기자극패턴을 전달해야 했다. 우리의 목표는 이 원숭이들이 이 단일 '인공 감각 채널artificial sensory channel'을 최대로 활용해서 뇌 활성만으로 명령을 해독하는 법을 배울 수 있을지 시험해 보는 것이었다. 나중에는 똑같은 전략을 적용해서 원숭이에게 자신이 조종하는 기계의 움직임에 대한 피드백을 제공해줄 것이다.

난이도를 좀 낮추기 위해 첫 시도는 2진 운동 방향 지시binary movement direction instruction로 제한했다. 원숭이는 이 지시 사항을 이용해서 판단을 내린 후에 자기 앞 화면의 왼쪽이나 오른쪽에 있는 목표물로 컴퓨터 커서를 이동해야 한다. 훈련 초기 기간에는 원숭이에게 조이스틱으로 커서의 움직임을 조종해서 미세자극 패턴에서 추출한 방향을 가리키게 했다. 그리고 원숭이가 이 과제에 아주 능숙해지면 차츰 조이스틱을 치워 버리고 제어를 우리 장치의 BMI 요소로 옮겨서, 원숭이가 뇌 활동만으로 커서를 움직이게 했다. 보통 원숭이가 커서를 화면 중앙의 출발점에 위치시키면 시도가 시작됐다. 일단 커서가 화면 중앙에 오면 커서의 출발점에서 양쪽으로 같은 거리에 시각적으로 동일한 원형 목표물 두 개가 나타났다. 그와 동시에 왼쪽이나 오른쪽 목표물을 지칭하도록 부호화한 전기 자극이 원숭이의 S1 피질로 직접 전달된다. 그럼 원숭이는 이 미세자극을 해석해서 운동의 뇌 활성 패턴을 만들어 커서를 적절한 목표물로 이동시켜야 한다(그럼 달콤한 주스가 포상으로 나온다).

앞서 피츠시먼스와 샌들러가 했던 것처럼 오도허티도 원숭이 대뇌가 아니라 팔의 피부에 지시를 내렸을 때 같은 과제를 해결하는 데 같은 원숭이에서 시간이 얼마나 걸리는지부터 측정했다. 이 실험을 통해 우리는 원숭이가 과제를 푸는 데 필요한 2진 지시binary instruction를 수신하는 전달자conduit로서 피부와 뇌를 비교해볼 수 있었다. 더 나아가 오도허티는 원숭이 한 마리는 전기 메시지를 S1 피질에 직접 수신하고, 다른 원숭이 한 마리는 S1 피질 바로 몇 mm 뒤에 있는 후두정엽피질posterior parietal cortex, PP(피질)에서 메시지를 수신하게 만들었다. 이것은 둘 중 어느 쪽 피질영역이 대뇌피질 미세자극을 통해 원숭이의 판단을 유도하는 데 더 나은 목표물로 작용하는지를 비교해볼 수 있다는 의미였다.

올빼미원숭이로 실험을 했을 때와 마찬가지로 이번에도 붉은털원숭이들이 지시가 촉각으로 전달되는 과제를 배우는 데는 처음에 몇 주 정도의 훈련이 필요했다. 이 착수 시기가 지난 후에는 원숭이가 S1 피질에 메시지를 받느냐, PP 피질에 메시지를 받느냐에 따라 수행성과에 뚜렷한 차이가 나타났다. S1 피질에 메시지를 받는 원숭이는 머지않아 촉각 자극을 받을 때와 같은 수준의 능숙함으로 목표물을 골라낼 수 있었다. 하지만 PP 피질에 메시지를 받는 원숭이는 상황이 녹록치 않았다. 이 원숭이도 마찬가지로 피부의 촉각 자극으로 전달되는 정보를 해독하는 법을 배웠지만, PP 피질로 전달되는 전기 메시지를 어떻게 해석해야 하는지는 이해하지 못했다. 원숭이가 후두정엽 영역으로 전달된 전기적 지시 사항을 이해하려면 다른 유형의 전기 자극이나, 더 오랜 훈련 기간이 필요할 가능성도 완전히 배제할 수는 없지만, 오도허티의 실험은 미래의 BMBI에 적용할 수 있는 몇 가지 시나리오를 열어주었다.

우리 듀크 대학교 팀은 이제 살아있는 뇌에 새로운 메시지를 직접 전달할 수 있는 소통 채널을 세울 수 있을지의 가능성으로 눈을 돌렸다. 2005년에 니컬레리스와 전화 통화를 하기 오래 전부터 나는 우리가 축적해 온 연구 결과를 바탕으로 이런 생각을 했었다. 이 새로운 기술을 이용하면 엄격한 조건 아래서 실험동물의 신경계와 대화를 나누는 데서 그치지 않고, 그보다 훨씬 더 깊은 부분까지 나아갈 수 있으리라고 말이다. 사실 이 기술들은 뇌 자체의 관점을 재형성reshape할 수도 있다. 내가 이 책 전반에서 계속 소개했던 이 개념을 나는 '상대론적 뇌 가설relativistic brain hypothesis'이라고 부른다.

> ◆ 상대론적 뇌 가설
> 실험대상의 뇌는 주변 세상의 통계statistics 정보에 대한 새로운 습득 방식을 마주하면 그런 정보를 모으는데 사용하는 센서나 도구뿐만 아니라 그런 통계 자체를 완전히 자신의 것으로 흡수해 동화assimilate시킨다. 그 결과 뇌는 세상에 대한 새로운 모델, 자신의 몸에 대한 새로운 시뮬레이션, 실재에 대한 개인적 지각과 자아감을 정의하는 새로운 경계나 제약을 만들어낸다. 그러고나서 이 새로운 뇌 모델은 평생을 통해 지속적으로 시험 받으며 재형성될 것이다. 뇌가 소비하는 총 에너지양과 뉴런 흥분의 최고 속도는 고정되어 있기 때문에, 뉴런 공간과 시간이 이런 제약에 따라 상대화relativized되어야 할 것으로 보인다.

이 가설을 시험해보기 위해 우리는 뇌 연구에서 결코 시도된 적이 없는 두 가지 실험 패러다임을 설계했다. 아직 초기 단계에 머물고 있는 그중 첫 번째 실험은 작은 규모로 '새로운 세계'를 창조하는 실험이다. 이 세계는 새로이 이 환경에 놓이게 될 실험대상(이 경우에는 어른 쥐)이 평생토록 살아보기는커녕, 한 번도 겪어보지 못한, 자연적인 환경과는 아주 다르고 낯선 세계가 될 것이다. 우리는 '자기장 세상'을 만들기로 했다. 이곳은 먹이, 물, 유해 자극원 등의 위치, 세계 전체의 공간적 경계, 보금자리를 꾸리고 다른 동물들과 사회적인 관계를 맺는 장소, 포식자와 무서운 것들이 머무는 장소 등, 모든 환경적 특성이 서로 다른 자기장 발생원magnetic field source을 통해 표현된다그림 10.4. 실험대상이 이런 환경 속에서 길을 잘 찾아다닐 수 있을지 조사해보기 위해 쥐의 이마뼈에 작은 자기 센서를 삽입할 것이다. 자아감지 능력이 생긴 이 쥐가 새로운 세계에 들어가면, 근처에 특정 자기 발생원이 존재할 경우 자기 센서가 삽입된 마이크로와이어를 통해 쥐의 S1 피질에 고유의 시공간 전기 자극을 전달함으로써 그 존재를 신호로 알려준다.

 쥐가 자기장 세상을 탐험하는 동안 긍정적인 자극이 들어 있는 위치를 정확히 찾아내면 그때마다 두 가지 포상이 주어지게 된다. 한 가지는 '자연적인' 포상(음식, 물, 사회적 상호작용 등)이고, 다른 하나는 추가적 인센티브(존 채핀이 로봇쥐를 훈련시킬 때 사용했던 뇌구조물인 안쪽전뇌다발에 전기 자극을 준다)다. 반대로 쥐가 잘못해서 '포식자 구역'이나 다른 부정적인 자극 영역으로 들어가면 큰 경고의 소리를 발생해서 부주의하게 돌아다닌 것에 대해 벌을 내릴 것이다. 쥐는 각각의 장소에 할당되어 있는 고유의 자기장 흔적만을 이용해서 돌아다녀야 하고, 즐거움을 주는 장소와 불쾌함을 주는 장소의 위치는 시시때때로 변경한다. 쥐가 포상 장소의 위치를 다른 감각적 단서를 이용해 알아차릴 가능성을 배제하기 위해서 대조 실험도 세심하게 함께 진행할 것이다.

 우리는 이 쥐에게 '자기감각을 육감으로 갖는 쥐 six sense magnetic rat'

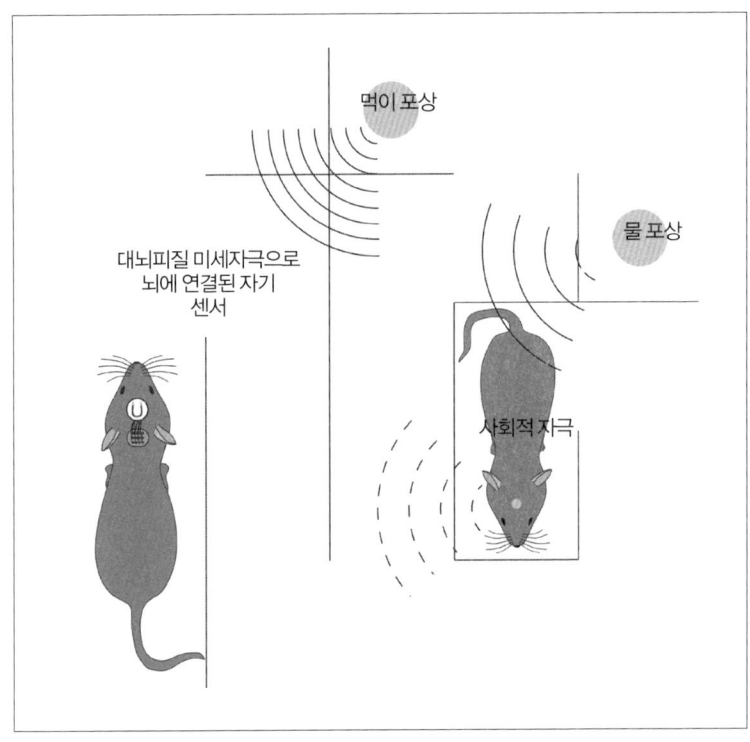

그림 10.4 R6-T 쥐에 자기 센서를 삽입해서 쥐의 일차몸감각피질에 자기장의 강도에 비례해 미세전기자극을 전달한다. 자기장의 강도에 따라 음식, 물, 장난감 쥐 등 다른 사물을 가리킨다.

라는 의미로 R6-T라는 이름을 붙여 주었다. 여기서 T는 국제단위계에서 자기장의 강도를 표시하기 위해 지정한 단위인 테슬라Tesla를 의미한다. 이 자기장 세상을 만들고 첫 R6-T를 이 새로운 집에 넣을 준비를 하는 동안 많은 흥미로운 질문이 마음속에 떠올랐다. R6-T가 자기 S1 피질에 전달된 자기 메시지 해석법을 배울 수 있을까? 쥐가 이 완전히 부자연스러운 세상에서 살아가는 법을 배울 수 있을까?

그리고 새로 얻은 자기감각만을 이용해 먹이와 물을 찾고, 포식자나 다른 끔찍한 장소들을 피하며 집안을 돌아다니고, 다른 쥐와 어울리는 법을 배울 수 있을까? 그리고 만약 R6-T가 이 모든 것들을 배우게 된다면, 그 S1 피질에 자기장 세상에 대한 완전한 표상full representation이 등장하게 될까?

나는 R6-T들이 결국 이 완전히 새로운 자기장 세상의 핵심적인 변수들을 전부는 아닐지라도 일부는 배울 수 있을 것이며, 선명한 자기장수용야magnetic receptive field가 등장해서 쥐의 전형적인 촉각 반응을 보조할 것이라 예측한다. 나는 또한 수염으로 촉각 자극을 분별하는 R6-T의 능력이 이런 자기장수용야 때문에 방해받지 않을 것이며, R6-T 또한 일반적인 모든 쥐가 지각하는 정상적인 범위의 촉각 자극을 분별할 수 있을 것이라고 확신한다. 상대론적 뇌라는 맥락에서 이것이 가능한 이유는 쥐들이 자기장 세상에 대한 통계를 합병할 때는 자기가 태어났을 때부터 뇌 속에 동화시켜온, 자연적인 환경을 기술하는 통계 위에 얹어서 합병할 것이기 때문이다.

이 실험에서 새로운 세계의 환경을 구축하기 위해 자기장 발생원을 선택한 데는 별 특별한 이유가 없다는 점을 강조해야겠다. 사실 내 이론이 옳다면 '적외선 세상'이나 '초음파 세상'을 만들어 실험한다고 해도 같은 결과가 나올 것이다. 최근의 연구를 보면 쥐의 뇌에 환경 정보를 전달하는 방법으로 전기 자극이 아닌 다른 자극을 이용할 수도 있을 것 같다. 그 훌륭한 후보 중 하나가 바로 스탠퍼드 대학교 생체공학 및 정신과 조교수인 카를 다이서로스Karl Deisseroth가 2006년에 소개한 혁명적 신기법인 광유전학optogenetics이다. 광유전학에서는 빛 자극light stimulus을 이용해 피질뉴런 집단의 전기 활성을 조절한다. 하지만 이 방법은 간단하게 스트로보 라이트만 깜박이면 되는 간단한 작업이 아니다. 먼저 빛의 특정 파장에 반응하는 고유의 이온 통로를 형성하는 단백질 합성에 필요한 유전 정보를 담고 있는 바이러스로 피질뉴런을 감염시켜야 한다. 일례로 피질뉴런이 채널로돕신-2channelrhodopsin-2, ChR-2, 녹조류에서 빛에 반응해 움직이도록 지시하는 단백질로 알려져 있다를 발현하도록 유전적으로 처리된 경우에는 특정 파장의 빛 자극이 가해지면 ChR-2의 나트륨 통로가 열리면서 나트륨 이온이 뉴런 안으로 대량으로 유입되며 활동전위를 일으킨다. 반대로 피질뉴런이 다른 감광단백질light sensitive protein을 이용해 광조절 염소이온 통로light gated chlorine channel를 만들어내도록 처리되었다면, 다른 파장의 빛 자극을 통해 뉴런의 흥분이 억제된다. 쥐의 S1 피질에 이 두 가지 유형의 광조절 이온 통로를 섞어놓으면, 대뇌피질에 특정한 전기 활성 패턴을 만들어내는 빛 자극의 패턴을 이용해 자기장 세상에서 발견되는 자기장 흔적 각각을 지도로 만들 수 있다. 연구에 광유전학을 이용하면 인위적인 전기 잡음을 만들어내지 않고, 조직에 손상을 입히지도 않는 장점이 있다.

이런 기술적인 부분은 일단 논외로 하고, 나는 자기장 세상에 오랫동안 노출되면 R6-T의 뇌에 자기 센서가 매끈하게 합병될 뿐 아니라, 이 실험동물의 마음속에 세상과 자신의 몸에 대한 새로운 실재가 등장하리라고 생각한다. 솔직히 자기 생각이나 관점을 말로 표현할 수 없는 실험동물에서 이 점을 증명하기는 쉽지 않다. 하지만 우리가 지금까지 진행해온 실험에서 논리적으로 자연스럽게 유도되어 나올 수 있는 예측이다.

❋

우리의 두 번째 실험은 최초의 뇌–뇌 인터페이스brain-to-brain interface, BTBI에 초점을 맞추고 있다. 예비 실험 디자인은 이렇다. 미리 S1 피질의 수염 표상 영역에 마이크로와이어 배열을 삽입해놓은 쥐를 긴 얼굴수염을 이용해 5장에서 에쉬가 풀었던 구멍 크기 분별 과제를 수행하게 한다. 일단 쥐가 두 구멍의 상대적인 크기를 분별해서, 하나는 '좁음', 다른 하나는 '넓음'으로 판단하는 법을 배우고 나면, 이 쥐에 '탐험쥐explorer rat'의 자격을 준다 그림 10.5. 여기서 S1의 수염 표상 영역에서 기록한 탐험쥐의 뉴런 전기 활성 패턴을 또 다른 장소로 무선 전송한다. 이 장소는 완전히 캄캄한 장소로 또 다른 실험동물인 '해독쥐decoder rat'가 무작정 기다리고 있는 곳이다. 그럼 우리는 해독쥐의 머리에 삽입해 놓은 다중채널 전기자극기나 광원 그리드 light source grid를 활성화시켜 해독쥐 S1의 수염 표상 영역에 있는 뉴런 집단을 향해 전기 자극이나 빛 자극으로 시공간 파동spatiotemporal wave을 보낼 것이다.

계획 단계였던 이 실험의 첫 번째 버전에서는 과제의 목표에 대한 일반적인 개념을 잡을 수 있도록 해독쥐에게도 따로 촉각 분별 과제를 훈련시킨다. 하지만 탐험쥐의 뇌 활성이 해독쥐의 뇌로 전송이 될 때가 되면, 해독쥐는 훈련 받은 대로 자신의 수염을 이용해 구멍의 크기를 판단할 수 없게 된다. 해독쥐가 놓일 상자 안에는 그와 비슷한 구멍이 존재하지 않기 때문이다. 대신 이 외로운 해독쥐는 탐험쥐의 수염이 감지한 구멍 크기가 좁은지 넓은지를 상자 벽에 있는 두 홈 중 하나에 코를 가져다 댐으로써 행동을 통해 표현해야 한다.

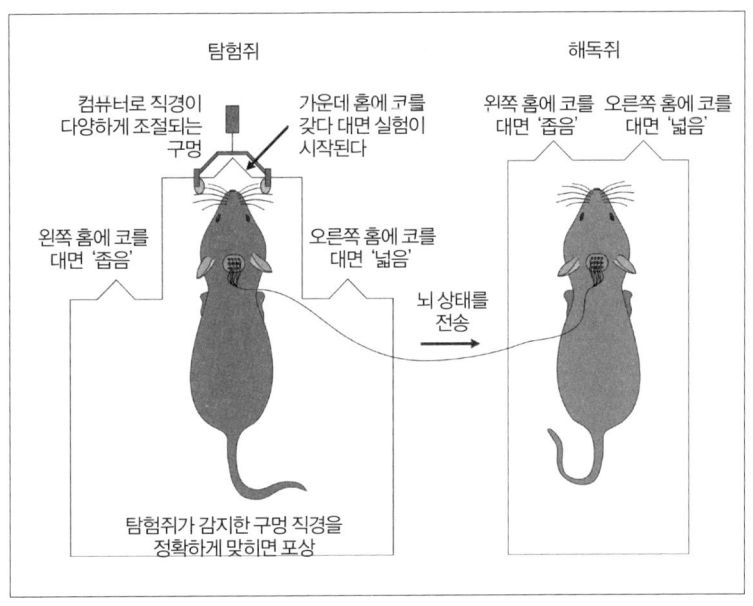

그림 10.5 탐험쥐와 해독쥐. 탐험쥐와 해독쥐를 연결하는 진정한 뇌-뇌 인터페이스를 나타내는 그림이다. 탐험쥐는 얼굴 수염을 이용해 다양한 크기의 구멍 직경을 분별한다. 해독쥐의 주요 임무는 자신의 수염으로 구멍을 조사해보지 않고, 오직 탐험쥐가 전송해준 뇌 활성 패턴만을 바탕으로 구멍의 직경을 가려내는 것이다.

해독쥐는 탐험쥐가 느낀 촉각 경험의 전기생리학적 상관물의 조각을 자신의 뇌로 변환한 것에만 의지해서 자신의 수염은 닿아본 적도 없는 구멍의 크기를 판단해야 한다. 상황을 더 재미있게 구성하기 위해, 해독쥐가 구멍의 크기를 정확히 맞춰서 포상을 받으면, 탐험쥐도 자신의 지각 경험을 파트너에게 성공적으로 전송한 데 따르는 추가적인 포상을 받게 했다.

이 복잡한 실험의 실행을 망쳐놓을 소지가 있는 잠재적 문제점이 많은 것은 분명한 사실이다.

 하지만 그런 기술적인 부분들을 모두 해결할 수 있고, 양쪽 쥐 모두 서로 가상으로 상호작용하는 법을 배울 수 있다고 가정한다면 좀 더 복잡한 BTBI를 시험하고 개발하는 데 도움이 될 많은 함축적 의미를 내놓게 될 것이다. 나는 탐험쥐의 수염에 가해지는 모든 기계적 자극에 대해서 해독쥐 뇌에 있는 개개의 S1 뉴런들이 반응하게 될 것으로 예상한다. 심지어 짝을 이룬 이 쥐들이 적절한 촉각 분별 과제에 관여되지 않았다 하더라도 말이다. 예를 들면, 해독쥐의 촉각수용야가 확장되면서 자신의 수염만이 아니라 탐험쥐의 수염까지도 자신의 수용야 속에 포함하게 될 것으로 예상한다. 만약 이렇게만 된다면, 아주 기초적인 BTBI조차도 몸에 대한 뇌의 내부적 표상을 자신의 몸을 넘어 확장시켜 자기와 연결된 다른 뇌를 담고 있는 몸까지 포함하게 만든다는 의미다.

 이것은 말 그대로 충격적인 발견이 될 것이다. 이것은 살아있는 두 뇌가 기능적으로 연결될 수 있고, 이런 교감의 결과로 서로에게 득이 될 목표를 완수하기 위해 서로 조화롭게 협동할 수 있다는 것을 처음으로 보여주는 사례가 될 것이다.

 하지만 지금까지 나는 상상할 수 있는 BTBI 중에서 가장 간단한 형태, 즉 한 실험대상인 탐험쥐가 다른 실험대상인 해독쥐의 뇌를 향해 단일방향으로 소통하는 형태만을 고려했다. 하지만 내가 2005년에 바칼라에게 보냈던 그림에는 이 원래의 구성에서 변형된 형태도 몇 가지 들어 있었다. 그 중 하나를 그림 10.6에 나타냈다. 만약 해독쥐도 자신의 뇌 활성을 탐험쥐에게 보낼 수 있게 해주면 어떻게 될까? 이렇게 구성하면 두 뇌가 합의를 이끌어내는 것이 가능해질까?

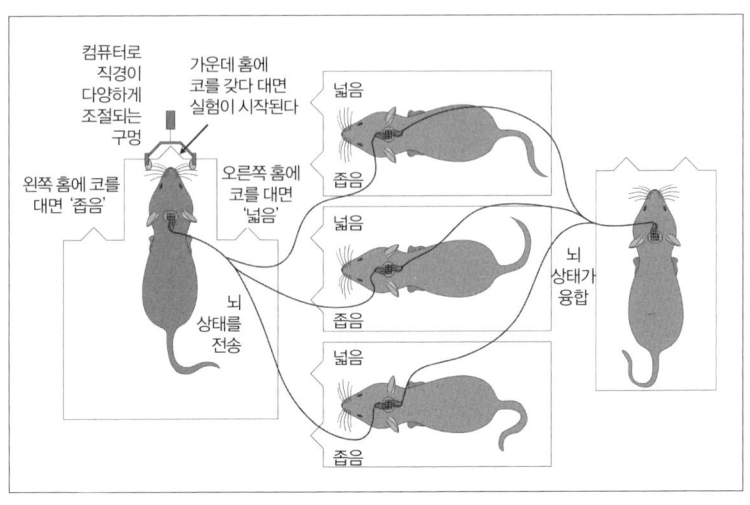

그림 10.6   탐험쥐와 해독쥐 사이에 중계쥐가 개입하는 다른 버전의 뇌-뇌 인터페이스.

이를테면, 각각의 쥐가 부분적으로만 탐험한 복잡한 물체의 정체를 두고 그 두 쥐가 합의를 이끌어낼 수 있을까? 쥐들이 말 그대로 서로의 마음을 공유해서 일종의 정신융합을 통해 상대방이 느끼는 감각을 자신도 느끼며 개별 뇌의 한계를 극복할 수 있을까? 현재 나와 있는 최신의 BMI 기술을 고려할 때, 그런 양방향 뇌-뇌 소통은 쉽지 않은 도전이 될 것이다. 하지만 적어도 이론적으로는 완전한 구현이 불가능하지 않다. 특히 우리의 단일방향 BTBI가 짝을 이룬 쥐, 그리고 이후에는 영장류 쌍에서도 성공적으로 쉽게 작동됨을 증명할 수 있다면 말이다.

하지만 나는 살아 있는 두 뇌를 직접 연결하는 가능성에만 국한될 필요는 없다고 생각한다. 일례로 한번 상상해보자. 탐험쥐의 뇌 활성을 한 마리의 해독쥐에게만 보내는 대신, 여러 마리의 '중계쥐

intermediary rat 각각의 뇌로 보내는 것이다그림 10.6. 이 중계쥐들도 마찬가지로 실제 구멍의 크기에 대한 직접적인 정보를 얻을 수 없다. 실제로 자신의 수염을 통해 구멍의 크기를 측정할 수 있는 쥐는 탐험쥐 한 마리밖에 없고, 이 중계쥐들은 이 탐험쥐의 뇌가 보내주는 정보만을 모을 수 있다. 탐험쥐의 뇌 활성 정보를 받은 각각의 중계쥐는 자신이 취할 행동을 결정해야 한다. 탐험쥐가 보내는 전기 메시지나 빛 메시지의 패턴이 좁은 구멍을 감지했다는 뜻인지, 넓은 구멍을 감지했다는 뜻인지 판단해서, 그 판단에 따라 왼쪽 홈이나 오른쪽 홈으로 코를 갖다 대야 하는 것이다. 중계쥐들이 개별적으로 판단을 내림에 따라 그 각각의 뇌에서 발생한 뉴런 전기 활성이 해독쥐에게로 보내진다. 해독쥐의 임무는 이렇게 모인 중계쥐 뇌의 의견들을 종합적으로 평가해서 구멍이 좁은지 넓은지를 결정하는 것이다. 공동으로 이룬 뛰어난 성취에 대한 보상으로 중계쥐들과 탐험쥐는 해독쥐가 구멍 크기를 정확하게 맞힐 때마다 즉각적으로 달콤한 포상을 받게 된다.

이것은 정말 놀라운 적응이 될 것이다. 가상으로 경험되었지만, 독특하기 이를 데 없는 공동의 뇌 전기 폭풍이 그려낸 순간적인 흔적에서 나온 진정한 합의인 것이다.

11

The Monster Hidden in the Brain

뇌 속에 숨어 있는 괴물

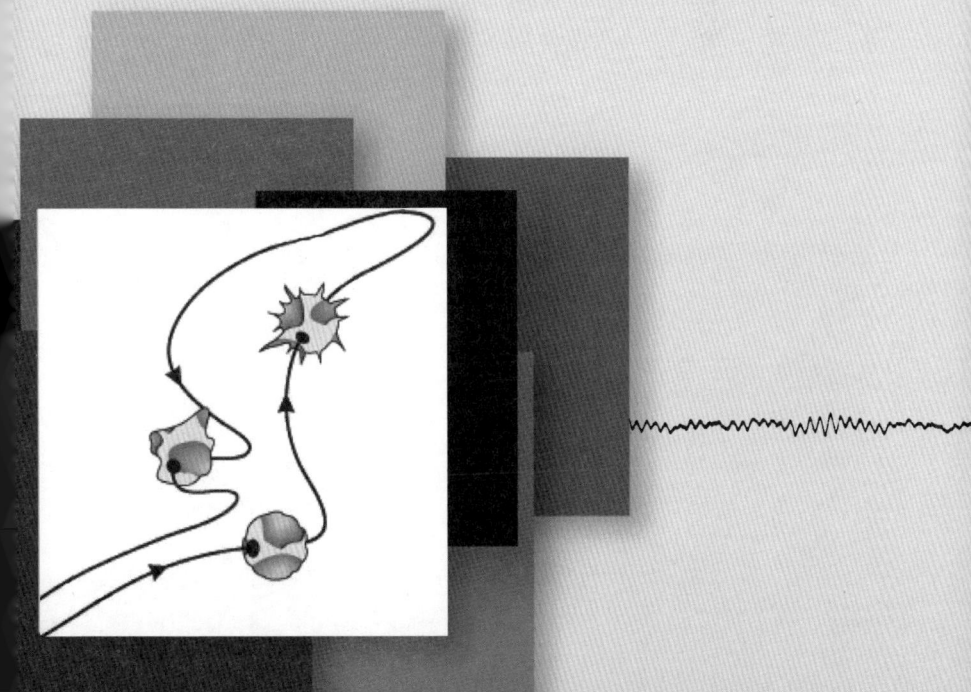

**BEYOND
BOUNDARIES**

11

뇌 속에 숨어 있는 괴물

 나는 지금까지 살아오면서 매 시기마다 뇌를 다른 눈으로 바라보았다. 예를 들면, 중학생 시절에는 뇌가 대단히 정교한 슈퍼컴퓨터 비슷한 것이라고 생각했다. 심지어 스타트렉의 우주선 엔터프라이즈 호에 타고 있는 위대한 스팍조차 감히 이해하겠다고 덤벼들지 못할 정도로 너무도 복잡하고 신비로운 컴퓨터라고 생각했던 것이다. 나는 "돌칼과 곰 가죽을 이용해서 니모닉 회로를 제작하려고 애쓰고 있습니다"라는 말까지 꺼냈던 과학자 스팍조차 인간의 뇌에서 채용하는 논리를 보고 어리둥절할 때가 많았던 것을 보면, 인간의 뇌가 실제로 어떻게 작동하는지 이해하려는 노력이 모두 별다른 결실을 보지 못한 것이 틀림없다고 나름대로 추론했다. 여기에 겁을 먹은 나는 그 주제는 포기해 버렸다. 그리고 언젠가는 파우메이라스 팀의 축구 선수가 되리라는 꿈을 안고 수비형 미드필더 기술을 연마하는 데 집중했다. 하지만 불행하게도, 내가 꾸었던 첫 번째 꿈은 뜻대로 풀리지 않았다.

  고등학생 시절에는 우연한 만남으로 내 인생을 바꾸어놓은, 아이작 아시모프Isaac Asimov의 1964년 작품《인간의 뇌The Human Brain》가 내 관심에 다시 불을 붙였다. 매 페이지마다 아시모프가 자세히 기술해놓은 뇌의 거시구조와 미시구조를 보며 내 놀라움은 점점 커져만 갔다. 하지만 책의 마지막 페이지를 넘기는 순간, 나는 믿을 수 없었다. 예스러운 라틴어 이름과 그리스어 이름이 붙은 이 구조물들이 어떻게 함께 일을 하고 있는지 설명하는 장이 없었던 것이다.

  그리고 불과 몇 년 후 나는 의과대학에 들어가, 아시모프가 내게 설명해 주었던 뇌를 말 그대로 칼로 직접 잘라보며 층층이 해부해보았다. 출석하는 강의가 무엇인가에 따라서, 뇌는 해부학적, 조직학적, 생리학적, 약리학적, 신경학적, 정신의학적 관점에서 그 비밀이 발가벗겨졌다. 하지만 이번에도 역시 그 누구도, 심지어는 내 과학 영웅 이아리아 교수조차 앞으로 나서서 이 다양한 수준의 조직들이 어떻게 조합되어 생각을 만들어내는지 설명해주지 않았다. 당시에는 신경과학자로서 공공의 인정을 받으려면 이 학문분야들 중에 한 가지 분야에서 전문가가 되어야 하고, 다른 분야로 눈을 돌리는 것은 금지되었다. 그리고 평생 자신이 선택한 분야에서 인정하는 경계를 벗어나지 말아야 했다.

  의대를 졸업한 다음에 나는 병원 레지던트로 나가지 않고 생리학에서 박사학위를 따기로 결심했다. 하지만 이아리아 교수의 전폭적인 지지 속에 나는 1장에서 설명했던 위험한 연구 프로젝트에 뛰어든다. 그래프 이론과 컴퓨터 프로그램을 이용해서 뇌회로를 분석하려 한 것이다. 내 박사논문 프로젝트를 반쯤 진행했을 즈음에 미국의 인지과학자 마빈 민스키Marvin Minsky가 그의 유명한 책 《마음의 사회Society of Mind》를 펴냈다. 나는 인공지능 분야를 선도하는 이 거물이라면 궁극의 해답을 찾아냈을 거라는 기대를 안고 책 속으로 파고들었지만, 이 책에서도 내가 원하는 답은 찾을 수 없었다. 민스키는 실제 뇌에 대해서는 별로 관심을 두지 않는 것 같았고, 그냥 그 안에서 일어나는 고차원 연산 과정에 대해서만 관심이 있어 보였다.

학위 논문심사가 가까워졌을 무렵, 나는 미국의 물리학자 존 홉필드John Hopfield의 강의를 들었다. 1980년대 중반에 홉필드는 연상 인공 신경 회로망associative artificial neural network을 발명했다. 거의 반시간에 걸쳐 그가 바라보는 신경과학의 미래에 대한 대화를 나누며 매료되었던 것이 기억난다. 내가 '신경 동역학neural dynamics'이라는 막연한 정의밖에 내릴 수 없는 어떤 개념에 흥미를 느낀 것이 바로 그때였다. 그리고 훗날, 자유롭게 행동하는 동물에서 거대한 뉴런 앙상블의 동역학적 작용을 지배하는 생리학적 원리를 찾아 나서려는 시도를 통해 뇌-기계 인터페이스라는 개념을 만들고 실현에 옮기게 되었다.

20년 동안의 연구에서 발견한 내용에 깊은 영향을 받은 나는 지난 몇 년에 걸쳐 아주 다른 방식으로 뇌를 바라보게 되었다. 사실 나 스스로도 조금은 놀라운 부분이지만, 오늘날 나는 뇌를 어떤 특별한 형태의 바다에 비교하기를 좋아한다. 결코 쉬는 법이 없는 전기의 바다, 동기화된 다중의 뉴런 시간 파동multiple synchronous waves of neuronal time으로 물결치며, 자신의 신비로운 회색의 물 위를 항해하는 모든 것을 기억하는 바다 말이다. 나는 상대론적 뇌의 진정한 생물학적 토대가 실질적으로 어떻게 작동하는지를 이 액체의 비유를 통해 머릿속에 시각화한다. 해류, 소용돌이, 큰 소용돌이(maelstorm, 노르웨이 서북해안 앞바다의 유명한 큰 소용돌이—옮긴이), 쓰나미 등에서 나타나는 거시적인 현상을 물 분자의 행동을 분석해서는 설명할 수 없듯이, 뉴런으로 이루어진 바다 전체의 행동을 이해하려 하면서 단일뉴런의 특성에만 초점을 맞추면 오히려 본질에서 벗어나게 된다. 뇌에 대한 이 새로운 비유를 꺼내놓고 보니, 생각의 이해에 대한 최근의 내 발견 중 일부가 학생들과 내가 정처 없이 떠도는 포유류 뇌의 동역학 패턴 깊숙한 곳에 숨어 있던 신화적 괴물을 발견했던 잊지 못할 순간과 함께 시작되었던 것은 참으로 적절했다는 생각이 든다.

"이거 꼭 네스호의 괴물처럼 생겼잖아!" 말도 안 되는 소리 같았지만, 쥐 뇌의 전기 활성을 2차원 분포도로 그린 이상한 도표를 막 손에 받아들고 보니 내 머릿속에는 바로 그 이미지가 떠올랐다.

"아니 이 데이터에서 어떻게 그런 괴물이 보여요?" 실험실 사람들 몇몇이 웃음을 참지 못하고 키득거렸다.

"여기 이 도표를 봐. 오른쪽 위 구석에 네스호 괴물의 긴 삼각형 머리가 보이잖아. 그 머리 아래로 플레시오사우르스처럼 긴 목이 사선으로 내려오고 있고. 그리고 그 목은 도표 한가운데 있는 타원형의 큰 몸통으로 합쳐지고 있어. 그리고 몸통 아래쪽으로 수영에 적응된 뒷발 같은 것이 선명하게 나와 있는데, 안 보여?" 사실 작은 검은색 점들이 덩어리로 찍혀 있는 것에 불과한 그림에서 내 뇌가 이 모든 해부학적 구조물들을 어떻게 그리 쉽게 떠올렸는지, 내가 봐도 신기했다.

"저는 '거대 뇌 끌개Great Brain Attractor'라고 부를까 생각하고 있었는데……" 지금은 미국국립보건원 소속 연구원으로 있고, 당시 우리 연구실 대학원생으로 있었던 린 시이치에Shih-Chieh Lin는, 리옹 출신의 대만계 프랑스인이고 박사후 과정 신경과학자인 다미앵 제르바소니Damien Gervasoni와 수면이 기억공고화memory consolidation 과정에 핵심적으로 기여하고 있음을 분명하게 보여주었다. 당시 록펠러 대학교 박사학위 논문을 준비 중이었던 시다르터 리베로Sidarta Ribeiro와 함께 몇 달 동안 고되게 수학 작업을 해서 나온 이 결과물에 어떤 이름을 붙여야 할지 오랫동안 심사숙고를 한 것이 틀림없었다.

우리 실험실에 합류하면서 제르바소니와 리베로는 장기간용 전극을 여러 곳에 여러 개 삽입해 기록하는 우리의 접근법을 이용해 자유롭게 행동하는 쥐의 정상적인 각성-수면 주기wake-sleep cycle를 조사하기로 마음먹었다. 먼저 두 사람은 몸감각피질, 시상, 해마hippocampus, 꼬리핵-조가비핵 복합체caudate-putamen complex(바닥핵의 중요한 구성 요소다), 이렇게 네 개의 서로 다른 뇌 구조물에 마이크로와이어 배열을 삽입했다. 쥐들이 수술에서 회복한 다음, 두 사람은 각각의 쥐를 먹이와 물을 자유롭게 마음껏 먹을 수 있는 안락한 실험 상자 안에 살도록 길들였다. 이 쥐들은 12시간 낮/밤 주기마다 이 안락한 장소에서 5시간까지 머무르며 일반적인 실험실 쥐들이 살아가는 것과 마찬가지 방식으로 살았다. 그리고 그 동안 제르바소니와 리베로는 고해상도 비디오카메라 두 대를 쥐의 방에 장착해서 마치 빅 브라더처럼 쥐의 모든 구체적 행동들을 지속적으로 관찰했다. 거기에 더해서 마이크로와이어 배열을 삽입한 뇌 영역 네 곳 각각으로부터 다중의 국소부위전위local field potential, LFP, 조직덩어리에서 발생하는 전기 신호의 합 형태로 쥐의 신경 활성을 기록했다. LFP와 비디오 기록은 밀리초 단위로 동조시켰다. LFP 활성은 해당 뇌 영역에서 대규모 뉴런 집단의 활동을 망라하는 경향이 있기 때문에 제르바소니와 리베로는 피질 활성과 피질하부 활성을 대규모로 96시간까지 아주 광범위하게 기록했다. 그리고 이렇게 기록한 내용을 쥐가 수백 번의 각성-수면 주기를 지나면서 보여준 다양한 행동과 비교해 보았다. 그들은 또한 이것과 대조해보기 위해 네 개의 뇌 구조물 각각에 광범위하게 퍼져 있는 단일뉴런 수십 개의 전기 활성도 함께 기록했다.

20세기 초반에는 수면과 신경생리학적으로 상관되어 있는 대단히 많은 것들이 확인되었지만, 각성-수면 주기 각각의 순간에서 동물이 겉으로 드러내는 행동을 뇌의 전기적 활성만을 바탕으로 예측해 보려는 시도가 없었다는 점은 상당히 흥미로운 부분이다. 일례로 신경생리학자들은 각성-수면 주기의 서로 다른 구간에서 특정 유형의 신경 진동neural oscillation이 등장한다는 것을 알고 있었다그림 11.1. 이 진동들은 워낙 어디에서나 가리지 않고 등장했기 때문에 신경과학자들은 이것을 다양한 기능과 연관 지으려고 시도할 때가 많았고, 이것으로 '의식'의 정의를 내리려고 한 경우도 있었다. 하지만 우리는 실험을 조금 더 겸손하게 구성했다.

각성-수면 주기 동안 신경 진동 각각의 특징은 보통 뚜렷한 진폭과 우세 주파수 범위dominant frequency range로 결정된다. 예를 들어 쥐가 '조용한 각성quiet awake' 상태에 있는 경우, 즉 네 발로 가만히 서 있지만, 수염의 리드미컬한 움직임을 보이지 않을 때의 대뇌피질은 주로 베타(10-30Hz)와 감마(30-80Hz) 범위에 분포된 저진폭, 고주파의 진

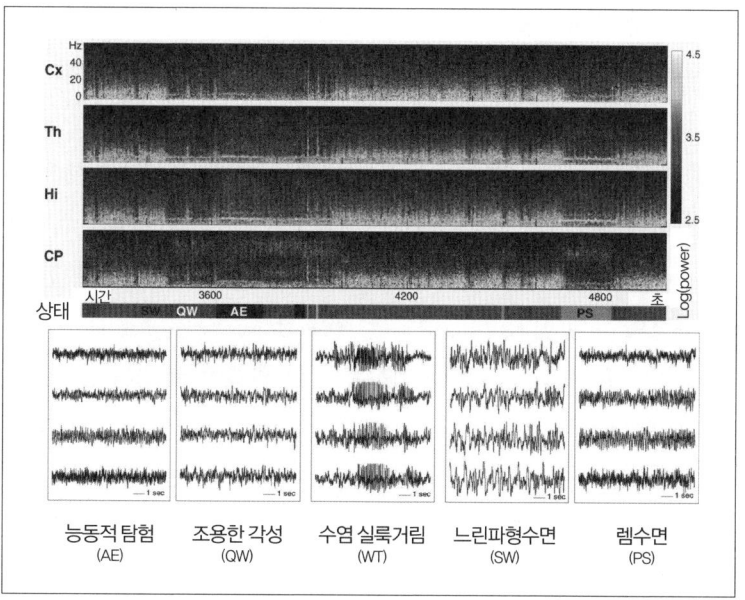

그림 11.1 스펙트로그램(위쪽 네 개의 3D 그래프)과 거기에 해당하는 날것 그대로의 국소장 전위(아래 나와 있는 5개 그래프)에 '능동적 탐험' '조용한 각성' '수염 실룩거림' '느린파형수면' '렘수면' 등의 서로 다른 유형의 행동 아래서 관찰되는 서로 다른 유형의 뇌 진동의 주파수와 일반적인 시간 패턴이 나타나 있다. 스펙트로그램 그래프(위쪽)에서 X축은 시간(각각의 행동 상태 시간이 표시되어 있다), Y축은 진동의 주파수를 나타낸다. Z축의 그레이 스케일은 각각의 상태에서 특정 진동 주파수의 강도를 나타낸다. Cx-대뇌피질, Th-시상, Hi-해마, CP-꼬리-조가비핵 복합체.

동을 기록한다. 이 저전압, 고주파 진동은 보통 광범위한 대뇌피질 비동기화widespread cortical desynchronization 상태를 규정한다. 나는 이 상태를 수면 위에 특별히 별다른 큰 파도가 보이지 않는 조용한 바다에 비유한다그림 11.1.

돌아다니면서 주변 환경을 탐험하기 시작하면(이 상태를 우리는 '능동적 탐험active exploration이라고 이름 붙였다), 쥐는 코로 주변의 냄새를 맡고, 주변을 혀로 핥아 보고, 큰 진폭으로 수염을 움직인다. 이때 뇌에서는 조용한 각성 상태의 베타와 감마 활성에 덧붙여 세타리듬theta rhythm이라고 알려진 뚜렷한 5-9Hz의 진동 리듬이 피질과 피질하부 구조물에 나타난다그림 11.1. 5장에서도 살펴보았듯이, 깨어 있지만 움직이지 않는 상태의 쥐가 진폭이 작고 섬세한 '수염 실룩거림whisker twitching'을 나타내기 시작하면 뚜렷한 패턴의 리드미컬한 피질 흥분이 나타난다. 이 수염 실룩거림 상태는 수염의 움직임 주파수와 같은 7-20Hz의 진동을 기록하는데, 제일 먼저 쥐의 일차몸감각피질에서 나타난 후에 곧이어 시상과 다른 피질하부 구조물의 몸감각핵somatosensory nucleus으로 퍼져나간다.

　하지만 초롱초롱하게 깨어있던 쥐가 수면 초기 단계로 내려가면 이 뇌 진동 패턴은 갑작스럽게 변화한다. 비디오캠코더에 쥐가 조는 모습이 잡히는 순간, '수면 방추sleep spindle'라고 알려진, 동조가 대단히 잘 되고 진폭이 큰 신경 진동이 나타난다. 예전부터 수면 방추는 7-12Hz의 리드미컬한 활성파가 그보다 훨씬 느린 1-4Hz의 델타파delta wave 위에 올라타 차올랐다가 사그라지는 모습으로 묘사되었다. 따라서 쥐가 '느린파형수면' 상태로 더 깊숙이 들어감에 따라 수면 방추는 차츰 사라지고 델타파가 점점 대뇌 활성을 지배한다. 이때쯤 되면 쥐는 엎드려 눈을 감고 꿀 같은 낮잠에 빠져 있을 것이다. 하지만 아직 꿈을 꾸지는 않는다. 수면 주기가 진행되면서 쥐는 꿈을 꾸기 시작한다. 하지만 우리가 알고 있는 선에서는 쥐가 꿈을 꾸는 방식은 사람과 다르다. 쥐는 사람처럼 급속안구운동rapid eye movement, REM을 나타내는 것이 아니라 얼굴 수염을 떤다! 그리고 그동안 몸의 나머지 근육들은 평화 속에서 긴장을 풀고 이완된다. 따라서 사실 쥐에서는 '급속안구운동 수면(렘수면)'이라는 용어보다는 '급속수염운동 수면rapid whisker movement sleep'이라는 용어를 사용해야 더 적절하다. 쥐에서 나타나는 이 특이한 행동 패턴의 렘수면은 원래 1970년에 이아리아 교수가 보고한 것이다. 그는 시각적 경험이 지배하는 영장류의 꿈과 달리 쥐는 촉각적 경험이 풍부하게 녹아있는 꿈을 꾼다고 주장한 최초의 수면 신경생리학자였다. 이 특이한 점을 제외하면, 쥐의 렘수면에서 나타나는 전기생리학적 흔적도 다른 포유류에서와 마찬가지로 쥐가 각성 상태에 있는 동안 관찰되는 대뇌피질 비동기화 패턴cortical desynchronization pattern과 사실상 동일한 저진폭, 고주파 진동의 반복으로 특징 지워진다. 흥미롭게도 능동적 탐험 상태에서 보이는 주파수인 세타 진동이 렘수면 동안 해마에서 나타난다.

각성-수면 주기에 대한 이런 구체적인 내용들이 알려진 지도 꽤 지났지만, 이 전기생리학적 정보를 하나의 2차원 그래프로 나타낼 방법을 고안한 사람은 없었다. 하지만 린은 상대론적 뇌 자체의 관점에서 핵심적인 요소인 뇌 고유의 전체적인 동역학을 그래프로 표현하는 데 성공했다. 그는 잘 알려진 알고리즘인 고속 푸리에 변환 fast Fourier transformation을 이용해서, 피질과 피질하부의 LFP 기록에서 나타나는 주파수대frequency band 중 쥐의 각성-수면 주기 어디에나 퍼져 있는 신경 진동 주파수 스펙트럼의 강도(혹은 진폭)에 가장 크게 기여하는 주파수대를 확인하는 일부터 시작했다. 이 분석을 통해 0.5–20Hz, 0.5–55Hz, 0.5–4.5Hz, 0.5–9.0Hz, 이렇게 흥미로운 네 가지 주파수 범위가 나왔다. 다음으로 그는 이 주파수대들을 서로 어떻게 묶어서 관련지을 때 각성-수면 주기 동안 나타나는 서로 다른 뇌 상태를 가장 분명하게 구분해주는지 시험해보았다. 그리고 고된 연구 끝에 그는 두 개의 스펙트럼 진폭 비율spectral amplitude ratio을 사용하기로 결론을 보았다. 하나는 0.5-20Hz 진동과 0.5-55Hz 진동 사이의 비율, 그리고 다른 하나는 0.5-4.5Hz 진동과 0.5-9Hz 진동 사이의 비율이었다. 이 비율을 계산할 때 분자는 언제나 분모 주파수 대의 일부분이었기 때문에 그 값이 0과 1 사이의 값이 나와서 편리했다.

적당한 측정 기준을 찾아낸 린은 쥐의 대뇌피질, 해마, 시상, 줄무늬체(striatum, 꼬리핵과 조가비핵을 함께 일컫는 용어-옮긴이)에서 몇 시간 동안 동시에 기록한 LFP 자료를 가지고 연이어 매 초second별로 두 가지 스펙트럼 진폭 비율을 계산했다. 매 초마다 0에서 1 사이의 값이 하나씩 계산되어 나왔기 때문에 각각의 실험동물에서 이 두 가지 비율 각각에 대해 아주 긴 시계열(뇌별로 하나씩 기록)이 만들어졌다. 이 모든 정보를 나타내는 2차원 도표를 만들기 위해 린은 다변량multivariate statistics 통계 기법을 이용해 두 집단에서 나온 데이터를 선형으로 결합해 하나의 기록으로 만들었다. 여기까지 한 다음에는 그냥 그 값들을 X-Y '상태공간state-space' 그래프에 옮겨 그리기만 하면 된다.

내가 린의 '포괄적 뇌 끌개Global Brain Attractor'를 처음 마주했을 때 보았던 네스호의 괴물이 그림 11.2에 나와 있다. 개개의 점들이 그래프 위에 무작위로 흩어져 있지 않다는 것을 한눈에 알 수 있다. 이 점들은 점들이 고밀도로 짙게 무리지어 있는 몇몇 '덩어리'와 그 덩어리들 사이를 엷고 희미하게 연결하고 있는 점의 '띠'로 이루어진 고도로 조직화된 이미지를 만들어내고 있다. 뇌 진동 도표를 비디오와 비교하면서 분석해 본 결과, 우리는 이 짙은 색의 덩어리 각각을

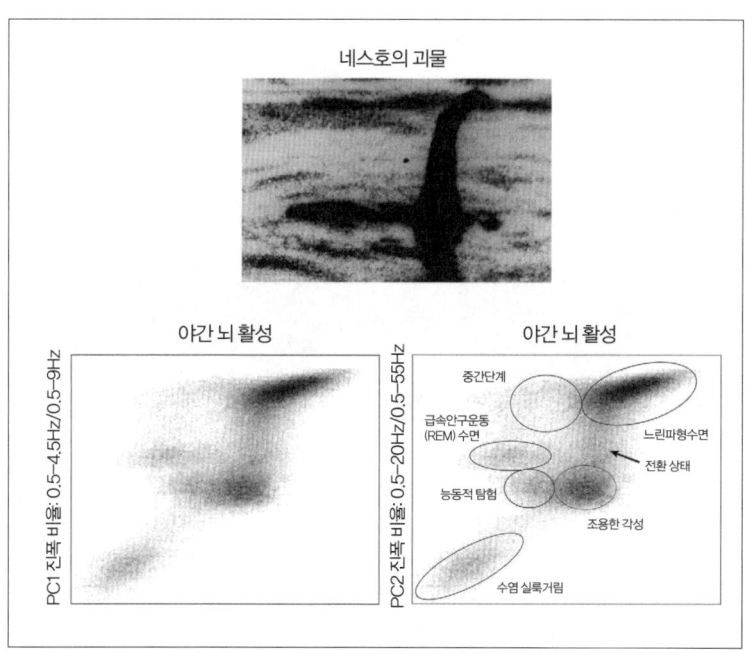

그림 11.2 위쪽 사진은 그 유명한 네스호의 괴물 사진이다. 왼쪽 아래 상태공간에 괴물 모양의 뇌활성 도표를 그렸다. 오른쪽 아래에는 상태공간의 서로 다른 위치에 해당하는 서로 다른 뇌 상태를 타원으로 표시했다. 조용한 각성 상태와 느린파형수면 상태 사이의 전환 상태도 함께 표시했다.

정상적인 쥐의 각성-수면 주기에서 나타나는 주요 행동 상태와 일대일로 대응할 수 있음을 발견했다. 이 상태공간 위에 있는 각각의 점은 1초의 뇌 활성에 해당하기 때문에 더 짙은 점 덩어리(주요 행동 상태를 나타내는 덩어리)는 실험동물의 뇌가 대부분의 시간 머물러 있는 상태와 방식에 해당한다. 각각의 각성-수면 상태에서 보내는 시간이 어떻게 분포되는지는 그림 11.3의 '수면지도hypnomap'라는 그래프를 보면 알 수 있다. 반면, 이 상태들 사이의 전환은 훨씬 빨리 일어난

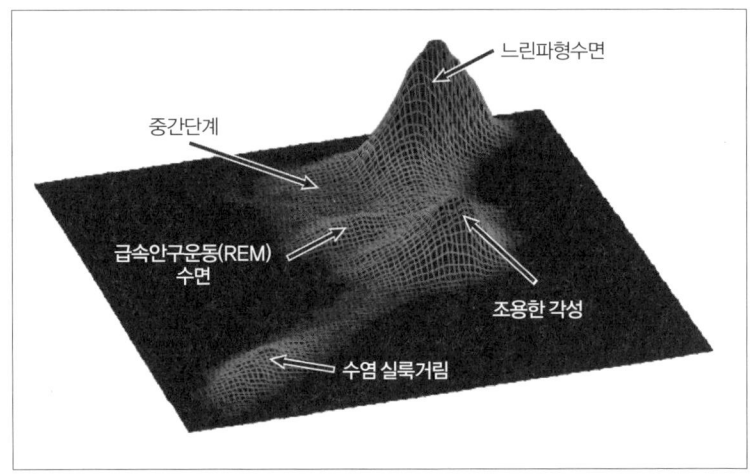

그림 11.3   수면지도. 이 3차원 그래프는 쥐가 각각의 주요 행동 상태에서 머무는 시간을 보여 준다. 이 그래프의 X, Y축은 그림 11.2에 나온 상태공간을 나타내고, 그레이 스케일 처리된 Z축은 쥐가 각각의 상태에서 머문 시간을 나타낸다. 이 털북숭이 쥐는 삶의 대부분을 꿈을 꾸지 않는 느린파형수면 상태에서 보낸다는 것을 알 수 있다. 조용한 각성 상태는 쥐의 일생에서 두 번째로 흔하게 나타나는 뇌 상태에 불과하다.

다. 그래서 덩어리 사이를 잇는 띠가 희미하게 나타나는 것이다.

린의 우아한 상태공간 도표는 날것 그대로의 전기생리학적 기록만으로도 각성-수면 주기 동안 동물의 일반적인 행동을 예측할 수 있는 길을 열어 주었다. 예를 들어, 네스호 괴물의 몸통을 닮은, 상태공간 중앙에 있는 아주 짙은 타원형 덩어리는 실험동물이 완전히 각성되어 있는 시간을 나타낸다. 만약 스펙트럼 진폭 비율이 타원형의 오른쪽 2/3에 있는 점과 맞아떨어진다면 쥐는 각성 상태에서 네 발로 서 있지만, 수염의 움직임조차 없이 꼼짝 않고 있을 가능성이 아주 높다. 반면, 만약 뇌 내부의 동역학이 같은 타원형의 왼쪽 1/3

에 해당하는 점을 만들어 냈다면, 그 쥐는 이제 각성된 상태에서 돌아다니며 주변 환경을 탐험하고 있을 가능성이 높다. 만약 점이 괴물의 머리 뒤편에 나타난다면, 쥐는 졸기 시작하고, 잠에 빠져들 준비를 마치고 서서히 느린파형수면 상태로 빠져 들어간다. '각성' 상태의 몸통과 '수면' 상태의 머리를 이어주는 '목' 부위는 뇌가 이곳에서 진동하는 경우가 다른 두 곳보다 훨씬 적기 때문에 점의 밀도가 낮다. 이것은 목 부위가 각성 상태와 수면 초기 단계 사이를 오가는 역동적인 전환 상태를 표상하기 때문이다.

자세히 바라보면 크기는 훨씬 작지만 짙은 점 덩어리가 괴물의 몸통 옆에 날개처럼 붙어 있는 것이 보일 것이다. 이 작은 타원형은 곡선으로 휘어진 희미한 점의 안개로 괴물의 머리와 연결되어 있다. 이 작은 타원형은 쥐가 렘수면을 경험하고 있는 시간과 일치하는 것으로 드러났다. 반면 희미한 안개 부위는 느린파형수면과 렘수면 사이의 전환 상태에 해당한다. 이것을 '중간수면intermediary sleep' 단계라고 한다(렘수면은 조용한 각성 상태와도 짧고 희미한 전환 상태로 연결되어 있다. 불행하게도 이것은 2차원 도표에서는 뚜렷하게 구분해내기가 어렵지만, 3차원 도표에서는 쉽게 눈에 띈다).

마지막으로 상태공간의 왼쪽 아래 사분면에 짙은 덩어리 하나가 각성 상태를 나타내는 중앙의 타원형과 연결되어 있는 것이 보인다. 호수 물속에서 빠른 속도로 헤엄치기 좋게 적응된 괴물의 발에 비유했던 부분이다. 이 '발'은 수염 실룩거림 상태를 나타낸다. 이것은 완전히 각성된 상태에서 주의를 기울이고 있는 쥐가 저진폭, 고주파의 수염 실룩거림을 만들어내는 시기다. 한편, 발과 몸통의 타원형을 다리처럼 잇는 희미한 점들은 움직이지 않고 조용히 각성되어 있는 상태와 쥐가 그렇게 수염을 실룩거리는 시기를 잇는 전환 상태에 해당한다.

지난 5년 동안, 우리가 연구한 쥐 모두에서 공통적으로 이런 네스호 괴물 모양의 각성-수면 상태공간을 지도로 그릴 수 있었다. 상태공간 위의 정확한 위치가 실험대상마다 어느 정도씩 차이가 났던 수염 실룩거림 상태를 제외하면(이 문제는 점을 3차원 지도로 나타내면 해결된다), 모든 주요 행동 상태와 전환 상태의 위치는 쥐마다 아주 일정하게 나타났다. 심지어 생쥐mouse와 원숭이에서도 일반적인 모양이 기본적으로 똑같았다. 따라서 인간의 뇌에 대한 자료를 얻을 수 있게 되면 거기서도 마찬가지로 네스호 괴물의 모습을 보게 되리라고 믿는다. 물론 수염 실룩거림 상태는 빼고 말이다.

우리의 발견을 시험해보기 위해 피질과 피질하부의 네 영역에서 얻은 데이터를 평균내지 않고 각자 따로 분석해서 도표로 그렸다. 그랬더니 이번에도 역시 네스호 괴물의 모습이 안개 같은 점들 사이에서 등장하는 것을 확인할 수 있었다. 이것은 데이터 표본을 수집한 뇌 영역 중 어느 특정 공간적 위치에서 뇌 내부의 전체적인 동역학적 상태가 결정되는 것은 아니라는 뜻이다. 적어도 간뇌diencephalon에서 만큼은 이렇게 말할 수 있다. 궁극적으로 보면 각성-수면 주기는 간뇌 구조 어디에서든 뽑아낼 수 있고, 여러 개의 뇌 구조물이 함께 결합되면 이 도표의 최종 이미지 해상도가 아주 좋아져 거의 홀로그램처럼 나타나게 된다. 이것은 칼 래슐리의 제자였던 뛰어난 신경외과의사이자 신경생리학자인 카를 프리브람Karl Pribram이 몇 십 년 전에 상상했던 것과 흡사하다.

아마도 가장 놀라웠던 부분은 우리가 네스호의 상태공간을 실시간 애니메이션으로 만들어 낼 수 있었다는 점일 듯하다. 이것을 통해 쥐가 한 생리학적 뇌 상태에서 다른 상태로 시시각각 변화하는 동안 뇌의 전기적 활성을 지도에 나타내 봄으로써 우리는 자유롭게 행동하는 동물에서 점들의 분포 양상이 어떻게 구축되는지를 머릿속에 그릴 수 있었다. 상태공간의 애니메이션을 연구한 결과 쥐의 뇌가 자신이 선호하는 대단히 정형화된 역학적 궤적을 이용해 주파수 상태공간 속을 움직인다는 것이 밝혀졌다. 반대로 발생 자체가 불가능한 궤적 또한 존재한다는 것을 알아냈다. 이것은 쥐의 행동에서 오랫동안 관찰되었던 내용과 잘 맞아 떨어진다. 예를 들면 쥐는 수염 실룩거림 상태나 조용한 각성 상태에서 바로 렘수면 상태로 뛰어 넘어가거나, 능동적 탐험 상태에서 느린파형수면 상태로 뛰어 넘어가지 않는다. 따라서 이런 금지된 주파수 궤적이 뇌에서 나타난다면, 그것은 신경학적 장애와 같은 문제가 있음을 암시한다.

제르바소니, 리베로, 런이 상태공간 도표에 세 번째 차원을 추가하자 우리는 집단적 결맞음pooled coherence을 포함시킬 수 있었다. 집단적 결맞음이란 네 개의 뇌 구조물 전체에 퍼져 있는 뉴런 집단들 사이에서 얼마나 서로 부합하는 동기화된 흥분coherent synchronous firing 이 일어나고 있는지를 매 초마다 전체적으로 평가한 값이다. 우리는 7-55Hz 범위에서 집중적으로 이 값을 평가해 보았는데, 주어진 1초 구간에서 계산된 집단적 결맞음이 증가함에 따라 이 주파수 영역에서의 동시성synchrony도 더욱 강력해지는 것을 발견했다. 기쁘게도 이것은 상태공간 속의 짙은 점 덩어리들(이 덩어리들은 주요 행동 상태를 나타낸다) 사이의 공간적 구분을 더욱 명확하게 해주었다. 사실 집단적 결맞음 덕분에 우리는 수염 실룩거림과 관련된 주파수를 더 확실하게 알아낼 수 있었다. 이 행동이 나올 때는 우리가 표본으로 잡은 뇌 구조에서 관찰한 것 중 가장 높은 수준의 동기화된 흥분synchronous firing이 나타나기 때문이다.

이 간단한 수정만으로 주요 상태 사이에 일어나는 신속한 전환에는 대부분 흥분의 동시성에 강력하고 갑작스러운 변화가 동반되는 것을 밝혀낼 수 있었다. 예를 들어, 쥐가 조용한 각성 상태에서 느린파형수면 상태로 옮겨갈 때나, 느린파형수면 상태에서 렘수면 상태로 옮겨 갈 때, 뇌 구조물들은 모두 수면 방추 주파수 영역인 7-20Hz 영역에서 좀 더 동시적으로 흥분하기 시작하는 것으로 보였다. 렘수면으로의 전환이 이루어지는 경우에는 이 갑작스런 결맞음의 증가를 중간수면 상태라고 정의한다. 상태공간의 애니메이션 덕분에, 뇌 활성이 '출발 상태departing state'에서 '목표 상태targe state'로 향하는 궤적을 따라가다가 실패해서 원래의 출발 상태로 되돌아가기도 한다는 것을 알게 되었다. 나중에는 이런 실패가 일어나는 주요 원인이 서로 부합하는 동기화된 흥분의 수준이 목표 상태로 가는 데 필요한 역치에 도달하지 못하기 때문이라는 것도 알게 되었다.

지난 반세기 동안 여러 연구실에서 각성-수면 주기의 여러 상태들 사이의 전환은 일련의 조절성 신경전달물질modulator neurotransmitter 간의 상호작용에 의해 결정된다는 증거를 찾아냈다. 이런 아세틸콜린acetylcholine, 노르아드레날린noradrenaline, 세로토닌serotonin, 도파민dopamine, GABA 등의 화합물질은 다양한 피질하부 구조물에 위치한 뉴런 집단에서 만들어진다. 이 뉴런들은 축삭돌기가 광범위한 영역으로 투사되어 있기 때문에 뇌 여기저기에 조절성 신경전달물질을 전달할 수 있다. 지금까지 대부분의 연구는 이들 화합물질들이 어떻게 역할을 해서 특정 수면 상태나 특정 각성 상태를 결정하는지 규명하는 데 초점을 맞추었다. 하지만 나는 한 뇌 상태에서 다른 뇌 상태로 전환이 일어나도록, 그리고 그에 해당하는 행동의 변화가 일어나도록 촉발하는 것은 이들 조절성 구조물modulatory structure들의 종합적인 작용의 결과라고 믿는다.

　이렇게 네스호 상태공간은 전체적인 뇌 동역학global brain dynamics, 그리고 이 동역학이 뇌의 가용 에너지에 의해 결정되는 방식을 농축해서 묘사하고 있다. 실험동물의 전체적인 뇌 동역학은 서로 연결된 수십억 개의 뉴런 사이에서 지속적으로 전기적 활성을 만들어내도록 밀어붙이는 신경조절성neuromodulatory 영향에 반응하는 과정에서 시시각각 변화한다. 하지만 뇌는 대뇌피질 회로들이 필요한 에너지 역치에 함께 도달할 수 있을 때만 한 안정적인 동역학적 상태에서 그만큼 안정된 또 다른 상태로 옮겨갈 수 있다. 이런 일은 전뇌fore-brain 전체가 높은 수준의 긴밀하고 동시화된 뉴런 활성에 도달했을 때 일어난다.

　네스호의 괴물 덕분에 이렇게 자세하고 구체적인 설명을 할 수 있게 되었으니, 이것이 우리 실험실 사람들이 제일 아끼는 애완동물이 된 것도 당연하다.

　상태공간이라는 말이 추상적으로 들릴지는 모르겠지만, 이것은 전체적인 뇌 동역학이 서로 다른 상태에 있는 동안 외부로부터 똑같은 물리적 자극이 말초에 도착했을 때 어떤 일이 일어나는지 이해할 수 있는 길을 열어주었다. 다른 말로 하면, 상태공간은 우리에게 뇌 자체의 관점을 들여다 볼 수 있는 창을 마련했다고 할 수 있다.

우리는 외부세계의 정보가 말초의 감각기관에 의해 어떻게 감지되고 변환되어 감각신경로를 타고 올라가 뇌로 유입되는 전기 활성의 시공간적 흐름spatiotemporal stream으로 바뀌는지 이미 살펴본 바 있다(5장 참조). 이렇게 유입되는 시공간적 신호가 대뇌피질 회로에 도착하면 뇌는 자연스럽게 특정 동역학적 상태dynamic state로 정착하게 된다. 상대론적 뇌 가설에 따르면, 주어진 어느 한 시점에서, 말초 유입 신호와 뇌 내부의 동역학적 상태라는 이 두 시공간적 신호 사이에서 발생한 충돌이 세상에 대한 지각을 형성하는 전기 활성의 실제 패턴을 만들어내는 것이다. 따라서 한 개체 안에서 똑같은 감각 자극이 대뇌피질에 도착하더라도, 그때 뇌 내부의 동역학적 상태가 다르다면 완전히 다른 활성 패턴이 만들어질 것이고, 따라서 다른 지각 경험을 하게 될 것이다.

5장에서 보았듯이, 상태공간 도표에서 네스호의 괴물을 찾아내는 방법을 발견하기 전에도 우리는 쥐가 각각 조용한 각성 상태, 능동적 탐험 상태, 수염 실룩거림 상태에 있을 때 쥐의 얼굴 수염을 지배하는 3차신경의 가지인 안와하신경infraorbital nerve에 똑같은 촉각 자극을 수동적으로 전달해 본 적이 있다. 똑같은 자극이 이 서로 다른 상태의 뇌에 도착하자, 이것은 피질과 시상 모두에서 뉴런에 아주 다른 감각 반응을 유발했다. 그 후속 실험에서는 자극을 수동적으로 전달한 것이 이런 차이를 만들어내는 것인지 살펴보았다. 그리고 이번에도 마찬가지로 피질과 시상뉴런들의 촉각 반응이 극적으로 달라지는 것을 확인할 수 있었다. 특히 쥐가 수염의 움직임을 통해 능동적으로 촉각 자극을 받아들일 때는 차이가 훨씬 두드러졌다. 그리고 내 친한 친구인 듀크 대학교 신경생물학과 시드니 사이몬Sidney Simon이 이끄는 이웃 실험실과 함께 실시한 추가적인 실험에서 제니퍼 스테이플턴Jennifer Stapleton은 미각피질gustatory cortex의 단일뉴런이 나타내는 감각 반응의 생리학적 특성이 동물이 미각원tastant을 능동적으로 핥으며 맛보고 있느냐, 아니면 그냥 똑같은 화합물을 수동적으로 입안에 주입받느냐에 따라 극적으로 달라진다는 것을 증명했다.

우리가 발견한 내용들은 시상피질 루프thalamocortical loop가 서로 부합하는 동기화된 수면 방추에 같이 동조되는 느린파형수면 상태의 뇌 활성을 검사하는 과정에서 확증되었다. 이 상태에서는 대뇌피질로 유입되는 감각 정보들이 거의 완벽하게 차단되는 결과를 낳았다. 실제로 일부 신경과학자들은 이 현상을 말초신경계와 중추신경계 사이의 '기능적 단절functional disconnection'로 분류하기도 했다. 올라오는 감각 신호 중에서 시상을 넘어 일차감각피질에 도달하는 것이 없는 것으로 나타나기 때문이다. 유입되는 감각 자극의 흐름이 동물의 뇌 상태에 의해 영향을 받는 시각계와 청각계에서도 비슷한 발견이 이루어졌다.

하지만 전체적인 뇌의 동역학은 뇌 자체의 관점의 한 가지 구성요소만을 정의할 뿐이다. 이 내부의 동역학 속에는 동물이 기존의 삶의 경험을 통해 축적해온 수많은 기억들이 새겨져 있다. 이 기억의 정보 또한 유입 말초 신호와 뇌 내부 동역학적 상태 간의 시공간적 충돌에서 역할을 한다. 상대론적 뇌 가설에 따르면 동물의 기억은 유입 감각 신호가 전뇌에 도달하기도 전에 미리 대뇌피질과 전뇌 전반에 걸쳐 예상 신호anticipatory signal의 발생을 지시하기 때문에 감각 신호 유입 전에 이미 그 존재가 느껴진다. 쥐가 수염으로 어떤 물체를 건들기 수백 ms 전에 몸감각 시상신경핵 뿐만 아니라 S1 피질의 모든 층에 걸쳐서 뉴런 활성에 조정이 일어나는 것은 이런 전기적 왜곡 때문일지도 모른다. 그리고 동물이 주변 환경을 탐험하면서 만들어내는 시공간적 운동 신호 등도 이런 전기적 왜곡에 포함될 가능성이 크다. 집단에 속한 단일뉴런들의 흥분을 증가시키거나 감소시킬 수 있는 이런 '기대 신호expectation signal'의 영향 아래 뇌 내부의 상태는 외부세계에 대한 초기 모델을 창조하며 사전조정pre-adjusted된다. 이런 의미에서 상대론적 뇌는 실제로 바라보기도watch 전에 이미 보고 있으며see, 여기서 뇌는 자신의 관점을 행사한다고 할 수 있다.

　나는 이 두 시공간적 신호, 즉 뇌 안에서 만들어지는 신호와 외부세계로부터 오는 다른 신호 사이의 일치와 불일치가 궁극적으로는 우리가 인식하는 실재를 정의한다고 믿는다. 이것은 절대적 진실이란 존재하지 않는다는 것을 의미한다. 왜냐하면 우리 뇌는 우리 망막이 바라보았다고 보고하는 내용을 곧이곧대로 따라야 하는 노예가 아니기 때문이다. 이 신경생리학적 충돌은 '맥락의 원리context principle'로 요약된다.

◆ 맥락의 원리
자극이 유입됐을 때나 특정 운동 행동을 만들어내야 할 필요가 생겼을 때, 전체로서의 대뇌피질cortex as a whole이 어떻게 대응할지는 그 시점에서 뇌의 전체적인 내부 상태가 어떤가에 달려 있다. 즉, 어떤 특정 행동을 발생시키기 위해 뇌가 이끌어 내는 최적해optimal solution를 정의하기 위해서는 지속적인 뇌 동역학brain dynamics이 반드시 필요하다.

네스호 상태공간은 생각에 맥락을 제공해주는 뇌 내부의 숨겨진 수많은 가능한 동역학적 상태 중 단지 일부만을 드러내 보인 것이라는 점을 강조해야겠다. 아직 뚜렷하게 구별해내지 못했을 뿐, 실제로 우리 도표 안에는 수십 가지 다른 상태가 담겨 있는 것이 틀림없다. 일례로 쥐가 각성 상태에 머무는 시간을 나타내는 거대한 점 덩어리 속에는 좀 더 세밀하게 조정된 작은 동역학적 뇌 상태들이 그 안에 둥지를 틀고 있을 가능성이 크다. 이것은 앞으로의 실험과 분석을 통해 밝혀내야 할 의문이다.

이 시점에서, 내가 지난 몇 년 간 이런 시공간적 충돌, 뇌의 에너지 제약, 그리고 무엇보다도 뇌를 신경 시간neural time의 파도에 둘러싸인 전기의 바다로 표현한 내 비유를 시각화하기 위해 사용해온 그래픽 모델을 소개하는 것이 쓸모 있을 것 같다. 이 그래픽 표상을 나는 '실과 구슬 모델Wire and Ball Model'이라고 부른다그림 11.4.

실과 구슬 모델에서는, 뇌가 내부의 한 동역학적 상태에서 또 다른 상태로 이동할 때 네스호 상태공간 안에서 취할 수 있는 경로들을 닫힌 고리실closed wire loop이 3차원 공간 속에서 솟구치고, 꺼지고, 휘어지며 박진감 넘치게 그려내고 있다. 따라서 구부러지고 비틀어지는 이 닫힌 고리실은 뇌가 각성-수면 주기 동안에 올라타는 역동적인 전기 활성의 롤러코스터 궤도라 생각해도 무방하다.

이제 이 모델에 구슬을 하나 추가해보자. 편리하게도 이 구슬은 구멍이 하나 나 있어서 신경 롤러코스터가 뻗어 있는 곳은 이 실을 타고 어디든 자유롭게 갈 수 있다. 이 구슬은 피질뉴런의 커다란 무작위표본random sample을 상징한다. 말하자면, 일차몸감각피질 같은 특정 뇌 영역에 속하는 꽤 큰 뇌 덩어리를 말하는 것이다. 정의에 따

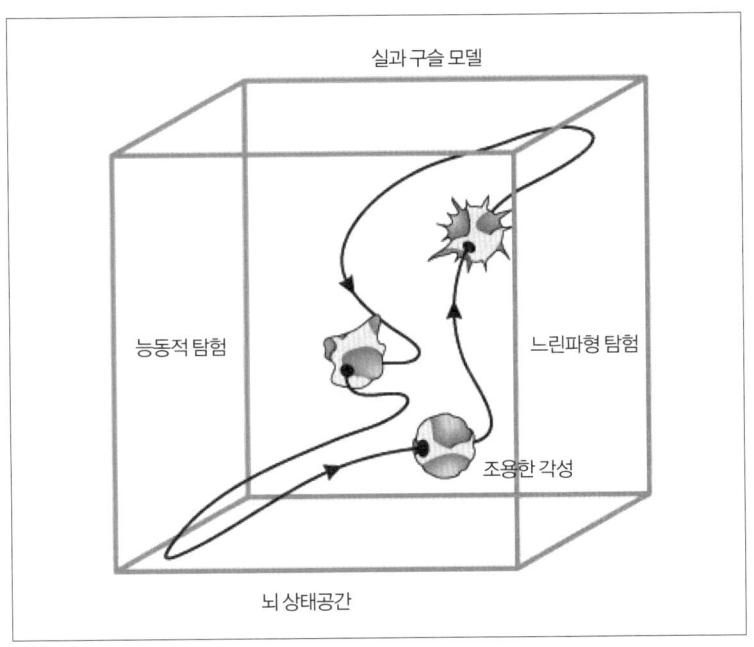

그림 11.4 실과 구슬 모델.

라 구슬의 총 부피는 고리실을 따라 미끄러지는 동안 일정하게 유지된다. 구슬은 뉴런 표본 덩어리가 만들어낼 수 있는 최대 활동전위 숫자를 상징하고, 이 숫자는 뇌의 가용 에너지에 의해 한도가 정해지기 때문이다. 하지만 이 구슬에서 가장 흥미로운 특성은 아무래도 그 전체적인 형태가 이 특정 뉴런 집단이 만들어내는 전기 활성 패턴에 대한 함수로서 변화한다는 것이다. 따라서 구슬이 실을 타고 서로 다른 뇌의 내부 상태 사이를 오르내리며 전환하는 동안, 전체 부피는 변함이 없지만 3차원적인 형태에는 상당한 변화가 생길 것이다. 따라서 구슬이 저진폭, 고주파의 뉴런 진동을 특징으로 하는 조용한 각성 상태의 테두리 안에 들어가 있는 동안에는 바람 없고 평화로운 날의 해수면처럼 구슬의 표면도 상대적으로 매끈하고, 그저 고주파의 잔물결만 나타날 것이다. 그와는 반대로 구슬이 느린파형 수면 상태로 움직일 때는 먼저 저주파 델타 진동 위에 올라 타 있는 고진폭 방추파spindle wave와 함께 고도로 긴밀한 전환을 가로질러야 한다. 이 경우 구슬의 표면이 일그러지면서 그 위로 표면이 여기저기서 산처럼 뾰족뾰족하게 솟아오르고, 해류의 바닥이 드러날 것이다. 이런 변화가 생기는 이유는 구슬의 궤적이 고리실을 따라 움직이는 동안 뉴런 집단의 시공간적 활성을 3차원으로 표상한 것이 상태공간을 정의하는 뇌 내부 동역학의 변화에 의해 지속적으로 영향을 받기 때문이다.

   이제 구슬에 네 번째 차원을 추가한다고 가정해보자. 이것은 구슬이 끝이 없는 롤러코스터를 타고 움직이다가 유입 시공간 자극과 만날 즈음의 어느 고정된 시간, 예를 들어 1초 동안 각각의 표본 뉴런이 얼마나 빨리 흥분하고 있는지를 말해주는 색상 스케일color scale로 나타낸다. 이 색상 부호 체계에서 어두운 회색은 평균보다 아주 높은 흥분빈도를 나타내고, 밝은 회색은 아주 낮은 흥분빈도를 나타내며, 그 중간 색상들은 이 양 극단 사이의 흥분빈도를 나타낸다. 이 가상의, 그리고 솔직히 아주 이상하게 생긴 구슬의 회색 음영은 외부세계에서 온 감각 자극이 구슬에 닿는 순간에 그 구슬이 실의 어느 부위에 있는가에 따라 다르게 변화한다. 만약 쥐가 조용한 각성 상태, 즉 깨어 있지만 활발하게 세상을 탐험하고 있지는 않는 상태에 있을 때, 유입 자극이 도착한다면, 구슬에 표상된 개개의 S1 뉴런들은 흥분빈도가 신속히 높아질 것이다. 흥분빈도는 아주 짧은 기간 동안 높게 유지되다가 원래의 수준 아래로 빠르게 떨어진다. 이것은 수십 ms 동안 지속되는 흥분후억제post-excitatory inhibition 시기에서 나타나는 특징이다. 실과 구슬 모델은 잘 입증된 이 연속적인 사건을 묘사하는 데 제격이다. 이 사건들을 모델에 적용해보면, 먼저 짙은 회색 돌출이 갑자기 구슬 표면에 등장한다. 이것은 유입 자극에 대한 초기의 강렬한 흥분 반응을 나타낸다. 이런 변형이 있고난 후에는 곧이어 옅은 회색 함몰이 등장한다. 유입 자극에 더 많은 개별 뉴런이 연관될수록 이 짙은 회색 돌출과 옅은 회색 함몰의 크기도 더 커진다.

하지만 똑같은 유입 시공간 촉각 자극이 똑같은 대뇌피질 조직 구슬에 도달했다 하더라도, 그 구슬이 능동적 탐험의 구간에서 실을 타고 있었다면 상황은 아주 달라질 것이다. 이 뇌 상태에 있는 동안에는 유입 촉각 자극이 S1 피질에 도달하기 훨씬 전에 이미 뉴런들이 자신의 흥분빈도를 위아래로 조정하고 있다. 이런 이유로 구슬 표면은 자극과 충돌하기 전에 이미 돌출이나 함몰이 나타나기 시작할 것이다. 충돌이 일어날 즈음에는 구슬이 모양도 복잡해지고, 색상도 화려해져 있어서, 조용한 각성 상태에서 자극이 발생했을 때의 모습과는 딴판으로 보일 것이다. 쥐가 조용한 각성 상태에 있었느냐 능동적 탐험 상태에 있었느냐에 따라 같은 수염 자극에도 반응하는 뉴런의 숫자가 달라지기 때문에 이런 차이는 특히나 두드러지게 된다.

보시다시피 뇌 내부의 동역학적 상태에 따라 유입 감각 신호를 처리한다는 점에서 보면 모든 것은 상대적이다. 일례로 그림 11.5에 1초 동안 한 단일뉴런이 나타낸 흥분을 나타냈다. 위쪽 도표에 조용한 각성 상태 동안 이 뉴런에서 나타난 흥분이 나와 있다. 다른 뉴런들과 마찬가지로 이 세포의 흥분빈도에도 불응기refractory period에 의해 결정되는 한계가 있다. 불응기란 뉴런이 활동전위를 일으킨 후에 세포막의 축전기 용량을 회복하는 데 필요한 시간을 말한다. 이 뉴런의 불응기가 2ms라고 가정하면, 이 뉴런의 순간 최고 흥분빈도는 초당 500회를 넘을 수 없다. 그림 위쪽을 보면 조용한 각성 상태에서 뉴런이 만들어내는 개별 활동전위가 우리가 분석한 1초의 기간 전체에 골고루 퍼져 있고, 연이은 활동전위 사이의 시간 간격이 대부분 아주 길어서 보통 수십 ms에 이르는 것을 알 수 있다. 뉴런의 이 자발적 흥분 패턴은 일련의 사건들이 지속적으로, 하지만 독립적으로 일어나는 포아송 과정Poisson process에 가까워진다.

  이제 정확히 1초가 끝나는 시점에서 강력한 촉각 자극이 우리가 선택한 뉴런의 내부 동역학적 상태와 충돌했다고 상상해보자. 이 뉴런은 충돌한 촉각에 대해 활기찬 반응을 나타내고, 두 번째 흥분 기록 기간의 이른 초기에서 몇몇 활동전위를 발생시킨다. 이것이 그림 11.5 중간에 나타나 있다. 이번에는 아까와는 달리 활동전위의 분포에 극적인 변화가 생겼다. 흥분이 1초 전체에 골고루 퍼져 있지 않고, 활동전위 중 상당수가 자극의 시작점 주변에 몰려 있는 것이다. 이것은 초기 구간에 발생한 이 연속적인 각각의 활동전위들 사이의 간격이 겨우 몇 ms 정도밖에 떨어져 있지 않다는 것을 의미한다. 여기서는 뉴런이 자기 자신의 내부적 시간 기준을 바탕으로 빠른 속도로 흥분하고 있다. 이런 현상은 뉴런이 자신의 순간 최고 흥분 속도인 초당 550회에 이를 때까지 계속되는 것으로 보인다. 이 속도는 뉴런의 자체적 제약과 뇌의 전체 가용 에너지의 한계에서 오는 생물물리학적인 장벽이다.

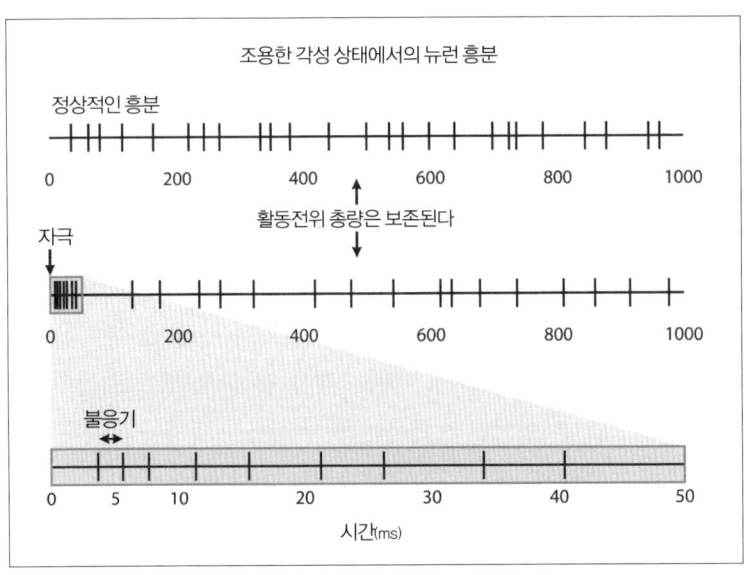

<u>그림 11.5</u> 정상적인 흥분 상태에 있는 동안(위쪽), 그리고 감각 자극이 발생하는 동안의(중간) 단일뉴런의 흥분 패턴. 불응기(아래)가 뉴런이 도달할 수 있는 최대 흥분빈도를 결정한다. 이 모든 사례에서 뇌 전체가 만들어내는 총 흥분빈도는 최고 한계 아래로 유지되어야 한다.

처음에 이렇게 폭발적으로 활동전위가 터지고 난 다음에는 뉴런이 활동전위를 만들어내지 않는 기간이 100ms까지 길게 지속된다. 상대론적 뇌 가설에 따르면 이 침묵기는 반드시 필요한 부분이다. 마치 '뉴런의 총 활동전위 예산neuron spike budget'이 정해져 있는 것처럼 한 뉴런이 만들어낼 수 있는 활동전위의 총 숫자는 한계가 정해져 있는 관계로, 유입되는 감각 신호를 사실적으로 표상하는 순간최대속도를 만들어내려면 뉴런은 총 활동전위 예산에서 활동전위 몇 개를 '빌려'와야 하기 때문이다. 보통 뉴런의 총 활동전위 예산은 다소 긴 기간에 걸쳐 고르게 퍼져 있다(위의 예에서는 그 기간을 1초로 잡

았다). 하지만 지금은 이 활동전위들을 급하게 발생시켜야 하기 때문에 실질적으로는 뉴런 내부의 시간적 기준neuron's internal timing reference이 비틀어지게 된다.

 마지막으로 실과 구슬 모델은 실험동물을 깊이 마취시킨 상태에서 촉각 자극을 주었을 때 어떤 일이 일어나는지를 정확하게 나타낼 수 있다. 마취된 실험동물에서 진동을 기록해보면 네스호 상태공간의 구조가 거의 붕괴되어 형태적으로 부실한 하나의 덩어리로 바뀌어 있는 것을 볼 수 있다. 마취제들은 뉴런 경로neuronal pathway에 다양한 방식으로 영향을 미치고, 많은 GABA성 뉴런은 시냅스후뉴런post-synpatic neuron을 억제하기 때문에 실험대상이 마취되었을 때 신경생리학적으로 측정한 단일뉴런의 수용야와 그에 따르는 감각지도sensory map를 살펴보면 심각하게 억제되고, 변형되어 있는 것이 보인다. 결국 이런 상태에서는 정보도 대단히 국소화되어 표상될 수밖에 없다. 뉴런들이 상호작용할 수 있는 수단을 빼앗기기 때문에 뉴런 집단의 역동적인 흥분 패턴이 전혀 포착되지 않기 때문이다. 역동성과는 한참 거리가 있는 이 기능 저하 상태에서 실험대상은 무의식, 무반응 상태에 빠지고, 뇌에서 정신을 강탈당하고 만다.

 뉴런 흥분에 가해지는 이런 제약과 뉴런의 행동방식을 신경 앙상블과 상호작용하는 모든 단일뉴런에 적용해보면, 상대론적 뇌의 서로 연관된 두 가지 신경생리학적 원리가 도출된다. 하나는 우리 실험실에서 다양한 종과 다양한 대뇌피질영역을 대상으로 진행한 연구를 통해 입증된 '신경 앙상블 흥분 보존의 원리conservation of neural ensemble firing principle'와 BMI를 작동시키는 동안 계산한 뉴런탈락곡선neuronal dropping curve을 분석해서 나온 '뉴런 집단 효과의 원리neuronal mass effect principle'다.

◆ 신경 앙상블 흥분 보존의 원리

뉴런 앙상블이 도달할 수 있는 흥분 최대치에는 한계가 있을 뿐 아니라, 뉴런 앙상블의 전체적인 흥분빈도는 어떤 평균값 주변에서 맴돌며 일정하게 유지되는 경향을 나타낸다. 이것은 다양한 보상 기전에 의해 안정적인 평형이 만들어지기 때문이다. 만약 하나나 여러 개의 피질뉴런이 순간적으로 흥분빈도를 증가시키면, 곧바로 신경 앙상블 내에 있는 다른 뉴런에서 그만큼 흥분빈도의 감소가 일어나 뇌의 전체적인 에너지 예산은 오랫동안 일정한 상태로 남아 있게 된다.

◆ 뉴런 집단 효과의 원리

피질의 신경 앙상블 크기가 어느 큰 숫자를 넘어가면, 신경 앙상블에 담기는 정보의 양은 점근선을 향해 움직이며 차츰 최대 정보 처리 용량으로 수렴한다. 대규모 뉴런 앙상블에서 이끌어낸 예측에서 통계적 분산statistical variance이 현저하게 감소하는 것은 이런 효과가 반영된 것이다. 단일뉴런의 흥분을 놓고 보면 상당히 분산이 높게 나타나지만, 특정 행동을 실행하는 과정에서 그 개별 뉴런이 대규모의 신경 앙상블에 기능적으로 참가해 기여할 때는 개별 뉴런의 높은 분산이 전체적으로 평균되어 씻겨 나가는 것을 뉴런 집단 효과의 원리로 설명할 수 있다.

인간의 대뇌피질에서도 신경 앙상블 흥분이 보존되는 것을 확인하려면 신경과학자들은 실시간 기능적 뇌 자기공명영상functional magnetic resonance imaging, fMRI을 이용할 필요가 있을 것이다. fMRI는 혈류,

따라서 뇌의 대사와 에너지 소비를 측정할 수 있는 기술이다. 대사가 증가한 피질 부위가 발견되었다면, 거기에 대응해서 대사가 감소한 뉴런 집단이 반드시 존재해야 한다는 것이 나의 예상이다.

활동전위 예산과 뉴런의 최대 흥분빈도가 고정되어 있음으로 인해 생기는 제약 때문에, 뉴런이 자극에 포함된 정보의 일부를 표상할 수 있으려면 활동전위 발생 타이밍의 분포 형태가 조정되어야만 한다. 더군다나 지속적으로 활동하고 있는 뇌 내부의 특정 동역학적 상태와 유입 자극 사이의 충돌을 알리는 데 참여하는 뉴런의 공간적 분포는 시시각각 변화한다. 실제로 일련의 실험에서 우리는 똑같은 촉각 자극을 전달하더라도 그때마다 뇌의 내부 상태가 서로 다르다면, 이 자극을 표상하는 데 참여하는 피질뉴런 집단 전체의 공간적 크기가 달라지는 것을 확인할 수 있었다. 그리고 집단의 전체적 크기 변화와 아울러, 이 집단 안에서 나타나는 흥분의 공간적 분포 양상도 마찬가지로 매순간 변화한다. 상대론적 뇌 가설에서는 이런 변동성의 상당 부분이 미묘한 에너지 균형에 의해 좌우된다고 제안한다. 따라서 만약 한 특정 뉴런이 자극에 반응해서 활발하게 흥분하는 과정에서 전체 예산에서 활동전위를 많이 빌려다 쓰게 되면, 이웃한 다른 뉴런은 예산의 균형을 맞추기 위해 자신의 흥분빈도를 낮출 필요가 있다. 이것은 마치 오늘날 글로벌 금융 시스템의 작동 방식과도 어느 정도 비슷하게 들린다. 일부 자본가가 마치 핵추진 진공청소기라도 갖고 있는 것처럼 시장에서 모든 돈을 빨아들이면, 어느 날 갑자기 수백만 명의 사람들이 영문도 모른 채 빈털터리가 되고 마는 것처럼 말이다.

이 개념은 시스템 생리학systems physiology의 고전적인 개념 중 하나인 '내부환경Milieu interieur'에 큰 빚을 지고 있다. 훗날 신체 항상성body homeostasis이라는 용어로 알려지게 된 이 개념은 감히 견줄 사람이 없을 만큼 뛰어난 프랑스의 생리학자 클로드 베르나르Claude Bernard가 창안한 것이다. 환원주의에 집착하는 의대 학과과정에서는 잊히다시피 한 개념인 항상성은 일생의 매순간마다 우리의 역동적인 신체 상태의 관리와 유지를 조절하는 데 핵심적인 역할을 하고 있다. 사실 이것은 뇌 내부의 항상성을 유지하는 기전, 그 중에서도 특히 에너지 소비가 뇌의 복잡한 정보 처리과정의 한계를 결정지을지도 모른다는 의미다. 나는 상대론적 뇌에서는 수십억 뉴런의 부분집합에 의해 발생된 정보량은 이들 뉴런이 매순간 집단적으로 소비하는 에너지양에 대한 함수로 결정된다고 제안한다.

만약 이 두 양quantity 사이에 수학적 관계가 존재한다면, 그것을 찾아내는 일은 현대 신경과학의 중요한 돌파구가 될 것이다. 하지만 그것이 자기중심적인 인간 뇌의 신비도 풀어줄 수 있을까?

오직 시간만이 그 대답을 알고 있을 것이다.

12

Computing with a Relativistic Brain

상대론적 뇌로
계산하기

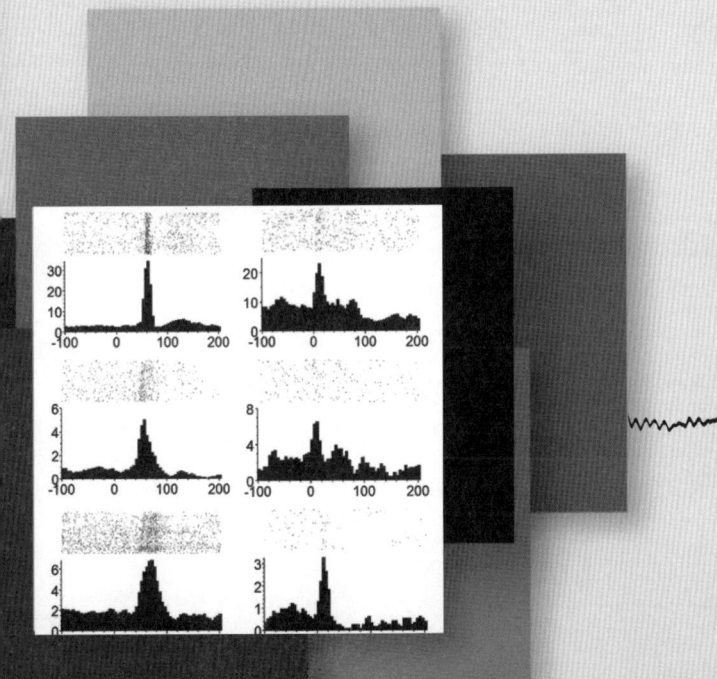

**BEYOND
BOUNDARIES**

12

상대론적 뇌로 계산하기

 1970년 6월 21일, 고도 높은 곳에 위치한 멕시코시티의 얼마 남지 않은 산소마저 모두 태워 버릴 듯 찌는 더위 속에서 브라질과 이탈리아의 축구대표팀은 월드컵 역사상 가장 기억에 남을 챔피언 결정전을 펼쳤다. 경기는 무더운 여름 한낮에 아스테카 경기장에서 열릴 예정이었지만, 아침에 내린 소나기 때문에 경기장이 미끄러워져 있어서 공이 어떻게 튈지 예측하기가 어려웠다. 펠레가 이끄는 브라질 축구팀과 전설적인 왼쪽전담수비수 지아친토 파체티가 주장을 맡은 이탈리아 축구팀은 모두 세 번째 우승을 거두어 그 유명한 줄리메컵을 영구 소유하기 위해 전력을 다해 뛰고 있었다.
 노란색 바탕에 초록색 숫자가 찍혀 있는 전통적인 대표팀 유니폼을 입은 브라질팀은 치열한 경기 끝에 전반전을 1-1 동점으로 마치고 난 후, 후반전에는 무시무시한 모습으로 등장했다. 정규 경기 시간 4분을 남겨놓은 상황에서 브라질팀은 3-1로 승기를 거머쥐고 있었다. 승리는 따놓은 당상이었다.

하지만 브라질 사람들은 결코 승리만으로 만족하는 법이 없었다. 그래서 인지 브라질 페널티박스 왼쪽 가장 자리 근처에서 타스타오가 지친 이탈리아 포워드로부터 공을 빼앗으면서 그 경기의 마지막 대미를 장식하는 놀라운 플레이가 마술처럼 펼쳐진다. 공을 소유한 타스타오는 대수롭지 않게 피아자에게 빠른 패스를 했고, 패스를 받은 피아자는 호들갑 떨지 않고 침착하게 클로두알두에게 공을 넘겼다. 그리고 클로두알두는 곧바로 브라질 진영 깊숙이 있던 펠레에게 공을 패스했다. 자기 평생의 동반자인 축구공과 접촉한 펠레는 어루만지는 듯한 한 번의 발놀림으로 공을 게르손에게 넘긴다. 그리고 게르손은 허겁지겁 클로두알두에게 다시 공을 넘긴다. 하지만 평소 영리한 경기 운영을 보이던 게르손이 이번에는 클로두알두를 곤란한 지경에 빠뜨리고 말았다. 골을 빼앗으려고 필사적으로 달려드는 이탈리아 수비수 네 명에게 둘러싸이고 만 것이다. 하지만 클로두알두는 조금도 물러서지 않았다. 믿음직한 오른 발로 공을 확보한 그는 수비수들을 하나씩 차례로 제치며 드리블해 나간다. 그리고 이어진 5초 동안 그는 공과 함께 춤을 추며 적들을 마지막 한 사람까지 모두 무너뜨린다.

균형과 냉정을 회복한 클로두알두는 왼쪽 날개 쪽에서 자유롭게 움직이던 호베르토 히벨리노를 발견한다. 클로두알두는 사심 없이 공을 '아톰킥', 히벨리노에게 패스한다. 아톰킥은 치명적인 슈팅을 날리는 히벨리노의 왼발에 붙여준 별명이다. 하지만 이런 명예로운 별명과 달리 히벨리노가 공을 받는 모습은 어딘지 지쳐보였다. 다행히도 그는 공을 오랫동안 붙잡고 있을 필요가 없었다. 이탈리아 수비진 왼쪽에 힘이 넘치는 '허리케인' 자이르지뉴가 기다리고 있었던 것이다. 굳이 눈으로 공을 보지 않아도 자이르지뉴의 뇌는 공을 자기 몸의 일부로 받아들여 연속적으로 빠르게 볼터치하며 몰고 갔다. 그리고 그는 과감하게 오른쪽으로 돌파를 시도한다. 그 순간 예상치 못했던 수비형 미드필더가 따라붙는다. 자이르지뉴는 이것을 피해 조금 볼썽사나운 잔재주를 부를 수밖에 없었다. 발끝으로 살짝 공을 밀어 펠레의 영원불멸의 오른 발 앞에 떨어뜨린 것이다. 펠레는 먹이를 나꿔챌 준비를 마친 재규어처럼 이탈리아 페널티박스 정면으로 이미 달려와 있었다.

공을 발로 다루며 잠시 멈춰있던 펠레는 타스타오가 빈 공간을 가리키며 간절하게 외치는 소리를 문득 알아챈다. 그리고 펠레는 아무 생각이 없는 듯 무심히 자기 오른쪽 넓은 빈 공간으로 공을 툭 밀어 넣는다. TV로 경기를 보던 사람들이 축구의 황제 펠레가 미친 것이 아닌가 생각하기 시작하는 순간, 공은 펠레의 뇌가 머릿속에 그려놓은 빈 공간으로 정확히 흘러들어간다. 바로 그때, 공은 난데없이 나타난 카를로스 알베르토의 오른발에 걸려 그대로 뻗어나간다. 이 활기 넘치는 집단적 플레이에서 나올 수 있는 결과는 하나밖에 없었다. 골! 골입니다! 아나운서의 목소리가 울려 퍼지는 가운데, 모든 브라질 국민들이 춤을 추며 거리로 쏟아져나왔다.

이것은 정말 굉장한 골이었다. 30초 동안 한 번도 끊이지 않고 물이 흐르듯 경기가 진행되었고, 그 과정에서 여덟 명의 선수들이 공을 만졌다. 이런 집단적 상호작용의 결과가 어떻게 펼쳐질지 미리 내다본 사람은 아무도 없었다. 기억에서 지워지지 않는 이 연속적인 움직임과 4-1이라는 점수는 역동적인 복잡계complex system의 창발적 행동emergent behavior에서 나오는 엄청난 힘을 여실히 보여주었다. 이 각각의 선수들이 개별적으로는 아무리 능수능란하고 영리하다 해도, 그들이 함께 빚어낸 이 플레이는 미리 예측하거나 앞서서 계획할 수 있는 것이 결코 아니었다. 이것은 그들 자신도 미처 의식적으로 알아차리지 못한 상태에서, 그저 그들의 수의적인 행동들이 결합되어 수백 ms 만에 창발적으로 나타난 것이다.

복잡계의 이런 예측 불가능한 행동과 마주했을 때 환원주의자들이 선택하는 전형적인 전략은 가장 작은 독립적 구성요소가 나올 때까지 그것을 분해해서 그 구성요소들의 특성을 완전히 이해한 다음, 개별 부분을 지배하는 원리로부터 전체 시스템의 성과를 도출하는 것이다. 이런 접근방식으로는 브라질 축구대표팀이 어떻게 경기를 펼쳐서 세 번째 월드컵 우승 트로피를 품에 안게 되었는지, 그 원리를 완전히 놓칠 수밖에 없다. 예를 통해 논리적으로 한번 상상해보자. 각각의 선수들을 브라질 대표팀을 구성하는 자장 작은 개별 구성요소라고 가정하는 것이다. 환원주의자들은 이렇게 분석해 들어갈 것이다. 이런 플레이가 만들어진 기전을 이해하려면, 선수의 생리적 특성에서 시작해서, 그들의 패스 기록, 슈팅 기록, 득점 기록에 이르기까지, 골을 넣는 데 관여한 개별 선수들의 자료를 모두 모아야 한다. 그 다음으로는 각기 선수들의 평균 반응 속도, 근육 대사, 운동조절 능력들을 평가해야 한다. 그리고 그들이 판단을 내리는 특성을 파악하기 위해서는 그 전의 결승전에서 각기 선수들이 보여주었던 행동들도 연구해야 한다. 극성파 환원주의자라면 개별 선수들의 전체 게놈까지도 모두 분석해보아야 완벽한 답을 내놓을 수 있다고 주장할지도 모르겠다. 이렇게 하면 머지않아 각각의 선수들에 대한 정보가 산더미처럼 쌓이게 된다. 영국의 물리학자 존 배로John D. Barrow는 자신의 재미있는 책 《불가능Impossibility》에 이렇게 적었다. "여기서 소개한 것들은 아주 낮은 수준까지 내려가 보면 모두 원자로 만들어져 있다. 하지만 그 사실은 책과 뇌의 차이를 이해하는 데 아무런 도움이 되지 않는다."

이런 노력에도 불구하고, 이렇게 축적된 자료를 컴퓨터에 아무리 입력해본들, 그런 선수들로 구성된 축구팀이 경기에서 어떻게 행동할지 예측하는 것은 불가능하다. 브라질 축구대표팀의 행동은 자연의 또 한 가지 계산 불가능 현상noncomputable phenomena이라고 딱지가 붙을 것이다. 환원주의 전략을 이용해서는 누구도 팀플레이의 극적인 사례를 재구성하거나 예측할 수 없다. 이런 팀플레이는 1970년도 세계 최고의 축구 선수였던, 서로 연결된 여덟 변수 사이의 예측 불가능하고, 역동적인 상호작용을 통해 창발적으로 등장한 것이기 때문이다.

일례로 정규 축구팀 11개 포지션 간의 상호작용을 통해 펼쳐질 수 있는 플레이의 숫자가 얼마나 많은지 한번 생각해보자. 이 숫자도 너무 많아서 사실상 계산 자체가 불가능하다. 자신의 책에서 배로는 많은 구성요소들이 서로 연결되어 형성된 시스템에서 발생하는 엄청난 복잡도degree of complexity에 대해 설명했다. 그는 이렇게 주장한다. "복잡한 구조들은 복잡성의 역치가 있는 것 같다. 이 역치를 넘어가면 복잡성이 갑자기 도약하듯 증가하는 것이다. 사람은 혼자서도 많은 일을 할 수 있다. 여기에 한 사람을 더 추가하면 좀 더 다양한 관계가 가능해진다. 하지만 이렇게 몇 사람씩 차츰 늘여가다보면, 복잡한 상호관계의 숫자가 폭발적으로 증가한다. 경제 시스템, 교통 시스템, 컴퓨터 네트워크 등은 구성 요소들 간의 연결이 많아지면 그 특성의 종류도 갑자기 도약하듯 많아진다." 그리고 복잡성이 도약하듯 증가하면, 그와 함께 우주 역사도 도약하듯 증가한다. 태초의 우주에는 오직 물리학만이 존재했다. 그러다가 화학이 등장했다. 그 다음으로는 생물학이 진화해 나왔고, 드디어 의식이 등장하기에 이른다. 그리고 결국 우리가 몸담고 있는 우주의 모든 것이 극적인 변화를 맞이한다. 적어도 보잘것없는 우리의 관점에서 바라보면 말이다.

11명으로 구성된 축구팀의 종합적인 행동을 예측하는 것이 그리도 어렵다면, 하물며 인간의 뇌 속에서 역동적으로 끊임없이 변화하는 수백 억 뉴런 집단은 어떻겠는가? 이것이 지난 세기에 시스템 신경과학자들이 직면했던 딜레마다. 단일뉴런에 초점을 맞춤으로써 신경과학자들은 뇌회로를 구성하는 개별 처리 장치의 생물학적 특성에 대해서는 놀라울 정도로 풍부한 정보를 모으는 데 성공했다. 이것이 아주 보람 있고 유용한 노력이었음은 분명하다. 어쩌면 오랫동안 전진할 수 있는 안전하고 기술적으로도 실현 가능한 유일한 길은 단일뉴런의 작동을 살펴보는 것밖에 없었던 것인지도 모르겠다. 하지만 배로가 적절히 짚었듯이, 의식은 복잡계에서 창발적으로 등장하는 속성들 중에서도 가장 극적인 것이다. 더욱 강력해진 연구 도구들을 오직 단일뉴런을 연구하는 데만 사용함으로 인해 신경과학자들은 우리 머릿속에 의식의 우주를 빚어낸 거대한 뉴런 은하계의 주요 산물인 생각의 생리학적 기전을 이해할 수 있는 실질적인 기회를 모르는 사이에 모두 날려 버리고 말았다.

이 책에서 지금까지 보아왔듯이 지난 20년 동안 우리 연구실은 뇌 접근 방식을 달리하는 신경과학의 새로운 물결에 동참했다. 우리는 서로 얽히고설키어 생각을 만들어내는 생각의 구성요소들을 추적하기 위해 신경 앙상블의 복잡한 행동을 새로운 방식으로 측정했다. 여기에는 신경계를 정의하는 회로의 각각의 구성요소들이 기여하는 바를 비틀고, 전환시키면서 신경이 시간과 공간을 융합하는 방식을 시시각각 변화시키는 상호의존적이고 상대론적인 모든 동역학이 포함되어 있다. 축구 비유로 다시 돌아가보자. 우리는 브라질 대표팀의 집단적 작용을 통해 아스데카 경기장에서 그 특정 플레이가 펼쳐질 것을 예측할 수는 없었지만, 분명 그런 플레이가 일어날 수 있게 해준 특정 조건이 무엇이었는지에 대해서는 그래도 몇 마디 거들 수 있다. 예를 들면, 선수들에게는 궁극적인 공동의 목표가 있었다. 상대편보다 골을 더 많이 넣고, 경기에 이겨, 월드컵 트로피를 고국으로 가져가겠다는 목표 말이다. 더 나아가 이 축구팀은 아주 경험이 많은 선수들로 구성되어 있었고, 그 중에는 수백 경기를 함께 뛰었던 선수들도 있었다. 그렇다보니 손발이 아주 척척 잘 맞을 수밖에 없었다. 예술의 경지에 오른 이 브라질 대표축구 선수들은 오랜 경험을 통해 이런 중요한 경기에 먹혀들어갈 팀 전술을 선택하는 법을 익혀 놓았다. 그 전에 이탈리아 선수들이 펼친 경기들을 점검하면서 브라질 팀은 상대편이 일반적으로 사용하는 수비 전술과 공격 전술에 대한 지식도 공유하고 있었다. 따라서 이탈리아 팀과 만나기 전에 이미 브라질 팀에서는 다양한 상황 아래서 상대팀이 어떻게 나올지를 정교하게 예상한 '게임의 정신 모델mental game model'을 구축해 놓은 것이다. 이제 마지막 4분을 남겨놓은 상황에서 이탈리아 선수들이 눈에 띄게 지친 기색을 보이는 것을 눈치챈 브라질 축구 선수들은 게임 모델을 조정해서 승리를 확정지을 최상의 '마지막 질주' 전략을 선택했다. 그들의 기막힌 플레이에 영향을 준 것은 너무도 중요한 공동의 목표, 신체적 적응력 및 신체적 잠재력과 제약, 그리고 특정 순간에 만난 특정 맥락을 해석할 수 있는 집단적 능력이었다. 축구 박사들의 한결같은 얘기처럼, 당시에 브라질 축구팀이 마주한 맥락에서 요구되는 최적의 전략은 운동장을 넓게 사용하면서 정확하고 긴 패스로 공을 주고받는 것이었다. 이렇게 함으로써 이탈리아 수비수들 사이도 함께 넓혀 놓을 수 있기 때문이다. 이런 상황에서는 이탈리아 수비수가 브라질 공격수의 공을 뺏으려면 지친 상태에서도 훨씬 더 많이 뛰어야 했다. 이런 요인들을 모두 함께 고려하면, 능수능란한 브라질 팀에게서 나올 수 있는 실행 가능한 플레이의 가짓수가 상당히 줄어든다. 정확히 어떤 플레이가 펼쳐질 것이라고 예측할 수 있을 정도는 아니지만, 그래도 다른 플레이보다는 이런 플레이가 나타날 가능성이 많다고 예측할 수 있을 정도의 수준은 된다.

이 책 전반에 걸쳐서 나는 뇌 자체의 관점brain's own point of view이 우리들 각자가 실재의 모델을 구축하는 방식에 결정적인 영향을 미친다는 입장을 고수해 왔다. 역동적으로 상호연결된 1970년 브라질 축구 대표팀과 마찬가지로 뇌 또한 고도로 복잡한 시스템의 창발적 속성을 통해 자신의 목표를 달성한다고 나는 믿고 있다.

축구 경기에서 선수들은 하부구조infrastructure(경기 규칙)에 따라, 신체적 제약(몸에서 만들어내는 힘의 한계, 경기장을 가로지르는 최고 속도의 한계, 중력에 의한 한계)과 싸우며 경기장에서 상호작용한다. 그들은 공을 잡거나 득점을 할 수 있는 기회를 잡고, 자신의 게임 모델을 바탕으로 최적의 해법을 만들어낸다. 그 전체 과정에서, 끊임없이 전환되는 시간과 공간의 맥락 속에서 집단적 사고로부터 행동이 창발적으로 도출되어 나오는 가운데 시스템은 계속 상대론적인 상태로 남아 있다.

나는 뇌도 이와 유사하게 자신의 운용상의 제약operational constraint과 생리학적 하부구조physiological infrastructure 안에서 작동하면서 신경계의 복잡성으로부터 다양한 행동을 창조해 자신의 관점을 획득한다고 제안한다. 지금까지 나는 진정한 전기적 의미에서 어떻게 생각이 발생하는지 설명하는데 도움이 되리라 생각하는 10가지 원리를 소개했다. 이것은 경기의 규칙과도 어느 정도 비슷하지만, 중력과 전자기력이 자연계의 모습을 정의하듯이, 이 모든 원리들의 밑바탕에도 뇌 작동의 무대가 되는 유기적 우주를 정의하는 두 가지 간단한 해부학적 생리학적 사실이 자리 잡고 있다.

1. 뇌에 밀집되어 있는 뇌세포 주변과 그 사이사이의 공간에는 하나로 이어진, 소금기 있는 전해질 공간, 따라서 전기 전도도가 대단히 좋은 공간이 펼쳐져 있고, 수십 억 뉴런이 만들어내는 전류는 이 공간을 뚫고 퍼져나가 광범위한 전자기장을 만들어낼 수 있다. 이 전자기장의 절대적인 강도는 아주 작지만, 이웃 뉴런들에게 영향을 미칠 수 있다.

2. 피질 및 피질하부의 다수의 다중시냅스 루프multiple multisynaptic loop처럼 수십만 개의 장거리 피드포워드, 피드백 연결로 이루어진 거대하고 복잡한 네트워크는 해당 피질영역의 뉴런들이 상대적으로 멀리 떨어져 있는 다른 뉴런과 손쉽게 소통할 수 있는 수천, 혹은 수백만 개의 통로를 제공해준다(내 박사 학위 논문 연구에서 프로그램이 뉴런과 뉴런을 잇는 가능한 연결 통로를 끊임없이 프린트로 출력한 것을 보며 발견한 사실이다).

이 두 가지 기초적인 사실이 1998년에 페츠와 그의 동료들을 깜짝 놀라게 했던 발견을 설명하는데 도움이 된다. 연구 과정에서 페츠의 연구팀은 팔을 움직이도록 원숭이를 훈련할 때 사용했던 시각적 단서에 대한 정보를 회복할 수 있음을 알게 되었다. 지금까지 내가 설명해온 실험들을 놓고 보면 이것은 전혀 놀라운 얘기로 들리지 않는다. 하지만 한 가지 뜻밖의 사실이 있었다. 그들은 척수의 중간층intermediary layer에 있는 사이뉴런의 활성을 기록하고 있던 것이다. 이런 결과가 나오기 전에는 그 어떤 신경생리학자도 척수가 시각과 어떤 관련이 있다고는 주장한 적이 없었건만, 척수의 세포로부터 시각 정보를 회복할 수 있었던 것이다. 더 나아가 우리 연구실의 두 박사후 연구원, 호물로 푸엔테스Romulo Fuentes와 페르 페터손Per Petersson과 내가 발견한 내용을 이와 똑같은 뇌의 일반적 특성을 이용해 설명할 수 있을지도 모른다. 도파민이 감소된 쥐와 생쥐는 파킨슨병 비슷한 신경학적 증후군이 발생해, 떨림tremor, 운동불능akinesia 및 기타 증상들이 생기는데, 우리는 척수의 등쪽면dorsal surface을 자극하면 이런 증상들을 극적으로 줄일 수 있다는 것을 발견했다. 척수 자극은 실험동물의 운동피질과 바닥핵을 가로지르는 간질 비슷한 전기 활성 패턴을 강력하게 차단할 수 있는 것으로 보인다. 상대론적 뇌에서는 출발지와 목적지를 그 어디로 선택해도, 그 두 곳을 이어주는 길이 여러 개 존재하는 것 같다.

국소주의자들이 대뇌를 영역별로 나누어 경계를 그어 놓았지만, 뇌는 그런 경계를 지키지 않는다는 증거들이 많이 나와 있다. 대뇌의 일차감각야primary sensory field에서 교차양식 처리과정cross-modal cortical processing이 일어나는 것이 독립적으로 여러 번 반복되어 관찰된 것이다. 이것은 교차양식 처리과정이 대뇌의 고차 연합령high order associative area에서만 일어날 수 있다고 말하는 전통적인 '위계구조주의hierarchical doctrine'와는 대단히 상반되는 내용이다. 1990년대 중반에 분명한 시각 장애(선천적, 혹은 후천적으로 앞으로 못 보는 경우 등)로 고통받는 사람들이나 실험 기간 동안 일시적으로 시각 기능을 박탈당한 사람들의 시각피질에서 교차양식 처리과정이 일어나는 사례가 보고되기 시작했다. 1996년에 발표된 한 연구에서 노리히로 사다토, 알바로 파스쿠알 레오네Alvaro Pascual-Leone, 그리고 미국 국립신경질환뇌졸중 연구소National Institute of Neurological Disorders and Stroke, NINDS의 마크 핼럿Mark Hallett 연구팀은 양전자 방출 단층촬영positron emission tomography, PET이라는 뇌 영상 기법을 이용해서 어린 시절에 시력을 잃은 후에 점자를 읽는 데 능숙해진 사람이 촉각을 이용한 정교한 식별이 필요한 과제를 수행할 때 일차, 이차시각피질이 모두 강하게 활성화되는 것을 증명했다. 1년 후에 NINDS의 같은 연구팀이 맹인에게 점자나 돋을새김된 로마자 숫자를 주고 읽게 한 후에 V1 피질(일차시각피질)의 활성을 교란시켜 보았다. 이 교란에는 경두개 자기자극transcranial magnetic stimulation, TMS 기법을 이용했다. TMS는 그 이름에서 알 수 있듯이, 비침습적인 방식으로 자기 펄스를 특정 피질영역으로 전달해 정상적인 뉴런의 활성에 간섭을 일으키는 방법이다. 시각 장애가 없는 사람을 실험참가자로 했을 때는 V1 피질을 TMS로 교란하면 글자를 시각적으로 인지하는 데 문제가 생겼지만, 서로 다른 촉각 정보를 식별하는 데는 영향이 없었다. 하지만 시각장애인에게 비슷한 과제를 주고 V1 피질을 교란시켰더니, 이 실험참가자는 식별 과정에서 심각한 오류를 저질렀다. 이 과제는 촉각 정보를 이용하는 것이었는데도 말이다. 이것은 점자 읽기와 같이 촉각을 이용한 식별 과제를 할 때 시각장애인들이 일반인들보다 향상된 능력을 보이는 이유는 시각피질이 촉각 식별을 거드는 일에 편입되었기 때문임을 암시한다. 이것을 '교차양식 편입cross-modal recruitment'이라고 한다.

다른 연구에서 보스턴 대학교의 데이비드 소머스David Somers와 그의 동료들은 불과 90분간 눈가리개를 한 것만으로도 시력이 정상인 실험참가자의 일차시각피질이 촉각 과제를 수행할 때 활성화되었다고 보고했다. 90분은 유전자 발현에 의한 변화가 일어나거나 새로운 해부학적 연결이 만들어지기에는 너무 짧은 시간이다. 따라서 교차양식 반응은 시각피질에 이미 존재하고 있던 몸감각 구심성 신경을 바탕으로 일어났다는 해석이 설득력을 얻는다. 역설적인 일이지만, 그냥 눈가리개를 한 것만으로도 촉각 정보를 처리할 수 있는 V1 피질의 능력이 드러난 것이다

좀 더 최근에는 브라질 나타우의 에드먼드앤릴리사프라 국제신경과학연구소Edmond and Lily Safra International Institute of Neuroscience의 시다르터 리베로 연구팀은 온전한 쥐의 일차시각피질과 일차몸감각피질 양쪽

모두에서 교차양상 반응이 존재한다는 것을 증명함으로써 이런 발견 내용을 더욱 확장시켰다. 여기서 온전한 쥐라 함은 그 어떤 감각도 일시적, 혹은 영구적으로 박탈하지 않은 쥐를 뜻한다그림 12.1. 리베로는 S1 피질에서 시각 자극에 기꺼이 반응하는 개별 뉴런을 확인했고, 또 V1 피질에서는 쥐의 수염 자극에 기꺼이 반응하는 단일뉴런을 확인했다. 쥐들이 어둠 속에서 깨어 서로 다른 촉각 식별 과제를 수행하기 시작하자, V1에 있는 수많은 개별 뉴런들이 쥐의 얼굴 수염에 대한 순수한 촉각 자극에 반응해서 지속적으로 흥분했다. 더욱 놀라웠던 점은, 온전한 쥐가 완전한 어둠 속에서 수염을 이용해 구멍 직경의 크기를 분별하는 동안 V1 뉴런을 가로질러 발생하는 교차양상 촉각 반응을 살펴보았더니, 그 안에도 구멍 직경을 예측하기에 충분한 정보가 들어 있었고, 이 V1 앙상블의 수행성과도 같은 크기의 S1 뉴런 집단의 수행성과 만큼이나 뛰어났다는 것이다.

리베로의 연구 결과는 캘리포니아 대학교 로스앤젤레스 캠퍼스의 조우 용디Yond-Di Zhou와 호아킨 푸스터Joanquin Fuster의 연구를 통해서도 지지를 얻었다. 이들은 시각과 촉각을 둘 다 연상해야 하는 과제를 수행하도록 훈련시켰더니 온전한 붉은털원숭이의 일차몸감각피질에서 시각과 촉각의 교차양상 연합visuotactile cross-modal association이 발달했다고 보고했다. 과제를 설계할 때부터 그 우발사건contingency에 교차양상 연합을 포함하도록 설계해서 동물을 훈련시키면 S1 피질의 이 교차양상 반응을 강화할 수 있는 것으로 보인다.

일차청각피질primary auditory cortex, A1과 관련된 연구들도 이런 관점을 지지하고 있다. 붉은털원숭이를 이용한 아름다운 일련의 실험을 통해 아지프 가잔파는 역동적인 안면의 특성과 목소리의 다중감각 통

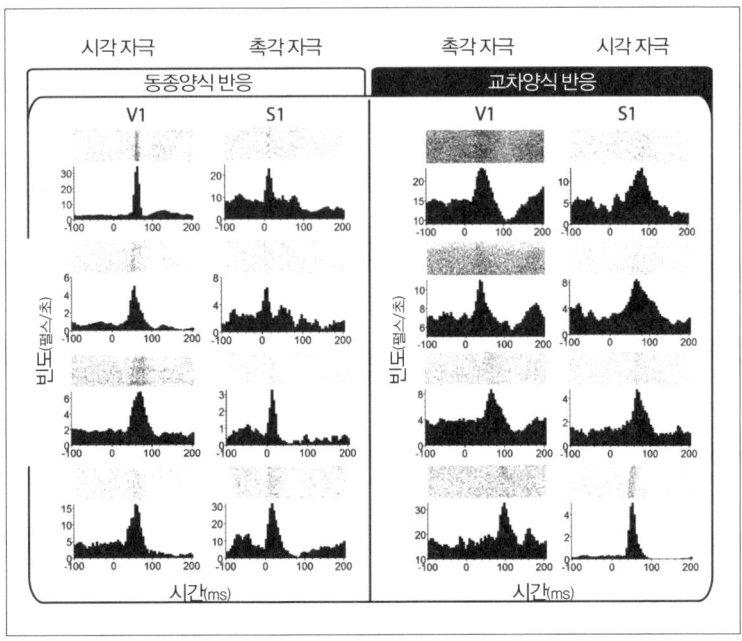

그림 12.1 쥐의 일차몸감각피질과 시각피질에서의 교차양상 처리과정. 시간주변 히스토그램에 S1과 V1의 개별 피질뉴런에서 나타난 동종양식 감각유발반응과, 교차양식 crossmodal 감 유 반응이 나와 있다. 왼쪽 도표에는 V1 뉴런의 전형적인 시각유발반응과 S1 뉴런의 전형적인 촉각유발반응이 나와 있다. 오른쪽 도표에는 촉각 자극에 반응하는 V1 뉴런의 표본과 시각 자극에 반응하는 S1 뉴런의 표본이 그래프로 그려져 있다. 이것을 보면 아마도 브로드만이 적지 않은 충격을 받을 것이다!

합multisensory integration은 인간을 포함한 영장류가 다른 개체와 소통하는 방식에 기여할지도 모른다는 것을 보여주었다.

심지어는 일차미각피질primary gustatory cortex의 뉴런들도 광범위한 레퍼토리의 다중양식 감각 자극에 반응한다.

이 모든 내용들은 브로드만과 국소주의자들이 대뇌피질 안에 엄격한 해부적, 기능적 경계선이 존재한다고 주장하며 영구화해놓은 대뇌의 세포구축학적 분할cytoarchitectonic division과는 한참 거리가 있다. 시간과 뇌 내부의 동역학적 상태를 무시한 이 기능적 뇌 모델은 한 세기 동안 나름의 역할을 해왔다. 하지만 최근에는 오히려 자연스러운 비교행동학적 조건ethological condition 아래에서의 대뇌피질의 정보 처리 방식을 밝히는 것을 가로막는 방해요소가 되고 말았다.

이 결정적인 시점에서 여러분은 스스로 이렇게 묻고 있을지도 모르겠다. "하지만 19세기에 왼쪽 전두엽에 생긴 병소 때문에 더 이상 말을 할 수 없게 되었던 폴 브로카의 환자는 어떻게 설명할 것인가? 그 발견은 여전히 국소주의적 관점을 강력하게 지지하고 있지 않은가?" 사실은 그렇지 않다. 오늘날 우리는 언어의 생성이 다양한 피질영역과 피질 하부 영역 간의 동시적 상호작용에 크게 의지하고 있다는 것을 잘 알고 있다. 브로카의 환자 같이 뇌졸중에 걸린 사람들이 실어증에 빠지는 이유는 분명 그로 인해 회백질이 파괴되었을 뿐만 아니라, 그 아래 백질도 함께 광범위하게 손상이 되었기 때문일 것이다. 백질은 이 광범위한 네트워크를 전두엽과 연결해주는 신경섬유가 밀집된 곳이다. 소통에 핵심적인 역할을 하는 이런 송수신 케이블이 대량으로 파괴되면 이 언어 생성 네트워크는 재앙과도 같은 기능적 단절을 겪을 수밖에 없다. 브로카의 환자는 비교적 손상 범위가 큰 뇌졸중에서 살아남기는 했지만, 대뇌피질들이 비참하게 파괴되는 바람에 언어 능력을 상실한 것인지도 모른다. 이 설명을 통해 마침내 브로카의 망령과 끈질기게 머리를 내미는 국소주의자들을 조용히 잠재울 수 있게 되었다.

교차양상 처리과정과 뇌 내부 상태의 효과라는 두 가지 증거가 결합되면서 대뇌피질이 기능적으로 특화된 영역으로 엄격히 나누어져 있고, 서로 다른 피질영역들이 각자 순수하게 단일양식unimodal의 정보 처리에만 관여한다는 개념에 치명적인 의문이 제기되기에 이르렀다. 국소주의자들의 뇌 지도가 깔끔하다는 한 가지 장점을 제외하면, 이런 단일양식 접근법에는 장점이 전혀 없다. 우리의 삶 속에서 순수하게 단일양식적이라고 정의할 수 있는 경험은 존재하지 않기 때문이다. 더군다나 실제 세상에서 화재가 날 때는 원형의 번쩍거림이나 사각형 막대기 모양으로 생긴 불 같은 것은 존재하지도 않고, 피부에 국소적으로 패인 부분이 있는 것도 아니고, 순수하게 청각적인 음색이나 원초적인 순수한 맛, 냄새 같은 것도 존재하지 않는다. 그리고 우리는 일생 대부분을 자유롭게 행동하는 존재로 살지, 깊게 마취된 상태로 살지 않는다. 이런 상태는 오직 신경생리학 실험실에서만 존재하는 것이다. 나는 점점 우리가 지금까지 실제 뇌가 아니라 가공의 세계에 사는 완전히 다른 종류의 뇌를 연구해왔다고 믿게 된다. 우리가 하루하루 살아남을 수 있게 해주는 뇌가 분명 이런 종류의 것은 아니리라.

    나는 우리가 실제로 사용하는 상대론적 뇌는 뉴런의 시간과 공간neuronal space and time이 생리학적 시공간 연속체physiological space-time continuum로 융합되는 매질medium에 더 가깝다고 말하고 싶다. 이 연속체는 자기에게 할당된 모든 과제를 수행하기 위해 다양한 방식으로 편입될 수 있다. 말초 감각 기관의 상태, 요구되는 과제, 행동이 만들어질 뇌의 상태적 맥락brain-state context 등에 따라 이런 생리학적 시공간 다양체manifold는 역동적으로 꼬이고, 휘어지고, 다듬어져 최적의 정보 처리를 위한 형태로 바뀔 수 있다. 그리하여 어느 순간에라도 우리의 목표지향적인 행동을 완수할 수 있도록 뉴런으로 준비한 최고의 한방을 우리 손에 쥐어주는 것이다. 피질뉴런의 시공간 연속체cortical neuronal space-time continuum라는 개념은 영역별 확률론적 기능 전문화probabilistic regional functional specialization가 물결무늬ripple로 존재한다는 것과 완전히 양립이 가능하다. 하지만 이 새로운 개념에서 그런 물결무늬는 절대적인 것도 아니고 평생 불변인 것도 아니다. 대신 이것은 당면한 과제에 따라 빠른 변환이 가능하다.

> ◆ 뉴런 시공간 연속체 가설
> 생리학적인 관점에서 보면, 대뇌피질의 해부학에 대한 20세기의 전통적 교조와는 대조적으로, 피질영역들 사이에는 전체로서의 대뇌피질의 기능적 작용을 지시하거나 제한하는 절대적이고 고정된 공간적 경계가 존재하지 않는다. 그보다는 오히려 대뇌피질은 아주 강력하지만 한계도 갖고 있는 뉴런 시공간 연속체이다. 이 연속체 안에서는 꾸려진 뉴런 시공간 집단들에 의해 일련의 제약들을 따라 기능function과 행동behavior이 각각 할당되고 생산된다. 이런 제약의 예를 들면, 그 종이 지나온 진화의 역사, 유전자와 초기 발달 과정에서 결정된 뇌의 구획layout, 말초 감각의 상태, 뇌 내부의 동역학적 상태, 다른 신체적 제약, 과제의 맥락, 뇌의 총 가용 에너지, 뉴런의 최대 흥분 속도 등이다.

기본적으로, 대뇌피질을 개별적으로 분리된, 대단히 전문화되고 자치적인autonomous 피질영역들이 모인 위계구조적 모자이크로 취급하는 일은 이제 멈추어야 한다.

기존에 구체화되었던 이론, 특히 그 중에서도 칼 래슐리의 동등 잠재력 이론equipotentiality theory과는 달리 나의 뉴런 시공간 연속체 개념은 출생 후 초기 발달 과정에서 대뇌피질과 시상하부-피질의 연결을 결정할 때 활용된 일반 전략에 의해 좌우되는 대뇌의 영역별 전문화가 어느 정도 존재한다는 것을 부정하지 않는다. 하지만 발달 과정이 운명을 결정하는 것은 아니며, 뉴런 집단들은 초기의 대뇌피질 구획layout이 결정된 이후에도 필요에 따라 언제든지 새로이 꾸려질 수 있다. 상대론적 뇌에게 그 독특한 존재의 구석구석까지 어떻게 작용해야 하는지 지시해주며 역동적으로 다중양식의 상호작용을 하는 대뇌피질의 강력한 심포니가 울려 퍼지는 가운데, 이런 개체발생적 전문화ontogenic specialization는 주연을 맡은 솔로연주자처럼 이 막강한 대뇌피질 심포니의 꼭대기에 앉아 있는 것이다.

최근에 아주 유명한 인지신경과학자 한 사람과 얘기를 나누었었는데, 내 뉴런 시공간 연속체라는 개념에 어리둥절해진 그는 계속 떠오르는 한 가지 역설을 발견했는데 그것을 설명할 수 있겠느냐고 물었다. 그가 말하는 역설은 이러했다. 자연은 초기 발달 과정에서 그렇게도 많은 에너지를 투자해서, 지형학적 대뇌피질 지도는 물론이고, 고도로 분리된 그 모든 감각경로까지 일일이 다 구축했는데, 뜬금없이 그 모든 노고를 물거품으로 만들면서 내가 제안한 뒤죽박죽으로 얽힌 상대론적인 뇌 동역학에 자리를 내줄 이유가 무엇인가? 거기에 나는 이렇게 대답했다. 내가 지금까지 25년간 뇌 속 전기폭풍을 보고, 듣고, 기록했던 바로는, 대뇌피질의 활동전위파가 낡은 세포구축학이 대뇌피질에 그려 놓은, 미학적으로 만족스럽기 그지없는 경계를 만났을 때 그 자리에서 멈춰 서거나, 그런 경계에 신경을 쓰는 것 같지는 않았다고 말이다. 오히려 활동전위는 그런 경계를 자유롭게 넘나든다. 마치 그런 경계는 다른 누군가의 뇌가 만들어낸 공상에 불과할 뿐이라는 듯!

상대론적 뇌 가설과 뉴런 시공간 연속체가 더 조사해볼 가치가 있다고 생각한 나는 마지막으로 상대론적 뇌와 인간이 꿈꾸었던(하지만 아직 만들어지지 않은) 가장 정교하고 똑똑한 컴퓨터가 서로 접속하면interfacing 대체 뭐가 나올 것인지 추측하는 일에 몰두해 왔다. 하지만 그것을 다루기 전에 먼저 내가 왜 '상대론적relativistic'이라는 단어가 우리 영장류 뇌의 작동 방식을 가장 잘 설명하는 단어라고 믿는지에 대해 먼저 얘기를 꺼내고 싶다.

상대주의relativism의 '주요 철학적 충동main philosophical impulses'에 대한 매력적인 분석을 내놓으면서 아일랜드 철학자 마리아 바그라미안Maria Baghramian은 여러 속성들 중에서도 특히나 뇌의 상대론적 관점과 관련이 있다고 생각되는 세 가지 속성을 나열했다. 바로 맥락의존성context-dependence, 마음의존성mind-dependence, 관점주의perspectivalism이다. '맥락의존성'이란 인간의 가장 소중한 신념의 표현은 물론이고 인간이 내리는 결정과 판단 중에서 전부는 아닐지라도 다수가 '특정 시간, 특정 장소, 그리고 특정 인물에게 일어나는 사건'의 영향을 받는다는 것을 말한다. '마음의존성'이란 우리가 세상을 바라볼 수 있는 유일한 관점은 우리 뇌 안에서 바라보는 관점밖에 없기 때문에, 우리의 판단, 믿음, 설명, 과학 이론뿐만 아니라 실재에 대한 인간의 관점까지도 모두 마음이 드리우는 편견에 의해 돌이킬 수 없이 오염

되고 만다는 입장을 지지하는 철학적 사고의 오랜 역사와 맞물려 있다. 그렇게 '치우침 없는 절대 객관적 관점 view from nowhere'은 인간에게 허락된 것이 아니라는 점을 놓고 봤을 때, '관점주의'는 이 주장을 더욱 확장하고 있다. '태양계에는 행성이 아홉 개 있다'라는 주장처럼, 언뜻 보기에는 자연 세계에 대한 객관적이고, 맥락 독립적인 context-independent 주장으로 보이는 경우라도 바그라미안의 관점에서 보면 결국 인간의 지각과 관념에서 정보를 얻어, 인간의 관점에서 만들어진 주장에 불과하다는 것이다. 따라서 관점주의에 따르면 우리의 판단과 결정은 우리의 관심과 배경 지식뿐만 아니라, 우리가 차지하는 시간적, 공간적 위치에 의해서도 제약을 받을 수밖에 없다. 현재는 뇌의 기능이 맥락에 큰 영향을 받는다는 실험적 증거가 상당히 축적되어 있는 상황이기 때문에 상대주의는 인간의 마음이 부리는 변덕과 그 등장 배경인 복잡한 뇌를 더욱 잘 이해할 수 있는 설득력 있는 이론적 틀이 될 수 있다.

상대주의가 과학과 어울리기는 쉽지 않다. 데카르트주의의 신조에서는 세상을 바라볼 때 어떤 형태의 상대주의도 용납하지 않는다. 바그라미안에 따르면, 새로이 만들어진 과학적 방법론을 통해 인간이 자연계의 보편적 사실과 법칙을 밝힐 수 있는 능력을 부여받았다는 확고한 신념에 기초하고 있는 데카르트주의는 사실상 우리 내부의 마음이 우리 외부에 존재하는 마음과 독립된 세계를 표상하는 기능을 갖추었다고 주장하고 있는 것이나 다름없다. 지금까지 보아왔듯이, 객관적인 과학적 진실이라는 개념을 전폭적으로 받아들이고, 틀리기 쉽고 주관적인 인간의 감각과 마음보다 그것을 우위에 둠으로써, 20세기 신경생리학을 지배했던 실험적 접근 방법도 거기에 맞쳐 형성되었다. 따라서 신경과학자들은 뇌를 감각 해석의 최소 구성 단위가 나올 때까지 잘게 쪼갰을 뿐 아니라, 맥락 의존적이고, 마음 의존적인 뇌 자체의 관점에 의해 발생되는 달갑지 않은 교란변수 confounding variable를 제거하기 위해 비상한 노력을 했다. 개별 뉴런의 수용야 측정과 서로 다른 뇌 구조물에 새겨진 감각지도를 보며 신경과학자들은 실제 세계를 최소화해서 실험실에 옮겨놓은 복제물을 뇌가 어떤 방식으로 데카르트주의자들이 예측한 대로 정확하게 표상하는지 추론해 내려고 애썼다.

19세기 중반부터 20세기 초반에 이르기까지 과학계를 뒤흔든 지적인 대격변이 여러 번 발생했던 것을 보면, 바그라미안과 존 배로의 주장대로, 철학적 사고와 과학적 사고에 스며들어 있던 이 거짓 확실성에 근본적인 의문을 제기할 수 있는 비옥한 기반이 마련되었다고 할 수 있다. 어찌 되었건, 1859년에는 찰스 다윈의 진화 이론이 성경에 바탕을 둔 우주론의 마지막 신뢰 기반마저 흔들었고, 그로부터 5년 후에는 제임스 클라크 맥스웰 James Clark Maxwell이 빛의 전자기적 특성을 밝혀내면서 진공 속 빛의 속도는 어디서나 일정하다고 예측했다. 그리고 곧이어 자연의 절대적 진리가 존재하며, 인간의 능력으로 그 진리를 밝혀낼 수 있다는 신념 모두가 그 뿌리까지 흔들리고 만다. 모두들 니체가 쓴 연극에서 주연을 맡기로 약속이나 한듯이, 제일 먼저 1925년에는 베르너 하이젠베르크 Werner Heisenberg가 주어진 입자의 위치(혹은 운동량)를 정확히 측정할수록 그 입자의 운동량(혹은 위치)의 측정량은 정확도가 떨어진다고 상정하는, 양자역학의 '불확정성의 원리 uncertainty principle'를 발표함으로써 물리학을 우리의 일상적 지각 범위를 넘는 아주 작은 미시의 세계로 더 깊숙이 밀어 넣었다.

그리고 곧바로 2년 후에는 오스트리아의 수학자 쿠르트 괴델Kurt Gödel이 '불완정성 정리incompleteness theorem'를 발표해 수학의 명제 중에는 참이지만 참임을 증명할 수 없는 명제가 존재한다는 것을 증명함으로써 질서의 상징인 수학과 논리의 세계를 뒤흔들어 놓았다. 더 나아가 19세기 전반에 독일의 수학자 베른하르드 리만Bernhard Riemann이 비유클리드 기하학을 발견함으로써 데카르트주의의 가장 든든한 기반 중 하나였던 뉴턴의 중력 이론을 삐걱거리게 만든다. 자신의 지도교수였던 위대한 카를 프리드리히 가우스Carl Friedrich Gauss조차 놀라게 만들었던 리만의 박사 논문이 나오고 60년이 지난 후, 리만의 연구를 바탕으로 탄생한 비유클리드 기하학의 4차원 시공간 연속체가 베른 특허청 전직 사무원이 물리학의 법칙을 다시 한 번 재발명하는 데 필요한 근본적인 뼈대를 제공해준 것이다.

분명, 알베르트 아인슈타인Albert Einstein의 특수상대성이론과 일반상대성이론은 인간의 이성이 낳은 상대론적 사고방식 중 가장 완전한 성공 사례임이 틀림없다. 특수상대성이론에서는 진공 속 빛의 속도가 일정하기 때문에 상대적으로 서로 일정한 속도로 움직이는 관찰자들에게는 시간과 공간이 다르게 지각된다고 말한다. 본질적으로 시간과 공간 모두 절대적이지 않은 것이다. 그 대신 시간과 공간은 서로 일정한 속도로 움직이는 관찰자 쌍의 운동 상태에 따라 상대화되어야 한다. 이렇게 시간과 공간에 상대성 원리를 적용하면 직관과 어긋나는 일련의 효과들을 설명할 수 있다. 이를 테면 관찰된 시간이 서로 달라지는 시간지연time dilation 효과나, 상대적인 속도 때문에 관찰되는 사물의 길이가 수축된다는 로렌츠 길이 수축Lorentz's length contraction 등이다. 하지만 미국의 물리학자 브라이언 그린Brian

Greene이 자신의 책 《엘러건트 유니버스The Elegant Universe》에 적었듯이, 지구에 남은 친구의 시계보다 자신의 시계가 시간이 훨씬 느리게 흘러갔다고 말할 수 있으려면(시간지연), 빛의 속도와 비교가 가능할 정도로 빨리 움직여야만 한다. 마찬가지 이유로 우주선이 엄청난 속도로 날아야만 지구의 관찰자가 우주선 길이가 꽤 줄어들었다고 증명해 보일 수 있을 것이다(로렌츠 길이 수축). 이런 경험은 분명 상대적으로 느린 우리 일상생활에서는 겪을 수 없는 부분들이다. 그린은 이렇게 적었다. "우리 본능 속에는 특수상대성이론이 새겨져 있지 않다. 이것은 우리가 감지할 수 없는 영역이다. 특수상대성이론의 함축적 의미는 우리 직관에서 중심적인 위치를 차지하지 않는다."

상대성이론 자체는 거의 완전하게 받아들여지고 있음에도 불구하고, 상대주의의 개념은 아직도 엄청난 논란을 낳고 있다. 상대론적 사고방식은 격렬한 논쟁을 불러일으켰고, 과학적 탐구의 진정한 의미가 무엇인가를 두고 대단히 상반되는 관점을 만들어내게 되었다. 바그라미안은 끝없는 이 싸움의 한 편에, 과학적 지식은 어느 장소, 어느 시간에서도 증명이 가능하기 때문에 보편적이라 주장하는 사람들이 있다고 한다. 일례로 노벨상 수상자 셸던 글래쇼Sheldon Glashow는 이렇게 말했다. "과학자들은 영원하고, 객관적이고, 역사를 뛰어넘고, 사회적으로 중립적인 외부의 보편적 진리가 있고, 이런 진리를 모아놓은 것이 바로 자연과학이라고 단언한다. 보편적이고, 변치 않고, 침범할 수 없고, 성별을 가리지 않으며 증명이 가능한 자연의 법칙을 발견할 수 있다." 아주 이상하게도 글래쇼는 자신의 선언문을 이런 말로 마무리했다. "이 말을 내가 증명할 수는 없다. …… 이것은 나의 신념이다." 그리고 바그라미안은 그 반대편에 하이젠베르크를 등장시켰다. 당연히 그는 불확정성의 원리에 어울리는 불확실한 태도를 취했다. 그는 《자연에 대한 물리학자의 개념The Physicist's Conception of Nature》이라는 책에서 이렇게 적었다. "이 연구의 목적은 더 이상 원자와 그 운동 '그 자체'를 이해하려는 것이 아니다. 시작부터 우리는 과학이 부분적인 역할만 하는, 자연과 인간 사이의 논쟁에 말려 들어간다. 따라서 세상을 흔히 주관과 객관, 내부세계와 외부세계, 신체와 영혼으로 나누는 것은 더 이상 적절하지 않으며 우리를 어려움으로 이끌 뿐이다." 여기서 인간은 혼자 자기 자신과 대면한다.

다른 많은 과학적 쟁점에서와 마찬가지로 이 논쟁에서도 나는 과학적 방법론을 의심 없이 믿고 받아들인 또 한 사람인 고故 스티븐 제이 굴드Stephen Jay Gould의 관점에 경의를 표하며 따르려고 한다. 상대주의 철학 학파에 들어가 활동하지는 않았음에도 불구하고, 굴드는 이렇게 주장했다. "모든 과학자는 문제를 해결하려 들 때 사회적 선입견, 그리고 편견에 치우친 사고방식을 적용할 수밖에 없는데, 우리가 세상을 알아가는 방식은 이런 것들로부터 강한 영향을 받는다. 개별 과학자들이 논리 로봇처럼 완전히 이성적이고 객관적인 '과학적 방법론'을 구사할 수 있다는 고정관념은 자기만족적인 미신에 불과하다." 대신 굴드는 자신의 관점을 이렇게 밝혔다. "완전한 공명정대는 바람직한 것이기는 해도 인간이 도달할 수 있는 영역은 아니다. …… 학자가 자신이 완전한 중립에 도달할 수 있다고 상상하는 것조차 위험한 짓이다. 그렇게 되면 개인적인 선호와 그 영향에 대해 경계하는 마음이 느슨해지고, 그럼 정말 편견에 휘둘릴 수 있기 때문이다. 객관성은 선호가 없는 상태가 아니라 자료를 공정하게 다루는 것이라고 조작적으로 정의되어야 한다." 여기서 굴드의 무게감 있는 주장은 괴델의 불완전성 정리가 풀어 놓은 허리케인의 강풍을 어려움 없이 잘 헤쳐나간다.

　모든 발견은 이성과 자연의 상호작용을 통해 나오는 것이기 때문에 사려 깊은 과학자라면 우리의 사회화 과정, 그리고 정치적, 지리적 역사에서 우리가 차지하고 있는 시간, 심지어는 장대한 진화 과정에서 임시방편으로 만들어진 정신적 도구(우리 내부로부터 이런 것들을 이해할 수만 있다면) 때문에 생긴 한계 등도 세심히 살펴야 한다.

　뇌 자체의 관점에 대한 내 특별한 정의에서, 자연의 진화가 우리 뇌에 가한 생리적 한계들은 상대성이론에서 빛이 했던 역할과 동등하다. 이것은 보편적 생물학적 상수를 정의하며, 뇌가 창조한 우리 일상의 모델들은 여기에 맞추어 상대화되어야 한다. 일반적으로 동물의 진화, 그리고 특히 포유류와 영장류의 진화 역사는 생각에 따라오는 제약의 근원으로 생각되어야 옳다. 우리 뇌의 해부학적, 기능적 조직은 자연의 진화 과정에서 형성된 것이기 때문이다. 사실, 수억 년 세월 동안 펼쳐진 예측 불가능한 일련의 환경적 사건들 덕분에 이 진화 과정에서, 엄마의 산도를 통과할 수 있도록 아기의 머리 크기를 제한해야 할 필요성 때문에 촘촘하고 구불구불하게 배열된 인간의 대뇌피질에서 시작해 대사과정, 생화학적 원리, 생리학적 원리에 복종하며 전기로 소통하는 수십 억 개별 뉴런들의 그물망까지, 우리가 누리고 있는 영장류 뇌를 등장시킬 수 있는 최적의 청사진이 나올 수 있었다.

　일례로 대뇌 혈관계는 거대하게 얽혀 있는 뉴런들 사이를 비집고

다녀야 하기 때문에 적혈구가 뇌로 나를 수 있는 산소의 양에 제한이 생긴다. 따라서 뉴런 미토콘드리아가 세포내 주요 에너지 운반 분자인 ATP_{adenosine triphosphate}를 생산하는 데 필요한 산화 과정에도 제약이 생긴다. 이런 이유로 영장류 뇌는 빡빡한 에너지 예산 안에서 작동한다. 활동전위를 통해 전기 신호를 보내는 일은 에너지 사용의 측면에서 보면 대단히 비싼 것이기 때문에, 앞서서 살펴보았듯이 우리 뇌는 주어진 매 순간마다 정해진 수의 활동전위만을 만들어낼 수 있고, 뇌는 이 범위 안에서 특정 유형의 메시지를 표상해 내야 한다. 뇌 작동의 이 일차적 제약을 '에너지 고정예산 제약_{fixed energy budget constraint}'이라고 부르자.

이것 말고도 이런 생물학적 제약 요소가 많이 있다. 이런 생물학적 한계가 의미하는 바는, 인간의 뇌가 놀라운 작업을 성취할 수 있는 것이 사실이긴 하나, 그 뇌가 할 수 있는 일, 그리고 그것을 해낼 수 있는 방식에는 유한한 특정 경계가 있고, 뇌가 처리하고 다룰 수 있는 날것 그대로의 정보의 유형과 양을 규정하는 제한이 있고, 뇌가 만들어낼 수 있는 생각과 논리, 그리고 행동의 다양성에 대한 제한이 있다는 것이다. 이런 맥락에서 바라보면, 하이젠베르크의 불확정성의 원리나 괴델의 불완전성 정리 등을 통해 촉발된 절대적 진리라는 개념과의 결렬은 인간의 뇌가 넘을 수 없는 정신적 장벽이 존재하며, 우리 영장류의 이성으로는 영원히 이해할 수 없는 상태로 남아있을 영역이 존재한다는 것을 가리키고 있는 것이다. 단, 어느 날 인간의 뇌에 의해 발명된 기막힌 새로운 도구가 그 창조자인 인간이 자신의 생물학적 감옥을 뛰어넘을 수 있게 도와주지 않는다면 말이다.

당연히, 자연의 진화는 뇌가 들어가 살고 있는 인간 신체의 생물학적 한계 또한 규정하고 있다. 여기에는 근육, 인대, 뼈 같은 생물학적 구동장치의 물리적 한계만 해당되는 것이 아니다. 중추신경계가 정보에 밝을 수 있도록, 바깥세상과 우리 몸 안의 정보들을 표본으로 추출해서 생물학적으로 변환해주는 말초 감각 기관의 정확한 배열 범위와 감도의 한계도 여기에 해당된다. 우리 눈, 귀, 피부, 혀, 코의 기능적 한계 때문에 우리는 저 바깥세계의 극히 일부분만을 보고, 듣고, 촉감으로 느끼고, 맛보고, 냄새 맡을 수 있을 뿐이다. 이런 한계를 통해 자연의 진화가 특수상대성이론과는 달리 말 그대로 우리 본능 깊숙한 곳에 새겨져 있는 이유를 설명할 수 있다. 이 한계는 인간의 본성을 정의하는 모든 것에 스며들어 있기 때문이다. 나는 이것을 '신체적 제약body constraint'이라고 정의한다.

우리 몸에 모여 있는 감각기관들이 뇌에게 외부세계의 현재 상태에 대해서 정보를 알려주기 때문에 뇌는 특정 목표에 도달하기 위해 자기가 선택할 수 있는 행동의 종류를 제한하는 환경적 제약을 지도로 그려볼 수도 있다. 하지만 진화는 인간의 뇌에 소중한 과거의 경험에 접속할 수 있는 능력도 부여했다. 우리 뇌에는 이제는 더 이상 존재하지 않지만, 계속해서 우리 뇌의 작동 방식에 영향을 미치는 행성 지구의 통계적 자취가 깊숙이 묻혀 있다. 그것은 생존과 번식 등 우리의 가장 근본적인 목표를 충족시키고, 그 두 가지 힘든 과제 사이에 짬짬이 생기는 아쉬운 시간적 여유를 최대로 즐기는 데 사용할 수 있는 신경생리학적 전략과 행동의 범위를 정하는 데 도움이 되기 때문이다. 존 배로는 이렇게 적었다. "살아있는 생명체들이 알든 모르든 간에, 그 생명체들은 자신이 지금까지 만나온 자연의 일부로부터 뽑아낸 자연법칙의 이론들이 체화된 것이다." 9장에서 나는 자연의 모든 공간적 규모scale에서 작동하는 강력한 도구를 만들어 인간 신체의 도달 가능 범위를 확장하는 능력을 획득함으로써, 뇌는 자기 미래의 진화에 대한 통제권 중 상당 부분을 유전자로부터 훔쳐냈음을 실용적인 언어로 설명한 바 있다. 이 도구제작 능력을 평생 학습하고 적응할 수 있는 잠재력에 결합함으로써 뇌는 자신이 만들어낸 바로 그 인공물을 자기 몸의 정신 모델의 일부로 합병해서 매끈하게 확장하는 독특한 기술을 터득했다.

또한 이런 가소성 능력plastic capacity은 개인의 존재가 어떻게 이어져 왔는지를 말해주는 자기만의 일련의 사건들을 막대한 용량의 분산 메모리distributed memory 속에 저장할 수 있는 특권을 뇌에 부여했다. 오직 자신만이 접근할 수 있는 이 귀중한 개인적 일대기 속에는 우리가 접했던 바깥세상의 모든 것, 그리고 사람은 물론이고 다른 생물종과도 함께 나누었던 사회적 관계, 우리가 흠뻑 빠져들고 동화되었던 그 시대의 주도적 문화와 철학 등이 모두 고스란히 담겨 있다. 그런 만큼 태어나서 죽을 때까지 우리 개개인의 역사는 뇌 내부의 모델들을 형성하고 제약한다고 할 수 있다. 나는 이 변수를 '개인적 역사 기록individual history record'이라고 부른다.

이런 질문이 떠오른다. 상대론적 뇌 자체의 관점에서 세상을 이해하기 위해 이 세 가지 제약 주위에서 상대화되는 것은 무엇인가? 느슨하게 연결된 수십억의 선수로 구성된 축구팀처럼 상대론적 뇌는 특정 뇌 상태와 환경적 맥락 아래에서 특정 목표지향적 행동을 만들어내라는 명령과 일련의 고정된 제약이 주어지면, 수많은 가능성 중에서 당면한 과제를 수행하는 데 적합한 신경 앙상블의 전기 활성 시공간적 패턴 배합을 선택한다. 여기서 내가 말하는 '공간적 영역 spatial domain'이란 목표를 달성하기 위해 어느 주어진 순간에라도 끌어들일 수 있는 3차원 뉴런 집단(실과 구슬 모델의 구슬)을 말한다. 그리고 '시간 차원 time dimension'은 이 뉴런 집단 안에서 일어나는 활동전위의 시간적 분포를 의미한다. 이 뉴런 시공간 연속체를 상대화함으로써 영장류의 뇌는 전형적인 역문제 inverse problem로 알려진 문제에 대한 최적의 실행 가능 해법을 끊임없이 골라내는 방법을 찾아냈다. 이 역문제란 행동 결과가 먼저 주어졌을 때, 그 원하는 결과를 만들어내려면 엄청나게 많은 선택의 여지 중에서 뇌 활성의 어떤 유한한 조합을 골라야 하느냐의 문제다. 이 경우 핵심적인 문제는 어느 뇌 영역에서 어느 뉴런을 끌어들일 것이고, 또 그럼 이 뉴런들은 어떤 시공간 흥분 패턴을 만들어낼 것인가라는 부분이다. 외부 관찰자의 시점에서 보면 일련의 팔 동작(뉴런의 흥분으로 촉발되는 동작이나 행동이면 무엇이든 상관없다)은 아주 똑같아 보인다. 하지만 뇌 자체의 관점에서 보면 이런 움직임을 만들어내는 신경 앙상블의 흥분 패턴은 비슷하긴 하겠지만 결코 똑같지는 않다. 인간의 뇌는 데카르트주의자들이 믿었던 것처럼 외부 세상을 생긴 그대로 수동적으로 충실히 그려내는 화가가 아니며, 오히려 눈길과 손길을 두는 모든 것에 자신의 확률론적 관점 probabilistic point of view을 능동적으로 행사한다.

더 나아가 움직이는 기차를 외부에서 관찰해서 생기는 완전한 지각 경험의 정의를 생각해보자. 상대론적 뇌 가설에 따르면, 일종의 영화처럼 머릿속에 떠오르는 그 장면은 외부세계로부터 추출한 제한된 데이터 표본을 담고 유입되는 다차원 정보와, 예전부터 비슷한 장면을 긴 시간에 걸쳐 무작위로 만났던 경험에 의해 선험적으로 형성된 뇌 자체의 관점 사이의 가차 없는 충돌이 만들어낸 결과다. 이 운명적인 충돌은 의미와 감정뿐만 아니라 우리의 간결한 의식적 존재 기간 동안 경험하는 감각과 느낌의 정교한 스펙트럼 모두와 관련된 실제 취향과 감수성을 빚어낸다. 이것이 내가 앞 장에서 상대론적 뇌는 실제로 보기도 전에 보기 시작한다고 얘기했던 이유다. 이것을 극한으로 가져가면, 이 기준점의 변화에서 몇 가지 흥미로운 결과가 도출된다. 예를 들면 이것은 우리 시대의 과학이 집착하고 있는 두 가지 영역에 의문을 제기한다. 인공지능을 통해 인간의 의식을 재현하려는 노력과, 우주에 존재하는 모든 것을 일종의 보편적 수학 공식으로 압축하려는 소위 '모든 것의 이론Theory of Everything'이다.

상대론적 뇌의 등장을 지지하는 찬성론에서는 영장류의 중추신경계, 특히 그 중에서도 인간의 정신은 그 어떤 고전적 컴퓨터 알고리즘으로도 압축해 넣을 수 없다고 강력하게 주장한다. 다른 말로 하자면, 전체로서의 인간의 뇌는 한 마디로 계산이 불가능하다noncomputable는 뜻이다. 배로가 지적했듯이 아름다움, 기쁨, 좋은 시 같은 것을 만들어낼 수 있는 방정식 따위는 없다. 이 세 가지 말고도 사실 이런 예를 들라면 무한한 목록을 만들어낼 수도 있을 것이다. 하지만 비록 내가 상대론적 뇌는 전체로서의 계산이 불가능하다고 강력하게 주장해도, 괴델의 유명한 불완전성 정리 덕분에 어쩌면 우리는 뉴런 시공간의 부분집합에서 등장하는 전기 폭풍으로 충분한 지능을 산출해서 인공장비가 인간의 영역을 넘보게 할 수 있을 지도 모를 일이다. 하지만 그런 일이 일어나려면 그런 기계는 기계임을 포기하고 고유한 인간의 자아를 정의하는 뇌 모델의 일부로 동화되어야 할 것이다.

물론, 인간의 마음이 계산 불가능하다면, 아무래도 이론물리학자들이 급진적 환원주의 이론인 '모든 것의 이론'을 진동하는 10-33cm 길이 끈의 10차원 영역으로부터 이끌어낼 희망도 거의 없을 것으로 보인다. 브라질 축구팀이 빚어낸 걸작 플레이조차 이미 계산이 불가능한 것으로 보이는 마당에 그런 이론을 이끌어낼 가능성이 얼마나 되겠는가? 존 배로는 예측이라는 속성은 단순히 기술적인 영역을 넘어선다고 말했는데, 위대한 펠레도 오른발로 마법 같은 패스를 밀어 넣는 순간 자신이 그 사실을 증해 보이고 있다는 사실은 생각지 못했을 것이다. 존 배로는 이렇게 고백했다. "예측이라는 속성은 단순히 기술적인 영역을 넘어선다. 이것은 '모든 것의 이론'이 그 어떤 수학으로 무장한다 해도 도달할 수 없는 영역이다. 이것이 시적인 면이 완전히 배재된 실재에 대한 설명이 완전할 수 없는 이유다."

하지만 우리의 야심찬 상대론적 뇌가 기계와 자유롭게 상호작용하게 만들고, 뇌들 간에도 전통적 언어나 가상의 채팅방보다 좀 더 심오한 매체를 통해 서로 대화가 가능해졌을 때 일어날 수 있는 결과들을 더 깊숙이 탐구해 들어가 볼 수 있다. 그런 인터페이스가 가능해진 미래에 우리 개개인과 인간이라는 종에게 어떤 일이 일어날 것인지는 다음 장의 주제로 다루려 한다. 다음 장에서 나는 미래에 1,400g 정도 되는 상대론적 회백질이 자신을 신체라는 감옥에서 해방시킬 수 있는 완전한 능력을 갖추어 다른 회백질과 함께 어우러진 후에 자신이 태어난 천상의 경계를 넘어 우주와의 상봉을 위한 여행을 떠나기로 마음을 먹었을 때 어떤 일이 일어날지를 자유롭게 추측해보려고 한다.

만약 그런 여행이 정말 이루어진다면, 인간 진화와 개인의 역사

전반에 걸쳐 인간의 뇌가, 시끄럽고, 생물물리학적인 한계에 묶여 있고, 확률에 입각해 움직이는 수십억 개의 뉴런만을 원재료로 갖고서 구체적인 실재를 빚어내기 위해 지금까지 지탱해온 가능성 희박한 기나긴 대 서사시가 완성될 것이다. 천천히 꺼져가는 3등성 태양의 만유인력에 붙들린, 수수하지만 아늑하고 물로 가득한 바위 행성 위에서, 보잘 것 없는 우주 먼지 씨앗에서 시작해 조용히 수백만 년 동안 진화한 인간의 뇌가 우주의 상대론적인 핵심을 포착하고 이해하는 특권을 누리게 되리라고 그 누가 상상할 수 있었겠는가?

이런 특별한 순간이 찾아오면, 인간의 뇌 활성이 우주를 향해 자유롭게 신호를 보낼 수 있는 날이 온다면, 어떤 이들은 이렇게 주장할지도 모른다. 그 과정에서 우리는 본의 아니게 우리 인류의 가장 은밀한 비밀을 외부의 그 어떤 존재에게 알려주고 마는 위험을 감수해야 할지도 모른다고 말이다. 나는 그것이 두렵지 않다. 그 생각의 파동이 어느 은하계로 퍼져나가든 간에, 그 파동을 듣는 존재들은 아무래도 신은 인간의 뇌를 창조할 순간이 마침내 다가오자, 주사위 놀이의 대가가 되는 것 말고는 달리 방법이 없었던 것 같다는 점에 흥미를 가질 테니 말이다.

13

Back to the Stars

다시 별로 돌아가다

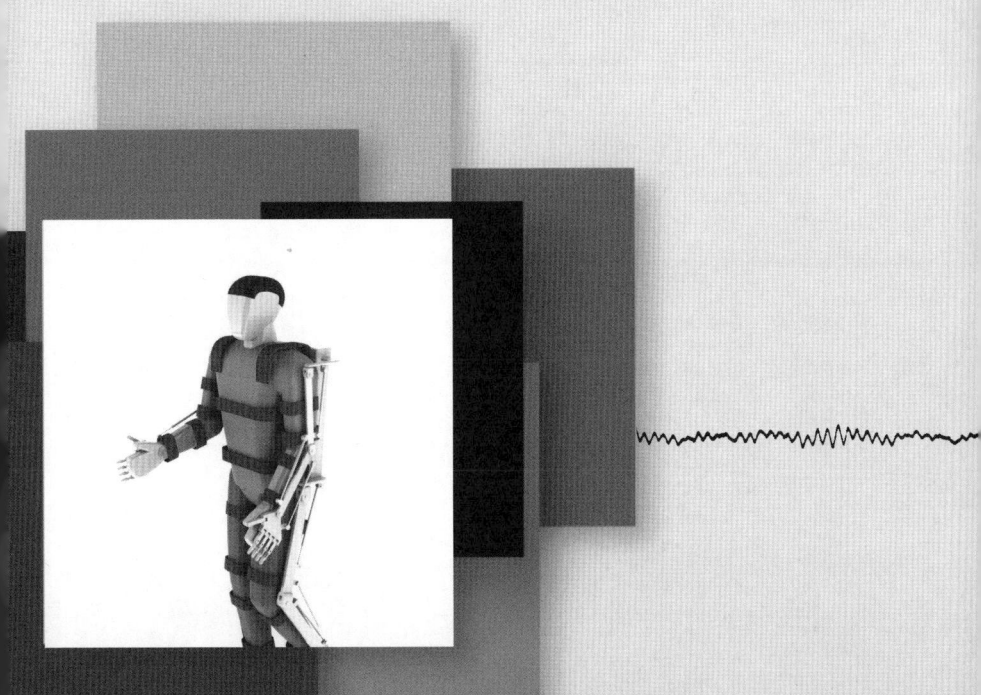

**BEYOND
BOUNDARIES**

13

다시 별로 돌아가다

 이 의식은 참가자들에게는 잘 알려져 있지만, 세월이 흘러도 결코 낡는 법이 없는 것 같았다. 매일 오후 늦게, 느긋한 열대의 노을이 내려앉아, 놀던 아이들이 집으로 돌아가기 시작할 때면, 나는 리지아가 늘 침묵 속에서 자기가 좋아하는 거실 한 지점으로 우아하게 천천히 걸어와 기꺼이 내 비밀의 공범자가 되어줄 순간이 기다려져 견딜 수가 없었다. 상파울루 남쪽 근교에 있는 모에마의 정감 어린 한 조용한 마을 구석에 자리 잡고 있고, 이층 발코니에는 진짜 투피과라니 족이 만든 해먹이 걸쳐져 있는 멋진 흰색 집에서 그녀는 매일 빠짐없이 이어지는 우리의 음악 모임에 내가 절대로 늦을 리가 없다고 확신하고 있었다.
 그녀가 옳았다. 매일 인기척도 내지 않고 그녀의 집 정문을 지나 들어갈 때마다 나는 그녀의 아름다운 걸음걸이를 보게 될 기대에 설레고, 그녀가 평생 행복할 때나 불행할 때나 곁에서 친구가 되어준 피아노로 우아하게 걸음을 옮길 때마다 뒤로 남기는 장미 향수의 향기를 만난다는 기대감에 설렜다.

리지아 마리아 로차 레아웅 라포르타Lygia Maria Rocha Leão Laporta는 언제나 아름답고 매력적인 여성이었다. 비록 흑단같던 그녀의 검은 머리카락도 세월에 빛이 바랜 백발의 흔적을 어쩌지는 못했지만, 그녀의 초록 눈동자에서 솟아나는 밝은 빛만큼은 세월도 어쩌지 못했다. 그녀의 손은 연약했지만, 수십 년의 세월 동안 헤아릴 수 없이 많은 정교한 동작들의 조합을 일일이 탐구했던 사람의 단호한 결의와 지혜가 고스란히 담긴 손이었다. 그 정교한 동작들은 수백 년 전 다른 누군가의 뇌가 작곡해 놓은 긴 악보에 개인적인 감정과 기억들을 한데 뒤섞어 개인적인 표현으로 해석해 내려고, 처음에는 머릿속에서, 그리고 나중에는 손가락에서 하나하나 일일이 조심스럽게 설계되고 꼼꼼히 연습된 것들이다.

은퇴한 후에는 음악을 감상하고 연주하는 일이 리지아의 삶에서 큰 부분을 차지하게 되었다. 그리고 그 나머지 시간은 한 번 살다가는 덧없는 인생에서 배울 수 있는 것은 무엇이든 배우기 위해 투자했다. 리지아는 시간의 소중함을 너무도 잘 알고 있었다. 사랑하는 남편 비센테 라포르타Vicente Laporta를 뇌종양으로 잃고 38세의 나이에 그녀는 가족의 생계를 책임져야 하는 처지가 되었다. 그녀는 공무원으로 일하며 혼자 힘으로 두 딸을 키우고, 부모님과 남동생을 부양했다. 그녀의 친구나 친척들은 눈치 채지 못하고 있었지만, 그 힘든 시기에도 리지아는 비센테가 가장 소중히 여겼던 꿈을 굳게 간직하고 있었다. 바로 그가 1943년에 상파울루에 설립한 기술상업학교였다. 리지아를 처음 만나던 날 비센테가 그녀에게 들려준 꿈은 그와 비슷한 학교들을 나라 곳곳에 세우는 것이었다. 그 당시 브라질에는 대학이 몇 개 없었는데, 그는 대학에 진학할 형편이 안 되는 학생들에게 교육을 통해 더 나은 직장과 생활을 누릴 기회를 제공하고 싶었다. 비센테는 자신의 꿈을 완전히 펼칠 수 있을 정도로 오래 살지 못했지만, 리지아는 자기 힘이 닿는 데까지 그 꿈을 간직하고, 또 펼쳐나가려 했다.

리지아가 1960년대에 일에서 은퇴했을 때, 자기만의 특별한 방식에서는 비센테의 야심에 견줄만한 비공식 학교에서 나는 그녀의 유일한 학생이 되었다. 그 시절, 그녀는 내 제일 친한 친구이자, 선생님이자, 진정한 사랑이었고, 내가 이해하지 못했던 모든 것을 조건 없이 믿고 털어놓을 수 있는 사람이었다. 내가 처음으로 방문한 박물관은 브라질이 포루투갈에서 독립한 150주년을 기념하던 해인 1972년의 어느 날 찾아가 본 이피랑가 박물관이었고, 그리고 내가 처음으로 들어온 오페라는 상파울루의 리우데자네이루 시립극장에서 공연한 '라보엠'이었다. 그리고 내가 대서양의 평온하고 느긋한 파도를 처음 본 곳은 항구 도시 산투스였다. 이 잊을 수 없는 매 순간마다, 모험, 마법, 매혹적인 사람들로 가득 찬 완전히 새로운 세상으로 나를 이끈 것은 다름 아닌 바로 리지아의 손이었다. 하지만 내가 리지아의 깔끔한 사무실에서 배운 것에 견줄 것이 있을까? 그곳에서 나는 스타트렉의 커크 선장과 스팍, 로빈슨 가족, 재커리 스미스(공상과학 시리즈 '로스트 인 스페이스'의 주인공—옮긴이)와 그의 로봇 말고는 감히 찾아갈 엄두를 낼 수 없었던 저 머나먼 우주로 용감하게 여행을 떠날 수 있었다. 리지아의 사무실에서 나는 인간이 어떻게 나는 법을 배웠는지, 그리고 거기서 만족하지 못하고, 쥘 베른이 상상한 것처럼, 저 광활하고 텅 빈 우주로 모험을 떠나기로 마음먹었는지도 알게 되었다. 그 마법과도 같은 1969년의 여름, 닐 암스트롱이 달에 첫 발을 내딛던 날, 리지아와 나는 함께 흑백텔레비전 앞에 함께 앉아서 그 광경을 지켜보았다. 우리 두 사람은 그 방송은 모두 할리우드에서 만들어낸 조작이라고 단언하는 주위 사람들의 말에 애써 웃음을 참아야 했다.

하지만 내게 남아 있는 가장 좋은 기억은 열정과 다정함으로 가득한 리지아가 진흙투성이 축구광이자 그녀의 충실한 추종자인 나를 향해 공손히 허리 숙여 인사하고 초라한 피아노 앞에 앉았을 때 찾아왔다.

내가 미세한 연주 동작도 놓치지 않고 모두 살펴보고 있음을 알았는지, 그녀는 마치 평생 기억에 남을 추억을 새겨주려는 듯, 손동작 하나하나까지도 무척 신경을 써서 연주하는 것 같았다. 그리고 그 시도는 분명 성공했다. 지금까지도 나는 그녀가 새로운 곡을 연주할 때마다 여리면서도 단호한 두 손을 피아노 건반 위에 올려놓던 모습을 선명하게 기억하니까 말이다. 사실 나는 그 당시의 느낌을 아직도 생생하게 떠올릴 수 있다. 시간은 똑딱거림을 멈춘 것 같았고, 방 안의 공기도 열대 폭풍우 속의 천둥처럼 첫 소절이 피아노에서 터져 나올 순간을 기다리며 숨을 죽이고 멈췄다.

리지아는 매일매일 다른 음악을 바꾸었지만, 대개 저명한 폴란드 작곡가 프레데리크 쇼팽에 대한 자신의 헌신을 표현해줄 곡을 도입곡으로 고르는 날이 많았다. 리지아가 나를 위해 마지막 연주를 해준 그 마지막 오후로부터 40년이 넘게 지난 오늘, 쇼팽의 '영웅 폴로네이즈'의 첫 몇 소절을 듣노라니 우리 할머니 리지아의 거실에서 지냈던 그 저녁 시간들을 머릿속에 떠올리지 않을 수 없었다. 그리고 그 추억도 추억이지만, 거기서 나는 학습이야말로 뇌의 가장 놀라운 재능이라는 것을 깨달았다. 하지만 불행하게도, 내 기억은 거기서 끝나지 않는다. 모르는 사이에 은밀히 진행되는 잠행성의 신경 장애가 인간의 삶에 얼마나 끔찍한 영향을 미칠 수 있는지를 뜻하지 않게 그때 처음 알게 되었다. 이 기억은 쇼팽의 음악을 들을 때마다 평생 내 머릿속에 떠오를 것이다. 여름의 어느 날 오후, 바로 그 거실에 있을 때였다. 할머니가 연주는 하지 않고 몇 분 동안 침묵 속에서 피아노만 물끄러미 바라보고 있어서 나는 도대체 영문을 알 수 없었다. 그러다 할머니는 그 여린 손을 피아노 건반 위에 올려놓은 채로 나를 돌아보았다. 당황한 두 눈에서 흘러내리는 눈물줄기를 보며 할머니가 어른이 되어 깨어 있는 동안에는 매일을 하루 같이 반복했던 손의 움직임을 기억하지 못한다는 사실을 알게 되었다. 좋아하는 음악의 연주법이 기억 속에서 지워져버린 것이다.

당시에는 할머니나 우리나 미처 모르고 있었지만, 할머니는 몇 년에 걸쳐 지속적으로 아주 작은 뇌졸증을 반복해서 앓고 있었다. 그리고 결국 이것이 할머니의 전두엽과 두정엽 피질 상층부 대부분을 야금야금 무자비하게 파괴해버린 것이다. 이 대뇌피질의 뇌졸증은 수천 개의 작은 핏덩어리가 뇌 속 작은 혈관을 막아서 생긴다. 이런 현상을 의학용어로는 '색전emboli'이라고 한다. 이런 색전은 뇌 조직 파괴가 어느 임계 수준을 넘어서기 전에는 별다른 증상을 나타내지 않는다. 그러다가 그 임계점을 넘어서자 할머니의 콘서트도 갑자기 중단되고 만 것이다. 그 후로 오랜 시간에 걸쳐 할머니의 소근육 운동fine motor skill 능력과 기억력은 차츰 되돌이킬 수 없이 감퇴되었다. 이 때문에 할머니는 이따금씩 폭발하듯 한바탕 심각한 우울증을 겪기도 했고, 갑자기 무서운 자기 인식self-awareness에 빠져들기도 했다. 할머니 말로는 그런 느낌이 찾아든 동안에는 자기가 자기가 아니라는 느낌에 시달린다고 했다. 이런 말을 들을 때면 할머니자신이나 가족들 모두 절망 속으로 빠져들었다.

할머니의 평생의 추억, 욕망, 사랑, 계획, 그리고 꿈이 처음에는 뇌에서, 그리고 그 다음으로는 마음에서 천천히, 하지만 영원히 돌아올 수 없는 곳으로 사라져 가자 할머니는 주변의 사람들과 세상과 연결되어 있던 의식의 실도 차츰 놓치기 시작했다. 할머니와 내가 마지막으로 포옹했을 때 나는 순간적으로나마 할머니가 나를 알아보지 못한다는 것을 느꼈다.

우리 할머니 리지아는 오랫동안 아주 생산적인 삶을 살아왔다. 할머니는 많은 일을 하셨고, 또 알고 지냈던 사람들의 마음속에 많은 행복한 추억을 남겨주었다. 할머니와 나눈 마지막 장거리 통화에서 몇 분 동안 잡담을 나누다가 할머니는 자기가 지금 자신의 가장 충성스러운 학생과 통화중이라는 사실을 문득 깨달았다. 일 초의 망설임도 없이 할머니는 목소리를 가다듬고 소리쳤다.

"애야, 너 지금 몇 시인지 아니? 또 늦었구나."

"뭐가 늦어요? 할머니?" 할머니가 무슨 말을 하시는 것인지 도통 알아들을 수가 없었다.

"쇼팽을 들을 시간이잖니, 쇼팽!"

지난 30년 동안, 내 과학논문 원고가 필수과정인 동료평가를 거쳐 돌아온 것을 보면 뇌와 기계를 인터페이스로 연결하는 능력에 대해 추측만으로 다룬 내용들은 모두 지워야 한다는 권고가 어김없이 따라붙었기 때문에, 그런 부분들은 손을 봐야 했다. 이런 고통스러운 벌을 받으면서 나는 이렇게 속아낸 내용들을 언젠가 구출해서 다른 사람들도 읽어보고 생각해볼 수 있게 해방시키게 될 날을 머릿속에 공상해보고는 했다. 그리고 마침내 그 기회가 찾아왔다.

그런 활동은 하찮게 생각할 부분이 아니었다. 내가 극단적으로 보수적인 학계와 맞서고 있는 동안에도 몇몇 SF 소설작가들과 영화감독들은 아무런 거리낌 없이 이런저런 추측해댔고, 때로는 지나치게 풍부한 상상력을 탐닉하고 있었기 때문이다. 2009년에만 해도, 두 편의 헐리우드 대작 '서로게이트'와 제임스 카메론 James Cameron 감독의 '아바타'는 과학이 마법과도 같은 기술을 통해 인간을 조종하고, 해치고, 죽이고, 정복하는 데 사용된다는 뻔한 스토리를 화면에 담았다. 이 영화에서 인간은 BMI 덕분에 대용물을 통해 살고, 사랑하고, 싸울 수 있다. 그들의 전신 아바타는 우주를 떠돌아다니는 고된 임무를 대신하기도 하고, 때로는 인간 주인을 대신해서 외계 종족을 궤멸시키려 들기도 한다. 영화 '파이어폭스'에서 '매트릭스' 3부작에 이르기까지 모두 비슷하게 폭력적 성향을 띄는 대중 영화들은 미래학자들 사이에 두려움과 불안을 가중시키는 데 일조했다. 미래학자들은 인류 최후의 날이 코앞에 다가왔다고 경고한다. 아주 똑똑한 기계들이 등장해 지구를 지배하고 인간을 모두 노예로 만들 것이기 때문이다.

나는 여기서 다른 주장을 하고 싶다. BMI가 미칠 영향력에 대해서 오랫동안 진지하게 연구하고 생각을 한 끝에 나는 암울함과 재앙의 전망이 아니라 낙관과 열렬한 기대로 미래를 바라보게 되었다. 이런 미래가 어떤 차원에서 펼쳐지게 될지 확실히 전망할 수 있는 부분은 거의 없다시피 하기 때문에, 나는 우리의 뇌를 땅위에 묶인 몸뚱이의 한계로부터 해방시킴으로 인해 우리 인류가 얻게 될 매혹적인 기회를 받아 안아야 한다는 강력한 소명을 느꼈다. 사실 나는 BMI 연구가 약속하는 인본주의적인 미래를 두고 어떻게 딴 생각을 할 수 있는지 궁금하기까지 하다.

하지만 내가 전망하는 미래를 살펴보기 전에 먼저, 막강한 지능을 가진 기계가 나타나 인간의 수많은 재능을 흉내내고, 넘어서서, 결국 인간보다 우위에 서게 되리라는 우려의 목소리를 좀 가라앉히는 일부터 해야 할 것 같다. 언젠가 아주 정교한 형태의 기계 지능이 등장하리라는 점은 나 또한 추호의 의심도 없지만, 그런 기계를 창조하려는 자는 결국 사실상 극복이 불가능한 한 가지 장애물과 마주하게 될 것이다. 즉, 독립적으로 작동하는 컴퓨터 루틴은 개인적 시간 규모에서든, 진화적 시간 규모에서든 인간의 뇌를 만들어내는 데 협력한 '역사적 우발사건historical contingency'의 시간적 순서를 정확하게 포착해낼 가능성이 지극히 희박하다. 《생명 그 경이로움에 대해Wonderful Life》라는 굉장한 책에서 스티븐 제이 굴드는 '생명의 비디오테이프 다시 돌려보기replaying the life tape'라고 하는 사고실험을 제안해 자기 주장의 근거를 멋지게 펼쳐 보였다. 그의 관점에서 보면 테라플롭스, 테라바이트 마이크로프로세서 수십억 개, 그리고 수십억 개의 인공 뉴클레오티드를 마음대로 주무를 수 있다고 해도 인공지능을 창조하려는 엄청난 수고는 모두 참혹한 수포로 돌아가고 말 것이다. 만약 우리의 정신에 견줄만한 마음을 만들어내는 것이 그 목표라면 말이다.

굴드가 말한 사고 실험이 무엇이었는지 살펴보자.

이제 당신은 되감기 버튼을 누르기만 하면 그때까지 실제로 일어났던 모든 일들을 완전히 지워 버리고, 과거의 어느 시간, 어느 장소로도 돌아갈 수 있다고 해보자. 이를 테면 버제스혈암(버제스혈암은 5억 년 전의 이암층으로 중기 캄브리아기를 지시하는 동물화석이 많이 발견되는 곳이다─옮긴이)의 바다로 말이다. 자, 그럼 이제 비디오테이프를 다시 앞으로 돌려보면서 모든 것이 원래대로 똑같이 반복되는지 살펴보자. 다시보기로 다시 되돌려본 내용들이 생명이 실제로 걸어갔던 길과 아주 닮았다면, 지금까지 실제로 일어났던 일들은 원래부터 그렇게 일어날 수밖에 없었던 것이었다고 결론내릴 수 있다. 하지만 이렇게 실험해보니 합리적이기는 하지만 실제 생명의 역사와는 충격적일 정도로 다른 결과가 나왔다고 가정해보면 어떨까? 그렇다면 우리는 자의식을 가진 지능 탄생의 예측 가능성에 대해서 뭐라 말할 수 있을까?

굴드는 실험에서 나올 가장 가능성 높은 결과를 이렇게 예측했다.

생명의 비디오테이프를 몇 번을 돌려보아도 진화는 실제로 걸어온 경로와는 완전히 다른 경로를 따라 움직이게 될 것이다. 하지만 후속 결과가 다르다고 해서 의미 있는 패턴이 보이지 않는 무분별한 진화가 이루어진다는 뜻은 아니다. 다시보기를 통해 등장할 다양한 진화 경로는 실제의 진화가 이루어졌던 경로와 마찬가지로, 지나고 보면 모두 해석이 가능하고, 설명 가능한 경로가 될 것이다. 하지만 가능한 경로가 그만큼 다양하다는 것은 최종 결과를 애초에 미리 예측할 수는 없다는 것이다. 각각의 단계는 인과관계에 의해 진행이 되겠지만, 최종 결과를 출발할 때부터 정확히 짚어낼 수는 없다. …… 진화 초기에 일어나는 사건들 중 아무것이나 하나 골라서, 그 당시로서는 별 특별한 중요성이 느껴지지 않을 정도로 아주 살짝만 변경해 보라. 그것만으로도 그 뒤로 이어질 진화 과정은 완전히 다른 경로를 따르게 될 것이다.

인간 뇌의 진화를 결정지었던 이 일련의 특정 우발사건들은 우주 그 어디에서도 다시는 결코 일어나지 않을지도 모른다. 행여 실리콘 기반의 의식이 탄생하게 된다면 인간의 의식과는 아주 확연히 다른 방식으로 등장할 것이 거의 확실하다. 마찬가지 이유로, 우리의 독특한 역사를 그 어떤 컴퓨터 알고리즘으로 압축하는 것도 불가능하다는 것을 어렵지 않게 이해할 수 있다. 따라서 컴퓨터 코드나 인간이 만들어낸 기타 장치에서 발생시킨 진화 압력evolutionary pressure을 실제 진화 과정과 똑같이 펼쳐지게 만들어서 기계나 컴퓨터 프로그램, 혹은 인공생명을 그 영향력 아래 놓이게 할 수 있을 것이라는 희망은 거두어야 할 것이다. 사실상 이렇게 말할 수 있을 것이다. 역사가 남긴 유산을 자신의 회로 속에 지니고 다니는 데 대한 대가로 뇌는 자신의 가장 은밀한 비밀과 기술을 흉내 내거나 재현하려는 시도를 애초에 막을 수 있는 궁극의 면역력을 부여받았다고 말이다.

하지만 역사적 우발사건이 보호막을 형성해주었다고 해서 언젠가 발전된 기계가 인류를 지배하거나, 심지어 대량으로 학살하는 일이 없을 거라고 장담할 수 있는 것은 아니다. 하지만 그런 일이 일어날 가능성을 순위로 매긴다면 인류를 멸망시킬 수 있는 다른 실질적인 재앙이 일어날 가능성에 비해 한참 순위가 떨어질 것이라고 생각한다. 환경 파괴, 전 세계로 퍼지는 유행병, 기아, 핵전쟁, 기후 변화, 수자원 고갈, 또 다른 소행성 충돌, 오존층의 완전한 파괴, 심지어는 외계인의 침공이 기계의 쿠데타보다는 훨씬 가능성이 높은 인류 멸망의 시나리오다. '생명의 비디오테이프'가 우리에게 그런 운명을 초래한다는, 가능성 희박한 무시무시한 사건이 설사 일어난다 해도, 존 배로가 단언했듯이, 우리의 실리콘 정복자가 인간의 시에 담긴 불멸의 의미를 결코 이해할 수는 없다는 것만큼은 확신할 수 있다.

"아, 아킬레스여, 천벌을 두려워할지니.
네 아버지를 생각해서 나를 측은히 여기다오. 너무도 가엾은 자가 아니더냐.
나는 지금까지의 그 어느 누구보다도 독하게 마음을 먹고,
내 아들을 살육한 자의 손에 입술을 맞추었느니."

프리아모스가 이렇게 말하자, 아킬레스는 그를 보며 자신의 아버지를 떠올리고 그리워했다(트로이 전쟁에서 아들 헥토르가 결투에서 아킬레스의 손에 죽자, 트로이의 왕 프리아모스는 밤중에 신분을 감추고 아킬레스의 막사로 찾아가 아킬레스의 손에 입을 맞추고, 아들의 시신을 수습해 온다—옮긴이).

개인적으로 나는 차라리 미래에 인류가 상대론적 뇌의 재능을 이용할 수 있는 방법에 대해서 얘기하고 싶다. 실재를 시뮬레이션하는

능력과 인공도구를 자신의 일부로 동화하기를 갈망하는 왕성한 욕구를 이용해 신경학적 손상을 우회하고, 우리의 도달 범위와 인지를 확장하는 방법에 대해서 말이다. 신경 앙상블을 기록했던 내 실험에서와 마찬가지로 시간이 믿음직한 안내자가 되어줄 것이다. 그래서 앞으로 10년이나 20년 후면 등장할 것으로 보이는 BMI의 생체의학적 적용에 대해 먼저 이야기를 꺼내 볼까 한다. 그러고나서 그보다 조금 더 나간 미래에 대해 얘기하겠다. 아마도 지금으로부터 몇 십 년 후면 BMI가 좀 더 흔해져서 컴퓨터나 가상현실을 이용한 도구나 장치, 그리고 환경과 융합될 수 있게 해줄 것이다. 그리고 이 사색의 여행 마지막에 가서는 우리의 생활방식을 결정하는 데 있어서 신체와 정신 간의 공조가 그 중요성을 점차 잃게 되었을 때, 우리 인류의 미래가 어떻게 펼쳐질지에 대해서 이야기하는 것으로 마무리를 할까 한다. 내가 생각하는 신경공학의 미래에 대해 구체적인 부분까지 들어가지는 않을 테지만, 그런 것들을 실재로 구현해줄 기술적 해법들을 찾게 되리라고 확신한다.

앞으로 다가올 20년 동안 뇌-기계 인터페이스는 우리 할머니 리지아와 나의 스승 이아리아 교수의 경우처럼 파괴적인 신경학적 장애에 굴복해야 했던 사람들이 인간적인 면모를 회복할 수 있게 도와줄지도 모른다. 아마도 10~20년 안으로 BMI가 더 이상 스스로는 듣고, 보고, 만지고, 쥐고, 걷고, 말할 수 없게 된 수백만의 사람들에게 신경학적 기능을 회복시켜주기 시작할 가능성이 크다.

내가 공동으로 창립한 국제적 연구 공동체인 '다시 걷기 프로젝트 Walk Again Project'를 통해 이런 미래를 살짝 엿볼 수 있다. 벨과 오로라의 실험에서 살아있는 뇌 조직을 다양한 인공도구와 연결할 수 있다

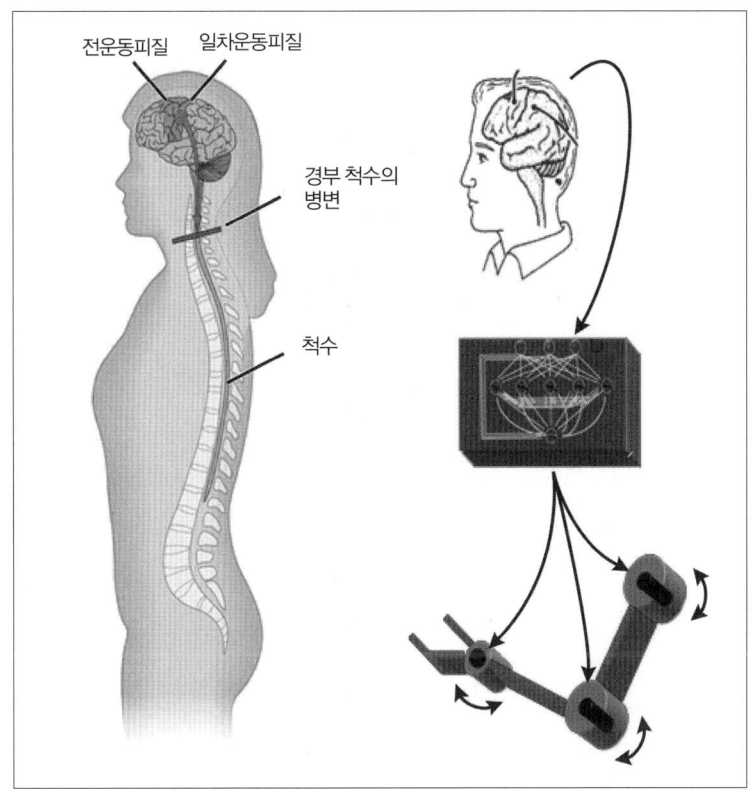

그림 13.1 운동 기능 회복을 위한 대뇌피질 신경보철장치. 미래의 대뇌피질 신경보철장치가 어떻게 척수의 병변으로 마비된 환자들을 도와줄 수 있는지를 보여주는 그림이다.

는 가능성을 보고 몇 년 후에 구상된 이 프로젝트는, 척수의 외상성 병변에 의한 것이든, 퇴행성신경질환에 의한 것이든, 심각한 신체 마비로 고통 받는 환자들에게 전신 기동성을 회복해 줄 수 있는 최초의 BMI를 개발해서 제공하는 것을 목표로 한다그림 13.1. 이 고귀한 목표를 달성하기 위해 우리는 마비 환자가 BMI를 이용해 전신 외골

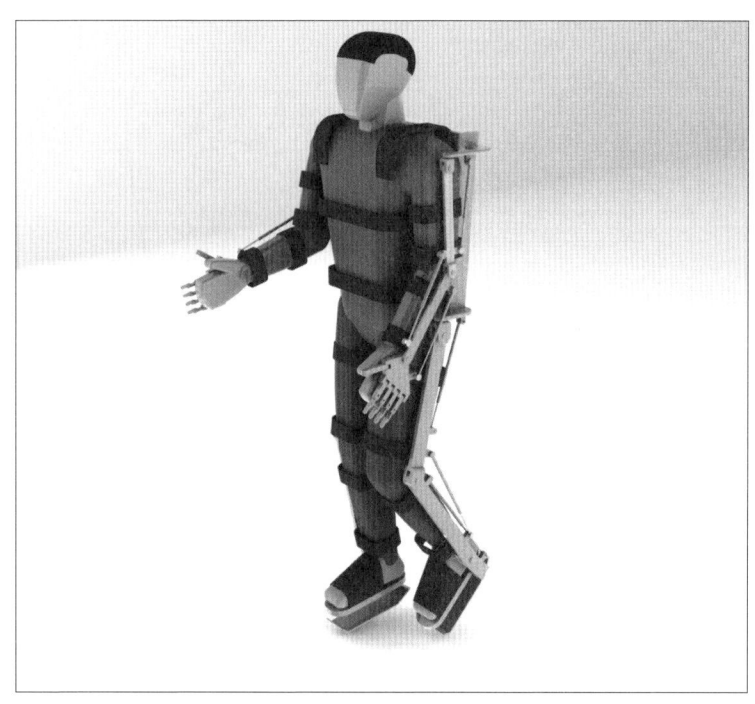

그림 13.2 '다시 걷기 프로젝트'에서 사용할 전신 외골격의 디자인.

격full-body exoskeleton의 움직임을 조종할 수 있는 신경보철장비를 개발하고 있다그림 13.2. 이 '입는 로봇'을 설계한 사람은 다름 아닌, CB-1이 이도야의 운동 사고의 조종 아래 걷는 법을 배울 수 있게 만들었고, 현재는 뮌헨 공과대학교에 있는, 사람 좋은 로봇공학자, 고든 쳉이다. 이 입는 로봇을 통해 환자들은 자신의 수의적 의지에 따라 팔과 다리를 움직이고, 몸의 자세를 유지하고, 이동할 수도 있게 될 것이다.

우리는 이 책에 나왔던 에쉬, 오로라, 이도야, 그리고 다른 많은 실험동물과 함께한 BMI 실험을 통해 실증적으로 얻어낸 10가지 신경생리학적 원리를 이 신경공학의 위업을 위한 근거로 삼고 있다. BMI로 조종되는 외골격을 만들려면 인간의 뇌에 안전하게 삽입할 수 있고, 뇌의 다양한 위치에 분포되어 있는 수만 개 뉴런의 전기 활성을 장기간에 걸쳐 동시에 신뢰성 있게 기록할 수 있는 새로운 세대의 고밀도 미소전극 장치가 필요하다. 사실, BMI를 임상에 적절하게 활용할 수 있으려면, 중간에 다시 수술로 수리하지 않아도, 최소한 10년 정도는 그런 대규모의 뇌 활성 기록을 안정적으로 얻을 수 있어야 한다. 맞춤 설계된 뉴로칩을 머리뼈에 장기적 삽입하면, 뇌의 전기적 패턴을 길들이고 처리해서 외골격을 구동할 수 있는 신호를 만들어낼 수 있을 것이다. 또한 감염과 대뇌피질 손상의 위험을 줄이기 위해, 이 뉴로칩들은 수천 개의 개별 뇌세포에서 발생하는 전체 정보를 요즘 핸드폰 크기의 입는 처리 장치wearable processing unit로 전송할 수 있는 저출력, 다중채널 무선 기술이 이용되어야 한다. 이 장치는 뇌에서 이끌어낸 전기 신호에서 실시간으로 뽑아낸 운동 변수를 최적화하기 위해 설계된 다중의 독자적인 컴퓨터 모델을 운용하는 역할을 맡는다. 이것은 또한 환자가 신경보철장치 작동법을 배우는 데 사용되는 훈련 프로그램도 조종한다.

 이 BMI로 정보를 입력하기 위해 표본으로 잡을 뉴런 집단은 여러 피질구조물과 피질하부구조물에 걸쳐 분포되게 될 것이다. 뇌의 이 종합적인 전기 활성에서, 시간에 따라 변화하는, 운동학적이고, 역동적인 디지털 운동 신호가 추출되어 로봇 외골격의 관절을 따라 분포되어 있는 구동장치를 조종하는 데 사용될 것이다. 그런 장치를 조종하는 데 유용한 최신의 첨단 기술에 더해, 고차원적인 뇌 유도

운동 명령은 외골격 전체에 분포되어 있는 국소적인 전기기계 회로와 상호작용해 척수의 반사궁arc reflex을 흉내내게 된다. 이것을 통해 환자는 보행주기를 개시하고, 걸음의 속도를 조종하고, 지형의 예기치 않은 변화에 반응해서 자세나 걸음을 조종할 수 있게 될 것이다. 한편, 저수준의 운동 적응은 외골격의 전기기계회로에 의해 직접 처리될 것이다. 이것을 통해 뇌 유도 신호와 로봇의 반사 작용 간의 지속적인 상호작용이 일어날 것이다. 이것을 '뇌-로봇 공동 조종shared brain-machine control'이라고 한다. 나는 또한 힘force과 신장stretch을 감지하는 센서 같은 것도 구상하고 있다. 이것들을 외골격 전체에 분포시켜 놓으면, 인공의 촉각 피드백과 고유수용성감각 피드백 신호를 지속적인 흐름으로 발생시켜 환자의 뇌에 장비의 수행 상태를 알려주게 될 것이다. 이런 일련의 신호들은 다중채널 피질 전기 미세자극multichannel cortical electrical microstimulation이나 환자의 대뇌피질에 직접 배치된 감광이온 통로light-sensitive ion channel를 자극하는 다중의 광원을 통해 전달될 것이다. 우리 실험실에서 시행한 BMI 실험을 바탕으로 볼 때, 나는 몇 주 정도 상호작용을 하고난 다음에는 환자의 뇌가 경험의존적 가소성experience-dependent plasticity 과정을 통해 외골격 전체를 자기 신체상의 확장된 것으로 완벽하게 합병할 수 있을 것으로 기대한다. 그렇게 되면 환자는 BMI-조종 외골격BMI-controlled exoskeleton을 이용해 세상을 자유롭고 자율적으로 움직이게 될 것이다.

'다시 걷기 프로젝트'의 가동과 함께, 다른 계통의 연구에서 신경 장애 증상을 치료할 수 있는 유사한 장치의 개발 가능성을 보여주는 성과들이 나타나기 시작했다. 일례로 12장에서 나는 2009년에 호물로 푸엔테스, 페르 페터손, 그리고 내가 척수 표면에 고주파 전기 자

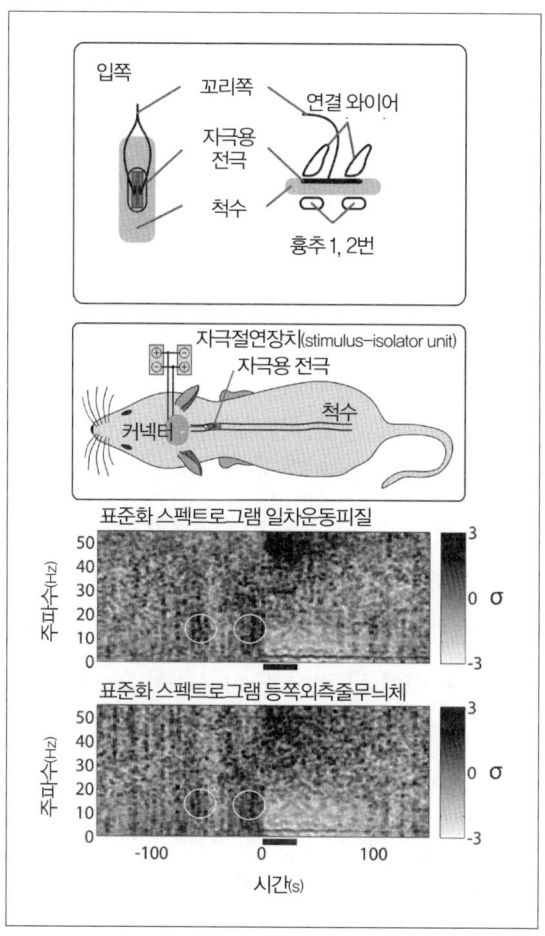

그림 13.3 쥐에서 발생한 파킨슨병과 비슷한 증후군을 척수 전기 자극으로 치료하기. 제일 위는 자극용 전극과 그것을 척수 등쪽면에 삽입하기 위한 접근방법이 나와 있다. 중간 그림은 파킨슨병 증상을 나타내는 쥐에 삽입된 장치를 보여준다. 아래 그림에 나온 두 개의 원은 쥐의 뇌활성 스펙트로그램에서 관찰된 폭발적 간질 활성을 보여주기 위한 것이다. 이것은 파킨슨병에서 나타나는 운동불능과 관련되어 있다. 시간 0에서 삽입된 전극을 이용해 척수 전기 자극을 시작했다. 그 결과 간질 활성이 사라지고, 그 결과 쥐가 다시 자유롭게 걷게 되었음에 주목하기 바란다. 스펙트로그램의 X축은 시간을 나타내고(0은 전기 자극이 시작된 시점), Y축은 주파수를 나타낸다. Z축의 그레이스케일은 주어진 주파수에서 뇌활성의 강도를 나타낸다(스케일은 오른쪽 참조).

극을 주면 신경전달물질인 도파민이 고갈되어 있던 생쥐와 쥐가 보행능력을 회복하는 것을 발견했다고 언급한 바 있다. 처음에 도파민이 고갈되고 나면 설치류들은 심각하게 강직되고 운동성을 상실하면서 그 어떤 형태의 수의적 신체 운동을 개시하려고 해도 극단적인 어려움을 겪는다. 이것은 파킨슨병의 전형적인 증상이기도 하다. 이 실험동물들의 다양한 피질구조물과 피질하부구조물에 분포되어 있는 뉴런 집단의 전기 활성을 기록할 수 있었기 때문에, 우리는 생쥐와 쥐가 강직됨에 따라 운동피질과 줄무늬체에 위치한 뉴런 집단들이 동조된 활동전위 흥분을 보이는 것을 관찰했다. 그리고 이 동조화된 활성이 함께 작용해서 간질 발작과 비슷한 강력한 저주파 뉴런 진동을 만들어냈다그림 13.3. 흥미롭게도 초기단계의 파킨슨병을 치료할 때 제일 먼저 사용되는 약인 L-DOPA를 쥐와 생쥐에게 주자, 이 진동이 몇 분 만에 중단되었다. 몸의 강직이 차츰 사라지면서 동물이 다시 움직일 수 있게 된 것이다. 그리고 보통 2시간 정도가 지나 L-DOPA의 효과가 떨어지거나, 몇 주가 지나 실험동물이 이 약에 대한 내성이 생기면 강직은 더 심하게 재발했다.

 10년 전에 에리카 팬슬로우와 나는 쥐에서 간질 발작을 예방하는 방법을 조사해 본 적이 있다. 그 당시 우리는 쥐에 발작을 유도했을 때 나타나는 특징인 동조화된 진동synchronous oscillation이 3차신경을 전기 자극하면 중단되는 것을 증명해 보였다. 이렇게 하면 쥐가 간질 발작 때문에 발생하는 행동 정지에서 빠져나올 수 있었고, 심지어 새로운 발작을 막을 수도 있었다. 쥐와 생쥐에서 나타나는 파킨스병과 비슷한 강직이 이런 간질 발작과 닮은 동조화된 진동에 의해 발생되는 것을 알게 되자, 내가 푸엔테스와 페테손에게 도파민이 고갈된 설치류에도 같은 접근방법을 적용해 보자고 내가 제안했던 것이다.

처음 우리는 3차신경을 전기적으로 자극해보았다. 이것은 안면의 강직을 어느 정도 완화시키는 역할을 했지만 나머지 신체에는 별다른 영향이 없었다. 이것은 처음에는 실패로 보였지만, 사실은 우리가 필요로 하는 귀중한 힌트임이 밝혀졌다. 곧이어 우리는 전기자극의 목표 대상을 척수의 등쪽면으로 바꾸었다. 이 새로운 목표 대상에는 몇 가지 이점이 있었다. 덜 침습적인 수술 과정을 통해 비교적 훨씬 쉽게 접근이 가능하고, 중추신경계로 올라가는 길에 그 영역을 통과하는 수많은 굵은 신경섬유를 자극해 볼 기회도 함께 제공해주었다. 이 신경섬유들은 중추신경계로 가서 쥐의 두정엽과 전두엽 피질에 넓게 영향을 미치는 것들이다. 짧은 시도만으로도 이것이 우리 쥐와 생쥐를 괴롭히는 강력한 진동에 대한 최적의 해결 방법이라는 것을 깨달을 수 있었다. 우리가 자극을 계속 가하는 동안, 이 설치류들은 파킨슨병 비슷한 장애 때문에 생긴 강직에서 자유롭게 풀려나 우리 안을 돌아다닐 수 있었다. 더군다나 이 자극을 지속적으로 적용함으로써 심각한 도파민 고갈이 있는 동물들을 훨씬 적은 양의 L-DOPA로도 치료할 수 있었다. 이렇게 저용량을 사용한 덕분에 약물의 부작용을 줄이고, 내성 발생 가능성도 함께 낮출 수 있었다.

기대하지도 않았는데, 우리는 아주 간단하고, 침습성도 최소화하고, 비용도 저렴한 척수 자극 방법을 찾아냈다. 이것은 파킨슨병 환자들을 위한 새로운 대안적 치료 방법의 근거가 되어줄지도 모를 일이다. 살아있는 뇌와 인터페이스로 연결되어 간질, 우울증 같은 주요 신경장애를 치료하고, 시력, 청각, 언어능력 등을 회복시켜 줄 신경보철장비를 개발하겠다는 희망 속에 비슷한 연구들이 전 세계적으로 열정적으로 진행되고 있다.

    가까운 미래에 대부분의 BMI 연구들이 새로운 치료 도구나 재활 장치를 만들어내는 데 초점을 맞추게 될 가능성이 높다. 하지만 십중팔구 이 분야는 실재에 대한 뇌의 모델을 구성하고 변형시키려 노력하는 과정에서 상대론적 뇌의 기능을 뒷받침하는 신경생리학적 원리를 더욱 깊이 이해하는 데도 기여하게 될 것이다.

    나는 우리의 인생 전반에 걸쳐서 뉴런 시공간 연속체가 긴밀하고 일관된 방식으로 형성되고 작동하는 원리를 밝히는 데 BMI 연구가 도움이 되리라 기대가 크다. 이 사안은 4장에서 설명했던, 그 유명한 '결합 문제'에 대한 논쟁과도 어느 정도 관련이 있다. 결합 문제는 지금까지 꽤 오랫동안 신경과학자들을 괴롭혀온 수수께끼다. 그냥 간단하게 기준계frame of reference를 외부세계에서 발생해서 내부로 유입되는 자극으로부터 뇌 자체의 관점으로 옮기기만 해도 결합 문제는 모두 사라져 버릴 수도 있다. 상대론적 뇌에서는 애초부터 유입되는 자극을 불연속적인 감각 정보의 조각으로 쪼개지 않으므로, 그 무엇도 다시 결합할 필요가 없기 때문이다. 상대론적 뇌에서는 그저 기대에 부응하거나, 부응하지 않는 말초 감각 정보들과 뇌 내부의 동역학 사이의 끊임없는 충돌에 의해 지속적으로 다시 새로워지는, 하나의 역동적인 세계 모델 밖에 존재하지 않는다.

    결합 문제를 푸는 것 말고도, 상대론적 뇌 이론은 대뇌피질 생리학에서 국소주의자 진영과 분산주의자 진영 사이를 갈라놓고 있는 지적 전쟁에 휴전을 가져오게 될지도 모른다. 나는 대뇌피질의 기능의 엄격한 국소화strict localization나 대뇌피질의 순수한 단일양상 표상 unimodal representation은 중추신경계의 발생 초기나 뇌 내부 동역학이 쇠약해지거나 인위적인 상태에 있는 동안에만 나타난다는 개념을 받아들이면, 양쪽 진영이 마침내 타협에 도달할 수 있을 것이라고 믿는다. 일례로 우리는 심도 깊은 마취가 인위적으로 개별 뉴런의 감각 반응과 전체적 피질 표상의 복잡성을 제한함으로써 어떻게 뇌 내부 동역학의 붕괴를 유발하는지 관찰한 바 있다. 더 나아가, 대뇌피질의 역동적인 웅대함은 실험동물이 능동적으로 주변 환경 탐험에 몰두하고 있을 때만 완전히 드러난다는 것도 알아냈다. 내가 제안하는 타협안에서는 기능의 개별적 국소화나 단일양상 표상은 대뇌피질이 출생 후 초기 발달 단계에서 지배적으로 나타난다. 이렇게 되는 가장 큰 이유는 아마도 이때는 뇌의 연결이 하나로 통합되어 있어서 중추신경계가 아주 용의주도하게 자신 내부의 실재 모델을 구축하기 때문일 것이다. 시뮬레이터와 그 모델이 아주 느리게 구축된다는 사실을 통해 인간의 아동기와 청소년기의 발달기간이 상대적으로 긴 이유를 설명할 수 있을 것이다. 실제로 이것은 아이들이 글자나 숫자의 형태적 이미지와 모국어 발음 등, 같은 사물을 기술하는 서로 다른 다중양식의 정보를 합병하는데 몇 년이나 걸리는 이유를 설명해줄 수도 있다.

이 해부기능적 성숙 과정이 끝나면 피질 및 피질하부의 다중의 다중시냅스 루프가 대뇌피질 전체에 퍼져 있는 뉴런 집단들을 이어주어 하나의 단일한 뉴런의 바다가 생겨난다. 이렇게 해서 비로소 그 바다를 움직이게 할 뉴런 시간의 파도를 실어 나를 준비를 마치는 것이다. 뇌 자체의 관점이 전개되어 나옴에 따라 지형학적 지도, 피질 구조, 대뇌피질의 엄격한 위계구조가 점차 그 지배력을 잃다가, 성인기 초반기에는 결국 돌이킬 수 없는 지점에 도달한다. 이때쯤 되면, 설치류 S1의 피질배럴, 안우성기둥, 세포구축학적 경계 등, 해부학적 모듈이 퇴화된 흔적을 여전히 달고 있는 뇌 조직들은 발달과정에서는 뇌가 스스로를 조합하며 밟고 다니는 구조적 발판으로 사용되었다가, 결국 지워지지 않은 흉터로 남아서 지난 과거를 전해줄 뿐이다. 이제 이런 구조들은 뉴런 시공간 연속체의 기능에 아주 미미한 제약을 가할 뿐이다.

따라서 신경조직 덩어리에서 의식과 자각을 갖춘 마음이 만들어지는 원리를 만족스러울 수준으로 이해하려면 시스템 신경과학자는 과거 발달 과정의 신기루에서 눈을 돌려 뇌의 전기 바다에서 일었다 가라앉는 파도와 잔물결들을 좀 더 가까이서 따라가보아야 한다.

브로드만의 대뇌피질 지형도에 대한 엄격한 충성이 아니라, 뇌 내부의 창발적 동역학에 새롭게 의지하게 됨으로 인해 우리는 신경학적 질병에 대해 좀 더 포괄적인 이해를 얻게 되리라고 믿는다. 뇌 동역학이 인간 마음에 일어난 모든 장애를 바라볼 수 있는 수단이 되어줄 것이기 때문이다. 신경장애와 정신과적 장애는 뇌회로의 타이밍과 그들의 상호작용에 생긴 특정 변화와 관련짓게 될 것이다. 일반적으로 작동할 때는 뇌가 미묘하게 동조화된 파장을 경험한다면, '변화된 의식상태altered state'에서 이 뉴런의 바다는 뉴런 시공간 연속체를 가로지르며 퍼지는 이상한 신경흥분의 소용돌이와 대혼란을 목격하게 될지도 모른다. 전형적인 간질이 동조화된 뇌 활성의 뚜렷한 패턴으로 정의되는 것과 마찬가지로, 다른 많은 중추신경계의 장애도 언젠가는 뇌에서 나타나는 병적으로 긴밀한 흥분의 수준이 어느 정도인가에 따라 순위가 매겨질지도 모를 일이다. 이런 관점에서 생각하면 신경장애와 정신과적 장애를 나누던 전통적인 구분은 그냥 사라질 수도 있다. 그런 만큼, 신경 앙상블 생리학의 원리들을 더욱 잘 이해함으로써 우리는 이런 특정 정신 상태에 대한 집단적 무지와 이런 멍에를 짊어지고 살아가는 사람들을 둘러싸는 사회적 오명을 초월할 수 있게 될 것이다. 그리하여 결국 우리는 이런 장애들을 참모습 그대로 바라볼 수 있게 될 것이다. 즉 뇌 내부 동역학에 생긴 교란에 불과한 것으로 말이다.

이런 과감한 주장을 지지해주는 내용이 내 대학원생이자 박사후 연구원이었고, 현재는 듀크 대학교 의과대학 정신과 조교수로 있는 카푸이 드지라사Kafui Dzirasa가 수행한 연구에서 이미 드러나고 있다. 드지라사는 다양한 형질전환 생쥐transgenic mice에서 뇌 내부 동역학의 변화를 유도해 그 양상을 체계적으로 조사해보았다. 이 형질전환 생쥐들은 대부분 듀크 대학교 마크 캐론Marc Caron 박사의 실험실에서 만들어진 것들이었다. 이 생쥐들 각각은 유전자가 하나씩 선택적으로 제거되었다. 그 후에는 성체 기간 동안 일련의 약리학적 조작 과정을 거쳤다. 이렇게 해서 드지라사는 다양한 인지장애와 정신과적 장애로 고통받는 환자들에게서 관찰되는 것과 닮은 전형적인 행동들을 생쥐에 일으킬 수 있었다. 열 개까지의 서로 다른 생쥐 뇌 구조물에서 국소장 전위와 단일뉴런 집단을 기록함으로써 드지라사는 각각의 실험동물에서 드러나는 비정상적 표현형의 발현과 긴밀하게 관련된 것으로 보이는 역동적인 뇌 상호작용의 특정한 변화를 확인할 수 있었다.

　신경생리학적인 변화와 겉으로 표현되는 행동 간의 인과관계를 밝히는 것은 아직 어렵지만, 드지라사는 이 상당히 높은 문턱을 넘을 수 있을지도 모를 충격적인 증거를 일부 확보했다. 그중에는 강박장애obsessive-compulsive syndrome와 양극성 장애 증후군biopolar syndrome과 관련된 일부 전형적인 운동 행동에 대한 신경생리학적 이유일 가능성이 있는 것을 확인하기도 했다. 도파민이 고갈된 설치류를 가지고 했던 우리 실험에서처럼, 이 형질전환 생쥐의 뇌도 뉴런 시공간 연속체 전반에 걸친 긴밀하고 동기화된 흥분coherent synchronous firing의 수준에서 차이를 보였다. 이제는 이들 생쥐에서 뇌 활성을 대규모로 최고 1년 동안 기록할 수 있기 때문에, 우리는 건강할 수 있었던 뇌가 마음을 가두어놓기도 하는 막다른 정신적 골목으로 들어섰을 때 겪게 되는 점진적이고 필연적인 신경생리학적 변화를 신경과학의 역사상 처음으로 보고했다.

　우리는 언젠가 우리가 다양한 종류의 형질전환 쥐에서 수집한 정보들을 하나로 합병해서 새로운 틀을 만들어낼 수 있기를 기대한다. 네스호 상태공간의 좀 더 정교한 다차원 버전이 탄생하는 것이다. 이렇게 정상적인 뇌의 동역학적 상태와 변형된 뇌의 동역학적 상태를 생략 없이 완전하게 기술할 수 있게 되면, 우리가 지금 서로 다른 쥐의 행동들을 3차원 상태공간 도표 위에 나타나는 개별 덩어리와 연관짓는 것과 비슷한 방식으로 기존의 신경장애와 정신과적 장애를 대부분 분류할 수 있게 될 것이다. 그리고 결국 이 연구를 통해 신경학자들은 환자의 뇌 동역학이 어떻게 행동하는지 측정해서, 이 환자가 언젠가 파킨슨병으로 꼼짝 못하는 상태로 잠에서 깨어나거나, 아니면 발병된 조증mania, 편집증, 섬망delirium에 의해 좌우되는 완전히 새로운 실재 속에서 살아가게 될 가능성이 높은지를 증상이 나타나기도 전에 미리 평가할 수 있게 될지도 모른다. 그리고 같은 이유에서, 그런 통합된 동역학적 틀을 통해 의사들은 자신의 치료가 효과를 내고 있는지, 환자에게 도움이 되고 있는지를 정량적으로 평가할 수 있게 될 수도 있다.

 기초 BMI 분야와 응용 BMI 분야, 그리고 신경과학 연구는 가까운 미래에 컴퓨터공학에서 생물학, 공학에서 의료, 수학에서 철학에 이르기까지 다양한 학문 영역들의 융합 현상이 폭발적으로 가속화될 것으로 전망된다. 새로운 세대의 신경과학자들이 훨씬 폭넓은 지적, 기술적 도구들을 채용함에 따라, 학문적 그림을 바꾸어놓을 다양한 기술들이 등장할 것이다. 기존의 신경과학과나 뇌 연구소들도 실험 자료의 자유로운 상호작용, 대규모 컴퓨터 시뮬레이션, 그리고 더 이상 이례적 현상이 아닌 필연적 원칙으로 자리 잡을 이론적 연구에 대비하려면 여기에 맞추어 적응해야 할 것이다.
 미래의 신경과학에 적응하기 위해 이미 수많은 뇌 연구 협력 전략이 세워져 있다. 사실 2003년 3월에는 내가 직접 대규모의 과학적 시도에 착수했다. '뇌 대학Campus of the Brain'을 설립한 것이다. 이곳은 현재 '에드먼드앤릴리사프라 국제신경과학연구소ELSIINN'로 알려져 있으며, 브라질 북동부 해안 저개발 지역에 있는 마까이바의 작은 마을에 자리 잡은 비영리 학술단체다. 이 대학에는 세 가지 사명이 있다. 바로 뇌 연구의 외연을 넓히는 일, 예술, 과학, 문화 등에서 꽃피운 인간의 뇌의 놀라운 성취를 찬양하는 일, 그리고 뇌에 대해 밝혀진 지식들을 일련의 사회적 경제적 프로젝트를 통해 지역 사회에 널리 퍼뜨리는 일이다. 여기에는 아동들의 과학 교육 프로젝트, 여성 건강 프로그램, 산업 연구와 기술 단지 등이 포함되며, 대학 인근 마을과 공동체의 교육, 건강, 생활수준 향상을 그 목표로 하는 것들이다. 사회 변혁의 동인으로서의 신경과학. 장담하건데, 여러분은 이런 개념이 존재한다는 것을 결코 상상해보지 못했을 것이다. 가장 야심찬 프로젝트 중 하나로 뇌 대학 부설 공립학교를 설립하려 한다. 이곳에서는 임신한 엄마가 대학 건강 센터에서 제공하는 산전 관리 프로그램에 참가하는 순간부터 아이가 명부에 오르게 된다. 이 정도면 이 학교의 이름이 무엇일지는 여러분도 추측해 내지 않았을까 싶다. 그렇다. 이 학교의 이름은 우리 할머니의 이름을 따서 리지아 마리아 로차 레아웅 라포르타 공립학교가 될 것이다.

앞으로 다가올 미래에는 뇌 대학 브라질 캠퍼스가 뇌-기계 인터페이스의 미래를 현실로 앞당기는 데 필요한, 여러 학문 분야 간의 협력 유형을 확립하는 모델로 자리 잡을 수 있기를 진심으로 기원한다. 이런 과학 네트워크는 BMI를 재활의료용 영역 너머에서도 받아들이도록 촉진하는 데 크게 기여할 수 있을지 모르기 때문이다. 예를 들어보자. 만약 수십 년 안으로 인간이 자기 뇌의 전기 활성을 이용해서 모든 종류의 컴퓨터 장치와 상호작용할 수 있는 기술을 습득하게 되면 어떤 일이 일어날까? 휴대하고 다닐 수 있는(어쩌면 몸 안에) 작은 개인용 컴퓨터에서부터 디지털화된 사회적 상호작용을 중개할 목적으로 만들어진 원격 분산형 네트워크remote distributed network

에 이르기까지, 평범하기 그지없는 문자 처리에서, 비밀스러운 꿈의 정교한 시뮬레이션에 이르기까지, 우리 일상의 삶은 오늘날 익숙해져 있는 것과는 상당히 다르게 다가올 것이다.

먼저, 개인용 컴퓨터의 운영체계나 소프트웨어와의 상호작용이 구체화된 모험으로 자리 잡게 될 가능성이 크다. 우리는 뇌 활성을 이용해 가상의 물체를 쥐고, 프로그램을 구동시키고, 쪽지를 적고, 또 무엇보다도, 자기가 좋아하는 뇌 네트워크의 다른 구성원들과 자유롭게 통신할 수 있게 될 것이다. 온라인 소셜네트워크가 상당히 업그레이드된 것이라 할 수 있다. 인텔, 구글, 마이크로소프트 등에서도 이미 그 안에 뇌-기계 분과를 만들어놓았다는 사실 자체만으로도 이런 아이디어가 요원한 일만은 아님을 알 수 있다. 여기서 가장 큰 장애물은 그런 BMI를 실현하는 데 필요한 고해상도의 뇌 활성 표본을 수집할 수 있는 비침습적인 방법을 개발하는 것이다. 앞으로 20년 안으로 해결책이 나올 것으로 나는 자신한다.

그러고나서, 증강인류augmented human가 생각만으로 조종하는 아바타나 인공도구를 통해 다양한 원격 환경에 그 존재를 나타내게 되면 상상조차 불가능한 것으로 여겨졌던 것들이 일상이 되는 날이 올 것이다. 대양의 깊은 심해에서부터 초신성의 표면에까지, 그리고 심지어는 우리 자신의 몸 안쪽에 있는 작은 세포간극에 이르기까지, 인간의 도달 범위는 미지의 영역을 탐험하려는 우리 종의 끝 모를 야망을 결국 충족시키게 될 것이다. 우리 뇌가 결국은 자기 신체로부터 해방되는 장대한 여정을 마무리하게 되리라 꿈꾸는 이유는 바로 이런 맥락 때문이다. 그리하여 뇌는 수백만 년 동안 머물렀지만 이제는 쓸모없어진 육상의 신체에서 해방되어 생각으로 구동되는 양방향 인터페이스를 이용해, 우리의 새로운 눈, 귀, 손이 되어줄 수많은 나노도구들을 작동하면서 자연이 빚어놓은 수많은 미시의 세계 속을 탐험하게 될 것이다. 우리의 육신은 원자 덩어리와 세포로 만들어진 세상 속을 파고들 수 없었지만, 우리의 생각은 분명 아무런 저항 없이, 아무런 방해물도 없이, 그리고 아무런 망설임도 없이 파고들게 될 것이다. 반대로 거시세계로 눈을 돌리면, 우리는 크기와 형태가 다양한 사절과 대사관, 로봇, 비행선을 우리를 대신해 파견하고 원격으로 조종해서 우주 머나먼 구석에 있는 다른 행성과 별들을 탐험하고, 우리 머릿속의 손가락 끝으로 신기한 땅과 풍경들을 확인할 수도 있을 것이다. 이 끝없는 탐험의 매 단계마다, 우리 후손들의 뇌는 마음의 여행을 위해 만들어낸 이 도구들을 자신의 확장으로 끊임없이 동화시킬 것이다. 그리하여 우리가 오늘날 상상할 수 있는 그 모든 것을 뛰어넘는 뇌 자체의 관점을 정의하게 될 것이다. 고백하건대, 이런 생각만으로도 나는 가슴이 벅찬 흥분과 경외감으로 가득 차오른다. 500년 전 보잘것없던 한 포르투갈 선원이 생명을 건 기나긴 여행 끝에 드디어 밝은 황금빛 모래사장이 펼쳐진 완전히 새로운 세상을 목격했을 때의 기분이 이런 것이 아니었을까 상상해본다.

미래에 대한 상상으로 여기까지 왔으니, 인간의 활동과 인지가 이렇게 엄청나게 확장되면, 그것이 우리 자손들의 머릿속에 연출될 실재의 모습에는 어떤 영향을 미칠까 궁금해질 법도 하다. 그들도 우리처럼 우주를 바라보고 해석할까? 아니면 그들의 일상적 경험, 윤리, 문화, 과학이 우리와는 너무도 달라서, 아예 대화 자체가 불가능하고, 마치 지금의 우리가 네안데르탈인과 세계의 경제 상황에 대해

토론해 보려고 애쓰는 것만큼이나 의미 없는 일이 될까?

궁극적으로 인간의 뇌를 신체에서 해방시킴으로 인해 따라올 가장 놀라운 결과는 미래에 펼쳐질 우리 종의 '생명의 비디오테이프'의 재생 방향과 속도에 결정적인 영향을 미칠 수 있는, 예측 불가의 강력한 우발사건들이 풀려나는 계기가 될 수 있다는 것이다. 다른 말로 하면, 인간의 신체 때문에 생기는 제약과 취약성으로부터 해방되면서 성취한 막강한 힘 덕분에, 인간의 상대론적 뇌는 갈망해 마지않았던 우주 최고의 선물을 손에 넣게 된다. 우리 종의 진화의 방향을 조종하는 핸들 위에 자신의 손을 올려놓게 되는 것이다.

뇌가 이렇게 완전하게 해방되면, 한때는 확고부동하게 개별적 인간을 정의해 주던 신체적 경계를 느슨하게 만들거나, 심지어는 제거할 수도 있을까? 머나먼 미래의 어느 날, 우리는 뇌 의식 네트워크, 즉 집단적으로 생각하는 진정한 뇌 네트워크의 일부가 된다는 것이 어떤 것인지 경험할 수 있을까? 잠시 인체에 무해한 놀라운 미래의 기술을 통해 어찌어찌 이런 뇌 네트워크가 실제로 구현된다고 가정해 보자. 그럼 여기에 참가하는 개인들은 이 진정한 '정신적 결합'에 완전히 밀착함으로써, 생각만으로 다른 참가자들과 서로 소통할 수 있을 뿐 아니라, 상대방이 느끼고 인지하는 것들을 그 자체로 생생하게 경험할 수도 있게 될까? 현재를 살고 있는 사람 중에 이 미지의 바다로 성큼 뛰어들려는 사람은 거의 없을 것이다. 하지만 이 놀라운 경험을 해볼 기회가 주어졌을 때, 미래 세대가 어떤 반응을 보일지는 알 수 없는 일이다.

이 모든 놀라운 시나리오가 실제로 일어나고, 그런 집단적인 정신적 결합이 미래 세대가 상호작용하며 인간애를 공유하는 당연한 윤리적인 방법이라는 공감대가 형성된다고 가정하면, 우리 후손들이 어느 날 아침 눈을 떴을 때 자신들이 평화로운 방식으로 함께 새로운 인간 종을 탄생시켰음을 깨닫는 순간이 찾아올까? 우리 후손들이 수십억 인류가 생각만을 이용해서 합의하에 일시적으로 집적 접촉할 수 있는 매체인 기능적 뇌 네트워크를 세우는 데 필요한 기술과 윤리를 실제로 한데 모아내는 일이 꼭 불가능한 일만은 아니다. 집단적 의식이 만들어낸 이 거인이 어떻게 보이고, 어떻게 느끼고, 어떻게 행동할지는 나를 비롯한 현재의 인류로서는 상상조차 불가능하다. 1970년 월드컵에서 브라질 축구대표팀이 만들어낸 그 골처럼, 이것은 이 모든 일이 실제로 벌어지고, 그 복잡한 모든 과정과 결과를 몸소 체험하고 난 다음에야 비로소 그 위대함을 제대로 이해할 수 있는, 그런 종류의 일이다. 이것은 우리가 미처 기대하지 못했던 궁극의 인간적 지각 경험을 제공해줄지도 모른다. 즉, 우리 각자는 결국 혼자가 아니며, 우리의 가장 은밀한 생각, 경험, 괴로움, 열정, 욕망 등 우리를 인간으로 정의해 주는 가장 원초적인 내용들을 수십억 형제자매가 함께 공유하고 있음을 깨닫게 되는 것이니까 말이다. 머릿속에서 떠나지 않는 고립감, 열등감, 편견, 오해, 부절적한 생각 등으로 혼자만의 감옥에 갇힌 듯 느끼는 수많은 사람들에게 이것이 얼마나 큰 위안을 가져다줄지는 감히 상상하기도 어렵다.

낙관적이기 이를 데 없는 내 관점만으로 모든 불안이 해소되지 않는다는 것은 나도 아주 잘 알고 있다. 하지만, 오늘날 우리들 대부분이 인터넷상에서 자신의 삶을 공유하려고 지칠 줄 모르고 달려드는 것을 보면, 인간의 본성 깊숙이 자리 잡고 있는 사회적 교류에 대한 갈망이 잘 드러나 있다고 믿어 의심치 않는다. 이런 이유로, 만약 뇌 네트워크가 실행 가능해진다면, 이것은 마치 폭발하는 초신성처럼 인간 사회의 구조 속으로 파고들며 퍼져나가지 않을까 생각한다. 개인들이 자신의 생각을 이용해 쉽게 다양한 인공장치들을 조종하고, 다른 사람들과 소통할 수 있게 되면, 그때의 인류는 오늘날 우리가 생각하는 인류와는 아주 다른 모습으로 존재할 것이 틀림없다. 이 점에 대해서는 이렇게 말하고 싶다. 우리 종의 생명의 비디오테이프는 우리가 생각하는 미래에는 아랑곳없이 예측 불가능한 자신의 길을 계속 이어갈 것이고, 그 진화는 분명 임의의 어느 단계에서 그 진행을 멈추지도 않을 것이 분명한데, 지금으로부터 수천 년, 어쩌면 수백만 년 후에 어떤 존재가 튀어나와 우리의 뒤를 이을 것인지 지금의 우리가 앞당겨 걱정해야 할 이유가 대체 무엇인가?

오랫동안 이 질문과 씨름해온 나는 우리가 이 미래에 대해 걱정해야 할 가장 큰 이유는 종으로서의 인류의 운명에 대한 두려움도 아니고, 우리 종과 그 삶의 방식이 머나먼 미래의 어느 시점에 가서는 다른 존재로 대체된다는 생각에 대한 반사적인 반감도 아니라고 믿는다. 우리는 우리가 헌신해야 할 윤리적, 도덕적 행위 등의 높은 기준을 갖게 된 것은 인류의 유산이 안전하게 보호된 덕분이라고 생각한다. 하지만 불행하게도 지구라는 이 초라한 행성에 살고 있는 생명체들을 하나하나 보존하는 데 대해서는 그렇지 못하다. 구름처럼 몰려다니는 아름다운 곤충 무리에서, 식물의 군집, 하늘을 나는 파란 마코앵무새 무리, 광활한 열대우림 숲 속을 빈틈없이 채우며 돌아다니는 카피바라 무리, 북극의 북극곰, 북미대륙 서부의 점박이부엉이 spotted owl, 그리고 심지어는 무시무시한 천연두 바이러스의 마지막 남은 균주에 이르기까지, 우리 행성에서 스스로를 드러내는 생명의 다양한 발현 방식을 보존하는 일이야말로 의식을 탄생시킨 놀라운 환경에 경의를 표하는 가장 훌륭한 방법이다. 이 생물학적 유산을 지키는 일이야말로 미래 세대에게 도덕적 유산을 남겨주기 위해 우리가 취할 수 있는 첫 번째 단계다. 이 유산은 맥락과 관련된 모든 자취만이 아니라, 모든 생각의 조각들, 좋은 것이든, 나쁜 것이든 상상 속으로 들어왔던 모든 행위, 우리에게 존재감sense of being을 부여해준 놀라운 뉴런의 활동까지도 필요에 의해 모두 끌어안는 것이어야 한다.

우리 종만의 독특한 대서사시를 구성하고 있는 인간 경험의 놀라운 다양성을 과연 어떻게 그려낼 수 있을까? 이 도전에 대한 해답은 우리의 상대론적 뇌의 재능에 달려있을지도 모른다.

1945년에 위대한 괴델은 아인슈타인의 일반상대성이론 방정식에 대한 새로운 해법을 제시함으로써 다시 과학계를 놀라게 했다. 괴델의 해법에 따르면, 시간을 거슬러 여행하는 것은 시공간 연속체와 리만 기하학에 의해 지배되는 상대론적 우주에서는 분명 실제 가능한 일로 생각되어야 한다. 하지만 수학적으로는 가능하다 하더라도, 시간을 거스르는 여행은 실현 가능성이라는 면에서 생각하면 결코 만만한 일이 아니고, 우주에서 흔히 겪을 수 있는 일도 아니다. 그러니까 사고의 틀을 또 다른 우주, 또 다른 시공간 연속체, 즉 당신의 두 귀 사이 공간에 자리 잡고 있는 틀로 옮기지 않는 한 말이다! 우리 내부에 자리 잡은 뉴런의 우주 안에서는 시간 여행이 식은 죽 먹기다. 별들로 이루어진 저 바깥의 시공간 구조에서라면 이론 물리학자들은 시간여행을 놀라운 업적이라며 칭송할 것이다. 하지만 우리는 그저 정신의 시공간 연속체를 가로지르는 파동인 뉴런 심포니의 악보에 축적되고 보관된 기억 속을 헤엄쳐 다니는 것만으로도 손쉽게 시간여행을 할 수 있다.

만약 이 장에서 묘사한 미래가 현실화된다면, 여기서 조금만 더 상상력을 발휘하면 이렇게 새로 획득한 지혜 속에서 우리의 후손들은 우리 종의 대서사시에서 돌이킬 수 없는 또 하나의 루비콘 강을 건너기로 마음먹고, 미래 세대와 우주의 후세를 위해 인류의 유산에 녹아 있는 풍부함과 다양성을 기록으로 남기려 애쓰게 될지도 모른다. 나는 이 값을 매길 수 없는 귀한 보물을 모으려면 모든 인류 개개인의 인생을 대체 불가능한 1인칭 시점의 이야기로 보존하는 것 말고는 방법이 없다고 생각한다. 자연은 좀처럼 무언가를 낭비하는 법이 없건만, 우리 각자가 걸어온 길이 고스란히 담겨 있는 이 이야기들은 잠시 우리의 머릿속에 남아 있다가도, 결국 죽음이라는 운명 앞에서는 영원히 버려질 수밖에 없는 처지에 내몰린다.

나는 좀 더 사려 깊은 미래 사회라면 이런 일대기를 저장하고 다운로드하는 일을 허용하리라고 생각한다. 그저 생을 마감하는 데 따르는 통과 절차가 아니라, 이 우주에 살았던 또 하나의 경이로운 인생에 표하는 마지막 경의의 표시로서 말이다. 그 후에는 이 영구 기록 각각은 세상 하나밖에 없는 귀한 보석이자, 살고, 사랑하고, 때로는 괴로워하며 한 평생을 살았던 수십억의 마음 중 하나로 존중받게 될 것이다. 그리고 이것은 차가운 침묵의 묘비로 남는 것이 아니라, 생생한 생각, 열렬했던 사랑, 서로 함께 참아냈던 슬픔의 형태로 영원히 전해지는 것이다.

그때쯤이면, 생각을 영원히 보존할 수 있게 해준 그 놀라운 기술과 윤리를 바탕으로 그것을 우주의 가장자리까지 널리 퍼뜨릴 수도 있게 되리라. 그렇게 해서 결국에는 어머니의 자궁 속으로 다시 돌아간 것 같은 궁극의 위로와 마침표를 선사받게 될 것이다. 이 머나먼 미래의 시점까지 왔건만, 내 머릿속에는 마지막으로 또 하나의 중대한 전환점이 하나 더 떠오른다. 인간이 태고 시대부터 수많은 우발사건들을 거치며 이어온 이 놀라운 여정을 신성시해서, 상대론적 뇌를 우리에게 축복을 내려줄 유일한 존재로 치켜세운들 공평하지 못하다거나, 적절하지 못하다고는 할 수 없을 테니 말이다. 우리 뇌는 우리의 실재감과 자아감을 빚어준 솜씨 좋은 조각가를 머물게 하고, 우리의 기억을 지키는 충실한 수호자 역할을 해왔지만 거기서 끝나지 않고, 그 후로는, 인생을 통해 조심스럽게 작곡된 인간의 심포니를 이 광활한 우주 어디에서든 귀를 기울이는 모든 존재와 빛의 속도로 공유하며 이 음악을 따라가는 일도 역시 뇌가 맡아야 할 일이기 때문이다.

더 없이 밝게 빛나던 적도의 태양이 이제 하루를 마치고 휴식에 들어갈 준비를 하는 동안, 뇌 대학 브라질 캠퍼스 공사 현장이 있는 언덕에 앉아있으려니, 나는 어느 머나먼 미래에, 누군가가 집단적 의식의 일부로 살아가는 조용하기 이를 데 없는 삶 속에서, 살점으로 만들어진 인간의 눈을 통해 바라본 야자나무 숲을 처음으로 경험했을 때 어떤 반응을 보일지 무척 궁금해졌다. 가차 없이 숲을 쓸고 지나는 바람을 따라 파도처럼 부드럽게 앞뒤로 흔들리며, 마치 섬세하고도 당당한 자신의 발밑에서 정원 한가득 꽃을 피우고 있는 선인장들에게 잘 자라는 입맞춤이라도 보내듯 물결치는 야자나무의 바다를 보았을 때 말이다. 어쩌면, 주의 깊게 귀 기울여 듣는다면, 그 아득한 미래의 먼 후손도 내가 듣는 것과 똑같은 바람 소리가 들려올지도 모르겠다. 리지아 마리아 로차 레아웅 라포르타 공립학교의 콘크리트 철근 골조를 휘감아 도는 바람이 내 귀에 대고 속삭이는 소리를 말이다. 이러다 또 늦겠다고, 흙투성이 길바닥에서 노는 것을 멈추고 어서 서둘러 달려갈 때가 되었다고, 어서 빨리 있는 힘껏 뛰어서, 언제나 대문이 활짝 열려 있는 저 집으로 뛰어들어가, 다시 쇼팽의 음악에 귀 기울일 때가 되었다고 말이다.

감사의 글

지난 27년 동안 수많은 사람들이 이 책에 설명된 여러 가지 사건과 실험에 참여했다. 그들 중 몇몇은 이 책 중간에 잠깐이나마 이름을 내비쳤지만, 너무도 많은 교수, 스승, 학생, 동료, 공동연구자, 친구들이 과학자로서의 나의 연구에 크나큰 도움을 주었음에도 불구하고 이 책에 이름을 올리지 못한 점을 안타깝게 생각한다. 그래서 제일 먼저 내가 그들과 함께 연구하거나 그들의 개인적, 지적 삶의 일부가 될 수 있도록 허락해준 모든 분들께 우선 감사드리고 싶다. 특히나 내 박사후 과정의 스승 중 한 분이신 릭 린 박사님께 감사드린다. 린 박사님은 내가 신경과학의 많은 측면을 접할 수 있게 도와주었고, 내 과학의 영웅 중 한 분이다. 그리고 존 카스 박사님께 감사드린다. 그는 수많은 친절과 놀라울 정도로 지적인 행동을 통해 내가 닮고 싶은 과학자의 모범을 보여주었다.

내 이전 학생들과 가까운 공동연구자들은 친절하게도 초고를 읽고 너무도 값진 제안과 비평, 그리고 경고를 해주었다. 그래서 아직프 가잔파, 마샬 슐러, 시다르터 리베로, 미하일 레베데프 박사의 풍부하고 통찰력 넘치는 기여에 대해 이 자리를 빌어 고마운 마음을 전한다. 너무도 당연한 얘기지만, 이 책에 터무니없고, 정통을 벗어난 생각과 믿음, 비유 등이 있다 해도 그것은 이들의 잘못이 아니며 이 저자의 수많은 과오 목록에 올라야 마땅하다. 내 이전 학생 중 한 사람인 네이선 피츠시먼스는 이 책에 나온 모든 그림을 담당해 나에게 큰 즐거움을 선사해주었다. 네이선은 이 뛰어난 작업을 통해 학생으로서의 경력에 놀라운 마침표를 찍고, 새로운 모험의 출발점에 서게 되었다. 박사 과정에서 보여준 것처럼 이 새로운 도전에서도 그가 반드시 성공할 것을 믿어 의심치 않는다.

지난 20년 동안, 놀랍게도 나는 우리 부모님께서 낳아주신 유일한 친형제인 나와 내 누이 말고도 전 세계적으로 우리의 진짜 '형제'들이 많이 숨어 있었음을 알게 되었다. 이 형제애는 내 과학적 삶과 개인적 삶 모두에서 없어선 안 될 중요한 역할을 했으며, 종종 그렇듯 이 우정과 과학에 대해서 대학이나 학교에서는 배우지 못할 많은 것들을 배우게 해주었다. 이런 맥락에서 나의 두 미국인 형제인 앨런 루돌프 박사와 시드니 사이먼 박사는 지난 17년 동안 세 대륙에 걸쳐서 잊지 못할 많은 이야기를 남긴 내 과학적, 개인적 모험에서 빠질 수 없는 일부가 되어 주었다. 그들의 우정과 끊임없는 격려와 지원이 없었더라면, 이 책은 결코 마무리되지 못했을 것이다. 꺼낼 얘기가 아무것도 없었을 테니까 말이다. 내 이스라엘 형제 이던 세게프에게도 감사드린다. 네게브 사막에서 난데없이 처음 만난 이후로 곧이어 파리 거리에서 프랑스 혁명 기념일을 보내면서 그는 진정한 휴머니스트의 모습과 행동의 기준이 되어주었다. 마찬가지로 이집트-스위스 형제들에게도 크나큰 감사의 마음을 표하고 싶다. 위대한 수학자이자 과학철학자 로널드 치쿠렐 박사는 스위스 로잔의 다 칼로 레스토랑에서 피자와 다이어트 콜라(그는 이것만 먹는다)를 앞에 두고 수없이 많은 점심식사를 함께 하면서 내가 배우게 되리라고는 꿈꾸지도 못한 엄청난 수학, 물리학, 철학을 가르쳐주었다. 기꺼이 모든 것을 가르쳐주려는 열정과 자신의 엄청난 지적 재산을 아낌없이 공유하려는 로널드의 관대함이 없었더라면 이 책의 핵심적인 부분들이 결코 빛을 보지 못했을 것이다.

마찬가지로 나는 이 프로젝트의 현실화가 가능하도록 친절과 헌신을 보여 준 여러 중요한 사람들에게 큰 빚을 지고 있다. 먼저, 내 문인 대리인인 제임스 레빈 박사님과 뉴욕 레빈 앤 그린버그에서 일하는 그의 놀라운 동료들께 감사드린다. 그가 침착함과 경험에서 나온 너그러움으로 이 초보 저자를 지도해주지 않았더라면 과연 이 프로젝트가 성공할 수 있었을지 의심스럽다. 그리고 마찬가지로 내 편집자인 로빈 데니스에게도 깊은 감사를 드린다. 그녀는 거의 2년 동안 하루 종일 나와 성실히 상호작용하면서, 내가 내 브라질 선조들처럼 글을 '길게' 쓰지 않고 '짧게' 쓰는 법을, 그리고 내 라틴아메리카 유전자가 좋아하는 수많은 수식어를 빼고, 직접 요점으로 파고드는 법을 배울 수 있게 도와주었다. 진정한 프로인 로빈과의 작업은 아주 짜릿한 기쁨이었을 뿐 아니라 내 삶에서 가장 중요한 저술 경험이었다. 따라서 내 초고를 편집하고 날카롭게 다듬어 최종 원고로 만들어내는 데 필요했을 그녀의 너그러움과 성실, 그리고 이해에 감사드린다. 내가 그녀에게 배운 것이 그리도 많았던 만큼, 그녀 또한 브라질 저자와 일하는 흔치 않은 경험을 통해서 기억에 남는 것이 있으리라 생각하고 싶다. 결국 함께 일한 시간이 지나고 난 후에 로빈은 2010 월드컵 경기를 하나도 빠지지 않고 챙겨 볼 만큼 진지한 축구광으로 변신했다. 그리고 나에게 지지와 격려를 보내준 헨리폴트앤타임스북 출판사 가족 여러분께 깊은 감사를 드리고 싶다. 특히 이 프로젝트를 처음부터 살펴준 폴 골로브, 이 책 제작의 마지막 단계에서 로빈의 일을 넘겨받아 진행해 준 세레나 존스에게 감사드린다. 그리고 크리스틴 수아레스와 〈사이언티픽 아메리칸〉의 편집자 여러분들께 감사드린다. 그들은 내가 처음 일반 청중을 대상으로 글을 쓸 때 큰 도움을 주었고, 그 기사들 중 일부를 여기서 인용하는 것을 허락해 주었다.

　과학자로 살아오는 동안 나는 세계에서 가장 뛰어난 학술기관에 소속되어 있는 사람들과 함께 연구하고 협력하는 특권을 누릴 수 있었다. 먼저 내가 지난 17년간 몸담은 듀크 대학교 신경생물학과와 신경공학센터의 내 실험실 동료들에게 감사드린다. 그리고 패트릭 애비셔 박사, 한데 블루어 박사, 솔라만 쇼커, 타미나 시소코, 제이미 루이스, 장 로수아 박사, 헨리 콘 교수, 그리고 에드먼드앤릴리사프라 국제신경과학연구소와 브라질 알베르토산투스두몬트 과학발전위원회AASDAP의 모든 직원 여러분께 감사드린다. 특히 도라 몬테네그로와 그녀의 선생님들, 그리고 브라질에 있는 AASDAP의 세 과학 학교에 출석한 1400명의 학생들에게 감사드린다. 그들은 지난 4년 간 나에게 영감과 기쁨을 불어넣어 주었다. 나는 이름 모를 미국의 세금 납부자와 기부자들에게도 아주 큰 빛을 졌다. 지난 22년 동안 미국 국립보건원이나 다른 정부기관 및 민간단체를 통해 지원 받은 연구자금은 모두 그들의 도움이다. 내 좋은 브라질계 스위스인 친구 피에르 란돌트에게도 감사드리고, 산도스 재단에서 보내준 지지에도 감사드린다. 그리고 릴리 사프라 여사의 우정과 지지에도 감사드린다.

이 책의 초고와 수정본을 나와 로빈보다 더 많이 읽어본 사람이 딱 두 사람 있다. 이 두 영웅 중 첫 번째는 네비 크리스티나다. 그녀의 사려 깊은 충고와 끝없는 지지에 내 마음 깊은 곳으로부터 감사의 마음을 전한다. 두 번째 영웅은 수산 헬키오티스다. 지난 10년 간 듀크 대학교에서 나의 수호천사 역할을 해준 그녀는 이 책을 한 줄도 빠짐없이 수차례 반복해서 읽고 충고해 주었다. 우리 은하계의 저자들 중에 책을 쓰면서 이보다 완벽한 교정과 재치 넘치는 조언을 받아 본 사람이 과연 있을까 싶다. 그 어떤 말과 글로도 헬키오티스 교수가 이 프로젝트에 쏟아 부은 헌신과 능숙함, 그리고 순수한 열정을 충분히 표현하지 못하리라. 그녀의 도움이 없었다면 결코 이 프로젝트를 완수하지 못했으리라는 점에는 한 치의 의심도 없다. 이것 말고도 그녀가 우리 가족과 함께 나눈 귀한 우정만으로도 그녀에게 내가 얼마나 무한한 빚을 지고 있는지 새삼 다시 느끼게 된다.

지난 30년 동안 나는 정말 복이 많아 로라와 우리의 사랑하는 세 아들, 페드로, 라파엘, 다니엘의 변함없는 사랑과 지지를 받으며 살 수 있었다. 내 삶에 이들이 없었다면 나에게는 그 무엇도 소용이 없었으리라. 그들의 이해와 희생에 대한 작은 감사의 표시로 과학자로서의 내 모든 경력은 그들 덕분이라 얘기하고 싶다. 그 이해와 희생이 없었다면 나는 과학자이자 휴머니스트로서의 나의 꿈을 상상력의 한계 끝까지 추구할 수 있는 힘과 자유를 얻지 못했으리라.

참고문헌

1. 생각이란 무엇인가?

Dawkins, Richard. *The Selfish Gene*. Oxford and New York: Oxford University Press, 1989.

Deutsch, David. *The Fabric of Reality: The Science of Parallel Universes-and Its Implications*. New York: Allen Lane, 1997, pp. 120-21.

Freeman, Walter J. *How Brains Make Up Th eir Minds*. New York: Columbia University Press, 2000.

____. *Mass Action in the Nervous System: Examination of the Neurophysiological Basis of Adaptive Behavior through the EEG*. New York: Academic Press, 1975.

Gaspari, Elio. *A Ditadura Envergonhada*, vol. 1, Colecao As Ilusoes Armadas. Sao Paulo: Cia da Letras, 2002.

Hebb, Donald O. *The Organization of Behavior: A Neuropsychological Theory*. New York: Wiley, 1949.

Hubel, David H. *Eye, Brain, and Vision*. New York: Scientific American Library/W. H. Freeman, 1995.

Kauff man, Stuart A. *The Origins of Order: Self-Organization and Selection in Evolution*. New York: Oxford University Press, 1993.

Lashley, Karl. "In search of the engram." *Society of Experimental Biology Symposium* 4 (1950): 454-82.

____. *The Neuropsychology of Lashley: Selected Papers*, ed. by Frank A.

Beach et al. New York: McGraw-Hill, 1960.

Mitchell, Melanie. *Complexity: A Guided Tour*. Oxford and New York: Oxford University Press, 2009.

Nicolelis, Miguel A. L., Gisela Tinone, Koichi Sameshima, et al. "Connection, a microcomputer program for storing and analyzing structural properties of neural circuits." *Computers and Biomedical Research* 23, no. 1 (1989): 64-81.

Nicolelis, Miguel A. L., Chia-Hong Yu, and Luiz Antonio Baccaá. "Structural characterization of the neural circuit responsible for the cardiovascular function control in high vertebrates." Computers in Biology and Medicine 20, no. 6 (1990): 379-400.

Sagan, Carl. *Cosmos*. New York: Random House, 1980, p. 4.

Shepherd, Gordon M. *Neurobiology*. 2nd ed. New York: Oxford University Press, 1988.

Weidman, Nadine M. *Constructing Scientific Psychology: Karl Lashley's Mind-Brain Debates*. New York: Cambridge University Press, 1999.

Zeki, Semir. *A Vision of the Brain*. Oxford and Boston: Blackwell Scientific Publications, 1993.

2. 뇌 속 전기폭풍을 찾아서

Adrian, Sir Edgar Douglas. *The Physical Background of Perception: The Waynflete Lectures Delivered in the College of St. Mary Magdalen, Oxford*. Oxford: Clarendon Press, 1947.

Broca, P. Paul. "Loss of speech, chronic softening and partial destruction of the anterior left lobe of the brain." First published in *Bulletin de la Société Anthropologique 2* (1861): 235-38. Trans. by Christopher D. Green, York University, Toronto, Ontario, Canada, 2003, http://psychclassics.yorku.ca/Broca/perte-e.htm.

De Carlos, Juan A., and Jose Borrell. "A historical reflection of the contributions of Cajal and Golgi to the foundations of neuroscience." *Brain Research Reviews* 55 (2007): 8–16.

Erickson, Robert P. "The evolution and implications of population and modular neural coding ideas." Progress in Brain Research 130 (2001): 9–29.

_____. "A study of the science of taste: On the origins and influence of core ideas." *Behavioral and Brain Studies* 31 (2008): 59–75.

Finger, Stanley. *Origins of Neuroscience: A History of Explorations into Brain Function.* New York: Oxford University Press, 1994.

Fritsch, Gustav, and Eduard Hitzig. "On the electrical excitability of the cerebrum" (1870). In *Some Papers on the Cerebral Cortex,* trans. by Gerhardt von Bonin (pp. 73–96). Springfi eld, Ill.: Th omas, 1960.

Gall, Fran?ois [Franz] Joseph. *On the Functions of the Brain and of Each of Its Parts: With Observations on the Possibility of Determining the Instincts, Propensities, and Talents, or the Moral and Intellectual Dispositions of Men and Animals, by the Configuration of the Brain and Head,* 6 vols. Trans. by Winslow Lewis Jr. Boston: Marsh, Capen & Lyon, 1835.

Golgi, Camillo. "The neuron doctrine-theory and facts." Karolinska Institute, Stockholm, Sweden, December 11, 1906, http://nobelprize.org/nobel_prizes/medicine/laureates/1906/golgi-lecture.html .

Grant, Gunnar. "How the 1906 Nobel Prize in Physiology or Medicine was shared between Golgi and Cajal." *Brain Research Reviews* 55 (2007): 490-98.

Mörner, K. A. H. "Presentation speech." The Nobel Prize in Physiology or Medicine, Karolinska Institute, Stockholm, Sweden, December 10, 1906, http://nobelprize.org/nobel_prizes/medicine/laureates/1906/press.html.

Ramón y Cajal, Santiago. *Histology of the Nervous System of Man and Vertebrates,* vols. 1 and 2. Trans. by Neely Swanson and Larry W. Swanson. New York: Oxford University Press, 1995.

_____. *Recollections of My Life*. Trans. by E. Horne Craigie and Juan Cano. Cambridge, Mass.: MIT Press, 1989.

_____. "The structure and connexions of neurons." Karolinska Institute, Stockholm, Sweden, December 12, 1906, http://nobelprize.org/nobel_prizes/medicine/laureates/1906/cajal-lecture.html .

Robinson, Andrew. *The Last Man Who Knew Everything: Thomas Young, the Anonymous Polymath Who Proved Newton Wrong, Explained How We Can See, Cured the Sick, and Deciphered the Rosetta Stone, Among Other Feats of Genius*. New York: Pi Press, 2006.

Young, Thomas. *A Course of Lectures on Natural Philosophy and the Mechanical Arts*. London: Taylor and Walton, 1845.

_____. The Bakerian Lecture: "On the theory of light and colours." *Philosophical Transactions of the Royal Society* 92 (1802): 12-48.

3. 가상의 신체

Blanke, Olaf. "Linking out-of-body experience and self processing to mental own-body imagery at the temporoparietal junction." *Journal of Neuroscience* 25, no. 3 (2005): 550-57.

Blanke, Olaf, Stephanie Ortigue, et al. "Stimulating illusory own- body perceptions." *Nature* 419 (2002): 269.

Botvinick, Matthew, and Jonathan Cohen. "Rubber hands feel touch that eyes see." *Nature* 391 (1998): 756.

Brodie, Eric E., Anne Whyte, and Catherine A. Niven. "Analgesia through the looking- glass? A randomized controlled trial investigating the effect of viewing a 'virtual' limb upon phantom limb pain, sensation and movement." *European Journal of Pain* 11, no. 4 (2007): 428-36.

Brodmann, Korbinian. *Localisation in the Cerebral Cortex* (1909). Trans. by Laurence Garey. London: Smith- Gordon, 1994.

Ehrsson, Henrik, Birgitta Rosén, et al. "Upper limb amputees can be induced

to experience a rubber hand as their own." *Brain* 131 (2008): 3443-52.
Herman, Joseph. "Phantom limb: From medical knowledge to folk wisdom and back." *Annals of Internal Medicine* 128, no. 1 (1998): 76-78.
Jasper, Herbert, and Wilder Penfield. *Epilepsy and the Functional Anatomy of the Human Brain*, 2nd ed. Boston: Little, Brown and Co., 1954.
Jeannerod, Marc. "The mechanism of self-recognition in humans." *Behavioural Brain Research* 142 (2003): 1-15.
Kemper, Thomas Le Brun, and Albert M. Galaburda. "Principles of cytoarchitectonics." In *Cerebral Cortex*, ed. Alan Peters and Edward Jones, vol. 1 (pp. 35-57). New York: Plenum Press, 1984.
Leyton, Albert S. F., and Charles Scott Sherrington. "Observations on the excitable cortex of the chimpanzee, orang-utan and gorilla." *Quarterly Journal of Experimental Psychology* 11 (1917): 135-222.
Makin, Tamar R., Nicholas P. Holmes, and H. Henrik Ehrsson. "On the other hand: Dummy hands and peripersonal space." *Behavioural Brain Research* 191 (2008): 1-10.
Melzack, Ronald. "From the gate to the neuromatrix." *Pain*, suppl. no. 6 (1999): S121-26.
―――. "Phantom limbs." *Scientific American* 266, no. 4 (1992): 120-26.
―――. *The Puzzle of Pain*. New York: Basic Books, 1973.
Melzack, Ronald, and Patrick D. Wall. "Pain mechanisms: A new theory." *Science* 150, no. 3699 (1965): 971-79.
Merzenich, Michael, Jon Kaas, et al. "Progression of change following median nerve section in the cortical repre sen ta tion of the hand in areas 3b and 1 in adult owl and squirrel monkeys." *Neuroscience* 10, no. 3 (1983): 639-65.
―――. "Topographic reor ga ni za tion of somatosensory cortical areas 3b and 1 in adult monkeys following restricted deaff erentation." *Neuroscience* 8, no. 1 (1983): 33-55.

Murray, Craig, Stephen Pettifer, et al. "The treatment of phantom limb pain using immersive virtual reality: Three case studies." Disability & Rehabilitation 29, no. 18 (2007): 1465-69.

Nicolelis, Miguel A. L. "Living with ghostly limbs." *Scientific American Mind* 18 (2007): 53-59.

Nicolelis, Miguel A. L., Rick C. S. Lin, et al. "Peripheral block of ascending cutaneous information induces immediate spatiotemporal changes in thalamic networks." *Nature* 361 (1993): 533-36.

Penfield, Wilder, and Edwin Boldrey. "Somatic motor and sensory representation in the cerebral cortex of man as studied by electrical stimulation." *Brain* 60 (1937): 389-443.

Penfield, Wilder, and Theodore Rasmussen. *The Cerebral Cortex of Man: A Clinical Study of Localization of Function.* New York: Hafner Publishing Company, 1950.

Petkova, Valeria I., and H. Henrik Ehrsson. "If I were you: Perceptual illusion of body swapping." *PLoS ONE* 3, no. 12 (2008): e3832.

Pons, Tim, Preston E. Garraghty, et al. "Massive cortical reorganization after sensory deafferentation in adult macaques." *Science* 252, no. 5014 (1991): 1857-60.

Ramachandran, V. S., and Sandra Blakeslee. *Phantoms in the Brain: Proving the Mysteries of the Human Mind.* New York: William Morrow, 1998.

Wall, Patrick D. *Pain: The Science of Suffering.* New York: Columbia University Press, 2000.

Wall, Patrick D., and Ronald Melzack, eds. *Textbook of Pain*, 4th ed. Edinburgh and New York: Churchill Livingstone, 1999.

4. 대뇌의 심포니에 귀를 기울이다

Berger, Hans. "Über das Elektrenkephalogramm des Menschen." *Archiv für Psychiatrie und Nervenkrankheiten* 87 (1929): 527-70.

Churchland, Patricia Smith, and Terrence J. Sejnowski. *The Computational Brain.* Cambridge, Mass.: MIT Press, 1992.

Evarts, Edward V. "Effects of sleep and waking on spontaneous and evoked discharge of single units in visual cortex." *Federation Proceedings* 19, Suppl. no. 4 (1960): 828-37.

―――. "A review of the neurophysiological effects of lysergic acid diethylamide (LSD) and other psychotomimetic agents." *Annals of the New York Academy of Sciences* 66 (1957): 479-95.

―――. "Temporal patterns of discharge of pyramidal tract neurons during sleep and waking in the monkey." *Journal of Neurophysiology* 27, no. 2(1964): 152-71.

Hubel, David, and Torsten Wiesel. "Receptive fields, binocular interaction and functional architecture in the cat's visual cortex." *Journal of Physiology* 160(1962): 106-54.

Lilly, John C. "Correlations between neurophysiological activity in the cortex and short-term behavior in the monkey." In *Biological and Biochemical Bases of Behavior*, ed. Harry F. Harlow and Clinton N. Woolsey (pp. 83-100). Madison: University of Wisconsin Press, 1958.

―――. "Instantaneous relations between the activities of closely spaced zones on the cerebral cortex: Electrical figures during responses and spontaneous activity." *American Journal of Physiology* 176 (1954): 493-504.

Lilly, John C., George M. Austin, and William W. Chambers. "Threshold movements produced by excitation of cerebral cortex and efferent fibers with some parametric regions of rectangular current pulses (cats and monkeys)." *Journal of Neurophysiology* 15, no. 4 (1952): 319-41.

Lilly, John C., and Ruth B. Cherry. "Surface movements of the click responses from acoustic cerebral cortex of cat: Leading and trailing edges of a response figure." *Journal of Neurophysiology* 17, no. 6 (1954): 521-32.

McIlwain, James T. "Population coding: A historical sketch." *Progress in Brain Research* 120 (2001): 3-7.

Mountcastle, Vernon B. "Modality and topographic properties of single neurons of cat's somatic sensory cortex." *Journal of Neurophysiology* 20, no. 4(1957): 408-34.

Niedermeyer, Ernst, and Fernando Lopes da Silva. *Electroencephalography: Basic Principles, Clinical Applications, and Related Fields*, 3rd ed. Baltimore: Williams & Williams, 1993.

Pauly, Philip J. "The political structure of the brain: Cerebral localization in Bismarckian Germany." *Electroneurobiología* 14, no. 1 (2005): 25-32.

Sherrington, Charles Scott. *Man on His Nature*, 2nd ed. Cambridge: Cambridge University Press, 1951.

Silk, Joseph. *The Big Bang: The Creation and Evolution of the Universe*. San Francisco: W. H. Freeman, 1980.

5. 쥐가 고양이에게서 도망치는 법

Fox, Kevin. *Barrel Cortex*. Cambridge and New York: Cambridge University Press, 2008.

Georgopoulos, Apostolos P., Andrew B. Schwartz, et al. "Neuronal population coding of movement direction." *Science* 233, no. 4771 (1986): 1416-19.

Ghazanfar, Asif A., Christopher R. Stambaugh, et al. "Encoding of tactile stimulus location by somatosensory thalamocortical ensembles." *Journal of Neuroscience* 20, no. 10 (2000): 3761-75.

Nicolelis, Miguel A. L., ed. *Methods for Neural Ensemble Recording*, 2nd ed. Boca Raton, Fla.: CRC Press/Taylor & Francis, 2007.

Nicolelis, Miguel A. L., Luiz Antonio Baccalá, et al. "Sensorimotor encoding by synchronous neural ensemble activity at multiple levels of the somatosensory system." *Science* 268, no. 5215 (1995): 1353-58.

Nicolelis, Miguel A. L., Asif A. Ghazanfar, et al. "Reconstructing the engram: Simultaneous, multisite, many single neuron recordings." *Neuron* 18, no. 4(1997): 529-37.

Nicolelis, Miguel A. L., and Sidarta Ribeiro. "Seeking the neural code." *Scientific American* 295, no. 6 (2006): 70-77.

Welker, c. "Microelectrode delineation of fine grain somatotopic organization of SmI cerebral neocortex in albino rat." *Brain Research* 26, no. 2(1971): 259-75.

6. 오로라의 뇌를 해방시켜라

Carmena, Jose M., Mikhail A. Lebedev, Roy E. Crist, et al. "Learning to control a brain-machine interface for reaching and grasping by primates." *PLoS Biology* 1, no. 2 (2003): 193-08.

Carmena, Jose M., Mikhail A. Lebedev, Craig S. Henriquez, et al. "Stable ensemble per for mance with single-neuron variability during reaching movements in primates." *Journal of Neuroscience* 25, no. 46 (2005): 10712-16.

Chapin, John K., Karen A. Moxon, et al. "Real-time control of a robot arm using simultaneously recorded neurons in the motor cortex." *Nature Neuroscience* 2 (1999): 664-70.

Nicolelis, Miguel A. L., and John K. Chapin. "Controlling robots with the mind." *Scientific American* 287, no. 4 (2002): 24-31.

Nicolelis, Miguel A. L., Dragan Dimitrov, et al. "Chronic, multisite, multielectrode recordings in macaque monkeys." *Proceedings of the National Academy of Sciences* 100, no. 19 (2003): 11041-46.

Wessberg, Johan, Christopher R. Stambaugh, et al. "Real-time prediction of hand trajectory by ensembles of cortical neurons in primates." *Nature* 408(2000): 361-65.

7. 자가조절

Fetz, Eberhard E. "Operant conditioning of cortical unit activity." *Science* 163, no. 870 (1969): 955-58.

Fetz, Eberhard E., and Dom V. Finocchio. "Operant conditioning of specific patterns of neural and muscular activity." *Science* 174, no. 7 (1971): 431-35.

Nowlis, David P., and Joe Kamiya. "The control of electroencephalographic alpha rhythms through auditory feedback and the associated mental activity." *Psychophysiology* 6, no. 4 (1970): 476-84.

Olds, James, and Marianne E. Olds. "Positive reinforcement produced by stimulating hypothalamus with iproniazid and other compounds." *Science* 127, no. 3307 (1958): 1175-76.

Schmidt, Edward M. "Single neuron recording from motor cortex as a possible source of signals for control of external devices." *Annals of Biomedical Engineering* 8 (1980): 339-49.

Wyricka, W., and M. Barry Sterman. "Instrumental conditioning of sensorimotor cortex EEG spindles in the waking cat." *Physiology & Behavior* 3 (1968): 703-7.

8. 마음의 진짜 세상 둘러보기

Birbaumer, Niels, Nimr Ghanayim, et al. "A spelling device for the paralysed." *Nature* 398 (1999): 297-98.

Birbaumer, Niels, Andrea Kubler, et al. "The thought translation device (TTD) for completely paralyzed patients." *IEEE Transactions on Rehabilitation Engineering* 8, no. 2 (2000): 190-93.

Blakeslee, Sandra. "Monkey's thoughts propel robot, a step that may help humans." *New York Times*, January 15, 2008.

Fitzsimmons, Nathan, Mikhail A. Lebedev, et al. "Extracting kinematic parameters for monkey bipedal walking from cortical neuronal ensemble activity." *Frontiers in Integrative Neuroscience* 3 (2009): 1-19.

Nicolelis, Miguel A. L. "Actions from thoughts." *Nature* 409 (2001): 403-7.

Patil, Parag G., Jose M. Carmena, et al. "Ensemble recordings of human subcortical neurons as a source of motor control signals for a brain-machine interface." *Neurosurgery* 55, no. 1 (2004): 27-35.

Peckham, P. Hunter, and Jayme S. Knutson. "Functional electrical stimulation for neuromuscular applications." *Annual Review of Biomedical Engineering* 7 (2005): 327-60.

Peikon, Ian D., Nathan Fitzsimmons, et al. "Three-dimensional, automated, real-time video system for tracking limb motion in brain-machine interface studies." *Journal of Neuroscience Methods* 180 (2009): 224-33.

Serruya, Mijail D., Nicholas G. Hatsopoulos, et al. [including John P. Donoghue]. "Instant neural control of a movement signal." *Nature* 416 (2002):

Taylor, Dawn M., Stephen I. Helms Tillery, and Andrew B. Schwartz. "Direct cortical control of 3D neuroprosthetic devices." *Science* 296, no. 5574(2002): 1829-32.

9. 비행기가 된 사나이

Berti, Anna, and Francesca Frassinetti. "When far becomes near: Re-mapping of space by tool use." *Journal of Cognitive Neuroscience* 12 (2000): 415-20.

Cardinali, Lucilla, Francesca Frassinetti, et al. "Tool-use induces morphological updating of the body schema." *Current Biology* 19, no. 12 (2009): R478-79.

Fisher, Helen E. *Why We Love: The Nature and Chemistry of Romantic Love*. New York: Henry Holt and Company, 2004.

Head, Henry, and Gordon Holmes. "Sensory disturbances from cerebral lesion." *Brain* 34 (1911): 102-254.

Hickok, Gregory, and David Poeppel. "The cortical organization of speech processing." *Nature Reviews Neuroscience* 8 (2007): 393-402.

Hoffman, Paul. *Wings of Madness: Alberto Santos-Dumont and the Invention of Flight*. New York: Hyperion, 2003.

Iriki, Atsushi, Masaaki Tanaka, et al. "Coding of modifi ed body schema during tool use by macaque postcentral neurones." *Neuroreport* 7, no. 14(1996): 2325-30.

Lebedev, Mikhail A., Jose M. Carmena, et al. "Cortical ensemble adaptation to represent velocity of an artificial actuator controlled by a brain-machine interface." Journal of Neuroscience 25, no. 19 (2005): 4681-93.

Maravita, Angelo, Charles Spence, et al. "Multisensory integration and the body schema: Close to hand and within reach." *Current Biology* 13, no. 13(2003): r531-39.

Young, Larry J. "Being human: Love: neuroscience reveals all." *Nature* 457(2009): 148.

Young, Larry J., and Zuoxin Wang. "Th e neurobiology of pair bonding." *Nature Neuroscience* 7, no. 10 (2004): 1048-54.

10. 마음의 형성과 공유

Chapin, John K., Karen A. Moxon, et al. "Real-time control of a robot arm using simultaneously recorded neurons in the motor cortex." *Nature Neuroscience* 2, no. 7 (1999): 664-70.

Delgado, Jose M. R. *Physical Control of the Mind: Toward a Psychocivilized Society*. New York: Harper & Row, 1969.

Fitzsimmons, Nathan, Weying Drake, et al. "Primate reaching cued by multichannel spatio temporal cortical microstimulation." *Journal of Neuroscience* 27, no. 21 (2007): 5593-602.

Gell-Mann, Murray. *The Quark and the Jaguar: Adventures in the Simple and the Complex*. New York: W. H. Freeman, 1994.

Horgan, John. "The forgotten era of brain chips." *Scientific American* 293, no. 4(2005): 66-73.

Nicolelis, Miguel A. L., and John K. Chapin. "Controlling robots with the mind." *Scientific American* 287, no. 4 (2002): 46-53.

O'Doherty, Joseph E., Mikhail A. Lebedev, et al. "A brain-machine interface instructed by direct intracortical microstimulation." *Frontiers in Integrative Neuroscience* 3 (2009): 1-10.

Serruya, Mijail D., Nicholas G. Hatsopoulos, et al. "Instant neural control of a movement signal." *Nature* 416, no. 6877 (2002): 141-42.

11. 뇌 속에 숨어 있는 괴물

Buzsáki, György. *Rhythms of the Brain*. Oxford and New York: Oxford University Press, 2006.

Dzirasa, Kafui, Sidarta Ribeiro, et al. "Dopaminergic control of sleep-wake states." *Journal of Neuroscience* 26, no. 41 (2006): 10577-89.

Gervasoni, Damien, Shih-Chieh Lin, et al. "Global forebrain dynamics predict rat behavioral states and their transitions." *Journal of Neuroscience* 24, no. 49 (2004): 11137-47.

Llinas, Rodolfo R. *I of the Vortex: From Neurons to Self*. Cambridge, Mass.: MIT Press, 2001.

Stapleton, Jennifer R., Michael L. Lavine, et al. "Rapid taste responses in the gustatory cortex during licking." *Journal of Neuroscience* 26, no. 15 (2006): 4126-38.

12. 상대론적 뇌로 계산하기

Anokhin, Peter K. *Biology and Neurophysiology of the Conditioned Reflex and Its Role in Adaptive Behavior*. Trans. by Samuel A. Corson. Oxford and New York: Pergamon Press, 1974.

Baghramian, Maria. *Relativism*. London and New York: Routledge, 2004.

Barrow, John D. *Impossibility: The Limits of Science and the Science of Limits*. Oxford and New York: Oxford University Press, 1998.

Casti, John L., and Werner DePauli. *Gödel: A Life of Logic*. Cambridge, Mass.: Perseus, 2000.

Cohen, Leonardo G., Pablo Celnik, et al. "Functional relevance of cross-modal plasticity in blind humans." *Nature* 389 (1997): 180-83.

Egiazaryan, Galina G., and Konstantin V. Sudakov. "Theory of functional systems in the scientific school of P. K. Anokhin." *Journal of the History of the Neurosciences* 16, no. 1 (2007): 194-205.

Einstein, Albert. *Relativity: The Special and the General Theory*. N.p.: Quality Classics, 2009.

Frostig, Ron D., Ying Xiong, et al. "Large-scale or ganization of rat sensorimotor cortex based on a motif of large activation spreads." *Journal of Neuroscience* 28, no. 49 (2008): 13274-84.

Fuentes, Romulo, Per Petersson, et al. "Spinal cord stimulation restores locomotion in animal models of Parkinson's disease." *Science* 323, no. 5921(2009): 1578-82.

Galeano, Eduardo H. *Soccer in Sun and Shadow*. London and New York: Verso, 1998.

Ghazanfar, Asif A., Chandramouli Chandrasekaran, and Nikos K. Logothetis. "Interactions between the superior temporal sulcus and auditory cortex mediate dynamic face/voice integration in rhesus monkeys." *Journal of Neuroscience* 28, no. 17 (2008): 4457-69.

Ghazanfar, Asif A., and Charles E. Schroeder. "Is neocortex essentially multisensory?" *Trends in Cognitive Sciences* 10, no. 6 (2006): 278-85.

Glashow, Sheldon. "We believe that the world is knowable." Presentation at *The End of Science?*, 25th annual Nobel Conference at Gustavus Adolphus College, Saint Peter, Minnesota, October 3-4, 1989, as quoted in Baghramian, *Relativism*.

Gould, Stephen Jay. *Full House: The Spread of Excellence from Plato to Darwin*. New York: Three Rivers Press, 2007.

Greene, Brian. *The Elegant Universe: Superstrings, Hidden Dimensons, and the Quest for the Ultimate Theory*. New York: W. W. Norton, 1999, p. 25.

Heisenberg, Werner. *The Physicist's Conception of Nature*. Trans. by Arnold J. Pomerans. Westport, Conn.: Greenwood Press, 1970, as quoted in Baghramian, *Relativism*.

Isaacson, Walter. *Einstein: His Life and Universe*. New York: Simon & Schuster, 2007.

Kelley, Patricia H. "Stephen Jay Gould's winnowing fork: Science, religion, and creationism." In *Stephen Jay Gould: Reflections on His View of Life*, ed. Warren D. Allmon, Patricia H. Kelley, and Robert M. Ross (pp. 171-188). New York: Oxford University Press, 2009.

Merabet, Loft i B., Joseph F. Rizzo, David C. Somers, and Alvaro Pascual-Leone. "What blindness can tell us about seeing again." *Nature Neuroscience* 6 (2005): 71-77.

Merabet, Loft i B., Jascha D. Swisher, et al. [including David C. Somers]. "Combined activation and deactivation of visual cortex during tactile sensory processing." *Journal of Neurophysiology* 97 (2007): 1633-41.

Nicolelis, Miguel A. L., and Mikhail A. Lebedev. "Principles of neural ensemble physiology underlying the operation of brain-machine interfaces." *Nature Reviews Neuroscience* 10 (2009): 530-40.

Perlmutter, Steve I., Marc A. Maier, and Eberhard E. Fetz. "Activity of spinal interneurons and their eff ects on forearm muscles during voluntary wrist movements in the monkey." *Journal of Neurophysiology* 80, no. 5 (1998): 2475-94.

Ribeiro, Sidarta, et al. "Neurophysiological basis of metamodal pro cessing in primary sensory cortices." In press, 2010.

Sadato, Norihiro, Alvaro Pascual-Leone, et al. "Activation of the primary visual cortex by Braille reading in blind subjects." *Nature* 380 (1996): 526-28.

Timo- Iaria, César, Nubio Negrào, et al. "Phases and states of sleep in the rat." *Physiology & Behavior* 5, no. 9 (1970): 1057-62.

Zhou, Yong-Di, and Joaquin M. Fuster. "Somatosensory cell response to an auditory cue in a haptic memory task." *Behavioral Brain Research* 153, no. 2 (2004): 573-78.

13. 다시 별로 돌아가다

Barrow, John. *The Constants of Nature: The Numbers That Encoded the Deepest Secrets of the Universe*. New York: Vintage, 2009.

Dzirasa, Kafui, H. Westley Phillips, et al. "Noradrenergic control of corticostriato-thalamic and mesolimbic cross-structural synchrony." *Journal of Neuroscience* 30, no. 18 (2010): 6387-97.

Dzirasa, Kafui, Amy J. Ramsey, et al. "Hyperdopaminergia and NMDA receptor hypofunction disrupt neural phase signaling." *Journal of Neuroscience* 29, no. 25 (2009): 8215-24.

Gould, Stephen Jay. *Wonderful Life: The Burgess Shale and the Nature of History*. New York: W. W. Norton, 1989, pp. 48, 50, 51.

Homer. *The Iliad of Homer*. Trans. by Samuel Butler. New York: E. P. Dutton & Company, 1923, p. 413.

Kurzweil, Ray. *The Singularity Is Near: When Humans Transcend Biology*. New York: Penguin, 2007.

Lebedev, Mikhail A., and Miguel A. L. Nicolelis. "Brain machine interfaces: Past, present and future." *Trends in Neuroscience* 29 (2006): 536-46.

Nicolelis, Miguel A. L. "Building the knowledge archipelago." Scientific American online, January 17, 2008, http://www.scientificamerican.com/article.cfm?id=building-the-knowledge-archipelago.

Pribram, Karl H. *Brain and Perception: Holonomy and Structure in Figural Processing.* Hillsdale, N.J.: Lawrence Erlbaum Associates, 1991.
Soares, Christine. "Building a future on science." *Scientific American* 298, no. 2 (2008): 72-77.

찾아보기

ㄱ

가린샤, 마노엘 • 226
가소성의 원리 • 334~335
각성-수면 주기 • 387~388, 390~391, 393~394, 396, 398, 403
간뇌 • 396
갈, 프란츠 • 59~60, 267
감각 사건 • 45
감각과부하 • 110
감각유발전위 • 123
감광 이온 통로 • 464
감광단백질 • 374
거울뉴런 • 75
검정반응 • 70~71, 74, 76
게를라흐, 요제프 폰 • 73
게오르고포울로스, 아포스톨로스 • 179, 25
경두개 자기자극 • 425
고속 푸리에 변환 • 391
고차연합령 • 425
골지, 카밀로 • 68
공분산 • 270, 327
과학적 방법론 • 13, 434, 438
관문조절이론 • 96~97, 101
관점주의 • 433~434
광범위 동조 • 64~65, 179~180
광유전학 • 374
광조절 염소이온 통로 • 374

교차양상 연합 • 427
교차양식 • 266, 425~426
구심로차단 • 103
국소장 전위 • 389, 471
국소주의자 • 15~16, 58, 60, 65, 75~76, 81, 90, 97
굴드, 스티븐 제이 • 438, 456
극좌표선도 • 269
근위축성 측삭경화증 • 203
근육야 • 249
글래쇼, 셸던 • 437
기계적 감각수용기 • 88, 153~155, 159
기능적 뇌 자기공명영상 • 411
기능적 재조직화 • 101, 177
기억공고화 • 387

ㄴ

날것 그대로의 뇌 활성 • 207, 210, 217, 287
내부환경 • 412
내재성 광학영상기술 • 185
네민스키, 프라우디츠 • 122
네발보행주기 • 283
네스호 상태공간 • 399, 403, 409, 472
넬슨, 사샤 • 185
넬슨, 호레이쇼 • 93
뇌 난쟁이 • 87~90, 100, 113, 161
뇌 네트워크 • 475, 477~478

뇌 대학 • 473~474, 482
뇌 듣기 • 155
뇌 자체의 관점 • 17, 44~45, 97, 317, 370, 400~401
뇌 진동 • 43, 390, 392
뇌-기계 인터페이스 • 18, 45, 114, 208~209, 211, 245, 252, 254, 261, 275, 297, 335, 339, 385
뇌-기계-뇌 인터페이스 • 348
뇌-뇌 인터페이스 • 343~344, 375
뇌-로봇 공동 조종 • 464
뇌의 내부적 관점 • 129
뇌의 모자이크 관점 • 113
뇌줄기신경핵 • 163, 178, 182
뇌-컴퓨터 인터페이스 • 276
뇌파검사 • 122~123
뉴런 경로 • 409
뉴런 공간 • 338, 370
뉴런 다중작업의 원리 • 266
뉴런 시공간 연속체 • 175, 431~433, 443, 468, 470
뉴런 집단 효과의 원리 • 410~411
뉴런의 분산 부호화 • 31
뉴런의 시간과 공간 • 45, 430
뉴런탈락곡선 • 257, 265, 410
뉴로칩 • 216, 463
능동적 탐험 • 389, 391, 397, 400, 406
니슬 염색법 • 81
닐스 바우머 • 254, 276

ㄷ

다변량 선형방정식 • 221
다변량 선형회귀분석 • 217
다이서로스, 카를 • 373
다전극 배열 • 140

다중 수염 자극기 • 189
다중단백질 복합체 • 34
다중채널 피질 전기 미세자극 • 464
다중회귀 알고리즘 • 366
단일뉴런 불충분의 원리 • 260
단일 뉴런 • 16, 27, 30, 32, 40, 44, 128~129, 132~133, 144, 157, 162, 166, 178, 180, 185~186, 210, 244~245, 247, 250, 252, 257, 260~261, 265, 267~268, 287, 320~321, 401~402, 407, 409, 411, 420
단일시냅스 경로 • 41, 43
대뇌피질 비동기화 • 389
대뇌피질 알고리즘 • 331
대뇌피질 전기자극 • 367
더글러스, 로드니 • 39
델파타 • 390
도구합병수 • 114
도킨스, 리처드 • 49, 320
도파민대체요법 • 277
도파민작동성 뉴런 • 277
동등 잠재력의 원리 • 34, 272
동역학적 상태 • 44, 129, 399~400, 403, 411, 429, 431, 472
동조화된 진동 • 466
두정엽 • 66, 85, 98~99, 110, 130~131, 208, 215, 230, 321, 324
드지라사, 카푸이 • 471
등쪽 시각경로 • 131
등척성 수축 • 247~248
디미트로프, 드라간 • 277

ㄹ

라마찬드란 • 104~105
래슐리, 칼 • 32~35, 45, 76, 272, 291, 396, 432

레베데프, 미샤 • 284
레베데프, 미하일 • 228,
레이블라인 모델 • 158~159, 162, 169, 176, 179, 191, 249
렘수면 • 391, 395, 398
로렌츠 길이 수축 • 437
로봇쥐 • 358~359, 361~362, 371
로빈슨, 앤드류 • 57
루스, 헨드릭 반 데어 • 159
루카스, 키스 • 55
리만, 베른하르트 • 436, 480
리지아 마리아 로차 레아웅 라포르타 • 450, 483
리지오, 루치아 • 327
리키, 루이스 • 302

ㅁ

마라비타, 안젤로 • 320, 328
마음의존성 • 433
말스부르크, 크리스토프 폰 데어 • 133
망막수용기 • 64
망막신경절 • 128
맥락의존성 • 433
맥스웰, 제임스 클라크 • 435
머레이, 크레이그 • 107
머제니치, 마이클 • 101
멜로이, 짐 • 261
멜자크, 로널드 • 319~320
모델제작자 • 17, 47, 49, 97, 107, 192
뫼르너, 카를 악셀 • 68~69
무어, 크리스 • 185
밀러, 요하네스 • 62
밀러, 클라우스 • 276
뮤 리듬 • 251
뮤 진동 • 182

미각중추 • 75
미각피질 • 401
미소전극 • 123~127, 132, 134, 145, 216, 245, 261, 278, 332, 365, 463
미엘린 섬유 • 84
민스키, 마빈 • 385

ㅂ

바이오피드백 • 243~245, 251~252
반응-역치 설정 • 205~206
발다이어하르츠, 빌헬름 폰 • 73
발로우, 호레이스 • 128
방추파 • 405
배럴 피질 • 162, 192
배쪽 시각경로 • 131
베르거, 한스 • 12
베르나르, 클로드 • 328
베르티, 안나 • 328
베른, 쥘 • 306, 451
베스버그, 호안 • 217~220, 254~255
베츠, 블라디미르 • 81
베츠세포 • 82, 84
변별 우발사건 • 365
변연계 • 99, 337
보크트, 세실 • 84
복잡 행동 • 48
복잡계 • 28, 418, 420
복합 형질 • 36
볼타, 알레산드로 • 55~56
부정적 강화 메커니즘 • 350
분산 네트워크 • 43
분산 메모리 • 442
분산 부호화 • 39
분산 신경부호화 • 65
분산 전략 • 36~38

분산 처리 • 238
분산 체계 • 180
분산 표상 • 179
분산된 신경 표상 • 179
분산부호화의 원리 • 237
분산주의자 • 32, 36, 58, 66, 469
불확정성의 원리 • 438
브로카, 피에르 폴 • 65, 429
브룩스, 멜 • 354
빛 자극 • 374~375

ㅅ

사건주변 히스토그램 • 190
사다토, 노리히로 • 425
사이뉴런 • 76, 82, 424
3차신경 뇌줄기 복합체 • 160, 181
3차신경절 • 178, 181
3차신경주신경핵 • 164
삽입장치 • 208, 210, 215~216, 287, 347, 349~350
색 부호화 • 63
샌들러, 아론 • 362
생리학적 시공간 연속체 • 430
선형상관 • 220
선호도 지도 • 128
셰즈노프스키, 테리 • 157
세타리듬 • 390
세포 집합체 • 31, 45, 272
세포구축학 • 81~84, 113, 126, 429, 433, 470
세포질연결 • 76
셰링턴, 찰스 • 16, 85, 121, 138, 340
소매형 전극 • 186
수르, 므리강카 • 185
수상돌기 • 71~74, 163, 176

수의적 운동 • 263, 277, 291, 346
순차적 표본검사 • 128
슐러, 마샬 • 188
스테이플턴, 제니퍼 • 401
스티모시버 • 349, 465
스펙트로그램 • 389, 465
승모세포 • 76
시각뉴런 • 75
시간 빈 • 220, 223
시계열 • 220, 392
시공간수용야 • 173, 177
시상그물핵 • 165, 173, 176
시스템신경생리학 • 13~14, 131, 142, 178
신경 앙상블 홉분 보존의 원리 • 410
신경 앙상블 • 31, 253, 257, 259~260, 265~266, 410~411, 421, 443, 460
실크, 조지프 • 142

ㅇ

안면인식 • 75
안와아래신경 • 186
알베르토, 카를로스 • 417
알파 수컷 • 354
알파리듬 • 122
양전자 방출 단층촬영 • 425
S1의 수염 표상 영역 • 375
에너지 고정예산 제약 • 440
에델만, 제럴드 • 291
에드먼드앤릴리사프라 국제신경과학연구소 • 426, 473
에릭슨, 로버트 • 58, 60, 120
역동적 극성화의 법칙 • 71
영, 토마스 • 57~62, 65, 74, 272
오도허티, 조지프 • 347
올드, 마리안느 • 244

올드, 제임스 • 244
왼쪽 반신 무시증후군 • 99
울시, 톰 • 159
월, 패트릭 • 95~96, 101, 244
위너필터 • 217, 221
위스트, 마이크 • 188, 191
위즐, 토르스튼 • 26, 100, 128
유명인사 뉴런 • 132
유체이탈 경험 • 110, 113
25채널 바바트론 • 136~137
이도야 • 286~287, 288~290, 292~295, 339, 462
인간형 로봇 • 287, 294, 296
인공와우 • 347
임사체험 • 90, 110

ㅈ

자가조절 • 243
자기뇌파검사 • 104~105
자기장 발생원 • 361
자기장수용야 • 371
자아감 • 31, 44, 90, 98, 113, 302, 331~336
저항 전압 적분기 • 245
전기 펄스 • 186~187, 360~361, 365
전기뇌자극 • 348, 351, 354, 356, 358, 360
전기적 발화 • 64
전기적 활성 적분기 • 245~246, 249
전두엽 • 65~66, 85, 208, 215, 230, 266, 429
전두엽절제술 • 356
전압 펄스 • 245, 247
제르바소니, 다미앵 • 387
조가비핵 • 387, 392
조작적 조건형성 • 244~245, 250
조절성 신경전달물질 • 398

중간수면 • 395, 398
중계쥐 • 379
중심고랑 • 85~86
중심뒤 대뇌피질 • 86~87
중심뒤이랑 • 86
중심앞 대뇌피질 • 86
중심앞이랑 • 85
직선이분검사 • 329
진화 압력 • 458
집단 신경부호 • 179
집단부호화 전략 • 39

ㅊ

차이 기록법 • 137
채널로돕신-2 • 374
채핀, 앨버트 • 305~306
채핀, 존 • 102, 144, 155, 157, 163, 166, 192
청각중추 • 75
체내아편성물질 • 97
체펠린, 페르디난트 폰 • 315
쳉, 고든 • 287, 295, 359, 462
촉각수용야 • 153, 270, 323~324
촉각중추 • 75
축삭 • 31, 40~41, 71, 74, 82, 243
축삭돌기 • 96, 126, 163, 165, 219
침묵기 • 408

ㅋ

카르메나, 호세 • 228
카미야, 조 • 251
카와토, 미츠오 • 288, 358
카튼, 리처드 • 122

캐론, 마크 • 471
캔틀리 • 87~88
컴퓨터 신경과학 • 157
쿠싱, 하비 • 85
쿠플러, 스테판 • 128
크루파, 데이비드 • 154, 186, 188
클로두알두 • 416

ㅋ

타스타오 • 416~417
탐험쥐 • 375~379
테이트, 앤드류 • 283
통계적 분산 • 410
통증수용기 • 278
팀 폰스 • 103

ㅍ

파체티, 지아친토 • 415
판토하, 아나이나 • 155, 191
페츠, 에버하르 • 244
편도체 방추 • 349~350
편측무시증후군 • 329
포아송 과정 • 407
포터, 콜 • 115
폴리, 필립 • 119
푸스터, 호아킨 • 427
푸엔테스, 호물로 • 424
프라시네티, 프란체스카 • 328
프라이어, 매튜 • 54
프리치, 구스타브 • 66, 120, 348
피노키오, 돔 • 244, 246
피드백 신경투사 • 154
피드포워드 몸감각로 • 154, 159

피드포워드 신경투사 • 154
피질뉴런 • 84, 101, 130, 159, 162~163, 179, 185, 187, 208, 216, 217, 220, 221, 244~246
피질뉴런의 시공간 연속체 • 431
피츠시먼스, 네이선 • 281, 362
피케, 넬슨 • 333
핑거, 스탠리 • 62

ㅎ

할머니뉴런 • 76, 131, 179
해독쥐 • 375, 379
햄릿, 마크 • 425
허블, 데이비드 • 26, 100, 128
헬름홀츠, 헤르만 폰 • 61
헵, 도널드 • 45, 86, 96, 291
형질전환 생쥐 • 471~472
호건, 존 • 350
홈스, 고든 • 317
홉필드, 존 • 385
확장된 표현형 • 330
환상감각 • 95
환상운동 • 94
환상지 • 90, 92~100, 105, 107, 302, 318
환상통 • 94, 105, 107
후각중추 • 75
홍분성 시냅스 • 163,
홍분후억제 • 187, 406
히트지히, 에두아르트 • 66, 348

Beyond Boundaries